河合塾
SERIES

2025 大学入学

共通テスト
過去問レビュー
物理基礎・物理

河合出版

はじめに

　大学入学共通テスト（以下、共通テスト）が、2024年1月13日・14日に実施されました。

　その出題内容は、大学入試センターから提示されていた、問題作成の基本的な考え方、各教科・科目の出題方針に概ね則したもので、昨年からの大きな変化はありませんでした。

　共通テストでは、大学入試センター試験（以下、センター試験）に比べて、身につけた知識や解法を様々な場面で活用できるか―思考力や判断力を用いて解けるか―を問われる傾向が強くなっています。また、読み取る資料の分量は多く、試験時間をより意識して取り組む必要もあります。

　こうした出題方針は、新課程になっても引き継がれていくことでしょう。

　一方で、センター試験での出題形式を踏襲した問題も見られました。

　センター試験自体、年々「思考力・判断力・表現力」を求める問題が少しずつ増えていき、それが共通テストに引き継がれたのは、とても自然なことでした。

　センター試験の過去問を練習することは、共通テスト対策にもつながります。

　本書に収録された問題とその解説を十分に活用してください。みなさんの共通テスト対策が充実したものになることを願っています。

― 2 ―

本書の構成・もくじ

2025年度実施日程、教科等　4

2024〜2020年度結果概要　6

出題分野一覧　8

出題傾向と学習対策　12

オリジナル問題

物理基礎　15

物理　37

▶解答・解説編◀

物理基礎

2024年度	本試験	71		
2023年度	本試験	79	追試験	85
2022年度	本試験	91	追試験	97
2021年度	第1日程	103		
	第2日程	109		
2020年度	本試験	117		
2019年度	本試験	125		

物理

2024年度	本試験	133		
2023年度	本試験	143	追試験	153
2022年度	本試験	163	追試験	175
2021年度	第1日程	185		
	第2日程	197		
2020年度	本試験	207		
2019年度	本試験	221		
2018年度	本試験	235		
2017年度	本試験	251		
2016年度	本試験	265		
2015年度	本試験	275		

— 3 —

2025年度　実施日程、教科等

9月上旬　　　受験案内を配付

⇩

9月下旬〜10月上旬　　出願受付・成績通知希望受付

⇩

12月上旬〜12月中旬　　受験票等を送付

⇩

**2025年
1月18日(土)、19日(日)**　　共通テスト（本試験）実施

共通テストの正解等を発表

国公立大学出願受付

　「実施日程」は、本書発行時には未発表であるため2024年度の日程に基づいて作成してあります。また、「2025年度出題教科・科目等」の内容についても2024年3月1日現在大学入試センターが発表している内容に基づいて作成してあります。2025年度の詳しい内容は大学入試センターホームページや2025年度「受験案内」で確認してください。

2025年度出題教科・科目等

　大学入学共通テストを利用する大学は、大学入学共通テストの出題教科・科目の中から、入学志願者に解答させる教科・科目及びその利用方法を定めています。入学志願者は、各大学の学生募集要項等により、出題教科・科目を確認の上、大学入学共通テストを受験することになります。

　2025年度大学入学共通テストにおいては、次表にあるように7教科21科目が出題されます。教科・科目によっては、旧教育課程履修者等に対する経過措置があります。

— 4 —

教科	グループ・科目	時間・配点	出 題 方 法 等
国語	『国語』	90分 200点	「現代の国語」及び「言語文化」を出題範囲とし、近代以降の文章及び古典（古文、漢文）を出題する。 『国語』の分野別の大問数及び配点は、近代以降の文章が3問110点、古典が2問90点（古文・漢文各45点）とする。
地理歴史 公民	『地理総合，地理探究』 『歴史総合，日本史探究』 『歴史総合，世界史探究』→(b) 『公共，倫理』 『公共，政治・経済』 『地理総合／歴史総合／公共』→(a) (a)：必履修科目を組み合わせた出題科目 (b)：必履修科目と選択科目を組み合わせた出題科目 6科目のうちから最大2科目を選択・解答。 受験する科目数は出願時に申し出ること。	1科目選択 60分 100点 2科目選択 130分 （うち解答時間 120分） 200点	『地理総合／歴史総合／公共』は、「地理総合」、「歴史総合」及び「公共」の3つを出題範囲とし、そのうち2つを選択解答（配点は各50点）。 　2科目を選択する場合は、以下の組合せを選択することはできない。 (b)のうちから2科目を選択する場合は、『公共，倫理』と『公共，政治・経済』の組合せを選択することはできない。 (b)のうちから1科目及び(a)を選択する場合は、(b)については、(a)で選択解答するものと同一名称を含む科目を選択することはできない。 　地理歴史及び公民で2科目を選択する受験者が、(b)のうちから1科目及び(a)を選択する場合において、選択可能な組合せは以下のとおり。 ・『地理総合，地理探究』を選択する場合、(a)では「歴史総合」及び「公共」の組合せ ・『歴史総合，日本史探究』又は『歴史総合，世界史探究』を選択する場合、(a)では「地理総合」及び「公共」の組合せ ・『公共，倫理』又は『公共，政治・経済』を選択する場合、(a)では「地理総合」及び「歴史総合」の組合せ
数学	数学① 『数学Ⅰ，数学A』 『数学Ⅰ』 2科目のうちから1科目を選択・解答。	70分 100点	「数学A」については、図形の性質、場合の数と確率の2項目に対応した出題とし、全てを解答する。
数学	数学② 『数学Ⅱ，数学B，数学C』	70分 100点	「数学B」及び「数学C」については、数列（数学B）、統計的な推測（数学B）、ベクトル（数学C）及び平面上の曲線と複素数平面（数学C）の4項目に対応した出題とし、4項目のうち3項目の内容の問題を選択解答する。
理科	『物理基礎／ 化学基礎／ 生物基礎／ 地学基礎』 『物理』 『化学』 『生物』 『地学』 5科目のうちから最大2科目を選択・解答。受験する科目数は出願時に申し出ること。	1科目選択 60分 100点 2科目選択 130分（うち解答時間120分） 200点	『物理基礎／化学基礎／生物基礎／地学基礎』は、「物理基礎」、「化学基礎」、「生物基礎」及び「地学基礎」の4つを出題範囲とし、そのうち2つを選択解答する（配点は各50点）。
外国語	『英語』『ドイツ語』 『フランス語』『中国語』 『韓国語』 5科目のうちから1科目を選択・解答。 科目選択に当たり、『ドイツ語』、『フランス語』、『中国語』及び『韓国語』の問題冊子の配付を希望する場合は、出願時に申し出ること。	『英語』 【リーディング】 80分 100点 【リスニング】 60分（うち解答時間30分） 100点 『ドイツ語』 『フランス語』 『中国語』 『韓国語』 【筆記】 80分 200点	『英語』は、「英語コミュニケーションⅠ」、「英語コミュニケーションⅡ」及び「論理・表現Ⅰ」を出題範囲とし、【リーディング】及び【リスニング】を出題する。受験者は、原則としてその両方を受験する。その他の科目については、『英語』に準じる出題範囲とし、【筆記】を出題する。 【リスニング】は、音声問題を用い30分間で解答を行うが、解答開始前に受験者に配付したICプレーヤーの作動確認・音量調節を受験者本人が行うために必要な時間を加えた時間を試験時間とする。なお、『英語』以外の外国語を受験した場合、【リスニング】を受験することはできない。
情報	『情報Ⅰ』	60分 100点	

1.『　』は大学入学共通テストにおける出題科目を表し、「　」は高等学校学習指導要領上設定されている科目を表す。
　　また、『地理総合／歴史総合／公共』や『物理基礎／化学基礎／生物基礎／地学基礎』にある“／”は、一つの出題科目の中で複数の出題範囲を選択解答することを表す。
2．地理歴史及び公民並びに理科の試験時間において2科目を選択する場合は、解答順に第1解答科目及び第2解答科目に区分し各60分間で解答を行うが、第1解答科目及び第2解答科目の間に答案回収等を行うために必要な時間を加えた時間を試験時間とする。

— 5 —

2024〜2020年度結果概要

本試験科目別平均点の推移　（注）2021年度は第1日程のデータを掲載

科目名(配点)	2024年度	2023年度	2022年度	2021年度	2020年度
国語(200)	116.50	105.74	110.26	117.51	119.33
世界史A(100)	42.16	36.32	48.10	46.14	51.16
世界史B(100)	60.28	58.43	65.83	63.49	62.97
日本史A(100)	42.04	45.38	40.97	49.57	44.59
日本史B(100)	56.27	59.75	52.81	64.26	65.45
地理A(100)	55.75	55.19	51.62	59.98	54.51
地理B(100)	65.74	60.46	58.99	60.06	66.35
現代社会(100)	55.94	59.46	60.84	58.40	57.30
倫理(100)	56.44	59.02	63.29	71.96	65.37
政治・経済(100)	44.35	50.96	56.77	57.03	53.75
倫理, 政治・経済(100)	61.26	60.59	69.73	69.26	66.51
数学Ⅰ(100)	34.62	37.84	21.89	39.11	35.93
数学Ⅰ・数学A(100)	51.38	55.65	37.96	57.68	51.88
数学Ⅱ(100)	35.43	37.65	34.41	39.51	28.38
数学Ⅱ・数学B(100)	57.74	61.48	43.06	59.93	49.03
物理基礎(50)	28.72	28.19	30.40	37.55	33.29
化学基礎(50)	27.31	29.42	27.73	24.65	28.20
生物基礎(50)	31.57	24.66	23.90	29.17	32.10
地学基礎(50)	35.56	35.03	35.47	33.52	27.03
物理(100)	62.97	63.39	60.72	62.36	60.68
化学(100)	54.77	54.01	47.63	57.59	54.79
生物(100)	54.82	48.46	48.81	72.64	57.56
地学(100)	56.62	49.85	52.72	46.65	39.51
英語[リーディング](100)	51.54	53.81	61.80	58.80	−
英語[筆記](200)	−	−	−	−	116.31
英語[リスニング](100)	67.24	62.35	59.45	56.16	−
英語[リスニング](50)	−	−	−	−	28.78

※2023年度及び2021年度は得点調整後の数値

本試験科目別受験者数の推移　（注）2021年度は第1日程のデータを掲載

科目名	2024年度	2023年度	2022年度	2021年度	2020年度
国語	433,173	445,358	460,966	457,304	498,200
世界史A	1,214	1,271	1,408	1,544	1,765
世界史B	75,866	78,185	82,985	85,689	91,609
日本史A	2,452	2,411	2,173	2,363	2,429
日本史B	131,309	137,017	147,300	143,363	160,425
地理A	2,070	2,062	2,187	1,952	2,240
地理B	136,948	139,012	141,375	138,615	143,036
現代社会	71,988	64,676	63,604	68,983	73,276
倫理	18,199	19,878	21,843	19,954	21,202
政治・経済	39,482	44,707	45,722	45,324	50,398
倫理，政治・経済	43,839	45,578	43,831	42,948	48,341
数学Ⅰ	5,346	5,153	5,258	5,750	5,584
数学Ⅰ・数学A	339,152	346,628	357,357	356,492	382,151
数学Ⅱ	4,499	4,845	4,960	5,198	5,094
数学Ⅱ・数学B	312,255	316,728	321,691	319,696	339,925
物理基礎	17,949	17,978	19,395	19,094	20,437
化学基礎	92,894	95,515	100,461	103,073	110,955
生物基礎	115,318	119,730	125,498	127,924	137,469
地学基礎	43,372	43,070	43,943	44,319	48,758
物理	142,525	144,914	148,585	146,041	153,140
化学	180,779	182,224	184,028	182,359	193,476
生物	56,596	57,895	58,676	57,878	64,623
地学	1,792	1,659	1,350	1,356	1,684
英語[リーディング]	449,328	463,985	480,762	476,173	518,401
英語[リスニング]	447,519	461,993	479,039	474,483	512,007

志願者・受験者の推移

区分		2024年度	2023年度	2022年度	2021年度	2020年度
志願者数		491,914	512,581	530,367	535,245	557,699
内訳	高等学校等卒業見込者	419,534	436,873	449,369	449,795	452,235
	高等学校卒業者	68,220	71,642	76,785	81,007	100,376
	その他	4,160	4,066	4,213	4,443	5,088
受験者数		457,608	474,051	488,383	484,113	527,072
内訳	本試験のみ	456,173	470,580	486,847	(注1)482,623	526,833
	追試験のみ	1,085	2,737	915	(注2) 1,021	171
	本試験＋追試験	344	707	438	(注2) 407	59
欠席者数		34,306	38,530	41,984	51,132	30,627

（注1）2021年度の本試験は、第1日程及び第2日程の合計人数を掲載

（注2）2021年度の追試験は、第2日程の人数を掲載

出題分野一覧

＜物理基礎＞

分野	テーマ	'16		'17		'18		'19		'20		'21		'22		'23		'24
		本試	追試	本試	追試	本試	追試	本試	追試	本試	追試	第1日程	第2日程	本試	追試	本試	追試	本試
運動とエネルギー	速度と加速度							●	●	●		●		●	●			
	等加速度直線運動の公式		●	●				●	●	●	●				●		●	
	落体の運動		●			●	●							●				
	力の合成，分解	●				●												
	フックの法則		●					●		●							●	
	垂直抗力と摩擦力		●						●									
	圧力と浮力	●										●	●	●		●	●	●
	力のつりあい	●						●						●		●		●
	作用・反作用の法則							●						●				●
	運動方程式，慣性の法則			●		●		●	●	●		●			●	●	●	
	仕事と力学的エネルギー		●			●												
	力学的エネルギー保存則							●			●							
様々な物理現象とエネルギー（熱）	熱と温度，比熱	●		●		●	●	●	●	●				●	●			
	熱膨張																	
	熱力学第1法則								●								●	
	熱機関と熱効率											●						
様々な物理現象とエネルギー（波動）	波の伝わり方	●		●		●									●			
	縦波	●		●			●							●	●			
	波の反射と重ね合わせ	●								●	●	●	●					
	弦の振動				●				●									
	気柱の共鳴							●	●				●					
	うなり										●							
	静電気		●			●												
様々な物理現象とエネルギー（電気）	電流の正体					●							●					●
	オームの法則				●			●	●	●	●						●	
	消費電力		●	●				●		●	●	●	●			●	●	
	抵抗率						●		●		●	●						
	磁場		●															
	電流と磁場	●			●				●						●			
	交流と変圧器	●					●			●		●		●			●	
	いろいろなエネルギー	●			●		●				●							
	電磁波・原子		●					●				●						

＜物理＞

分野	テーマ	'16本試	'16追試	'17本試	'17追試	'18本試	'18追試	'19本試	'19追試	'20本試	'20追試	'21第1日程	'21第2日程	'22本試	'22追試	'23本試	'23追試	'24本試
物理基礎	力学分野	●	●	●		●	●	●		●	●	●		●	●	●	●	●
	熱分野	●						●						●	●			●
	波動分野		●			●	●		●							●	●	
	電気分野	●						●								●		
力と運動	平面運動（落体以外）																	
	落体の運動	●								●	●	●						
	空気抵抗のある運動						●							●	●			
	剛体のつりあい		●	●						●	●	●	●	●		●	●	
	重心					●						●		●				
	運動量と力積											●		●	●			●
	運動量保存則	●		●		●				●		●		●				●
	反発係数						●											
	慣性力・相対加速度	●						●		●	●			●			●	
	円運動	●	●	●						●	●	●						
	単振動					●		●										
	万有引力		●			●												
熱と気体	気体の法則	●	●			●		●			●							
	気体の分子運動			●														●
	気体の比熱					●						●			●			
	気体の状態変化	●				●		●		●		●	●	●	●		●	
波動	数式による正弦波の表示	●				●							●	●				
	平面波の屈折，反射，回折				●	●	●		●		●							
	波の干渉	●			●				●	●				●		●		
	ドップラー効果	●	●			●		●	●	●		●			●	●		
	光の屈折，全反射，偏光						●	●		●							●	●
	レンズと鏡			●	●			●				●		●				
	光の干渉	●				●		●	●	●	●		●					

分野	テーマ	'16		'17		'18		'19		'20		'21		'22		'23		'24
		本試	追試	本試	追試	本試	追試	本試	追試	本試	追試	第1日程	第2日程	本試	追試	本試	追試	本試
電磁気	クーロンの法則		●			●		●			●							●
	電場と電位の関係	●		●								●	●			●		●
	電場中の荷電粒子の運動	●								●	●							●
	コンデンサー	●	●	●		●	●		●	●	●					●		
	オームの法則と電子の運動							●										●
	直流回路		●									●	●	●		●	●	
	半導体，非直線抵抗					●	●									●		
	電流がつくる磁場									●	●			●				
	電流が磁場から受ける力		●			●	●							●	●			
	磁場中の荷電粒子の運動	●								●	●			●	●			●
	電磁誘導		●	●		●		●	●		●	●	●			●		
	自己誘導，相互誘導																	
	交流回路							●								●		
	電磁波		●			●												
原子	陰極線，電子の比電荷																	
	光電効果	●				●										●		
	コンプトン効果		●															
	X 線		●					●						●				
	原子の構造とエネルギー準位									●	●			●				
	原子核の崩壊，放射線，半減期			●		●			●	●								●
	質量とエネルギー，核反応			●		●				●								

— 10 —

＜物理Ⅰ＞

分野	テーマ	'10本試	'10追試	'11本試	'11追試	'12本試	'12追試	'13本試	'13追試	'14本試	'14追試
生活と電気	帯電, 静電気, 陰極線			●	●			●			
	電流と抵抗, オームの法則	●	●	●	●	●	●	●	●	●	●
	電流と磁場	●	●	●	●	●	●	●	●	●	●
	交流と電波	●					●			●	
運動とエネルギー	速度・等加速度直線運動		●	●	●	●			●		
	落体の運動		●				●	●			●
	力のつり合い	●	●	●	●		●	●	●		
	モーメントと重心	●	●	●			●	●	●		
	運動の三法則	●	●	●	●	●	●	●	●	●	●
	仕事と力学的エネルギー	●	●	●	●	●	●	●		●	●
	熱とエネルギー, 気体	●	●	●	●	●		●	●	●	●
	電気とエネルギー	●	●	●	●			●		●	●
	エネルギーの変換					●	●		●		●
波動	波の性質（反射, 屈折など）	●	●	●	●	●		●	●		●
	共振, 共鳴	●				●	●			●	
	ドップラー効果とうなり		●				●		●	●	
	光の干渉, 屈折など	●	●		●		●	●			
	レンズ, 凹凸面鏡		●	●	●			●	●	●	●

出題傾向と学習対策

＜物理基礎＞

出題傾向

2024年1月に出題された共通テストの出題分野と特徴を以下に示す。

出題分野

第1問　小問集合　熱量の保存，仕事と運動エネルギー，電流と電子，電球の効率

第2問　力学　　　浮力

第3問　波動　　　音波，共鳴

特徴

1．生活中に現れる現象が扱われる問題が含まれる。
2．物理現象を説明した文章の穴埋め問題が含まれる。
3．実験データからの読み取り問題が含まれる。
4．文字式や数値が選択肢になる問題より，図や文章が選択肢になる問題の方がやや多い。

学習対策

　工夫を凝らした問題が多いが，教科書を正確に理解し，問題演習を怠らなければ必ず解ける。以下に分野ごとの学習対策を示す。

運動とエネルギー（運動，力，力学的エネルギー）

　この分野は運動の様子を把握することが最も大切なので，運動の様子を描く練習が必要である。的確な図を描くことができれば，問題の8割は解決する。図をたくさん描くことを心がけよう。

様々な物理現象とエネルギー（波，熱，電気）

　この分野には耳慣れない物理用語が多い。そして，これらの物理用語の正確な定義を理解する必要がある。理解を深めるためには時間を要するので，ゆっくり学習を進めることが大切である。

＜物理＞

出題傾向

2024年1月に出題された共通テストの出題分野と特徴を以下に示す。

出題分野

第1問	小問集合	剛体のつり合い，温度と分子のエネルギー，光の屈折と全反射，ローレンツ力と円運動，原子核反応
第2問	力学	ペットボトルロケットの探究
第3問	波動	弦の共振
第4問	電磁気	点電荷による電場と電位

特徴

1．題意をつかむのに時間がかかる実験の問題が出題される。
2．文章を完成させる穴埋め問題が多い。
3．実験，あるいは実験風の問題が多い。
4．文字式や数値が選択肢になる問題と図や文章が選択肢になる問題が半々で出題される。

学習対策

　工夫を凝らした問題が多く，難しく感じるが，基本的な現象が主に扱われている。教科書を正確に理解し，問題演習を怠らなければ必ず解ける。なお，「物理基礎」からの出題が含まれるので，「物理」と「物理基礎」を分けず，全体を学習の対象にすべきである。以下に分野ごとの学習対策を示す。

力学

　基本的で単純な実験が出題される場合が多い。内容を把握することができれば，問題の8割は解決する。時間をかけてもいいので，内容の把握に心がけよう。

波動

　数式が少ない代わりに，分散，散乱，屈折，…など，さまざまな現象に関する理解が問われる分野である。理解を深めるには時間を要するので，時間をかけ，ゆっくり学習を進めることが大切である。

電磁気

　目に見えない現象を扱うからか，多くの受験生が苦手としている。しかし公式の使い方を覚えると，意外と得点しやすい分野である。最重要項目はコンデンサーと電磁誘導である。

熱と気体

　この分野も電磁気分野と同様に，苦手とする受験生が多い。この分野で最も大切な

のは"慣れ"である。問題に慣れれば解けるので，気長に学習を続けていくことが大切である。

原子

　この分野では光を粒子として扱ったり，電子を波として扱ったりする。考え方が特異であるが，問題を解くときの発想は力学分野と同じである。

物理基礎

オリジナル問題

物 理 基 礎

(解答番号 $\boxed{1}$ ～ $\boxed{16}$)

第1問 次の問い(**問1～4**)に答えよ。(配点 16)

問1 図1のように，ばねの左端をAさんが持ち，右端をBさんが持って自然の長さよりも伸びた状態でばねを水平に保ちながら静止させた。この状態を状態1とする。次に，同じばねの左端を壁に固定し，Bさんが右端を持って状態1のときとばねの長さが同じになるまで引き，ばねを水平に保ちながら静止させた。この状態を状態2とする。

状態1においてAさんとBさんがばねを引く力の大きさをそれぞれ f_1，F_1 とし，状態2においてBさんがばねを引く力の大きさを F_2 とする。このとき，力の大きさ f_1，F_1，F_2 の大小関係として最も適当なものを，次ページの①～⑦のうちから一つ選べ。$\boxed{1}$

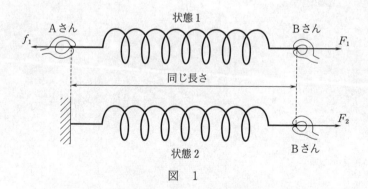

図 1

オリジナル問題　物理基礎　3

① $f_1 = F_1 = F_2$　　　　　　② $f_1 = F_1 > F_2$

③ $f_1 = F_1 < F_2$　　　　　　④ $f_1 > F_1 = F_2$

⑤ $f_1 < F_1 = F_2$　　　　　　⑥ $f_1 > F_1 > F_2$

⑦ $f_1 < F_1 < F_2$

問2 次の文章中の空欄 ア ～ エ に入れる語句の組合せとして最も適当なものを，下の①～⑧のうちから一つ選べ。 2

　火力発電では，化石燃料を燃やしてつくった高温高圧の水蒸気によってタービンを回している。このとき，燃焼によって化学エネルギーが ア エネルギーに変換され，さらに イ エネルギーへと変換されている。タービンの回転によって，発電機内のコイルが回転すると ウ が変化するため電磁誘導が起こり電力が得られる。このとき イ エネルギーが エ エネルギーへと変換されている。

	ア	イ	ウ	エ
①	運　動	熱	コイルを貫く磁力線の数	電　気
②	運　動	熱	コイルを貫く磁力線の数	核
③	運　動	熱	コイルに流れる電流	電　気
④	運　動	熱	コイルに流れる電流	核
⑤	熱	運　動	コイルを貫く磁力線の数	電　気
⑥	熱	運　動	コイルを貫く磁力線の数	核
⑦	熱	運　動	コイルに流れる電流	電　気
⑧	熱	運　動	コイルに流れる電流	核

— 18 —

問3 次の文章中の空欄 オ ～ キ に入れる語句の組合せとして最も適当なものを，次ページの①～⑧のうちから一つ選べ。 3

　図2のように，おんさAに箱を取りつけておんさAを叩くと，箱から大きな音が聞こえた。これはおんさAの振動数と箱内の気柱の固有振動数が等しく オ が生じたからである。次に，箱からおんさAを取り外し，箱内の気柱の固有振動数と異なる振動数のおんさBをこの箱に取りつけておんさBを叩くと，箱から大きな音が カ 。次に，箱からおんさBを取り外し，おんさAをこの箱に再び取りつけた。さらに，箱の中をヘリウムガスで満たしてからおんさAを叩くと，箱から大きな音が聞こえなかった。これは箱内を伝わる音波の速さと キ が変化したためと考えられる。

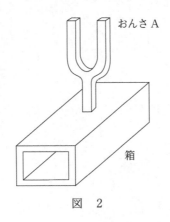

図　2

	オ	カ	キ
①	共　鳴	聞こえた	振動数
②	共　鳴	聞こえた	波　長
③	共　鳴	聞こえなかった	振動数
④	共　鳴	聞こえなかった	波　長
⑤	うなり	聞こえた	振動数
⑥	うなり	聞こえた	波　長
⑦	うなり	聞こえなかった	振動数
⑧	うなり	聞こえなかった	波　長

オリジナル問題　物理基礎　7

問4　高校の授業で熱について学習したＡさんとＢさんがエネルギーに関する会話を交わしている。次の会話文を読み，下線部に**誤りを含むもの**を①〜⑥のうちから**二つ**選べ。ただし，解答番号の順序は問わない。　4 ・ 5

Ａさん：前に物理基礎の授業で，エネルギーと仕事の関係について学んだよね。そのときに，摩擦のある水平面上をすべっている物体が静止するまでに，①物体にはたらく摩擦力の仕事の分だけ力学的エネルギーが変化するという話があったと思うんだけど，このとき変化した力学的エネルギーは何か他のエネルギーに変換されたのかな。

Ｂさん：ちょうど今日の授業で学習した熱に変わるんじゃないのかな。

Ａさん：②熱量の単位にもＪが使われるから熱もエネルギーの一種なんだよね。

Ｂさん：熱と温度の関係に熱容量というのがあるけど，③熱容量は，単位質量の物質の温度を1Ｋ上げるのに必要な熱量だったよね。

Ａさん：例えば，④比熱が3 J/(g·K) の物質100 g の熱容量は300 J/K となるね。

Ｂさん：でも，今日の授業では熱を加えても温度が上がらない，という状況があった気がするけど……。

Ａさん：それは，氷がとけるときの話だね。

Ｂさん：ああ，そうだ。⑤加えられた熱が固体から液体への状態変化に使われている間は温度が上がらないんだったね。

Ａさん：⑥氷の融解熱が 3.3×10^2 J/g だとすると，0 ℃ の氷 100 g を，0 ℃ の水にするために必要な熱量は3.3 J となるね。

Ｂさん：ここまで学んだことを使えば，力学的エネルギーから変換された熱のエネルギーによって，物体の温度がどのくらい上がるのかも計算できそうだね。

— 21 —

第2問 次の文章(**A**・**B**)を読み,下の問い(**問1〜5**)に答えよ。(配点 18)

A 単純化したモデルで弦楽器を考えよう。図1(a)のように,距離 L 離れた位置に固定された2つのブリッジによって弦を支え,弦を弾くことで音を出す。ブリッジの間隔を5等分する位置に4つのフレットを置き,フレットの位置を指で押さえることによって,振動させる弦の長さを変えて音を出すことができる。弦の振動の振幅は十分小さく,弦を弾いたときに弦は押さえていないフレットには接触しない。また,フレットを押さえても弦は伸び縮みせず,弦の張力の大きさも変わらないとする。例えば,図1(b)は一番左のフレットを押さえた様子を示しており,押さえた位置よりも左側の弦の長さは $\frac{1}{5}L$,右側の弦の長さは $\frac{4}{5}L$ になると考えてよい。

弦の張力は 20 N から 80 N までの大きさに設定することができ,弦を伝わる波の速さと,弦の張力の大きさの関係は図2のようになる。初め,弦の張力の大きさを 60 N に設定して,フレットを押さえずに弦を弾くと 196 Hz の音が鳴った。弦から鳴る音の振動数は弦にできる基本振動の振動数と考えてよい。

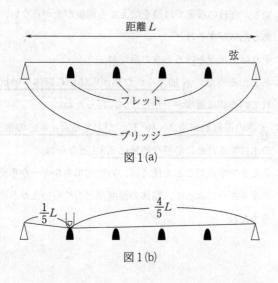

図1(a)

図1(b)

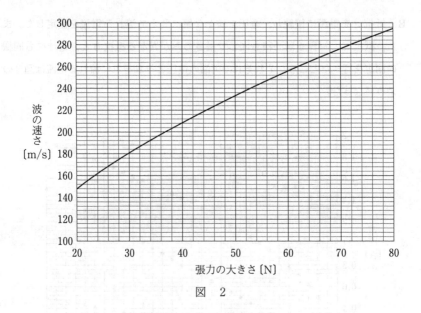

図 2

問1 ブリッジ間の距離 L は何 m か。最も適当な数値を，次の①～④のうちから一つ選べ。 6 m

① 3.8×10^{-1} ② 6.5×10^{-1}
③ 7.7×10^{-1} ④ 1.3

問2 押さえるフレットの選択，弦の張力の大きさの調節によって，弦から鳴る音の振動数を様々に変えることができる。この弦から鳴る音の振動数の最大値は何 Hz か。最も適当な数値を，次の①～⑧のうちから一つ選べ。 7 Hz

① 2.0×10^2 ② 2.3×10^2 ③ 4.5×10^2
④ 6.8×10^2 ⑤ 9.0×10^2 ⑥ 9.8×10^2
⑦ 1.1×10^3 ⑧ 2.3×10^3

B 抵抗 a を電源に接続し，電圧を様々な値に変えて流れる電流を測定した。また，抵抗 a と材質も断面積も同じで長さのみが異なる抵抗 b と，電球にも同様の測定を行ったところ，それぞれの両端の電圧とそれぞれに流れる電流は図 3 のようになった。

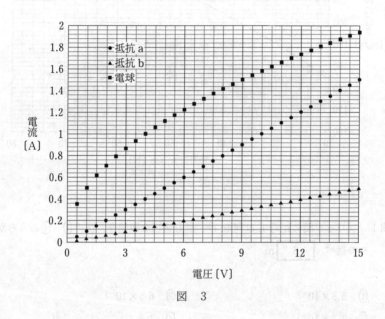

図 3

問3 次の文章中の空欄 8 ・ 9 に入れる数値として最も適当なものを，それぞれの直後の｛ ｝で囲んだ選択肢のうちから一つずつ選べ。

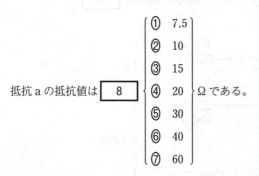

抵抗aの抵抗値は 8 ｛① 7.5　② 10　③ 15　④ 20　⑤ 30　⑥ 40　⑦ 60｝Ω である。

また，抵抗bの長さは抵抗aの長さの 9 ｛① $\frac{1}{4}$　② $\frac{1}{3}$　③ $\frac{1}{2}$　④ 2　⑤ 3　⑥ 4｝倍である。

問4 図4のように，抵抗aと抵抗bを並列に接続したものに電圧をかけてそれぞれに流れる電流の和を測定すると，電圧と電流の関係はどのようになると予想できるか。下の①～④のうちから一つ選べ。 10

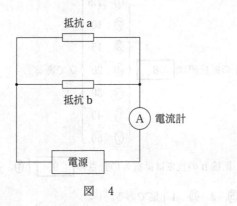

図 4

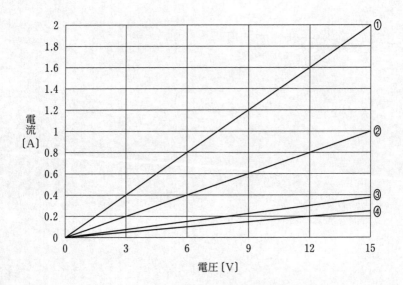

問 5　図 3 から読み取れる電球の抵抗値の特徴を説明した文として最も適当なものを，次の①～⑦のうちから一つ選べ。 11

① どの電圧に対しても抵抗値はほぼ一定値を示している。

② 電圧が高くなるほど抵抗値は大きくなっている。

③ 電圧が高くなるほど抵抗値は小さくなっている。

④ 電圧がある値よりも低いときはどの電圧に対しても抵抗値はほぼ一定値を示しているが，電圧がある値よりも高いときは電圧が高くなるほど抵抗値は大きくなっている。

⑤ 電圧がある値よりも低いときは電圧が高くなるほど抵抗値は大きくなっているが，電圧がある値よりも高いときはどの電圧に対しても抵抗値はほぼ一定値を示している。

⑥ 電圧がある値よりも低いときはどの電圧に対しても抵抗値はほぼ一定値を示しているが，電圧がある値よりも高いときは電圧が高くなるほど抵抗値は小さくなっている。

⑦ 電圧がある値よりも低いときは電圧が高くなるほど抵抗値は小さくなっているが，電圧がある値よりも高いときはどの電圧に対しても抵抗値はほぼ一定値を示している。

第3問 次の文章を読み，下の問い(**問1～4**)に答えよ。(配点 16)

　図1のように，水平面上に置かれた質量10 kgの荷台Aに，荷物をのせて運ぶ装置がある。動力部(モーター)の電源を入れるとワイヤーが巻きついているプーリーが回転し，ワイヤーに接続された荷台Aは一定の速さ2.0 m/sで移動する。動力部の消費電力はワイヤーが荷台Aを引く力の仕事率と常に等しいものとする。動力部は常に100 Vの電圧で作動し，荷物は荷台Aに対してすべることはない。荷台Aと水平面の間の動摩擦係数は1.2，重力加速度の大きさは9.8 m/s²とし，空気の抵抗は無視するものとする。

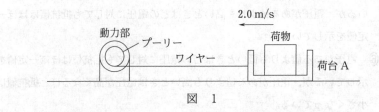

図　1

問1　次の文章中の空欄　12　・　13　に入れる数値として最も適当なものを，下の①～⑧のうちから一つずつ選べ。ただし，同じものを繰り返し選んでもよい。

　質量5.0 kgの荷物を荷台Aにのせて装置を作動させる。荷台Aと荷物を一体のものとして考えると，これにはたらく重力の大きさは　12　Nである。また，荷台Aにはたらく動摩擦力の大きさは　13　Nである。

　12　・　13　の解答群

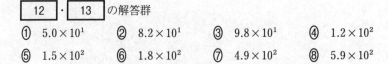

問2 次の文章中の空欄 ア ・ イ に入れる数値の組合せとして最も適当なものを，下の①～⑧のうちから一つ選べ。 14

　ある質量の荷物を荷台 A にのせて装置を作動させたところ，荷台 A にはたらく動摩擦力の大きさは 300 N であった。このときワイヤーが荷台 A を引く力の仕事率は ア W である。また，装置に流れる電流は イ A である。

	ア	イ
①	1.5×10^2	1.5
②	1.5×10^2	3.0
③	1.5×10^2	4.5
④	1.5×10^2	6.0
⑤	6.0×10^2	1.5
⑥	6.0×10^2	3.0
⑦	6.0×10^2	4.5
⑧	6.0×10^2	6.0

問3 荷台Aにのせる荷物の質量を様々な値に変えて装置を作動させ，装置に流れる電流を測定した。このときのせた荷物の質量 m と，装置に流れる電流 I の関係を表すグラフとして最も適当なものを，次の①～⑥のうちから一つ選べ。
　15

①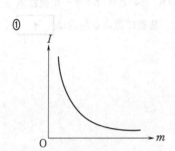

②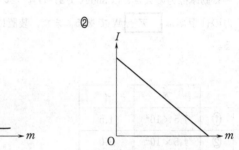

③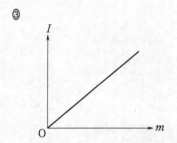

④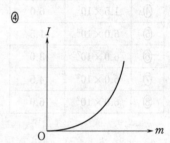

⑤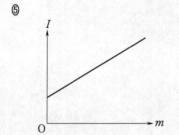

⑥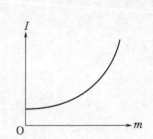

オリジナル問題　物理基礎　17

問4　次の文章中の空欄　ウ ・ エ に入れる語句の組合せとして最も適当なものを，下の①～⑨のうちから一つ選べ。 16

　　荷台 A よりも質量が大きく，水平面との間の動摩擦係数は荷台 A と等しい荷台 B と，荷台 A と質量は等しく，水平面との間の動摩擦係数は荷台 A よりも小さい荷台 C がある。荷台 A を，荷台 B，C へとかえて同じ電圧(100 V)で装置を作動させると，どちらの場合も荷台は同じ速さ(2.0 m/s)で移動した。

　　同じ質量の物を荷台 A，B，C で運ぶ場合を考える。荷台 A で運んだ場合と比べると，荷台 B で運んだときの装置の消費電力は ウ 。また，荷台 A で運んだ場合と比べると，荷台 C で運んだときに装置に流れる電流は エ 。

	ウ	エ
①	大きい	大きい
②	大きい	小さい
③	大きい	等しい
④	小さい	大きい
⑤	小さい	小さい
⑥	小さい	等しい
⑦	等しい	大きい
⑧	等しい	小さい
⑨	等しい	等しい

— 31 —

物理基礎

解答・採点基準　　　　(50点満点)

問題番号(配点)	設問	解答番号	正解	配点	自己採点
第1問 (16)	問1	1	①	4	
	問2	2	⑤	4	
	問3	3	④	4	
	問4	4 — 5	③-⑥	4 (各2)	
第1問　自己採点小計					
第2問 (18)	A 問1	6	②	4	
	A 問2	7	⑦	4	
	B 問3	8	②	2	
	B	9	⑤	2	
	B 問4	10	①	3	
	B 問5	11	②	3	
第2問　自己採点小計					
第3問 (16)	問1	12	⑤	2	
	問1	13	⑥	2	
	問2	14	⑧	4	
	問3	15	⑤	4	
	問4	16	②	4	
第3問　自己採点小計					
自己採点合計					

(注) －(ハイフン)でつながれた正解は，順序を問わない。

第1問　小問集合

問1　まず，状態1について考える。ばねをひとつの物体としてとらえるとき，静止しているので力がつりあっている。

$$f_1 = F_1$$

次に，状態2について考える。ばねの状態は1と2で同じなので，ばねの左端は壁から左向きの力を受けているはずである。その力の大きさを f_2 とすると，力のつりあいより，

$$f_2 = F_2$$

最後に，ばねの伸びに着目する。ばねの伸びは状態1と状態2で同じなので，加えている力も同じである。

$$\therefore \quad \underline{F_1 = F_2}$$

$\boxed{1}\cdots①$

問2　火力発電では，化石燃料を燃やして得られた<u>熱</u>アエネルギーがタービンの<u>運動</u>イエネルギーへと変換されている。さらに，タービンの回転によって，発電機内の<u>コイルを貫く磁力線の数</u>ウが変化するため，電磁誘導が起こる。このとき，タービンの<u>運動</u>イエネルギーが<u>電気</u>エエネルギーに変換されている。

$\boxed{2}\cdots⑤$

問3　おんさAの振動数と，箱内の気柱の固有振動数が等しいとき<u>共鳴</u>オが生じ，箱から大きな音が聞こえる。おんさBはおんさAとは異なる高さの音を出すので，共鳴が生じず，箱から大きな音は<u>聞こえなかった</u>カ。また，箱内の気体をヘリウムガスに変えると，音波の伝わる速さが変化し，<u>波長</u>キが変化するので，共鳴が生じなかったと考えられる。

$\boxed{3}\cdots④$

問4　③にある「単位質量の物質の温度を1K上げるのに必要な熱量」は比熱の定義であるため誤っている。熱容量は，物体の温度を1K上げるのに必要な熱量である。

⑥にあるように氷の融解熱が 3.3×10^2 J/g だとすると，0℃の氷 100 g を，0°の水にするために必要な熱量は，

$$(3.3 \times 10^2 \text{ J/g}) \times (100 \text{ g}) = 3.3 \times 10^4 \text{ J}$$

したがって，⑥は誤っている。

$\boxed{4}\cdot\boxed{5}\cdots③\cdot⑥$

第2問　波動・電気

A　弦の固有振動

問1　弦の両端は固定しているから定常波の節となる。したがって，フレットを押さえずに弦を弾いたときに，弦にできる基本振動は次図のようになる。

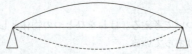

このときの波長を λ とすると，図より，
$$L = \frac{\lambda}{2} \quad \therefore \quad \lambda = 2L$$
また，弦を伝わる波の速さを V，弦の振動数を F とすると，
$$V = F\lambda = F \cdot 2L \quad \cdots(\text{i})$$
問題の図2より，張力の大きさが60Nのときの弦を伝わる波の速さは $V = 256$ m/s と読み取れる。また $F = 196$ Hz であるから，式(i)を整理して代入すると，
$$L = \frac{V}{2F} = \frac{256 \text{ m/s}}{2 \times (196 \text{ Hz})} = 0.653 \cdots \text{m}$$
$$\fallingdotseq \underline{6.5 \times 10^{-1}} \text{ m}$$

$\boxed{6}$ …②

問2 弦の張力の大きさを変えて弦を伝わる波の速さが v，フレットを押さえたことで弦の長さが ℓ，弦の振動数が f になったとすると，式(i)と同様に，
$$v = f \cdot 2\ell$$
が成り立つ。上式より，弦を伝わる波の速さ v が大きく，弦の長さ ℓ が小さいほど，弦の振動数 f が大きくなることがわかる。弦の長さの最小値は $\ell = \frac{L}{5}$ であるから上式に代入すると，
$$v = f \cdot \frac{2L}{5} \quad \cdots(\text{ii})$$
式(ii)の両辺を式(i)の両辺で割ることで L を消去すると，
$$\frac{v}{V} = \frac{f}{F} \cdot \frac{1}{5}$$
問題の図2より，弦を伝わる波の速さの最大値を $v = 295$ m/s と読み取り，上式を整理して代入すると，
$$f = 5 \cdot \frac{v}{V} \cdot F = 5 \times \frac{295 \text{ m/s}}{256 \text{ m/s}} \times (196 \text{ Hz})$$
$$= 1.12 \cdots \times 10^3 \text{ Hz}$$
$$\fallingdotseq \underline{1.1 \times 10^3} \text{ Hz}$$

$\boxed{7}$ …⑦

B オームの法則

問3 問題の図3より，読み取りやすい6.0Vのときのデータを用いると，抵抗aと抵抗bの抵抗値は，
$$\text{a} \cdots \frac{6.0 \text{ V}}{0.60 \text{ A}} = \underline{10} \text{ Ω} \quad \text{b} \cdots \frac{6.0 \text{ V}}{0.20 \text{ A}} = 30 \text{ Ω}$$

抵抗 b の抵抗値は抵抗 a の 3 倍である。材質が同じであるから抵抗率は等しく，また断面積も等しいから，抵抗 b の長さは抵抗 a の長さの 3 倍である。

$\boxed{8}$ …② $\boxed{9}$ …⑤

問 4 前問同様，6.0 V に着目すると，抵抗 a に流れる電流が 0.60 A で，抵抗 b に流れる電流が 0.20 A なので，それらの和は 0.80 A である。この関係を示しているグラフは①である。

$\boxed{10}$ …①

問 5 抵抗値 R は電圧 V と電流 I の比であり，

$$R = \frac{V}{I}$$

と表される。問題の図 3 より，電球の抵抗値は電圧が高くなるほど抵抗値は大きくなっていることがわかる。なお，電圧が 9 V 付近よりも高い範囲では，データが直線上にあるように見えるが，原点を通る直線ではないため抵抗値は一定になっていない。

$\boxed{11}$ …②

第 3 問 力学・電気

問 1 荷台 A と荷物の質量の和を M_s，重力加速度の大きさを g とする。質量 5.0 kg の荷物をのせたとき

$$M_s = 10\,\text{kg} + 5.0\,\text{kg} = 15\,\text{kg}$$

であるから，荷台 A と荷物を一体のものとして考えたとき，これにはたらく重力の大きさは，

$$M_s g = (15\,\text{kg}) \times (9.8\,\text{m/s}^2) \fallingdotseq 1.5 \times 10^2\,\text{N}$$

$\boxed{12}$ …⑤

鉛直方向の力のつり合いより，荷台 A が水平面から受ける垂直抗力の大きさは $M_s g$ である。したがって，荷台 A と水平面の間の動摩擦係数を μ とすると，荷台 A にはたらく動摩擦力の大きさは，

$$\mu M_s g = 1.2 \times (15\,\text{kg}) \times (9.8\,\text{m/s}^2)$$
$$\fallingdotseq 1.8 \times 10^2\,\text{N}$$

$\boxed{13}$ …⑥

問 2 装置を作動させたときに荷台 A が移動する速さは一定であるから，荷台 A にはたらく力はつり合っている。よって，ワイヤーが荷台を引く力と荷台が水平面から受ける動摩擦力の大きさは等しい。したがって，装置を作動させたときに荷台 A が移動する速さを v とすると，ワイヤーが荷台 A を引く力の仕事率 P_T は，

$$P_T = \mu M_s g v$$

となる。動摩擦力の大きさは $\mu M_s g = 300\,\text{N}$ であるから，

$$P_T = (300\,\text{N}) \times (2.0\,\text{m/s}) = \underset{\text{ア}}{6.0 \times 10^2}\,\text{W}$$

また，装置が作動しているときの電圧を V，装置に流れる電流を I とすると，装置

の消費電力 P は,

$$P=VI$$

となる。装置の消費電力はワイヤーが荷台 A を引く力の仕事率と等しく $P=P_\mathrm{T}$ が成り立つから,

$$VI=\mu M_\mathrm{s}gv \quad \cdots(\mathrm{i})$$

したがって, 装置に流れる電流は

$$I=\frac{\mu M_\mathrm{s}gv}{V}=\frac{600\ \mathrm{W}}{100\ \mathrm{V}}=6.0_イ\ \mathrm{A}$$

$\boxed{14}\cdots ⑧$

問3 荷台 A に載せた荷物の質量を m, 荷台 A の質量を M とすると, 質量の和 M_s は,

$$M_\mathrm{s}=m+M$$

となるから, 式(i)より, 装置の消費電力 P は,

$$P=VI=\mu(m+M)gv \quad \cdots(\mathrm{ii})$$

となる。電圧 V, 動摩擦係数 μ, 荷台 A の質量 M, 重力加速度の大きさ g, 荷台 A の速さ v はいずれも正の定数である。したがって, 式(ii)より, 装置に流れる電流 I は, 荷物の質量 m の一次関数であることがわかる。縦軸を I, 横軸を m とすると, その傾き $\dfrac{\mu gv}{V}$, 切片 $\dfrac{\mu Mgv}{V}$ はどちらも正であるから, グラフは ⑤ となる。

$\boxed{15}\cdots ⑤$

問4 荷台 B の質量を M_B とする。また, 荷台 B で質量 m の荷物を運ぶ場合の装置の消費電力を P_B とすると, 式(ii)と同様に

$$P_\mathrm{B}=\mu(m+M_\mathrm{B})gv$$

となる。荷台 B の質量は荷台 A よりも大きく

$$M_\mathrm{B}>M$$

である。したがって, 荷台 A で質量 m の荷物を運ぶ場合の消費電力 P の式(ii)と比較すると,

$$P_\mathrm{B}=\mu(m+M_\mathrm{B})gv>P$$

となる。よって, P_B は P より 大きい$_ウ$。

荷台 C と水平面の間の動摩擦係数を μ_C とする。また, 荷台 C で質量 m の荷物を運ぶ場合に, 装置に流れる電流を I_C とすると, 式(ii)と同様に

$$VI_\mathrm{C}=\mu_\mathrm{C}(m+M)gv$$

となる。動摩擦係数は荷台 A のときよりも小さく

$$\mu_\mathrm{C}<\mu$$

である。したがって, 荷台 A で質量 m の荷物を運ぶ場合の消費電力 VI の式(ii)と比較すると,

$$VI_\mathrm{C}=\mu_\mathrm{C}(m+M)gv<VI \quad \therefore\ I_\mathrm{C}<I$$

となる。よって, I_C は I より 小さい$_エ$。

$\boxed{16}\cdots ②$

— 36 —

物　　理

オリジナル問題

物　　　理

（解答番号 1 ～ 29 ）

第1問　次の問い（問1～5）に答えよ。（配点　25）

問1　次の文章中の空欄 1 · 2 に入れる記号と語句として最も適当なものを，それぞれの直後の｛　｝で囲んだ選択肢のうちから一つずつ選べ。

図1のように，3本の細くて硬い棒を同一平面内で組み合わせ，両端におもりを固定した。2つのおもりは質量と大きさが等しく，一様な密度の球体である。棒の質量は無視できるものとする。以下では棒とおもりをまとめて物体と呼ぶことにする。物体の形は中央の棒を軸として左右対称になっている。

図2のように，中央の棒の先端aを鉛直に立てた円柱にのせ，傾いた状態で支えて静止させた。物体の重心の位置は図2の
点 1 ｛① a ② b ③ c ④ d ⑤ e ⑥ f｝である。図2の状態から物体を静かにはなすと，物体は

2 ｛① 静止し続けた。
② 棒の先端aを軸として時計回りに回転した。
③ 棒の先端aを軸として反時計回りに回転した。｝

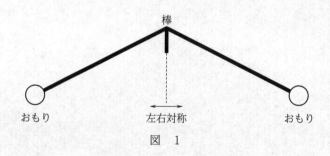

図　1

オリジナル問題 物理 3

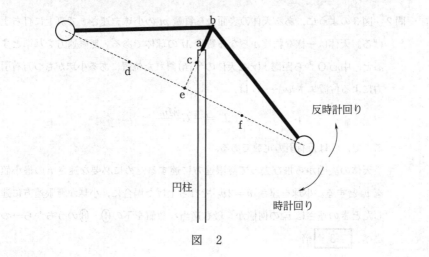

図 2

問2 図3のように，ある天体の表面から質量 m の小球を速さ v で真上に打ち上げる。天体は一様な物質からなる質量 M の球体である。無限遠方を基準とすると，中心 O から距離 r ($r \geq$ 天体の半径) 離れた位置にある小球がもつ万有引力による位置エネルギー U は，

$$U = -G\frac{Mm}{r}$$

ここで，G は万有引力定数である。

　天体の表面から飛び去って無限遠方に達するために必要な速さ v の最小値を v_0 とする。小球を速さ $v=2v_0$ で打ち上げた場合に，小球が無限遠方に達したときの速さは v_0 の何倍か。最も適当な数値を下の①〜⑧のうちから一つ選べ。 3 倍

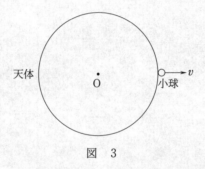

図 3

① $\dfrac{1}{2}$　　② $\dfrac{1}{\sqrt{3}}$　　③ $\dfrac{1}{\sqrt{2}}$　　④ 1

⑤ $\sqrt{2}$　　⑥ $\sqrt{3}$　　⑦ 2　　⑧ $\sqrt{5}$

問3 次の文章中の空欄 4 ・ 5 に入れる語句として最も適当なものを，それぞれの直後の｛ ｝で囲んだ選択肢のうちから一つずつ選べ。

図4のように，電気力線が平行で等間隔に並ぶ空間内で線分abに沿って負電荷を移動させる。点aから点bへと負電荷をゆっくりと移動させる間に，負電荷が受ける静電気力の大きさは

4 ｛
① 増加する。
② 減少する。
③ ある位置までは増加し，ある位置からは減少する。
④ ある位置までは減少し，ある位置からは増加する。
⑤ 変化しない。
｝

また，このとき負電荷の静電気力による位置エネルギーは

5 ｛
① 増加し，移動させるのに必要な仕事は正
② 増加し，移動させるのに必要な仕事は負
③ 減少し，移動させるのに必要な仕事は正
④ 減少し，移動させるのに必要な仕事は負
⑤ 変化せず，移動させるのに必要な仕事は0
｝ である。

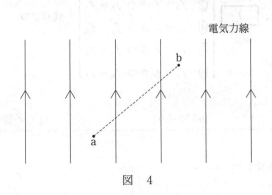

図 4

問4 次の文章中の空欄 6 ・ 7 に入れる式として最も適当なものを，それぞれの直後の｛ ｝で囲んだ選択肢のうちから一つずつ選べ。

図5のように，気温が10℃の領域を自動車が振動数fの音を鳴らしながら一定の速さで右向きに走っている。自動車が静止しているとき自動車が発する音波の波長はλであった。自動車の前方の気温が10℃の領域にはAさんが静止しており，気温が13℃の領域にはBさんが静止している。自動車が発する音波がAさんに達するときの波長をλ_A，Bさんに達するときの波長をλ_Bとすると，6 ｛① $\lambda_A > \lambda$ かつ $\lambda_B > \lambda_A$ ② $\lambda_A > \lambda$ かつ $\lambda_B < \lambda_A$ ③ $\lambda_A > \lambda$ かつ $\lambda_B = \lambda_A$ ④ $\lambda_A < \lambda$ かつ $\lambda_B > \lambda_A$ ⑤ $\lambda_A < \lambda$ かつ $\lambda_B < \lambda_A$ ⑥ $\lambda_A < \lambda$ かつ $\lambda_B = \lambda_A$｝が成り立つ。また，Aさんが観測する音波の振動数をf_A，Bさんが観測する音波の振動数をf_Bとすると，7 ｛① $f_A > f$ かつ $f_B > f_A$ ② $f_A > f$ かつ $f_B < f_A$ ③ $f_A > f$ かつ $f_B = f_A$ ④ $f_A < f$ かつ $f_B > f_A$ ⑤ $f_A < f$ かつ $f_B < f_A$ ⑥ $f_A < f$ かつ $f_B = f_A$｝が成り立つ。

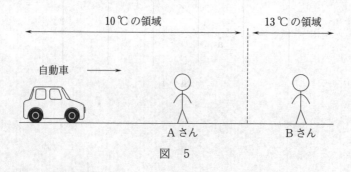

図 5

問5 次の文章中の空欄 ア ・ イ に入れる記号の組合せとして最も適当なものを，下の①～⑧のうちから一つ選べ。 8

図6のように，一定量の理想気体の圧力 p と体積 V をゆっくりと変化させた。体積を一定に保った過程 a，温度を一定に保った過程 b，圧力を一定に保った過程 c を経て気体の状態をもとに戻す。この一連の過程において，高温の熱源から熱を吸収している過程は ア であり，低温の熱源へと熱を放出している過程は イ 。

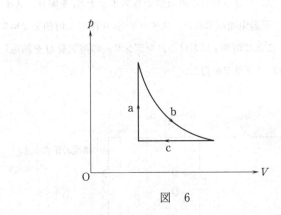

図 6

	ア	イ
①	aのみ	bのみである
②	aのみ	cのみである
③	aのみ	bとcである
④	aのみ	な い
⑤	aとb	cのみである
⑥	aとb	な い
⑦	aとc	bのみである
⑧	aとc	な い

第2問 次の文章（**A**・**B**）を読み，下の問い（**問1〜6**）に答えよ。（配点 25）

A 図1のように，電圧が 100 V の直流電源，コンデンサー，コイルおよびスイッチ S_1，S_2 からなる回路がある。コンデンサーの上側の極板の電気量を $+Q$，下側の極板の電気量を $-Q$ とし，コイルに流れる電流は図1の矢印の向きを正とする。最初，スイッチ S_1，S_2 はどちらも開いており，コンデンサーの電気量は $Q=0$ であった。

スイッチ S_1 のみを閉じて十分な時間が経過したとき，コンデンサーの電気量は $Q=4.0\times10^{-4}$ C となった。この状態からスイッチ S_1 を開き，スイッチ S_2 を閉じると回路に振動電流が流れた。スイッチ S_2 を閉じた時刻を $t=0$ s として，4.0×10^{-4} s ごとに時刻 t におけるコンデンサーの電気量 Q を測定したところ，図2に示す $Q-t$ グラフを得た。

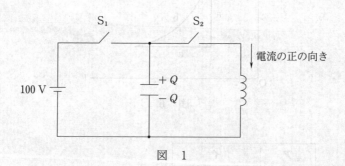

図 1

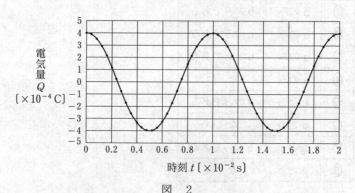

図 2

問1 コンデンサーの電気容量は何 F か。次の空欄 9 ～ 11 に入れる数字として最も適当なものを，下の①～⓪のうちから一つずつ選べ。ただし，同じものを繰り返し選んでもよい。

$$\boxed{9} . \boxed{10} \times 10^{-\boxed{11}} \text{F}$$

① 1　　② 2　　③ 3　　④ 4　　⑤ 5

⑥ 6　　⑦ 7　　⑧ 8　　⑨ 9　　⓪ 0

問2 次の文章中の空欄 ア・イ に入れる語句の組合せとして最も適当なものを，下の①～⑨のうちから一つ選べ。 12

時刻 $t = 2.5 \times 10^{-3}$ s にコイルに流れる電流は ア であり，時刻 $t = 1.5 \times 10^{-2}$ s にコイルに流れる電流は イ である。

	①	②	③	④	⑤	⑥	⑦	⑧	⑨
ア	正	正	正	負	負	負	0	0	0
イ	正	負	0	正	負	0	正	負	0

問3 $Q-t$ グラフの傾きの大きさは電流の大きさに等しい。図 2 から読み取れる振動電流の周期 T と振動電流の大きさの最大値 I_{max} の組合せとして最も適当なものを，次の①～④のうちから一つ選べ。 13

① $T = 1.0 \times 10^{-2}$ s , $I_{max} = 2.5 \times 10^{-1}$ A

② $T = 1.0 \times 10^{-2}$ s , $I_{max} = 5.0 \times 10^{-1}$ A

③ $T = 2.0 \times 10^{-2}$ s , $I_{max} = 2.5 \times 10^{-1}$ A

④ $T = 2.0 \times 10^{-2}$ s , $I_{max} = 5.0 \times 10^{-1}$ A

B 図3のように,直方体の半導体を用意し,長さ a の辺に平行に x 軸を,長さ b の辺に平行に y 軸を,長さ c の辺に平行に z 軸をとり,z 軸正の向きに磁束密度の大きさ B の一様な磁場をかける。半導体の $y-z$ 平面に平行な面に導線をつなぎ,x 軸正の向きに大きさ I の電流を流す。半導体の $x-z$ 平面に平行な面のうち,y 座標の大きい方の面を Y_+,y 座標の小さい方の面を Y_- とする。さらに,半導体の $x-y$ 平面に平行な面のうち,z 座標の大きい方の面を Z_+,z 座標の小さい方の面を Z_- とする。

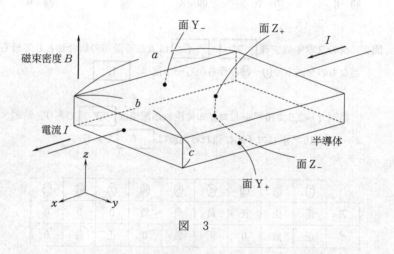

図 3

オリジナル問題　物理　11

問4　次の文章中の空欄　**ウ**・**エ**　に入れる記号と式の組合せとして最も適当なものを，下の①~⑧のうちから一つ選べ。　14

半導体内のキャリアは磁場からローレンツ力を受けることで，ある面に集まる。半導体のキャリアが正電荷の場合には，ローレンツ力によって面　**ウ**　にキャリアが集まり，面　**ウ**　に垂直な方向に強さ E の電場をつくる。半導体の中ほどを流れるキャリアは，この電場から受ける静電気力とローレンツ力がつり合い，x 軸方向に直進するようになる。このとき，面　**ウ**　と，それに向かい合う面との電位差は　**エ**　となる。

	①	②	③	④	⑤	⑥	⑦	⑧
ウ	Y_+	Y_+	Y_-	Y_-	Z_+	Z_+	Z_-	Z_-
エ	Eb	Ec	Eb	Ec	Eb	Ec	Eb	Ec

問5　次の文章中の空欄　**オ**・**カ**　に入れる式の組合せとして最も適当なものを，下の①~⑥のうちから一つ選べ。　15

半導体内のキャリアが正電荷の場合を考える。キャリア1個あたりの電気量を e とし，半導体内には単位体積当たり n 個のキャリアが存在しているとする。すべてのキャリアが速さ v で x 軸方向に直進していると仮定するとき，流れる電流の大きさ I は $I = env \times$ **オ** であり，ローレンツ力によってある面に集まったキャリアがつくる電場の強さ E は $E =$ **カ** となる。

	①	②	③	④	⑤	⑥
オ	ab	ab	bc	bc	ca	ca
カ	vB	$\dfrac{B}{v}$	vB	$\dfrac{B}{v}$	vB	$\dfrac{B}{v}$

— 47 —

問6 次の文章中の空欄 **キ**・**ク** に入れる語句の組合せとして最も適当なものを，次ページの①～⑥のうちから一つ選べ。 16

半導体内のキャリア1個あたりの電気量と，半導体内の単位体積あたりのキャリアの個数が正確にわかっている場合にはこれらに加えて，測定した長さ a, b, c のうち必要なものと，電流計をつないで測定した電流の大きさ I, さらに，図4の **キ** のように電圧計をつないで測定した電圧 V を用いて磁束密度の大きさ B を求めることができる。測定した電圧 V が大きいほど，磁束密度の大きさ B は **ク** 。

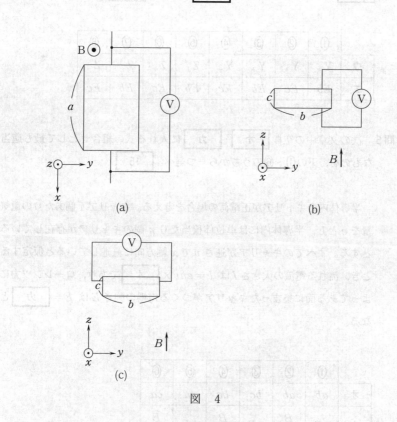

図 4

オリジナル問題　物理　13

	①	②	③	④	⑤	⑥
キ	(a)	(a)	(b)	(b)	(c)	(c)
ク	大きい	小さい	大きい	小さい	大きい	小さい

第3問 次の文章(**A**・**B**)を読み，下の問い(**問1~6**)に答えよ。(配点 25)

A 平面と球面からできているレンズ(以下，平凸レンズ)の球面の半径 R を測定する。図1のように，平凸レンズを平面ガラスの上に置き，真上から波長 λ の単色光を当てて上から見ると，接点 O を中心とする同心円状の明暗のしま模様が見えた。接点 O から距離 x の位置において，平凸レンズと平面ガラスの間の空気層の厚さを y とすると，平凸レンズの下面で反射する光と平面ガラスの上面で反射する光の経路差は $2y$ となる。ただし，平凸レンズの球面の半径 R は x，y と比べて十分大きい。また，空気の屈折率を1とする。

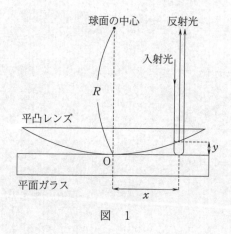

図 1

オリジナル問題 物理 15

問1 次の文章中の空欄 | ア | ～ | ウ | に入れる語句と式の組合せとして最も適当なものを，下の①～⑧のうちから一つ選べ。| 17 |

接点 O から距離 x の位置における空気層の厚さ y に対して，球面の半径 R が十分に大きいことから，次の近似式が成立する。

$$y \doteqdot \frac{x^2}{2R}$$

平凸レンズの下面での反射によって光の位相は | ア | ，平面ガラスの上面での反射によって光の位相は | イ | から，反射光が強め合う条件は $2y = \left(\boxed{ウ} \right)\lambda$ となる。ただし，m は自然数である。

	ア	イ	ウ
①	π 変化し	π 変化する	m
②	π 変化し	π 変化する	$m - \dfrac{1}{2}$
③	π 変化し	変化しない	m
④	π 変化し	変化しない	$m - \dfrac{1}{2}$
⑤	変化せず	π 変化する	m
⑥	変化せず	π 変化する	$m - \dfrac{1}{2}$
⑦	変化せず	変化しない	m
⑧	変化せず	変化しない	$m - \dfrac{1}{2}$

— 51 —

問2 次の文章中の空欄 エ ・ オ に入れる語句の組合せとして最も適当なものを，下の①〜⑥のうちから一つ選べ。 18

接点 O 付近では平凸レンズと平面ガラスの間の空気層の厚さがほぼ 0 とみなせ，接点 O 付近を上から見ると エ 見える。また，隣り合う明線の間隔は オ 。

	エ	オ
①	明るく	接点 O から離れるほど大きくなる
②	明るく	接点 O から離れるほど小さくなる
③	明るく	どの位置でも等しい
④	暗く	接点 O から離れるほど大きくなる
⑤	暗く	接点 O から離れるほど小さくなる
⑥	暗く	どの位置でも等しい

問3 単色光の波長が 5.0×10^{-7} m のとき，接点 O から数えて 5 番目の明線は，接点 O から 1.0 cm の位置にあった。このとき平凸レンズの球面の半径は何 m か。最も適当な数値を次の①〜⑨のうちから一つ選べ。 19 m

① 2.0　　　　　② 4.0　　　　　③ 4.4

④ 2.0×10^1　　⑤ 4.0×10^1　　⑥ 4.4×10^1

⑦ 2.0×10^2　　⑧ 4.0×10^2　　⑨ 4.4×10^2

B X線の発生について考える。図2のように、X線管を高電圧電源に接続する。電流による発熱でフィラメント(陰極)から放出される電子が、高電圧電源による電圧 V によって加速され、金属(陽極)に衝突し、X線が発生する。

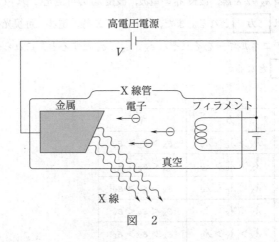

図 2

問4 次の文章中の空欄 **カ** ・ **キ** に入れる式の組合せとして最も適当なものを，下の①～⑧のうちから一つ選べ。 20

波長 λ_X の X 線，波長 λ_E の電波，波長 λ_V の可視光について，波長の大小関係は **カ** となる。また，これらの X 線，電波，可視光の光子 1 個あたりのエネルギーをそれぞれ ε_X，ε_E，ε_V とすると，これらの大小関係は **キ** となる。

	カ	キ
①	$\lambda_X > \lambda_E > \lambda_V$	$\varepsilon_X > \varepsilon_E > \varepsilon_V$
②	$\lambda_X > \lambda_E > \lambda_V$	$\varepsilon_X < \varepsilon_E < \varepsilon_V$
③	$\lambda_X < \lambda_E < \lambda_V$	$\varepsilon_X > \varepsilon_E > \varepsilon_V$
④	$\lambda_X < \lambda_E < \lambda_V$	$\varepsilon_X < \varepsilon_E < \varepsilon_V$
⑤	$\lambda_X > \lambda_V > \lambda_E$	$\varepsilon_X > \varepsilon_V > \varepsilon_E$
⑥	$\lambda_X > \lambda_V > \lambda_E$	$\varepsilon_X < \varepsilon_V < \varepsilon_E$
⑦	$\lambda_X < \lambda_V < \lambda_E$	$\varepsilon_X > \varepsilon_V > \varepsilon_E$
⑧	$\lambda_X < \lambda_V < \lambda_E$	$\varepsilon_X < \varepsilon_V < \varepsilon_E$

オリジナル問題 物理 19

問5 次の文章中の空欄 ┃ **ク** ┃ ～ ┃ **コ** ┃ に入れる式と語句の組合せとして最も適当なものを，下の①～⑧のうちから一つ選べ。 ┃ 21 ┃

電子1個あたりの電気量を $-e$，プランク定数を h，光速を c とする。陰極から初速0で放出された電子は電圧 V で加速され，陽極に衝突する直前の運動エネルギー K は $K=$ ┃ **ク** ┃ となる。電子が陽極との衝突によって静止するとし，このとき失われた運動エネルギーの全てが発生するX線光子のエネルギーになるとすると，このとき発生したX線の波長 λ_0 は $\lambda_0=$ ┃ **ケ** ┃ となる。電子が失ったエネルギーのうちX線光子のエネルギーに変わる割合によって，発生するX線の波長は様々な値になるため，このようにして発生したX線は連続X線と呼ばれる。λ_0 は発生する連続X線の波長の ┃ **コ** ┃ 値である。

	①	②	③	④	⑤	⑥	⑦	⑧
ク	eV	eV	eV	eV	$\dfrac{V}{e}$	$\dfrac{V}{e}$	$\dfrac{V}{e}$	$\dfrac{V}{e}$
ケ	$\dfrac{K}{h}$	$\dfrac{K}{h}$	$\dfrac{hc}{K}$	$\dfrac{hc}{K}$	$\dfrac{K}{h}$	$\dfrac{K}{h}$	$\dfrac{hc}{K}$	$\dfrac{hc}{K}$
コ	最大	最小	最大	最小	最大	最小	最大	最小

20

問6 次の文章中の空欄 **サ** ・ **シ** に入れる語句の組合せとして最も適当なものを，下の①〜⑥のうちから一つ選べ。 22

陽極に衝突した電子が，陽極を構成する原子内の電子をはじき飛ばした場合を考える。このとき，原子内の電子がはじき飛ばされたことによって空いた軌道に，その **サ** 側の軌道の電子が移るとき，その電子が失ったエネルギーがX線光子のエネルギーになる。このとき発生するX線光子のエネルギーは，陽極の原子内の電子がまわる軌道間のエネルギー差によって決まる。したがって，このようにして発生したX線は特定の波長を持つX線となり，特性(固有)X線と呼ばれる。 **シ** を変えると，特性X線の波長が変化する。

	サ	シ
①	外	高電圧電源の電圧
②	外	陽極の金属の種類
③	外	単位時間あたりに陰極から放出される電子の数
④	内	高電圧電源の電圧
⑤	内	陽極の金属の種類
⑥	内	単位時間あたりに陰極から放出される電子の数

第4問 次の文章を読み，下の問い(**問1〜5**)に答えよ。(配点 25)

　衝突時に物体が受ける力の大きさを求めたい。図1のように，石板の上に置いた圧電素子をオシロスコープにつなぐ。圧電素子は受けた力に比例する電圧を発生する素子である。圧電素子の真上，高さ h の位置からボールを静かにはなし，はね上がった高さ h' を測る。これらの値とオシロスコープに表示される電圧のデータからボールが衝突したときに受ける力の平均値を求める。

　圧電素子に衝突する直前のボールの速さを v，衝突した直後のボールの速さを v'，ボールの質量を m，ボールと圧電素子の反発係数(はね返り係数)を e とする。また，空気抵抗の影響は無視できるものとし，重力加速度の大きさを $g = 9.8 \, \text{m/s}^2$ とする。

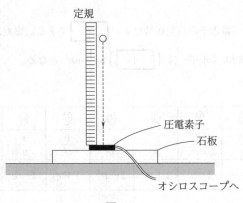

図　1

問1 このとき成り立つ関係式として最も適当なものを，次の①〜⑧のうちから二つ選べ。ただし，解答の順序は問わない。 $\boxed{23}$ ・ $\boxed{24}$

① $mv = mgh$

② $mv' = mgh'$

③ $mv + mgh = mv' + mgh'$

④ $\dfrac{1}{2}mv^2 = mgh$

⑤ $\dfrac{1}{2}mv^2 = mgh'$

⑥ $\dfrac{1}{2}mv'^2 = mgh$

⑦ $\dfrac{1}{2}mv'^2 = mgh'$

⑧ $\dfrac{1}{2}mv^2 + mgh = \dfrac{1}{2}mv'^2 + mgh'$

問2 次の文章中の空欄 $\boxed{ア}$ ・ $\boxed{イ}$ に入れる式の組合せとして最も適当なものを，下の①〜⑧のうちから一つ選べ。 $\boxed{25}$

ボールと圧電素子の反発係数は $e = \boxed{ア}$ である。また，衝突によって失われた力学的エネルギーは $\left(\boxed{イ}\right) \times \dfrac{1}{2}mv^2$ となる。

	①	②	③	④	⑤	⑥	⑦	⑧
ア	$\dfrac{v'}{v}$	$\dfrac{v'}{v}$	$\dfrac{v'}{v}$	$\dfrac{v'}{v}$	$\dfrac{v}{v'}$	$\dfrac{v}{v'}$	$\dfrac{v}{v'}$	$\dfrac{v}{v'}$
イ	$1+e$	$1-e$	$1+e^2$	$1-e^2$	$1+e$	$1-e$	$1+e^2$	$1-e^2$

オリジナル問題　物理　23

問3　ボールが受ける重力の力積を無視するとき，衝突時にボールが受けた力積の大きさを表す式として最も適当なものを，次の①～⑦のうちから一つ選べ。
26

①　$m(v+v')$　　　　　　　　②　$m(v-v')$

③　$m(v'-v)$　　　　　　　　④　$\dfrac{m(v+v')}{2}$

⑤　$\dfrac{m(v^2+v'^2)}{2}$　　　　　⑥　$\dfrac{m(v^2-v'^2)}{2}$

⑦　$\dfrac{m(v'^2-v^2)}{2}$

問4　次の文章中の空欄 27 ・ 28 に入れる数値として最も適当なものを，それぞれの直後の ｛ ｝ で囲んだ選択肢のうちから一つずつ選べ。

　ボールの質量が $m=200\,\text{g}$ のとき，衝突時に圧電素子が受けた力をオシロスコープで観察したところ，図2のようなデータが得られた。図2の横軸は時間，縦軸は電気信号の電圧を表している。また，測った高さ h，h' から衝突直前・直後の速さを求めると $v=5.1\,\text{m/s}$，$v'=3.4\,\text{m/s}$ となり，これより衝突時にボールが受けた力積の大きさが求められる。

　図2からボールと圧電素子の接触時間を読み取って，衝突時にボールが受ける重力の力積の大きさは 27 ｛

①　4.0×10^{-3}
②　3.9×10^{-2}
③　3.9×10^{-1}
④　1.7
⑤　3.9

｝N・s となる。

　この力積は衝突時にボールが圧電素子から受けた力積に対して十分小さいことがわかっている。ボールが受ける重力の力積を無視するとき，接触時間内に

— 59 —

ボールが圧電素子から受けた力の平均の大きさは $\boxed{28}$
$\begin{cases} ① & 1.7 \\ ② & 8.5 \\ ③ & 1.7\times 10^1 \\ ④ & 8.5\times 10^1 \\ ⑤ & 1.7\times 10^3 \\ ⑥ & 8.5\times 10^3 \end{cases}$ N

と求められる。

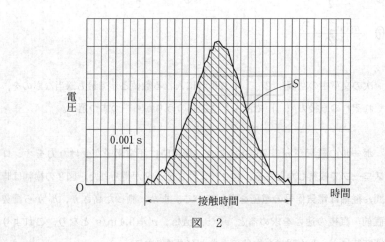

図 2

オリジナル問題　物理　25

問5　図2の斜線部のように，オシロスコープが示す電圧の曲線と，電圧が0となる直線で囲まれる面積をSとする。また，ボールと圧電素子の反発係数eは一定である。このとき，ボールをはなす高さhを様々な値に変えて測定を行うとき，面積Sと高さhの関係はどのようになると予測されるか。a，bを正の定数とするとき，Sとhの関係式として最も適当なものを，次の①～⑥のうちから一つ選べ。ただし，衝突時にボールが受ける重力の力積は無視できるものとする。 29

① $S = ah$

② $S = ah^2$

③ $S^2 = ah$

④ $S = ah + b$

⑤ $S = ah^2 + b$

⑥ $S^2 = ah + b$

— 61 —

物理

解答・採点基準　　　　(100点満点)

問題番号(配点)	設問		解答番号	正解	配点	自己採点
第1問(25)	問1		1	⑤	2	
			2	③	3	
	問2		3	⑥	5	
	問3		4	⑤	2	
			5	①	3	
	問4		6	④	2	
			7	③	3	
	問5		8	⑤	5	
第1問　自己採点小計						
第2問(25)	A	問1	9	④		
			10	⓪	4 *	
			11	⑥		
		問2	12	③	4	
		問3	13	①	5	
	B	問4	14	③	4	
		問5	15	③	4	
		問6	16	⑤	4	
第2問　自己採点小計						

問題番号(配点)	設問		解答番号	正解	配点	自己採点
第3問(25)	A	問1	17	⑥	4	
		問2	18	⑤	4	
		問3	19	⑥	5	
	B	問4	20	⑦	4	
		問5	21	④	4	
		問6	22	②	4	
第3問　自己採点小計						
第4問(25)	問1		23〜24	④-⑦	4(各2)	
	問2		25	④	5	
	問3		26	①	5	
	問4		27	②	3	
			28	④	3	
	問5		29	③	5	
第4問　自己採点小計						
自己採点合計						

(注)　＊は，全部正解の場合のみ点を与える。
　　　 -(ハイフン)でつながれた正解は，順序を問わない。

オリジナル問題〈解説〉 物理 27

第1問　小問集合

問1　棒の質量は無視でき，2つのおもりの質量は等しいので，2つのおもりの中点 e が物体の重心となる。したがって，2つのおもりが受ける重力の合力は点 e にはたらくため，物体は棒の先端 a を軸として反時計回りに回転する。

$\boxed{1}$ …⑤　$\boxed{2}$ …③

問2　天体の半径を R とする。$v=v_0$ の場合，無限遠方での小球の速さは 0 である。力学的エネルギー保存則より，

$$\frac{1}{2}mv_0{}^2 - G\frac{Mm}{R} = \frac{1}{2}m \cdot 0 + 0 \quad \cdots(\text{i})$$

また，$v=2v_0$ の場合，無限遠方での小球の速さを V とする。力学的エネルギー保存則より，

$$\frac{1}{2}m(2v_0)^2 - G\frac{Mm}{R} = \frac{1}{2}mV^2 + 0 \quad \cdots(\text{ii})$$

式(i)，(ii)より，R を消去して整理すると，

$$\frac{1}{2}mV^2 = \frac{1}{2}m(2v_0)^2 - \frac{1}{2}mv_0{}^2 = 3 \cdot \frac{1}{2}mv_0{}^2$$

$$\therefore \quad V = \sqrt{3}\,v_0$$

$\boxed{3}$ …⑥

問3　電場の強さは，単位正電荷が受ける静電気力の大きさに等しい。また，単位面積あたりの電気力線の本数は，その位置の電場の強さと一致する。したがって，電気力線が等間隔であるということは，電場の強さがどの位置でも等しいということである。点 a から点 b へと負電荷をゆっくりと移動させる間に，負電荷が受ける静電気力の大きさは変化しない。

自由落下を考えると分かるように，支えを外すと物体は位置エネルギーの低いところに移動する。この場合，負電荷は問題の図4の下側へ移動するので，点 a より点 b の方が位置エネルギーが高い。そして，点 a から点 b への移動は，物体を斜め上方に移動させることと対応する。すなわち，位置エネルギーは増加し，移動させるのに必要な仕事は正である。

$\boxed{4}$ …⑤　$\boxed{5}$ …①

問4　気温 10℃ における音速を V とすると，自動車が静止しているとき自動車が発する音波の波長は $\lambda = \dfrac{V}{f}$ である。自動車の走る速さを v とすると，単位時間に音源が発した f 個分の音波は長さ $V-v$ に存在するので，A さんに達する音波の波長 λ_A は，

$$\lambda_A = \frac{V-v}{f} < \frac{V}{f} = \lambda \quad \therefore \quad \lambda_A < \lambda$$

したがって，A さんが観測する音波の振動数 f_A は，

$$f_A = \frac{V}{\lambda_A} = \frac{V}{V-v}f > f \quad \therefore \quad f_A > f$$

— 63 —

気温が $10℃$ から $13℃$ に上がると音速は大きくなるが，音波の振動数は変化しないため $f_B = f_A$ である。気温が $13℃$ のときの音波の波長は，気温が $10℃$ のときと比べて大きくなるため $\lambda_B > \lambda_A$ である。

$$\boxed{6} \cdots ④ \quad \boxed{7} \cdots ③$$

問5 気体の状態が変化する間に，気体が得た熱量を Q，気体の内部エネルギーの変化を ΔU，気体が外部にした仕事を W とすると，熱力学第一法則より，

$$Q = \Delta U + W$$

$Q > 0$ のとき気体は高温の熱源から熱を吸収(吸熱過程)しており，$Q < 0$ のとき気体は低温の熱源へと熱を放出(放熱過程)している。

過程 a では，気体の温度が上昇しているため $\Delta U > 0$ である。また体積が一定であるため $W = 0$ である。よって，$Q > 0$ となり吸熱過程であることがわかる。

過程 b では，気体の温度が一定であるため $\Delta U = 0$ である。また体積が増加しているため $W > 0$ である。よって，$Q > 0$ となり吸熱過程であることがわかる。

過程 c では，気体の温度が下降しているため $\Delta U < 0$ である。また体積が減少しているため $W < 0$ である。よって，$Q < 0$ となり放熱過程であることがわかる。

以上より，高温の熱源から熱を吸収している過程は <u>a と b</u> $_ア$ であり，低温の熱源へと熱を放出している過程は <u>c のみである</u> $_イ$。

$$\boxed{8} \cdots ⑤$$

第2問　電磁気

A　電気振動

問1 コンデンサーの電気量 Q はコンデンサーの両端の電圧 V に比例し，その比例定数が電気容量 C であるから，

$$C = \frac{Q}{V} = \frac{4.0 \times 10^{-4}\,C}{100\,V} = \underline{4.0 \times 10^{-6}}\,F$$

$$\boxed{9} \cdots ④ \quad \boxed{10} \cdots ⓪ \quad \boxed{11} \cdots ⑥$$

問2 コイルを正の向きに流れる電流を I とすると，コンデンサーの上側の極板から電流 I が出ていく。よって，微小な時間 Δt が経過する間に，コンデンサーの電気量が ΔQ だけ変化したとき，

$$I = -\frac{\Delta Q}{\Delta t} \quad \cdots (\text{i})$$

したがって，問題の図2のグラフの傾きから電流 I が読み取れる。時刻 $t = 2.5 \times 10^{-3}\,s$ におけるグラフの傾きは負であるから，コイルに流れる電流は <u>正</u> $_ア$ である。また，時刻 $t = 1.5 \times 10^{-2}\,s$ におけるグラフの傾きは 0 であるから，コイルに流れる電流は <u>0</u> $_イ$ である。

$$\boxed{12} \cdots ③$$

問3 式(i)より，コンデンサーの電気量 Q が1回振動する間に，コイルに流れる電流 I も1回振動することがわかる。したがって，振動電流の周期は，電気量 Q の振動

周期と等しいので，問題の図2より
$$T = 1.0 \times 10^{-2} \text{ s}$$
また，式(i)より，振動電流の大きさが最大となるのは，問題の図2のグラフの傾きの大きさが最大となるときであることがわかる。したがって，時刻 $t = 2.5 \times 10^{-3}$ s 付近の傾きを読み取って，
$$I_{max} \fallingdotseq \frac{1.0 \times 10^{-4} \text{ C}}{4.0 \times 10^{-4} \text{ s}}$$
$$\therefore \ I_{max} = 2.5 \times 10^{-1} \text{ A}$$

13 …①

B ホール効果

問4 半導体のキャリアが正電荷の場合には，電流の向き，すなわち x 軸正の向きにキャリアが移動している。磁場の向きは z 軸正の向きであるから，フレミングの左手の法則より，キャリアは y 軸負の向きにローレンツ力を受ける。このローレンツ力によってキャリアは面 Y_- に集まる。つまり，面 Y_- に正電荷が集まることになるため，次図のように面 Y_- から面 Y_+ に向かって電場ができ，本問ではこの電場の強さを E としている。
ウ

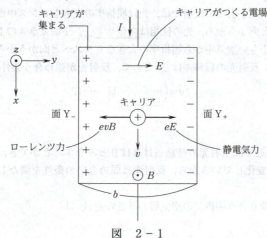

図 2-1

この電場によって y 軸方向に電位差ができる。面 Y_- と面 Y_+ との電位差 V_y は，y 軸方向の辺の長さ b を用いて，次のようになる。
$$V_y = Eb \quad \cdots \text{(ii)}$$
エ

14 …③

問5 半導体内を流れる電流の大きさ I は，電流に垂直な断面の面積 bc を用いて，
$$I = env \times bc \quad \cdots \text{(iii)}$$
オ
となる。キャリアが x 軸方向に直進しているときには，キャリアにはたらくローレンツ力と静電気力がつり合っており，

$$evB = eE \quad \therefore \quad E = \underline{vB}_{\ \text{カ}} \quad \cdots(\text{iv})$$

$\boxed{15} \cdots ③$

問6 式(ii)，(iii)，(iv)より，電場の強さ E とキャリアの速さ v を消去して，磁束密度の大きさ B について解くと，次のようになる。

$$B = en\frac{cV_y}{I} \quad \cdots(\text{v})$$

したがって，本問のようにキャリア1個あたりの電気量 e と，単位体積あたりのキャリアの個数 n が正確にわかっている場合には，長さ c，電流の大きさ I，y 軸方向の電位差 V_y を測定すれば，磁束密度の大きさ B が求められる。y 軸方向の電位差 V_y は，問題の図4の $\underline{(c)}_{\ \text{キ}}$ のように電圧計をつないで測定した電圧 V に等しい。式(v)において $V_y = V$ として考えれば，測定した電圧 V が大きいほど，磁束密度の大きさ B は $\underline{大きい}_{\ \text{ク}}$ ことがわかる。

$\boxed{16} \cdots ⑤$

第3問　波動・原子

A　ニュートンリング

問1 平凸レンズの下面での反射では，光は屈折率の大きなレンズ中から，屈折率の小さい空気へと向かうから，光の位相は $\underline{変化せず}_{\ \text{ア}}$，平面ガラスの上面での反射では，屈折率の小さい空気中から屈折率の大きなガラスへと向かうから，光の位相は $\underline{\pi\ 変化する}_{\ \text{イ}}$。反射光の経路差は $2y$ なので，反射光が強め合う条件は，

$$2y = \left(\underline{m - \frac{1}{2}}_{\ \text{ウ}}\right)\lambda \quad \cdots(\text{i})$$

である。

$\boxed{17} \cdots ⑥$

問2 接点 O 付近では反射光の経路差はほぼ0とみなすことができ，反射によって光の位相は π 変化しているから，反射光は弱め合いの条件を満たし，$\underline{暗く}_{\ \text{エ}}$ 見える。

(i)式から，隣り合う明線での空気層の厚さの差 Δy は，

$$\Delta y = \frac{\lambda}{2}$$

大げさに描くと，明線の位置と空気層は次図のようになる。

— 66 —

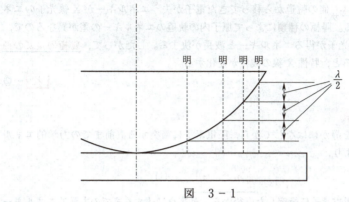

図 3-1

上図より, 隣り合う明線の間隔は, 接点 O から離れるほど小さくなる_オ ことがわかる。

18 …⑤

問3 式(i)に $y=\dfrac{x^2}{2R}$ を代入して, 平凸レンズの球面の半径 R について解くと,

$$R=\dfrac{x^2}{\left(m-\dfrac{1}{2}\right)\lambda}$$

となり, $\lambda=5.0\times 10^{-7}\,\text{m}$ のとき, $m=5$ とすると $x=1.0\,\text{cm}$ となることから,

$$R=\dfrac{(1.0\times 10^{-2}\,\text{m})^2}{\left(5-\dfrac{1}{2}\right)\times(5.0\times 10^{-7}\,\text{m})}$$

$$=44.4\cdots\text{m}\fallingdotseq\underline{4.4\times 10^{1}}\,\text{m}$$

19 …⑥

B X 線の発生

問4 X 線, 電波, 可視光の波長の大小関係は $\underline{\lambda_X<\lambda_V<\lambda_E}$_カ である。光子1個あたりのエネルギーは, 波長に反比例するから, エネルギーの大小関係は $\underline{\varepsilon_X>\varepsilon_V>\varepsilon_E}$_キ となる。

20 …⑦

問5 電気量 $-e$ の電子を初速 0 から電圧 V で加速すると, 運動エネルギーは $K=\underline{eV}$_ク となる。陽極との衝突によって電子が静止し, 失われた運動エネルギー K が波長 λ_0 の X 線光子のエネルギーになるとすると,

$$K=\dfrac{hc}{\lambda_0} \quad \therefore\quad \lambda_0=\underline{\dfrac{hc}{K}}_ケ$$

となる。X 線の波長とエネルギーは反比例するため, 最大のエネルギーを得たときの波長 λ_0 は, 発生する連続 X 線の波長の 最小_コ 値である。

21 …④

問6 陽極の原子内の電子がはじき飛ばされたことによって空いた軌道に, エネル

ギーの高い外側の軌道から移ってきた電子が失うエネルギーが X 線光子のエネルギーになる。陽極の種類によって原子内の軌道のエネルギーの差が異なるので，特性 X 線の光子が得るエネルギーと波長が決まる。したがって，陽極の金属の種類を変えると，特性 X 線の波長が変化する。

$\boxed{22}\cdots$②

第4問　力学

問1　ボールを静かにはなしてから，圧電素子に衝突する直前までの力学的エネルギー保存則より，

$$\frac{1}{2}mv^2 = mgh \quad \cdots \text{(i)}$$

ボールが圧電素子に衝突した直後から，最高点に達するまでの力学的エネルギー保存則より，

$$\frac{1}{2}mv'^2 = mgh'$$

$\boxed{23}\cdot\boxed{24}\cdots$④・⑦

問2　反発係数は衝突直前の速さに対する衝突直後の速さの比であるから，

$$e = \frac{v'}{v}\,_{\text{ア}} \quad \cdots \text{(ii)}$$

衝突によって失われた力学的エネルギーは，

$$\frac{1}{2}mv^2 - \frac{1}{2}mv'^2 = \underline{(1-e^2}\,_{\text{イ}}) \times \frac{1}{2}mv^2$$

$\boxed{25}\cdots$④

問3　衝突時にボールが受けた力積の大きさを I とすると，鉛直上向きを正とした運動量と力積の関係より

$$mv' - m(-v) = I$$

$$\therefore\quad I = \underline{m(v+v')} \quad \cdots \text{(iii)}$$

$\boxed{26}\cdots$①

問4　ボールと圧電素子の接触時間を t とする。問題の図2より，電圧が発生している時間を横軸の 20 目盛り分と読み取ると，

$$t = 20 \times (0.001\ \text{s}) = 2.0 \times 10^{-2}\ \text{s}$$

この時間 t の間にボールが受ける重力の力積の大きさは，

$$mgt = (0.20\ \text{kg}) \times (9.8\ \text{m/s}^2) \times (2.0 \times 10^{-2}\ \text{s})$$
$$= 3.92 \times 10^{-2}\ \text{N} \cdot \text{s} \fallingdotseq \underline{3.9 \times 10^{-2}}\ \text{N} \cdot \text{s}$$

また，衝突時にボールが圧電素子から受けた力の平均の大きさは，

$$\frac{I}{t} = \frac{m(v+v')}{t}$$
$$= \frac{(0.20\ \text{kg}) \times (5.1\ \text{m/s} + 3.4\ \text{m/s})}{2.0 \times 10^{-2}\ \text{s}}$$

$$=\underline{8.5\times10^1}\ \text{N}$$

$\boxed{27}\cdots ②\quad \boxed{28}\cdots ④$

問5　縦軸をボールが圧電素子から受ける力の大きさ，横軸を時間としたグラフの曲線と横軸で囲まれる面積は，ボールが圧電素子から受けた力積の大きさ I となる。オシロスコープの示す電圧と圧電素子が受ける力の大きさは比例するので，力積の大きさ I と面積 S は比例する。

式(i), (ii), (iii)より，v，v' を消去して，力積の大きさ I とボールをはなす高さ h の関係を求めると，

$$I=m(1+e)\sqrt{2gh}$$

となる。上式より，I^2 と h が比例することがわかる。

以上より，S^2 と高さ h が比例するので，正の定数 a を用いて $\underline{S^2=ah}$ という関係式になると予測される。

$\boxed{29}\cdots ③$

MEMO

物理基礎

（2024年1月実施）

受験者数　17,949

平　均　点　28.72

2024 本試験

物理基礎

解答・採点基準　　（50点満点）

問題番号（配点）	設問	解答番号	正解	配点	自己採点
第1問 (16)	問1	1	⑤	4	
	問2	2	④	4	
	問3	3	⑥	4	
	問4	4	①	4	
第1問　自己採点小計					
第2問 (18)	問1	5	①	3	
	問2	6	⑧	4	
	問3	7	④	4	
	問4	8	②	4	
	問5	9	⑥	3	
第2問　自己採点小計					
第3問 (16)	問1	10	①	3	
	問2	11	③	3*	
		12	③		
		13	②		
	問3	14	③	2	
	問4	15	④	2	
	問5	16	⑧	3	
	問6	17	②	3	
第3問　自己採点小計					
自己採点合計					

（注）　＊は，全部正解の場合のみ点を与える。

第1問　小問集合

問1 変化後の温度を t〔℃〕とする。熱量の保存より，

$$160 \times (t-20) = 160 \times 4.0 \times (80-t)$$

$$\therefore \quad t = \underline{68\,℃}$$

$\boxed{1}$ の答　⑤

問2 物体にはたらく力がした仕事の和は，その物体の運動エネルギーの変化に等しい。この場合，大きさ F の一定の力がした仕事 W_1 は，

$$W_1 = Fh$$

重力がした仕事 W_2 は，力の向きと小物体の移動の向きが逆であることに注意して，

$$W_2 = -mgh$$

したがって，小物体の運動エネルギー(の変化) K は，

$$K = W_1 + W_2$$
$$= Fh - mgh = \underline{(F-mg)h}$$

$\boxed{2}$ の答　④

問3 電流の単位 A(アンペア)は1秒間に通過する電気量を C(クーロン)の単位で表したものである。この場合，160 s 間で通過する電子の個数 N は，

$$N = \frac{1.0\,\text{A} \times 160\,\text{s}}{1.6 \times 10^{-19}\,\text{C}} = \underline{1.0 \times 10^{21}}\ \text{個}$$

$\boxed{3}$ の答　⑥

問4 白熱電球の場合，効率が 10 % なので，$60\,\text{W} \times \dfrac{10}{100} = 6.0\,\text{W}$ が単位時間当たりの光エネルギーである。この状態が1時間続くとき，光エネルギーの総量は$\underline{6.0}_{\;ア}$ Wh である。

　　LED 電球の場合，効率を x % とすると，単位時間当たりの光エネルギーは $15\,\text{W} \times \dfrac{x}{100} = \dfrac{3x}{20}\,\text{W}$ である。同じ時間点灯するときの光エネルギーを等しくするとき，

$$\frac{3x}{20} = 6.0 \quad \therefore \quad x = \underline{40}_{\;イ}\ \%$$

$\boxed{4}$ の答　①

第2問　力学・浮力

問1 密度 ρ は単位体積当たりの質量なので，体積 V の物体の質量 m は，

$$m = \rho V$$

よって，

$$V = \frac{m}{\rho}$$

$$= \frac{1.0\,\text{kg}}{2.0 \times 10^3\,\text{kg/m}^3} = 5.0 \times 10^{-4}\,\text{m}^3$$

物体にはたらく浮力の大きさ F_0 は，水中に沈んでいる部分の物体の体積 V と同じ体積の水の重さに等しい。水の密度を ρ_0，重力加速度の大きさを g とすると，

$$F_0 = \rho_0 V g$$
$$= (1.0 \times 10^3) \text{ kg/m}^3 \times (5.0 \times 10^{-4}) \text{ m}^3 \times 9.8 \text{ m/s}^2$$
$$\underline{\underline{= 4.9 \text{ N}}}$$

$\boxed{5}$ の答 ①

問2 ジャガイモにはたらく力は，鉛直上向きに糸の張力（大きさ T）と浮力（大きさ F），鉛直下向きに重力（大きさ W）である。

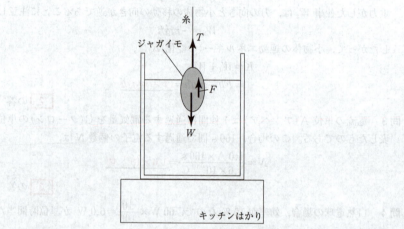

これらの力のつりあいより，

$$T + F = W \quad \therefore \quad \text{(c) } \underline{F = W - T}_{\text{ア}} \quad \cdots\cdots ①$$

ジャガイモが水につかっていないときの張力の大きさを T_1 とすると，$F = 0$ なので，①式より，

$$T_1 = W$$

ジャガイモ全体が水に沈んでいるときの張力の大きさを T_2 とし，浮力の大きさを F_2 とすると，①式より，

$$T_2 = W - F_2$$

これら2式より，

$$F_2 = T_1 - T_2$$

問題の図2の上のグラフより，$T_1 ≒ 1.08 \text{ N}$，$T_2 ≒ 0.09 \text{ N}$ と読み取れる。

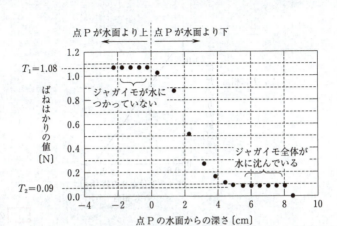

$$\therefore\ F_2 = 1.08 - 0.09 = 0.99 \fallingdotseq \underline{(e)\ 1.0}_{\ \ \text{イ}}\ \text{N}$$

6 の答 ⑧

問3 計量カップと水を一体と考える。それにはたらく力は，鉛直下向きに重力（大きさ W'）とジャガイモが受ける浮力の反作用（大きさ F），鉛直上向きにキッチンはかりから受ける垂直抗力（大きさ N）である。なお，キッチンはかりの値は，この垂直抗力の反作用（次図の破線の矢印，大きさ N）を質量に換算し，kg で表している。

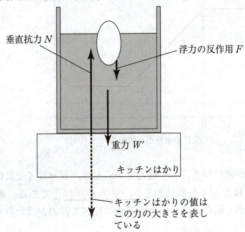

これらの力のつりあいより，
$$N = W' + F \quad \cdots\cdots ②$$
前問の式①と式②より，浮力の大きさ F を消去すると，
$$T = W + W' - N$$
この関係式は，T（縦軸）と N（横軸）のグラフは傾きが負の直線になることを表している。

④

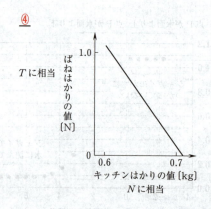

7 の答　④

問4　問題の図3のグラフの傾いた直線は，点Pの深さに対して浮力が比例して大きくなることを示している。したがって，断面積が一定のため深さと浮力が比例する円柱をつるしている。

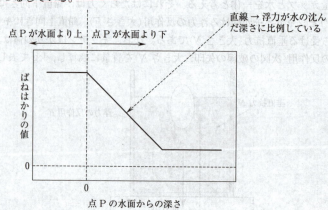

8 の答　②

問5　ジャガイモが底につき，糸が緩んでいるとき，ジャガイモにはたらく力は計量カップの底からはたらく垂直抗力と(b)　重力と浮力　である。次の図から明らかなように，水がある場合は，水がない場合に比べて浮力がはたらくので，そのぶんだけ垂直抗力は(f)　小さくなる　。

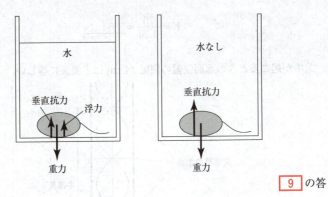

9 の答 ⑥

第3問 波動・音波

問1 音の速さ V は気温が高い方が <u>大きい</u> ァ。振動数 f と波長 λ ，音の速さ V の間には次の関係式が成り立つ。

$$V = f\lambda \qquad \lambda = \frac{V}{f}$$

したがって，振動数 f が一定なら波長 λ は音の速さ V が大きいほど長いので，波長は <u>30℃ のときの方が長い</u> ィ。

10 の答 ①

問2 距離 140 m を，音が時間 0.42 s で伝わったので，その速さ V は，

$$V = \frac{140}{0.42} = 333.3\cdots$$

$$\fallingdotseq 3.3 \times 10^2 \text{ m/s}$$

11 の答 ③
12 の答 ③
13 の答 ②

問3 計算で求めた音の速さが教科書に書かれている速さより小さい値になったということは，音が伝わる時間を長く測定するミスをしたと考えられる。測定のミスとして考えられるのは，(a)太鼓をたたく前にストップウォッチをスタートさせ，音が届いた後にストップウォッチをストップさせたこと。また，(d)太鼓をたたくと同時にストップウォッチをスタートさせ，音が届いた後にストップウォッチをストップさせたことが考えられる。以上より，<u>(a)と(d)</u>が適当である。

14 の答 ③

問4 1 分間に 300 回音が出るので，メトロノームが音を鳴らす周期（間隔）は $\frac{60}{300} = 0.20$ s である。この間に音が 70 m 進んだと考えられるので，音の速さ V は，

$$V = \frac{70}{0.20} = \underline{350 \text{ m/s}}$$

15 の答 ④

問5 共鳴が起こるときの水面位置の間隔 34 cm は半波長に等しい。

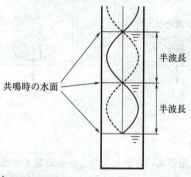

したがって，波長 λ は，
$$\lambda = 0.34 \times 2 = \underline{0.68} \text{ m}$$
振動数は 500 Hz なので，音速 V は，
$$V = 500 \times 0.68 = \underline{340} \text{ m/s}$$

16 の答 ⑧

問6 超音波は人の聴くことのできる音より振動数 f が大きいので，**問1**の式より，波長 λ は<u>短い</u>ウ。振動数が 34000 Hz の超音波の波長は，
$$\lambda = \frac{V}{f}$$
$$= \frac{340}{34000} = 0.01 \text{ m} = \underline{1 \text{ cm}}_\text{エ}$$

17 の答 ②

物理基礎

（2023年1月実施）

受験者数　17,978

平　均　点　　28.19

2023 本試験

物理基礎

解答・採点基準　　(50点満点)

問題番号(配点)	設問	解答番号	正解	配点	自己採点
第1問 (16)	問1	1	②	4	
	問2	2	⑤	4	
	問3	3	③	4	
	問4	4	④	4	
第1問　自己採点小計					
第2問 (18)	問1	5	④	3	
	問2	6	①	3	
	問3	7	④	3	
		8	②	3	
	問4	9	⑥	3	
	問5	10	⑦	3	
第2問　自己採点小計					
第3問 (16)	問1	11	①	2	
		12	④	2	
	問2	13	⑥	4	
	問3	14	②	2	
		15	③	2	
	問4	16	⑥	4	
第3問　自己採点小計					
自己採点合計					

第1問　小問集合

問1　箱 A，B，C をあわせて一つの物体と見るとき，その物体は箱 A にはたらく水平右向きの力によって右向きの加速度で運動している。

　　箱 B のみに着目するとき，箱 B は力 f_1 と力 f_2 の合力によって右向きの加速度で運動している。

　　したがって，力 f_1 と力 f_2 の合力の向きは右向きである。すなわち，<u>f_1 の大きさは，f_2 の大きさよりも大きい。</u>

1 の答　②

問2　ばね A とばね B のばね定数を k_A と k_B とし，重力加速度の大きさを g とする。力のつりあいより，

$$k_A a - mg = 0 \quad \therefore \quad k_A = \frac{mg}{a}$$

$$k_B \times 2a - mg = 0 \quad \therefore \quad k_B = \frac{mg}{2a}$$

ばね A と B の弾性力による位置エネルギーを U_A と U_B とすると，

$$U_A = \frac{1}{2}k_A a^2 = \frac{1}{2}mga$$

$$U_B = \frac{1}{2}k_B (2a)^2 = mga$$

以上の結果より，

$$\frac{U_B}{U_A} = \underline{2}$$

2 の答　⑤

問3　気体の内部エネルギーの変化を ΔU とする。熱力学第1法則より，

$$\Delta U = Q - W'$$

この場合，気体の温度が上昇するので，内部エネルギーは<u>増加</u>〔ｲ〕し，$\Delta U > 0$ である。したがって，

$$\Delta U = Q - W' > 0 \quad \therefore \quad \underline{Q > W'}\,_{ｱ}$$

3 の答　③

問4　ギターの音の振動数を f とする。1秒あたりのうなりの回数は振動数の差に等しいので，

$$|f - 440| = 2$$

また，ギターの音の高さの方が少し低かったとあるので $f < 440\,\mathrm{Hz}$ であり，$f = \underline{438}\,_{ｳ}\,\mathrm{Hz}$ である。うなりの回数を減らすにはギターの振動数を $438\,\mathrm{Hz}$ より大きくし，$440\,\mathrm{Hz}$ に近づける必要がある。

　　ギターの弦の長さは一定なので，波長 λ は変化しない。波の速さ v と振動数 f，波長 λ の関係式 $v = f\lambda$ において，λ が一定で振動数 f を大きくするためには波の速さ v を大きくすればよい。

　　したがって，弦の張力を<u>大きく</u>〔ｴ〕していくと，速さ v が大きくなり，振動数 f も

— 81 —

大きくなるので，うなりの回数が減っていく。

4 の答 ④

第2問　力学・落体の運動

問1　水平方向の位置は 0.1 s につき 0.39 m の割合で増加している。時刻 0.3 s における位置は，

$$0.39 \times \frac{0.3}{0.1} = \underline{1.17} \text{ m}$$

5 の答 ④

問2　空気抵抗が無視できるので，鉛直下向きの速さ v は重力加速度の大きさを g とすると，

$$v = gt$$

この関係式は v–t グラフにおいて原点 O を通る直線で表される。

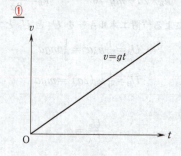

6 の答 ①

問3　鉛直方向の運動は，水平方向の初速に関わらず，全く同じになる。したがって，実験ア，実験イ，実験ウの小球が同時に床に到達する。

7 の答 ④

力学的エネルギー保存則より，投げ出したときの運動エネルギーが最も大きい実験イの場合が，床に到達するときの運動エネルギーも最も大きい。したがって，床に到達するとき，実験イの小球の速さが最も大きい。

8 の答 ②

問4　小球 A が床に到達するまでの時間を t_A とすると，

$$\frac{1}{2} g t_A{}^2 = h \quad \therefore \quad t_A = \sqrt{\frac{2h}{g}}$$

小球 B が床に到達するまでの時間を t_B とすると，

$$V_0 t_B - \frac{1}{2} g t_B{}^2 = 0 \quad \therefore \quad t_B = \frac{2V_0}{g}$$

$t_A = t_B$ より，

$$\sqrt{\frac{2h}{g}} = \frac{2V_0}{g} \quad \therefore \quad V_0 = \underline{\sqrt{\frac{gh}{2}}}$$

9 の答 ⑥

問5 最高点に達した小球Bが床に到達するまでの時間は $\frac{1}{2}t_B = \frac{1}{2}t_A$ である。

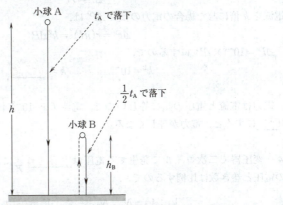

上図のように，小球Aが高さ h から落下して床に到達する時間が t_A で，小球Bが高さ h_B から落下して床に到達する時間はその半分の $\frac{1}{2}t_A$ である。

$$h = \frac{1}{2}gt_A^2, \quad h_B = \frac{1}{2}g\left(\frac{1}{2}t_A\right)^2$$

$$\therefore \quad h = 4h_B$$

したがって，<u>$h > h_B$</u>ア である。また，$h > h_B$ なので，床に到達する時点での運動エネルギーは <u>$K_A > K_B$</u>イ である。

10 の答 ⑦

第3問　電気・電力と電力量

問1　風力発電では，空気の<u>力学的</u>エネルギーから電気エネルギーを得ている。

11 の答 ①

太陽光発電では，<u>光</u>エネルギーから電気エネルギーを得ている。

12 の答 ④

問2　図2のグラフによると，風速 10 m/s～15 m/s での出力は約 19 kW である。
この出力が1日続いた場合の電力量 W_0 は，

$$W_0 = (19 \times 10^3) \times 60 \times 60 \times 24 \text{ J}$$

一般家庭の1日での消費電力量 $W = 18$ kWh は，

$$W = (18 \times 10^3) \times 60 \times 60 \text{ J}$$

したがって，

$$\frac{W_0}{W} = \frac{(19 \times 10^3) \times 60 \times 60 \times 24}{(18 \times 10^3) \times 60 \times 60}$$

$$= \frac{19}{18} \times 24 = 25.3\cdots \fallingdotseq \underline{24\text{ 倍}}$$

13 の答 ⑥

問3　電力の損失 $\varDelta P$ は，

$$\varDelta P = rI^2$$

電流を k 倍にした場合の電力の損失 $\varDelta P'$ は，

$$\varDelta P' = r(kI)^2 = k^2 \varDelta P$$

　$\varDelta P' = 10^{-6} \times \varDelta P$ にするので，

$$k^2 = 10^{-6} \quad \therefore \quad k = \underline{10^{-3}\ 倍}$$

<u>14</u> の答　**②**

　　電力は電流と電圧の積に等しいので，電流 I を 10^{-3} 倍にしたときに電圧 V を <u>10^3 倍</u>にすると，電力が等しくなる。

<u>15</u> の答　**③**

問4　変圧器で二次コイルに発生する電圧は<u>電磁誘導</u>〇によるものである。コイルの電圧と巻き数は比例するので，

$$V_1 : V_2 = N_1 : N_2 \quad \therefore \quad V_2 = \underline{\frac{N_2}{N_1} V_1}_{\ イ}$$

<u>16</u> の答　**⑥**

物理基礎

（2023年 1 月実施）

追試験 2023

物理基礎

解答・採点基準　　(50点満点)

問題番号 (配点)	設問		解答番号	正解	配点	自己採点
第1問 (16)	問1		1	②	4	
	問2		2	②	4	
	問3		3	③	4	
	問4		4	③	4	
第1問　自己採点小計						
第2問 (16)	A	問1	5	②	3	
		問2	6	④	2	
		問3	7	③	3	
	B	問4	8	②	4	
		問5	9	①	4	
第2問　自己採点小計						
第3問 (18)	問1		10	③	3	
			11	③	3	
	問2		12	④	4	
	問3		13	④	2	
			14	④	2	
	問4		15	⑥	4	
第3問　自己採点小計						
自己採点合計						

第1問　小問集合

問1　図①と図④は合力が鉛直下向きなので，力がつりあっていない。図③は合力が鉛直上向きなので，力がつりあっていない。力がつりあうのは図②である。

　　　　　　　　　　　　　　　　　　　　　　　　　　　　1 の答　②

問2　基本振動なので，音波の波長 λ は閉管の長さ 50 cm の 4 倍である。
$$\lambda = 0.5 \text{ m} \times 4 = 2 \text{ m}$$
振動数と波長，速さの関係より，音速 V は，
$$V = 480 \text{ Hz} \times 2 \text{ m} = 960 \text{ m/s}$$
この値に最も近い音速はヘリウム He の 970 m/s である。

　　　　　　　　　　　　　　　　　　　　　　　　　　　　2 の答　②

問3　まず，氷と水（液体）の比熱に着目する。氷の比熱の方が小さいので，氷は水より少ない熱量で温度が上昇する。したがって，グラフの傾きは氷の方が大きくなる。すなわち，正解は①あるいは③のどちらかであり，②と④は間違っている。

次に，氷がすべてとけるのに必要な熱量と，水が 0 ℃ から 100 ℃ になるのに必要な熱量に着目する。水の質量を m [g] とすると，氷がすべてとけるのに必要な熱量 Q_1 [J] は，融解熱と質量，熱量の関係式より，
$$Q_1 = m \times (3.3 \times 10^2) = 330m \text{ [J]}$$
液体の水が 0 ℃ から 100 ℃ になるのに必要な熱量 Q_2 [J] は，比熱と熱量，温度変化の関係式より，
$$Q_2 = m \times 4.2 \times 100 = 420m \text{ [J]}$$
$Q_1 < Q_2$ なので，氷がすべてとけるのに必要な熱量より液体の水が 0 ℃ から 100 ℃ になるのに必要な熱量の方が多いグラフ③が正解である。

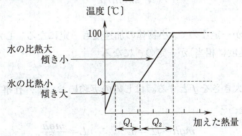

　　　　　　　　　　　　　　　　　　　　　　　　　　　　3 の答　③

問4　周期 T は，波長が 10 cm で速さが 5.0 cm/s なので，
$$T = \frac{10 \text{ cm}}{5.0 \text{ cm/s}} = 2.0 \text{ s}$$
$x = 2.5$ cm における変位 y [cm] は，時刻 $t = 0$ s で $y = 0$ で，その微小時間後，$y > 0$ になる。

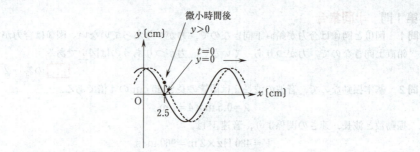

したがって，グラフは③が正しい。

$\boxed{4}$ の答 ③

第2問 運動とエネルギー
A 力と運動

問1 重力加速度の大きさを g とし，ばねのばね定数を k，小物体の質量を m とする。力学的エネルギー保存則より，

$$mgh = \frac{1}{2}ka^2 \quad \therefore \quad k = \frac{2mgh}{a^2}$$

高さが $2h$ の位置から滑らせる場合は，

$$mg \cdot 2h = \frac{1}{2}kd^2 \quad \therefore \quad d = 2\sqrt{\frac{mgh}{k}}$$

k を代入して，

$$d = 2\sqrt{\frac{mgh}{2mgh/a^2}} = \underline{\sqrt{2}\,a}$$

$\boxed{5}$ の答 ②

問2 動摩擦係数が一定なので，小物体の加速度も一定になる。したがって，v–t グラフは傾き（加速度に相当）が一定の<u>④</u>になる。

$\boxed{6}$ の答 ④

問3 動摩擦力の大きさを f とする。はじめの実験において，仕事とエネルギーの関係より，

$$mgh - fL = 0 \quad \therefore \quad L = \frac{mgh}{f}$$

後の実験における滑った距離を L' とすると，仕事とエネルギーの関係より，

$$mg \cdot 2h - fL' = 0 \quad \therefore \quad L' = \frac{2mgh}{f}$$

2式より，

$$L' = \underline{2L}$$

$\boxed{7}$ の答 ③

B 液体の圧力

問4 点 A は水面（大気圧 p_0）からの深さが h なので，その圧力 p_A は，
$$p_A = p_0 + \rho_0 h g$$

<u>8</u> の答 ②

問5 シリンダー C_P における油と水の境界での圧力を p_2 とすると，
$$p_2 = p_0 + \rho_1 h_1 g$$

また，この点の圧力は，同じ高さのシリンダー C_Q における水中の圧力と等しいので，

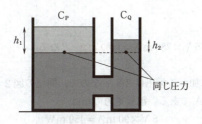

$$p_2 = p_0 + \rho_0 h_2 g$$

2式より，p_2 を消去して，

$$p_0 + \rho_1 h_1 g = p_0 + \rho_0 h_2 g \quad \therefore \quad h_2 = \frac{\rho_1}{\rho_0} h_1$$

<u>9</u> の答 ①

第3問 電気とエネルギー

問1 問題の図2より，電圧が1Vのとき，電流は約60 mA なので，電力はおよそ，
$$1\,\text{V} \times 60\,\text{mA} = 60\,\text{mW}$$

<u>10</u> の答 ③

問題の図2より，電圧が2Vのとき，電流は約80 mA なので，電力はおよそ，
$$2\,\text{V} \times 80\,\text{mA} = 160\,\text{mW}$$

したがって，その比はおよそ，
$$\frac{160}{60} = 2.66\cdots \fallingdotseq 2.7 \text{ 倍}$$

<u>11</u> の答 ③

問2 オームの法則が成立する抵抗器の場合，抵抗値を R，電圧を V とすると，消費電力 P は，
$$P = \frac{V^2}{R}$$

電圧を $\frac{1}{10}$ 倍にしたときの消費電力 P' は，
$$P' = \frac{\left(\frac{1}{10}V\right)^2}{R} = \frac{V^2}{100R}$$

$$\therefore \quad \frac{P'}{P} = \underline{\frac{1}{100}}_{\ \mathcal{T}} \ \text{倍}$$

豆電球の場合，電圧を $\frac{1}{10}$ 倍に小さくすると抵抗値も小さくなるので，消費電力

は $\frac{1}{100}$ 倍より <u>大きく</u>$_\mathcal{イ}$ なる。

$\boxed{12}$ の答　④

問3　加える電圧が 5 V のとき，問題の図 2 より，豆電球 1 個に流れる電流は
140 mA である。並列接続なので，電源から流れ出る電流 I_1 は 2 倍の <u>280 mA</u> である。

$\boxed{13}$ の答　④

　消費電力の和は，5 V × 280 mA = <u>1400 mW</u> となる。

$\boxed{14}$ の答　④

問4　1 個の豆電球に加わる電圧は 2.5 V なので，問題の図 2 より，電源から流れ出る電流 I_2 は約 90 mA である。消費電力の和は，

$$5\,\text{V} \times 90\,\text{mA} = 450\,\text{mW}$$

これらの値は <u>70 mA < I_2 < 140 mA</u>$_\mathcal{ウ}$，<u>350 mW < P < 700 mW</u>$_\mathcal{エ}$ である。

$\boxed{15}$ の答　⑥

物理基礎

（2022年1月実施）

受験者数　19,395

平均点　30.40

2022 本試験

物理基礎

解答・採点基準　　(50点満点)

問題番号 (配点)	設問	解答番号	正解	配点	自己採点
第1問 (16)	問1	1	⑦	4 *1	
	問2	2	④	4 *2	
	問3	3	⑨	4	
	問4	4	⑤	4 *3	
第1問　自己採点小計					
第2問 (16)	A	問1	5	③	4
		問2	6	④	4
	B	問3	7	④	4
		問4	8	①	4 *4
			9	②	
第2問　自己採点小計					

問題番号 (配点)	設問	解答番号	正解	配点	自己採点
第3問 (18)	問1	10	①	5 *5	
		11	②		
		12	①		
	問2	13	③	5 *6	
		14	①		
		15	①		
	問3	16	③	4	
		17	④	4	
第3問　自己採点小計					
自己採点合計					

(注)
1　*1は，⑧を解答した場合は2点を与える。
2　*2は，③を解答した場合は2点を与える。
3　*3は，①を解答した場合は3点，⑥，⑦，⑧のいずれかを解答した場合は1点を与える。
4　*4は，両方正解の場合のみ点を与える。
5　*5は，解答番号11及び12のみ正答の場合は3点を与える。
6　*6は，解答番号13及び14のみ正答の場合または解答番号14及び15のみ正答の場合は3点を与える。

第1問　小問集合

問1　相対速度の大きさ v は，速度（左向き正）の差をとって，
$$v = |15-(-10)| = \underline{25}_ア \text{ m/s}$$
電車 A の乗客から見ると，長さ 100 m の電車 B が速さ 25 m/s で横を通過していくので，その通過時間 t は，
$$t = \frac{100}{25} = \underline{4.0}_イ \text{ s}$$

　　　　　　　　　　　　　　　　　　　　　　　　　　　　$\boxed{1}$ の答　⑦

問2　区間1（$0 < t < t_1$）では $F = mg$ なので，おもりにはたらく力はつり合っており，おもりは静止している。→ <u>a</u>

　区間2（$t_1 < t < t_2$）では $F > mg$ なので，おもりにはたらく力の合力は鉛直上向きになり，おもりは一定の加速度で速さが増加しながら鉛直方向に上昇している。→ <u>c</u>

　区間3（$t_2 < t < t_3$）では $F = mg$ なので，おもりにはたらく力はつり合っている。$t = t_2$ において，おもりは鉛直上向きの速度をもっているので，この区間ではその速度で等速直線運動を続ける。すなわち，おもりは一定の速さで鉛直方向に上昇している。→ <u>b</u>

　　　　　　　　　　　　　　　　　　　　　　　　　　　　$\boxed{2}$ の答　④

問3　小球が上昇中も下降中も，力学的エネルギーが保存される。運動エネルギー（実線）と位置エネルギー（破線）の和は一定である。その条件を満たしているグラフは(c)のグラフのみである。

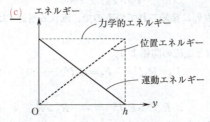

　　　　　　　　　　　　　　　　　　　　　　　　　　　　$\boxed{3}$ の答　⑨

問4　媒質が最も密になる位置の間隔が L であることから，この波の波長は L である。また，媒質の状態が元の状態になるまでの時間が T であることから，この波の周期は T である。波の速さ v は，波長と周期と速さの関係式から，
$$L = vT \quad \therefore \quad v = \underline{\frac{L}{T}}_ウ$$
媒質の右向きの変位を正，左向きの変位を負として，(ii)の状態を横波表示すると，

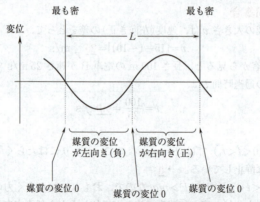

この図より，媒質の変位がすべて左向きになるのは a エ の部分である。

4 の答 ⑤

第2問　電気

A　電熱線の接続

問1　電熱線Aの抵抗値をR_A，かかる電圧をV_A，消費電力をP_Aとする。電熱線Bの抵抗値をR_B，かかる電圧をV_B，消費電力をP_Bとする。電熱線Aを入れた方が水の温度上昇が大きかったので，消費電力も電熱線Aの方が大きいことがわかる。

$$P_A > P_B \quad \cdots\cdots (a)$$

電熱線A，Bは直列に接続されているので，流れる電流Iは等しい。よって，アは適当ではない。

消費電力と抵抗値と電流の関係より，

$$P_A = R_A I^2 \qquad P_B = R_B I^2 \quad \cdots\cdots (b)$$

式(a), (b)より，

$$R_A I^2 > R_B I^2 \quad \therefore \quad R_A > R_B$$

よって，イは適当ではない。

消費電力と電圧と電流の関係より，

$$P_A = V_A I \qquad P_B = V_B I \quad \cdots\cdots (c)$$

式(a), (c)より，

$$V_A I > V_B I \quad \therefore \quad V_A > V_B$$

よって，ウは適当である。

5 の答 ③

問2　電熱線Cの抵抗値をR_C，流れる電流をI_C，消費電力をP_Cとする。電熱線Dの抵抗値をR_D，流れる電流をI_D，消費電力をP_Dとする。電熱線C，Dは並列に接続されているので，かかる電圧Vは等しい。電熱線Cを入れた方が水の温度上

昇が大きかったので，消費電力も電熱線 C の方が大きいことがわかる。

$$P_C > P_D \quad \cdots\cdots(d)$$

消費電力と電圧と電流の関係より，

$$P_C = VI_C \qquad P_D = VI_D \quad \cdots\cdots(e)$$

式(d)，(e)より，

$$VI_C > VI_D \qquad \therefore \quad I_C > I_D$$

よって，<u>ア</u>は適当である。

消費電力と電圧と抵抗値の関係より，

$$P_C = \frac{V^2}{R_C} \qquad P_D = \frac{V^2}{R_D} \quad \cdots\cdots(f)$$

式(d)，(f)より，

$$\frac{V^2}{R_C} > \frac{V^2}{R_D} \qquad \therefore \quad R_D > R_C$$

よって，<u>イ</u>は適当である。

前述のように，並列に接続されているのでかかる電圧は等しい。よって，ウは適当でない。

$\boxed{6}$ の答 ④

B ドライヤーの消費電力

問3 モーターと電熱線以外で消費される電力が無視できるので，エネルギー保存則より，

$$P = P_h + P_m$$

$\boxed{7}$ の答 ④

問4 消費電力の公式より，

$$P_h = \frac{100^2}{10} = 1000$$

ドライヤーを動かした時間は 2 分＝120 秒なので，電力量 W は，

$$W = 1000 \times 120$$
$$= \underline{1.2} \times 10^5 \text{ J}$$

$\boxed{8}$ の答 ①

$\boxed{9}$ の答 ②

第3問　総合問題

問1 水の比熱を c，スプーン A の比熱を c_A，スプーン B の比熱を c_B とする。熱量の保存より，

A $\cdots 100.0 c_A (60.0 - 20.6) = 200.0 c (20.6 - 20.0)$

$$\therefore \quad c_A = \frac{120c}{3940} \fallingdotseq 0.0305 c$$

B $\cdots 100.0 c_B (60.0 - 20.7) = 200.0 c (20.7 - 20.0)$

$$\therefore \quad c_B = \frac{140c}{3930} \fallingdotseq 0.0356c > c_A$$

スプーンBの方が比熱が<u>大きい</u>。

<code>10</code> の答 ①

実験における水を大量にした場合，熱平衡における水およびスプーンA，Bの温度はともに，はじめの水の温度 20.0℃ とあまり変わらなくなる。したがって，熱平衡におけるスプーンA，Bの温度の違いもほとんどなくなる。

よって，水の量を2倍にするよりも<u>半分</u>にする方が熱平衡におけるスプーンA，Bの温度の違いが大きくなる。

<code>11</code> の答 ②

実験におけるはじめの水の温度を高くし，スプーンと水の温度差を小さくすると，熱平衡までの温度の変化は非常に小さくなる。したがって，熱平衡におけるスプーンA，Bの温度の違いもほとんどなくなる。

よって，はじめの温度差を小さくするよりも<u>大きく</u>する方が熱平衡におけるスプーンA，Bの温度の違いが大きくなる。

<code>12</code> の答 ①

問2 重力は物体の質量に比例し，空中であっても水中であっても変化しない。スプーンA，Bの質量が同じなので，重力の大きさも<u>同じで</u>ある。

<code>13</code> の答 ③

水中でスプーンAが下がり，スプーンBが上がったので，水中で受ける浮力はスプーンBの方が<u>大きい</u>。

<code>14</code> の答 ①

浮力の大きさはその物体の体積に比例する。この場合，大きな浮力を受けたスプーンBの体積の方が<u>大き</u>い。

<code>15</code> の答 ①

問3 問題の図3で針金Bのグラフを読む。電流が 0.20 A となるときの電圧はおよそ 0.82 V である。これより，電気抵抗 R は，

$$R = \frac{0.82}{0.20} = \underline{4.1 \ \Omega}$$

<code>16</code> の答 ③

抵抗値 R は，抵抗体の長さ l に比例し，断面積 S に反比例する。その比例定数が抵抗率である。

$$R = \rho \frac{l}{S} \qquad \therefore \quad \underline{\rho = R\frac{S}{l}}$$

<code>17</code> の答 ④

— 96 —

物理基礎

（2022年1月実施）

追試験
2022

物理基礎

解答・採点基準　　(50点満点)

問題番号(配点)	設問	解答番号	正解	配点	自己採点
第1問(17)	問1	1	⑦	4	
	問2	2	②	4	
	問3	3	①	3	
		4	⑥	2	
	問4	5	⑤	4	
第1問　自己採点小計					
第2問(19)	問1	6	③	4 *1	
		7	①		
	問2	8	③	4 *1	
		9	②		
	問3	10	⑤	4	
	問4	11	③	4	
		12	③	3	
第2問　自己採点小計					

問題番号(配点)	設問	解答番号	正解	配点	自己採点
第3問(14)	問1	13	②	2	
		14	④	2	
	問2	15	③	3	
		16	②	2 *3	
	問3	17	②	3	
		18	④	2 *4	
第3問　自己採点小計					
自己採点合計					

(13と14は *2 で結ばれている)

(注)

1　*1は，両方正解の場合のみ点を与える。

2　*2の正解は，順序を問わない。

3　*3は，解答番号15で③を解答した場合のみ②を正解とし，2点を与える。ただし，解答番号15の解答に応じ，下記①～③のいずれかを解答した場合も2点を与える。

　①解答番号15で①を解答し，かつ，解答番号16で④を解答した場合

　②解答番号15で②を解答し，かつ，解答番号16で③を解答した場合

　③解答番号15で④を解答し，かつ，解答番号16で①を解答した場合

4　*4は，解答番号17で②を解答した場合のみ④を正解とし，2点を与える。ただし，解答番号17の解答に応じ，下記①～③のいずれかを解答した場合も2点を与える。

　①解答番号17で①を解答し，かつ，解答番号18で⑤を解答した場合

　②解答番号17で③を解答し，かつ，解答番号18で③を解答した場合

　③解答番号17で④を解答し，かつ，解答番号18で②を解答した場合

第1問　小問集合

問1　アからエの位置への移動は，0.1 s ごとに 4 目盛り進んでいる。エからオの位置への移動は，0.1 s で 2 目盛り進んでいる。したがって，物体はエの位置で瞬間的に減速している。

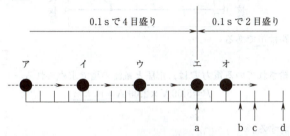

右に進んでいる物体が減速するので，物体に加えられた力の向きは<u>左</u>向きである。
　エの位置を通過した後，物体は 0.1 s ごとに 2 目盛り右に進むので，オの位置の次は <u>c</u> である。

$\boxed{1}$ の答　⑦

問2　熱容量の小さい方が，熱平衡に達した後の温度が高い。
　まず，質量が同じで材質が異なる場合を考える。容器の質量を m [g]，材質 A の場合の容器の熱容量を C_A [J/K]，材質 B の場合の容器の熱容量を C_B [J/K] とすると，

$$C_A = 0.50 \times m \qquad C_B = 0.80 \times m$$
$$\therefore \quad C_A < C_B$$

したがって，熱平衡に達した後の温度が高いのは，熱容量の小さい材質 <u>A</u>ア の容器を使った方である。
　次に，同じ材質で質量が異なる場合を考える。材質の比熱（比熱容量）を c [J/(g·K)]，容器の質量を $m_大$ [g]，$m_小$ [g] とし，$m_大 > m_小$ とする。質量の大きい容器の熱容量を $C_大$ [J/K]，質量の小さい容器の熱容量を $C_小$ [J/K] とすると，

$$C_大 = m_大 c \qquad C_小 = m_小 c$$
$$\therefore \quad C_大 > C_小$$

したがって，熱平衡に達した後の温度が高いのは，質量が<u>小さい</u>イ 容器を使った方である。

$\boxed{2}$ の答　②

問3　電圧計は充電器あるいはスマホに並列に接続する。電流計は充電器とスマホをつなぐ導線に直列に接続する。

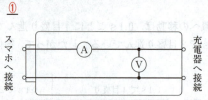

よって，回路は①である。

3 の答 ①

スマホに供給されている電力 P は，電圧と電流の積で求められる。
$$P = 5.00\text{ V} \times 2.00\text{ A} = 10.0\text{ W}$$

4 の答 ⑥

問4 順次検討する。

現象1：コイルに一定の大きさの直流電流を流すと，コイルは磁石から一定の力を受ける。そのため，コイルとコーンは一方向（問題の図4の上か下）に引き寄せられ，振動しない。コーンが振動しないのでスピーカーから音は出ない。よって，現象1は適当でない。

現象2：コイルに交流電流が流れると，その振動数に対応してコイルは磁石から上下に振動する力を受ける。そのため，コイルとコーンは上下に振動する。したがって，コイルに流れる交流電流の振動数が大きくなると，コーンの振動数も大きくなり，スピーカーから出る音の振動数も大きくなる。よって，現象2は適当である。

現象3：コイルに流れる交流電流の振幅を変化させると，コイルが磁石から受ける振動する力の大きさが変化する。そのため，コイルとコーンの振幅が変化し，スピーカーから出る音の大きさが変化する。よって，現象3は適当でない。

現象4：音波を当ててコーンを振動させると，コイルも振動し，コイルには交流の誘導起電力が生じる。その結果，PQ間に交流電圧が発生する。よって，現象4は適当である。

以上の考察より，現象2と現象4が適当である。

5 の答 ⑤

第2問　力と運動

問1 斜面が水平面となす角を θ とすると，小球の加速度の大きさは $g\sin\theta$ である。

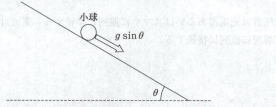

小球の加速度の大きさは，小球の質量に関係なく，斜面の傾きが大きいほど大きい。

6 の答 ③
7 の答 ①

問2 斜面の傾きが一定なので，小球がすべっている間，その加速度の大きさは変化しない。したがって，小球の速度は時刻に対して一定の割合で変化し続け，速さと時刻のグラフは一定の傾きの直線になる。

②

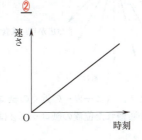

8 の答 ③
9 の答 ②

問3 小球が初速度 0 で点 P から点 Q まですべり落ちるのにかかる時間を t とする。等加速度直線運動の公式より，

$$L = \frac{1}{2} \times g\sin\theta \times t^2 \quad \therefore \quad t = \sqrt{\frac{2L}{g\sin\theta}}$$

$\sin\theta = \dfrac{h}{L}$ を代入して，

$$t = \sqrt{\frac{2L}{g\dfrac{h}{L}}} = L\sqrt{\frac{2}{gh}}$$

10 の答 ⑤

問4 Q と Q′ は同じ高さなので小球の位置エネルギーは等しい。よって，力学的エネルギー保存則より，小球が基準の高さを通過する瞬間の速さはどちらの斜面をすべっても同じである。

11 の答 ③

また，小球が斜面から受ける垂直抗力は，小球の速度と常に垂直となり，その仕事は，どちらの場合も同じでありその値は 0 である。

12 の答 ③

第3問　波動

問1　スピーカーから空気中を伝わる音波は四方八方に広がるため，スピーカーから離れるにしたがって音が減衰する。

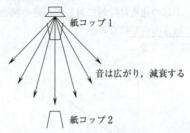

したがって，糸を外したとき，スピーカーの近くの紙コップ1は振動し，小球を跳ねさせるが，スピーカーから離れた位置の紙コップ2はあまり振動せず，小球を跳ねさせられなかった。

　糸を伝わる振動は，空気中を伝わる音波のように四方八方に広がらず，糸だけを伝わるので，振動(音)が減衰しにくい。

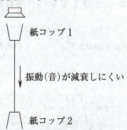

したがって，糸があるとき，スピーカー近くの紙コップ1も，スピーカーから離れた位置の紙コップ2も小球を跳ねさせる。

　　　　　　　　　　　　　　　　　　　　　13　14 の答　②，④

問2　音波の周期 T は問題の図4より，2 ms である。

　　　　　　　　　　　　　　　　　　　　　　　　15 の答　③

　振動数 f は周期 T の逆数に等しいので，

$$f = \frac{1}{T} = \frac{1}{2\times 10^{-3}} = 500\text{ Hz}$$

　　　　　　　　　　　　　　　　　　　　　　　　16 の答　②

問3　問題の図4と図5を比較するとMは 1 ms だけずれている。

　　　　　　　　　　　　　　　　　　　　　　　　17 の答　②

　糸の長さは 175−55=120 cm だけ長くなり，その結果，振動が伝わる時間が 1 ms 長くかかっているので，振動が伝わる速さ v は，

$$v = \frac{1.20}{1\times 10^{-3}} = 1200\text{ m/s}$$

　　　　　　　　　　　　　　　　　　　　　　　　18 の答　④

物理基礎

（2021年1月実施）

受験者数　19,094

平　均　点　37.55

2021 第1日程

物理基礎

解答・採点基準　　　(50点満点)

問題番号(配点)	設問	解答番号	正解	配点	自己採点
第1問 (16)	問1	1	④	4	
	問2	2	①	4 *1	
		3	⑧		
	問3	4	⑥	4	
	問4	5	②	2	
		6	⑤	2	}*2
第1問　自己採点小計					

問題番号(配点)	設問	解答番号	正解	配点	自己採点
第2問 (18)	A	問1	7	③	3
			8	⑤	2 *3
		問2	9	②	4
	B	問3	10	①	3
		問4	11	④	3
		問5	12	④	3
第2問　自己採点小計					

問題番号(配点)	設問	解答番号	正解	配点	自己採点
第3問 (16)	問1	13	④	3	
	問2	14	⓪	3 *4	
		15	③		
		16	⑥		
	問3	17	②	3	
	問4	18	②	3	
	問5	19	⑤	4 *5	
第3問　自己採点小計					
自己採点合計					

(注)

1　*1は，両方正解の場合のみ点を与える。

2　*2の正解は，順序を問わない。

3　*3は，解答番号7で③を解答した場合のみ⑤を正解とし，点を与える。

4　*4は，全部正解の場合のみ点を与える。

5　*5は，④を解答した場合は2点を与える。

第1問　小問集合
問1　木片にはたらく力は，りんごから受ける下向きの力（りんごが木片から受ける垂直抗力の反作用）と自身の重力，床から受ける上向きの垂直抗力である。

　　　　　　　　　　　　　　　　　　　　　　　　$\boxed{1}$ の答　④

問2　負に帯電（$-q$）した方が点Bの小球に近づいたので，点Bの小球の電荷の符号は<u>正</u>である。

　　　　　　　　　　　　　　　　　　　　　　　　$\boxed{2}$ の答　①

　正に帯電した小球を，点Bから点Cに移動させると，負に帯電（$-q$）した側が点Cに近くなる状態に棒が回転するので，棒に描かれた矢印は<u>⑧</u>の向きになる。

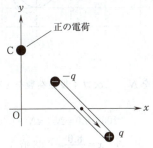

　　　　　　　　　　　　　　　　　　　　　　　　$\boxed{3}$ の答　⑧

問3　肌の日焼けの原因や殺菌作用がある電磁波は<u>紫外線</u>ᵃで，携帯電話やラジオに使われる電磁波は<u>電波</u>ᵢである。また，がん細胞に照射する放射線治療に使われる電磁波は<u>γ線</u>ᵤである。

　　　　　　　　　　　　　　　　　　　　　　　　$\boxed{4}$ の答　⑥

問4　熱エネルギーのすべてを仕事に変えることはできないが，その一部を仕事に変えることは熱機関などでできる（熱力学第二法則）ので，<u>②</u>は誤りである。絶対温度0 K（ケルビン）は摂氏温度で表すと -273 ℃で，それ以下の温度は存在しないので，<u>⑤</u>は誤りである。

　　　　　　　　　　　　　　　　　　　　　　　$\boxed{5}$ $\boxed{6}$ の答　②，⑤

第2問　波動と電気
A　波動
問1　問題の図2より，音の周期は<u>0.0051</u> s である。

振動数は周期の逆数に等しいので,
$$\frac{1}{0.0051} \fallingdotseq 196 \text{ Hz}$$
この振動数は音階の<u>ソ</u>である。

7 の答 ③

8 の答 ⑤

問2 2倍音の電圧が0になる時間を代表点(黒丸)とする。代表点における電圧の和は2倍音の電圧が0なので,基本音の電圧に等しくなる。代表点以外の電圧も考慮すると電圧の和の波形は次図の破線のようになる。

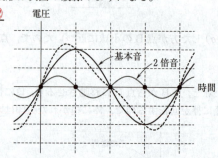

9 の答 ②

B 変圧器

問3 一次コイルの巻き数を N,二次コイルの巻数を xN とする。電圧の比と巻き数の比が等しいので,
$$100:8.0 = N:xN$$
$$\therefore x = \frac{8.0}{100} = \underline{0.08} \text{ 倍}$$

10 の答 ①

問4 一次コイル側の電流を I,二次コイル側の電流を yI とする。電力が等しいので,
$$I \times 100 = yI \times 8.0$$
$$\therefore y = \frac{100}{8.0} = \underline{12.5} \text{ 倍}$$

11 の答 ④

問5 ニクロム線の電気抵抗を r とする。1 m あたりの電気抵抗が 8.0 Ω で,長さが 16 cm = 0.16 m なので,
$$r = 8.0 \times 0.16 = 1.28 \text{ Ω}$$
消費電力 P は,
$$P = \frac{8.0^2}{1.28} = \underline{50} \text{ W}$$

12 の答 ④

第3問　力学

問1　AB 間の距離 Δx は，定規の目盛りの差をとって，

$$\Delta x = 5.7 - 3.1$$
$$= 2.6 \text{ cm} = 0.026 \text{ m}$$

毎秒 60 打点なので，隣り合う打点の時間の間隔は $\dfrac{1}{60}$ s である。そのうちの 6 打点分なので，その間の時間 Δt は，

$$\Delta t = \frac{1}{60} \times 6 = 0.10 \text{ s}$$

平均の速さ $\overline{v_{AB}}$ は，

$$\overline{v_{AB}} = \frac{\Delta x}{\Delta t}$$
$$= \frac{0.026}{0.10} = \underline{0.26} \text{ m/s}$$

$\boxed{13}$ の答　④

問2　台車の運動方程式より，

$$0.50 \times 0.72 = T \qquad \therefore \quad T = \underline{0.36} \text{ N}$$

$\boxed{14}$ の答　⓪
$\boxed{15}$ の答　③
$\boxed{16}$ の答　⑥

問3　加速度が小さくなったのは，スマートフォンの分だけ，全体の質量が大きくなったからである。

$\boxed{17}$ の答　②

問4　加速度の値が 0.60 m/s^2 で，加速していた時間が $4.2 - 2.5 = 1.7$ s なので，求める速さは，

$$v_1 = 0.60 \times 1.7$$
$$= 1.02 \fallingdotseq \underline{1.0} \text{ m/s}$$

$\boxed{18}$ の答　②

問5　おもりの位置が下がっていくので，位置エネルギーは減少していく。おもりの速さが大きくなっていくので，運動エネルギーは増加していく。台車とおもりの力学的エネルギーの和は一定に保たれる（力学的エネルギー保存則）ので，台車の力学的エネルギーが増加する分，おもりの力学的エネルギーは減少していく。

$\boxed{19}$ の答　⑤

MEMO

物理基礎

（2021年1月実施）

受験者数　　　120

平均点　　24.91

2021 第2日程

物理基礎

解答・採点基準　　(50点満点)

問題番号(配点)	設問		解答番号	正解	配点	自己採点
第1問 (16)	問1		1	③	4	
	問2		2	③	4	
	問3		3	④	4	
	問4		4	①	4	
第1問　自己採点小計						
第2問 (19)	A	問1	5	④	3	
		問2	6	②	3	
			7	②	3	
		問3	8	⑧	3	
	B	問4	9	①	3	
		問5	10	④	2	
			11	⑤	2	
第2問　自己採点小計						
第3問 (15)	問1		12	③	4	
	問2		13	②	4	
	問3		14	⑥	4	
	問4		15	③	3	
第3問　自己採点小計						
自己採点合計						

第1問　小問集合

問1　大気圧を P_0 [N/m²]，水深 1.0 m での水圧を P_1 [N/m²]，水深 2.0 m での水圧を P_2 [N/m²] とする。水面を上端とし，長さ 1.0 m，断面積 1.0 m² の水柱と，長さ 2.0 m，断面積 1.0 m² の水柱にはたらく力を考える。これらの水柱の質量は 1.0×10^3 kg と 2.0×10^3 kg なので，はたらく力は次図のようになる。

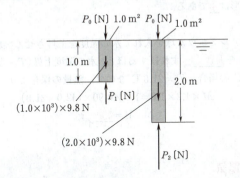

長さ 1.0 m の水柱にはたらく力のつり合いより，
$$P_1 = P_0 + (1.0 \times 10^3) \times 9.8$$
長さ 2.0 m の水柱にはたらく力のつり合いより，
$$P_2 = P_0 + (2.0 \times 10^3) \times 9.8$$
2式より，
$$P_2 - P_1 = 9.8 \times 10^3 \text{ [N/m²]}$$

　　　　　　　　　　　　　　　　　　　　　　　　　　　　1 の答　③

問2　電気素量を e，単位体積あたりの自由電子の個数を n とすると，電流の大きさ I は次のようになる。

$$I = en \times (断面積) \times (自由電子の速さ)$$

したがって，断面積と自由電子の速さの積が問題の図1と同じ **CとD** の電流の大きさが同じになる。

$$\underbrace{S \times u}_{図1} = \underbrace{2S \times \frac{u}{2}}_{C} = \underbrace{\frac{S}{2} \times 2u}_{D}$$

　　　　　　　　　　　　　　　　　　　　　　　　　　　　2 の答　③

問3　2 cm/s で 5s 後なので，パルス波が進む距離は $2 \times 5 = 10$ cm である。したがって，与えられたパルス波は，全体が反射し終わっている。固定端反射では波の山が谷になり，波の谷が山となって反射する。また，変位の大きさ（絶対値）は変化しない。したがって，このパルス波の先頭の高い山は反射して深い谷になる。また，浅い谷は反射して低い山になる。

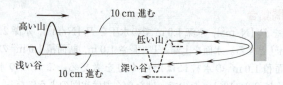

図より，反射波形は④である。

3 の答 ④

問4 温度の高いアルミニウム球を入れて水の温度を上昇させる実験なので，温度の低い水の質量 M を大きく_ア_すればするほど，水の温度上昇（T_3-T_2）が小さくなる。$T_3-T_2=1.0℃$ の場合，$T_3=21.0℃$ なので，熱量の保存より，
$$M×4.2×1.0=100×0.90×(42.0-21.0)$$
$$∴\ M=\underline{450}_イ\ g$$

4 の答 ①

第2問 　波動と電気

A 気柱の共鳴

問1 共鳴時はピストンの位置に定常波の節ができている。

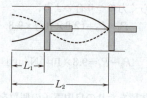

音波の波長を λ とすると，上図より，
$$\frac{\lambda}{2}=L_2-L_1$$
波の基本的関係式より，音速 v は，
$$v=f\lambda=\underline{2f(L_2-L_1)}$$

5 の答 ④

問2 気温を下げると音速 v は小さくなる。振動数 f は変わらず，音速 v が小さくなると，$v=f\lambda$ より，波長 λ が短くなる。

　はじめは気柱の長さ L_2 が波長の $\frac{3}{4}$ 倍になって共鳴が起きているので，波長が変わると共鳴は起こらない。すなわち，共鳴が起こらなくなったのは，管内の音の波長が短くなったからである。

6 の答 ②

　波長が少し短くなるので，ピストンがもう少し左の位置で共鳴が起こる。

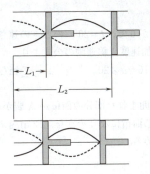

上図より，ピストンを左に移動させていくときに生じる共鳴の回数は 2回 である。

7 の答 ②

B オームの法則と電流の測定

問 3 最大電流が 300 mA の端子に接続されているので，電流計の針が目盛りの 3 を指せば 300 mA で，2 を指せば 200 mA の電流が流れていることになる。

問題の図 4 で針が指しているのは，目盛りの 2.0 より大きく 2.1 より小さいので，電流の強さは 200 mA (0.2 A) より大きく 210 mA (0.21 A) より小さい。選択肢の中でこの条件を満たす値は 0.207 A である。

8 の答 ⑧

問 4 まず，問題の図 5 から，40 V のときの電流の強さが約 0.4 A なので，おおよその抵抗値は $\dfrac{40}{0.4}=100\ \Omega$ である。

なるべく針が大きく振れる状態にして電流計を利用すれば，電流がより正確に読み取れることから利用する端子を考える。

30 mA の端子の場合，100 Ω の抵抗に 30 mA 流れるときの電圧は 100 Ω×0.03 A＝3 V なので，3 V 以下の電圧の中で一番大きな電圧を考えると，選択肢の中では 2 V である。

300 mA の端子の場合，100 Ω×0.3 A＝30 V なので，30 V 以下の電圧の中で一番大きな電圧（ただし，3 V 以上）を考えると，選択肢の中では 4～30 V である。

3 A の端子の場合，100 Ω×3 A＝300 V なので，300 V 以下の電圧の中で一番大きな電圧（ただし，30 V 以上）を考えると，選択肢の中では 32～40 V である。

9 の答 ①

問 5 抵抗値をより正確に決定するためには，図 5 でなるべく多くの測定点の近くを通るように引いた直線の傾きを利用するのがよい。抵抗値は，問 4 で示したように約 100 Ω である。

10 の答 ④
11 の答 ⑤

第3問　エネルギー

問1　$t=0$ s のときの速さが 0 で, $t=20$ s のときの速さがおよそ 16 m/s なので, 加速度の大きさ a は, 等加速度直線運動の公式より,

$$16 = a \times 20 \quad \therefore \quad a = \underline{0.8}\text{ m/s}^2$$

　　　　　　　　　　　　　　　　　　　　　　　　　　　　　　12 の答　③

問2　v-t グラフと t 軸で囲まれた部分の面積が A 駅から B 駅まで走った距離に等しい。次図のように, 同じ面積になりそうな, 12 m/s×90 s の長方形に置き換え, 面積（距離）を近似的に求める。

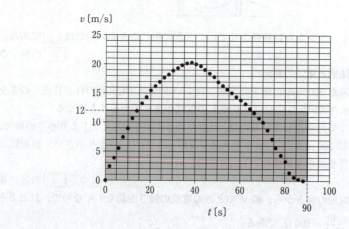

この長方形の面積は,

$$12\text{ m/s} \times 90\text{ s} = 1080\text{ m}$$

選択肢の中でこの値に最も近いのは $\underline{1100}$ m である。

　　　　　　　　　　　　　　　　　　　　　　　　　　　　　　13 の答　②

問3　$t=0$ s から $t=20$ s までの電流の強さ I は, グラフから読み取ると, $I=550$ A である。電圧 V は $V=600$ V なので, 消費電力 P は,

$$P = IV$$
$$= 550 \times 600 = 3.3 \times 10^5\text{ W}(=\text{J/s})$$

電力量 E は 20 s の間のエネルギーの総量なので,

$$E = 3.3 \times 10^5\text{ J/s} \times 20\text{ s} = 6.6 \times 10^6\text{ J}$$

選択肢の中でこの値に最も近いのは $\underline{7 \times 10^6}$ J である。

　　　　　　　　　　　　　　　　　　　　　　　　　　　　　　14 の答　⑥

問4　$t=40$ s から $t=60$ s までの区間では電流が流れていないので, 電車に電気エネルギーは供給されていない。また, 電車の速さはこの区間で 20 m/s から 14 m/s に変化している。この間の高低差を h とすると, 力学的エネルギー保存則より,

$$\frac{1}{2} \times (3.0 \times 10^4) \times 20^2$$

$$= \frac{1}{2} \times (3.0 \times 10^4) \times 14^2 + (3.0 \times 10^4) \times 9.8 \times h$$

$$\therefore \quad h = 10.4 \cdots \fallingdotseq \underline{10} \text{ m}$$

$\boxed{15}$ の答　③

MEMO

物理基礎

（2020年1月実施）

受験者数　20,437

平均点　　33.29

2020 本試験

物理基礎

解答・採点基準　(50点満点)

問題番号(配点)	設問		解答番号	正解	配点	自己採点
第1問(20)	問1		1	①	4	
	問2		2	⑥	4	
	問3		3	④	4	
	問4		4 *	③	4	
	問5		5	②	4	
第1問　自己採点小計						
第2問(15)	A	問1	6	③	4	
		問2	7	⑤	4	
	B	問3	8	⑦	3	
		問4	9	⑧	4	
第2問　自己採点小計						
第3問(15)	A	問1	10	⑤	3	
		問2	11	⑤	4	
	B	問3	12	⑥	4	
		問4	13	③	4	
第3問　自己採点小計						
自己採点合計						

(注)　＊は，解答④の場合は2点を与える。

第1問　小問集合

問1　棒にはたらく力は，3本のばねからの鉛直上向きの力と，糸からの大きさ mg の鉛直下向きの力である。

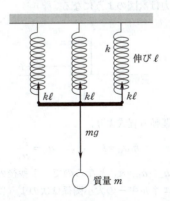

棒にはたらく力のつりあいより，

$$k\ell \times 3 - mg = 0 \quad \therefore \quad \ell = \frac{mg}{3k}$$

　　　　　　　　　　　　　　　　　　　　　　　　1 の答　①

問2　加速度の大きさを a_A, a_B, a_C とし，1秒後の速さを v_A, v_B, v_C とする。Aの場合，はたらく力は次図のようになる。

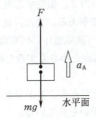

鉛直方向について，運動方程式より，

$$ma_A = F - mg \quad \therefore \quad a_A = \frac{F}{m} - g$$

Bの場合，はたらく力は次図のようになる。

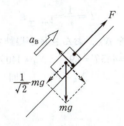

斜面方向について，運動方程式より，
$$ma_B = F - \frac{1}{\sqrt{2}}mg \quad \therefore \quad a_B = \frac{F}{m} - \frac{1}{\sqrt{2}}g$$

Cの場合，はたらく力は次図のようになる。

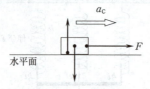

水平方向について，運動方程式より，
$$ma_C = F \quad \therefore \quad a_C = \frac{F}{m}$$

加速度の大きさは，$a_C > a_B > a_A$ となるので，1秒後の速さも $v_C > v_B > v_A$ となる。したがって，運動エネルギーの大小関係は次のようになる。
$$\frac{1}{2}mv_C^2 > \frac{1}{2}mv_B^2 > \frac{1}{2}mv_A^2$$
$$\therefore \quad \underline{K_C > K_B > K_A}$$

2 の答 ⑥

問3 ジュール熱による電力の損失は，
$$(\text{送電線の抵抗値}) \times (\text{電流})^2$$

送電線の抵抗値は変わらないので，損失する電力を小さくするためには送電線に流れる電流を<u>小さく</u>ィする必要がある。また，送電する電力は，
$$(\text{送電電圧}) \times (\text{電流})$$

送電する電力が同じ場合，電流を小さくするためには送電電圧を<u>高く</u>ァしなければいけない。

直流の場合，変圧器で電圧を変えることができないので，変圧器で電圧を変えることのできる<u>交流</u>ゥが送電に用いられている。

3 の答 ④

問4 1秒あたりのうなりの回数 n は振動数の差に等しいので，
$$n = 445 - 440 = 5 \text{ 回/s}$$

うなりの周期 T は，
$$T = \frac{1}{n} = \underline{0.2}_{ェ} \text{ s}$$

おんさAが振動する回数を N_A，おんさBが振動する回数を N_B とすると，
$$N_A = 445T = 89 \quad N_B = 440T = 88$$
$$\therefore \quad N_A - N_B = \underline{1}_{ォ} \text{ 回}$$

4 の答 ③

問5 順次，検討する。

①：1気圧での水の沸点は 100℃＝373 K なので，①は誤りである。
②：物質が固体から液体に変化する際に吸収される熱量は潜熱と呼ばれる。②は適当である。
③：熱力学第1法則より，気体の内部エネルギーの変化は，外部から気体に加えられた熱量と気体にされた仕事の和に等しい。③は誤りである。
④：高温の物体と低温の物体を接触させたとき，物体間の温度差がなくなるように熱は移動するので，④は誤りである。
⑤：摩擦熱はひとりでに運動エネルギーに変わることがないので，摩擦によって物体が静止する現象は非可逆変化である。⑤は誤りである。

　　　　　　　　　　　　　　　　　　　　　　　　　　　　5 の答　②

第2問　波動と電気

A　波の性質

問1　図1の上下の波形を比較すると，0.50 s の間に波が1目盛 0.5 m 進んでいることがわかる。したがって，波の速さは，
$$\frac{0.5 \text{ m}}{0.50 \text{ s}} = 1.0 \text{ m/s}$$

　　　　　　　　　　　　　　　　　　　　　　　　　　　　6 の答　③

問2　波の速さが 1.0 m/s なので，原点Oに波(a)の先頭が達する時刻は $t=1.0$ s である。時刻 $t=1.5$ s から時刻 $t=2.0$ s の間の波(a)による原点Oの変位は一定値 1.0 m となり，時刻 $t=3.0$ s で変位が0になる。

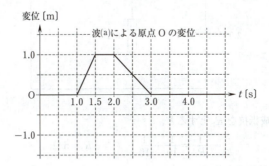

同様に，波(b)による原点Oの変位を点線で描き足し，さらにこれらを重ねあわせた合成変位を太い実線で示すと次図のようになる。

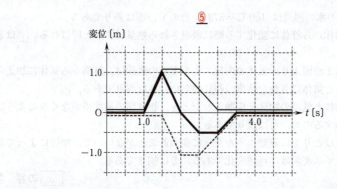

7 の答 ⑤

B 直流回路

問 3 OP 間の電圧 V_{OP} は直流電源の電圧に等しいので，
$$V_{OP} = \underline{2.0}_{ア} \text{ V}$$
OQ 間の抵抗に流れる電流は 0 なので，OQ 間の電圧 V_{OQ} は，
$$V_{OQ} = \underline{0}_{イ} \text{ V}$$

8 の答 ⑦

問 4 スイッチを a 側に接続したとき，2 個の抵抗は並列に接続されているとみなせる。

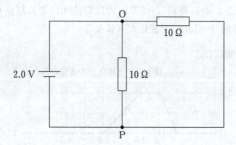

OP 間の合成抵抗を R_1 とすると，
$$\frac{1}{R_1} = \frac{1}{10} + \frac{1}{10} \quad \therefore \quad R_1 = 5 \text{ Ω}$$
回路全体の消費電力 P_1 は，
$$P_1 = \frac{2.0^2}{R_1} = \frac{2.0^2}{5} = \underline{0.80}_{ウ} \text{ W}$$

スイッチを b 側に接続したとき，2 個の抵抗が直列に接続され，それと 1 個の抵抗が並列に接続されているとみなせる。

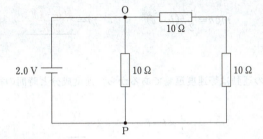

OP 間の合成抵抗を R_2 とすると，

$$\frac{1}{R_2} = \frac{1}{10} + \frac{1}{10+10} \quad \therefore \quad R_2 = \frac{20}{3} \, \Omega$$

回路全体の消費電力 P_2 は，

$$P_2 = \frac{2.0^2}{R_2} = \frac{2.0^2 \times 3}{20} = 0.60 < P_1 \, (=0.80)$$

以上より，回路全体の消費電力 P_2 は P_1 より<u>小さく</u>ェ なる。

10 の答 ⑧

第3問　力学

A　ゴムひもをつけた小球の落下

問1　点 A から高さ ℓ だけ下の位置までの運動は自由落下であるから，

$$\frac{1}{2}gt^2 = \ell \quad \therefore \quad t = \sqrt{\frac{2\ell}{g}}$$

10 の答 ⑤

問2　最下点を重力による位置エネルギーの基準とする。

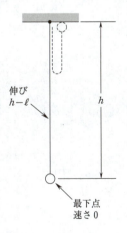

力学的エネルギー保存より，

8

$$mgh = \frac{1}{2}k(h-\ell)^2 \quad \therefore \quad m = \frac{k(h-\ell)^2}{2gh}$$

11 の答 ⑤

B　斜方投射

問3　水平方向の運動は等速度運動であるから，速度成分と時間の積が変位に等しい。

$$\frac{v}{2} \times t = \ell \quad \therefore \quad t = \frac{2\ell}{v}$$

12 の答 ⑥

問4　鉛直方向の運動は等加速度直線運動であり，点Pにおける速度成分が$\frac{\sqrt{3}}{2}v$で，点Qにおける速度成分が0である。速度の2乗の差と変位の関係式より，

$$0^2 - \left(\frac{\sqrt{3}}{2}v\right)^2 = -2gh \quad \therefore \quad h = \frac{3v^2}{8g}$$

13 の答 ③

— 124 —

物理基礎

（2019年1月実施）

受験者数　20,179

平　均　点　　30.58

物理基礎

解答・採点基準　(50点満点)

問題番号(配点)	設問		解答番号	正解	配点	自己採点
第1問 (20)		問1	1	②	4	
		問2	2	②	4	
		問3	3	③	4	
		問4	4	③	4	
		問5	5	④	4	
第1問　自己採点小計						
第2問 (15)	A	問1	6	②	4	
		問2	7	⑦	4	
	B	問3	8	④	3	
		問4	9 *	③	4	
第2問　自己採点小計						
第3問 (15)	A	問1	10	⑤	4	
		問2	11	②	2	
			12	③	2	
	B	問3	13	①	4	
		問4	14	⑤	3	
第3問　自己採点小計						
自己採点合計						

(注)　＊は，解答④の場合は2点を与える。

第1問　小問集合

問1　物体にはばねの弾性力と重力がはたらく。力のつりあいより，
$$kx = mg$$
$$\therefore x = \frac{mg}{k}$$

1 の答　②

問2　小物体はなめらかな面で等速度運動をする。この運動は $v-t$ グラフで t 軸に平行な直線になる。あらい面では等加速度直線運動で減速する。この運動は $v-t$ グラフで負の傾きをもった直線になる。以上より，$v-t$ グラフは次図のようになる。

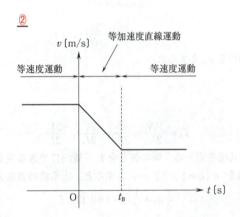

2 の答　②

問3　電磁波のうち γ 線は周波数(振動数)が最も高い(大きい)ので，周波数の<u>低い(小さい)</u>ァ方から順に電磁波を分類すると，電波，<u>赤外線</u>ィ，可視光線，<u>紫外線</u>ゥ，X線，γ 線となる。

3 の答　③

問4　順次，検討する。
- ①：原子の種類は，原子核内に存在する陽子の数で決まる。中性子の数ではない。よって，①は適当でない。
- ②：放射線の透過力や電離作用は，放射線の種類によって異なる。よって，②は適当でない。
- ③：日常生活の中で，私たちは自然放射線を浴びている。よって，③は適当である。
- ④：X線は電場(電界)と磁場(磁界)が進行方向に対して垂直に振動するので横波である。よって，④は適当でない。
- ⑤：原子力発電では，核分裂の連鎖反応の継続を制御しながら，核エネルギーを取り出している。よって，⑤は適当でない。

4 の答　③

問5 湯沸器の加熱時間を t 秒とする。熱量の保存より，

$$1.4 \times 10^3 \times t = 500 \times 4.2 \times (95 - 15)$$

$$\therefore \quad t = \underline{1.2 \times 10^2} \text{ 秒}$$

$\boxed{5}$ の答　④

第2問　波動と電気

A　気柱の共鳴

問1　まず，開管 A の共鳴を考える。管の長さを L，管内にできる定常波の節の数を N（$N = 1$，2，$\cdots$）とすると，定常波の波長 λ_A は，

$$\frac{1}{2}\lambda_A \times N = L$$

$$\therefore \quad \lambda_A = \frac{2L}{N}$$

音速を V，振動数を f_A とすると，

$$V = f_A \lambda_A$$

$$= \frac{2f_A L}{N}$$

$$\therefore \quad f_A = \frac{VN}{2L} = \frac{V}{2L}, \ \frac{2V}{2L}, \ \frac{3V}{2L}, \ \cdots$$

次に，閉管 B の共鳴を考える。管の長さを L，管内にできる定常波の腹の数（開口端の腹も数える）を n（$n = 1$，2，$\cdots$）とすると，定常波の波長 λ_B は，

$$\frac{1}{4}\lambda_B + \frac{1}{2}\lambda_B \times (n-1) = L$$

$$\therefore \quad \lambda_B = \frac{4L}{2n-1}$$

振動数を f_B とすると，

$$V = f_B \lambda_B$$

$$= \frac{4f_B L}{2n-1}$$

$$\therefore \quad f_B = \frac{V(2n-1)}{4L} = \frac{V}{4L}, \ \frac{3V}{4L}, \ \frac{5V}{4L}, \ \cdots$$

共鳴振動数が低い順に並べると，

$$f_B = \frac{V}{4L}, \ f_A = \frac{V}{2L}, \ f_B = \frac{3V}{4L}, \ \cdots$$

以上の結果より，最初の共鳴は閉管 B で生じ，音波の周波数は $\dfrac{V}{4L}$ である。よって，

$$f_1 = \frac{V}{4L}$$

$$= \frac{340}{4 \times 0.5} = \underline{170}_{\ \text{ア}} \text{ Hz}$$

－128－

2度目の共鳴は開管 A で生じ，音波の周波数は $\dfrac{V}{2L}$ である。3度目の共鳴は閉管

B_イ で生じ，音波の周波数は $\dfrac{3V}{4L}$ である。

6 の答 ②

問2 ヘリウムガス中の音速を V_2 とすると，最初の共鳴が生じたときの音波の周波数 f_2 は，

$$f_2 = \frac{V_2}{4L}$$

$f_1 = \dfrac{V}{4L}$ なので，

$$f_2 = \frac{V_2}{V} \times f_1$$

$$= 3_{ウ} \times f_1$$

基本振動なので，節は閉端の 1_エ 個のみである。

7 の答 ⑦

B 電流と抵抗

問3 抵抗 A を流れる電流を I_A〔A〕とすると，オームの法則より，

$$I_A = \frac{6.0}{20} = 0.30 \text{〔A〕}$$

抵抗 B を流れる電流を I_B〔A〕とすると，オームの法則より，

$$I_B = \frac{6.0}{30} = 0.20 \text{〔A〕}$$

点 P を流れる電流 I〔A〕はこれらの和である。

$$I = I_A + I_B = \underline{0.50} \text{〔A〕}$$

〈別解〉 2個の抵抗は並列に接続されているとみなせるので，合成抵抗を R〔Ω〕とすると，

$$\frac{1}{R} = \frac{1}{20} + \frac{1}{30}$$

$$\therefore \quad R = 12 \text{〔Ω〕}$$

点 P を流れる電流 I〔A〕は，

$$I = \frac{6.0}{12} = \underline{0.50} \text{〔A〕}$$

8 の答 ④

問4 抵抗 C の直径を D，長さを L，抵抗値を R_C とし，抵抗率を ρ とすると，

$$R_C = \frac{4\rho L}{\pi D^2}$$

抵抗 D の抵抗値を R_D とすると，

$$R_D = \frac{4\rho \times 2L}{\pi (2D)^2} = \frac{2\rho L}{\pi D^2}$$

$$\therefore R_D = \underline{\frac{1}{2}}_{オ} \times R_C$$

回路に流れる電流を i とすると，抵抗 C での消費電力 P_C は，
$$P_C = i^2 R_C$$
抵抗 D での消費電力 P_D は，
$$P_D = i^2 R_D$$
したがって，
$$P_D = \frac{R_D}{R_C} \times P_C$$
$$= \underline{\frac{1}{2}}_{カ} \times P_C$$

9 の答 ③

第3問　力学

A　運動方程式・仕事と運動エネルギー

問1　客車A，Bにはたらく力は次図のようになる。

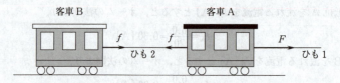

加速度の大きさを a として，客車A，Bそれぞれについて運動方程式を立てる。
$$客車A: Ma = F - f$$
$$客車B: ma = f$$
2式より a を消去して，
$$f = \frac{mF}{M+m}$$

10 の答 ⑤

問2　客車Aの運動エネルギーの増加量 ΔK は客車Aにはたらく力の合力がした仕事に等しい。客車Aにはたらく力の合力は運動方向に $F-f$ なので，
$$\Delta K = \underline{(F-f)L}$$

11 の答 ②

客車A，Bの運動エネルギーの増加量は乾電池の化学エネルギーの一部が変換されたものである。

12 の答 ③

B　斜面上の運動・仕事

問3　水平面に対する斜面の角度を θ とすると，重さ W の小物体が斜面をすべるときに受ける垂直抗力の大きさは $W\cos\theta$ である。したがって，角度 θ が大きいほど

—130—

垂直抗力は小さい。

$$N_1 > N_2$$

斜面の長さを L，加速度の大きさを a，床に達するまでの時間を t とすると，等加速度直線運動の公式より，

$$L = \frac{1}{2}at^2$$

$$\therefore \quad t = \sqrt{\frac{2L}{a}}$$

ここで，小物体の重力の斜面方向の成分は $W\sin\theta$ であるので，角度 θ が大きいほど重力の成分が大きくなり，a が大きくなる。また，角度 θ が大きいほど L が小さく（短く）なる。$t = \sqrt{\dfrac{2L}{a}}$ より，L が小さく，a が大きくなるとき，t が小さくなる。

$$\therefore \quad t_1 > t_2$$

$\boxed{13}$ の答　①

問4　垂直抗力は物体の運動方向に対して垂直なので仕事をしない $_{\mathcal{P}}$。重力の向き（鉛直下向き）への小物体の移動距離は斜面にかかわらず同じなので，重力の仕事は等しい。

$$W_1 = W_2 \quad _{\mathcal{イ}}$$

$\boxed{14}$ の答　⑤

MEMO

物　　理

（2024年1月実施）

受験者数　142,525

平　均　点　　62.97

物理

解答・採点基準　　　(100点満点)

問題番号(配点)	設問	解答番号	正解	配点	自己採点
第1問(25)	問1	1	⑤	5	
	問2	2	⑤	3	
		3	③	2	
	問3	4	④	5	
	問4	5	⑦	5	
	問5	6	⑦	5	
第1問　自己採点小計					
第2問(25)	問1	7	⑥	5	
	問2	8	②	3	
		9	①	3	
	問3	10	⑨	5	
	問4	11	④	5*	
	問5	12	④	④	
第2問　自己採点小計					
第3問(25)	問1	13	⑤	5	
	問2	14	③	5	
	問3	15	②	5	
	問4	16	②	5	
	問5	17	④	5	
第3問　自己採点小計					

問題番号(配点)	設問	解答番号	正解	配点	自己採点
第4問(25)	問1	18	②	5	
	問2	19	⑤	5	
	問3	20	①	5	
	問4	21	⑥	5	
	問5	22	①	5	
第4問　自己採点小計					
自己採点合計					

(注)　＊は，③を解答した場合は1点を与える。

第1問　小問集合

問1　三角形の板が点 A のまわりに回転し始める直前を考える。このとき，三角形の板の底辺が床から受ける垂直抗力は 0 になる。

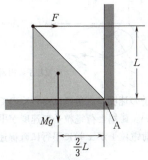

点 A まわりの，力のモーメントのつりあいより，

$$Mg \times \frac{2}{3}L - F \times L = 0$$

$$\therefore \quad F = \underline{\frac{2}{3}Mg}$$

1 の答　⑤

問2　単原子分子理想気体の場合，気体を構成する原子 1 個当たりの運動エネルギーの平均値は気体の温度(絶対温度)に比例する。温度 1500 万 K は温度 300 K の 5 万倍なので，原子 1 個当たりの運動エネルギーの平均値も 5 万＝50000 倍になる。

2 の答　⑤

太陽の中心部の場合，同じ温度なので，原子核の種類が異なっていても，原子核の運動エネルギーの平均値は同じである。よって，1 倍。

3 の答　③

問3　屈折率がより小さい媒質との境界に光が入射するときに全反射が起こる。この場合は，ガラスと空気 ア の境界面で全反射が起こる。

$\theta'' = 90°$，$\theta = \theta_C$ として屈折の法則を各境界面にあてはめると，

水とガラス：$n \sin\theta_C = n' \sin\theta'$
ガラスと空気：$n' \sin\theta' = \sin 90°$

$$\therefore \quad \sin\theta_C = \underline{\frac{1}{n}}_{イ}$$

4 の答　④

問4　xy 平面内で円運動している荷電粒子には xy 平面内のローレンツ力が向心力としてはたらいている。ローレンツ力と荷電粒子の速度および磁場は直交するので，磁場は z 軸 ウ に平行である。

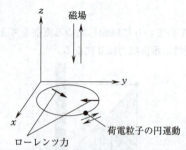

ローレンツ力は荷電粒子の速度に直角にはたらくので，ローレンツ力がはたらけば荷電粒子は直進できない。磁場と荷電粒子の速度が平行な場合はローレンツ力は生じない。したがって，荷電粒子がx軸に平行に直線運動をしているとき，磁場も<u>x軸</u>ェに平行である。

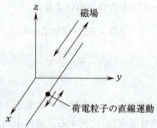

5 の答 ⑦

問5 次の原子核反応において，反応前の質量の合計を m [u] とし，反応後の質量を m' [u] とする。

$$^{12}_{6}C + ^{1}_{1}H \longrightarrow ^{13}_{7}N$$

$$m = 1.0073 + 11.9967 = 13.0040 \text{ [u]}$$
$$m' = 13.0019 \text{ [u]}$$

$m > m'$ となり，質量が減少しているので，この反応では核エネルギーが<u>放出された</u>ォことがわかる。

$\dfrac{1}{16} = \left(\dfrac{1}{2}\right)^4$ なので，$^{13}_{7}N$ が $\dfrac{1}{16}$ になる 40 分は半減期 T [分] の 4 倍である。

$$40 = 4T \quad \therefore \quad T = \underline{10 \text{ 分}}_{\text{カ}}$$

6 の答 ⑦

第2問　力学・ペットボトルロケット

問1　短い時間 Δt の間に水面は $u_0\Delta t$ 下がり，水の下端は $u\Delta t$ 下がる。

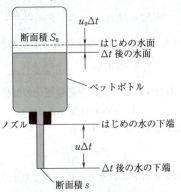

上図より，短い時間 Δt の間に下部のノズルから噴出した水の体積 ΔV は，断面積が s なので，

$$\Delta V = \underline{s u \Delta t}_{\text{ア}}$$

水面が下がった距離に着目すると，

$$\Delta V = S_0 u_0 \Delta t$$

したがって，

$$s u \Delta t = S_0 u_0 \Delta t \quad \therefore \quad u_0 = \underline{\frac{s}{S_0} u}_{\text{イ}}$$

【7】の答　⑥

問2　噴出した水の体積が ΔV で，密度が ρ_0 なので，質量 Δm は，

$$\Delta m = \underline{\rho_0 \Delta V}$$

【8】の答　②

圧縮空気の圧力が一定とみなせるので，した仕事 W' は，

$$W' = \underline{p \Delta V}$$

【9】の答　①

問3　圧縮空気がした仕事 W' が噴出した水の運動エネルギー(c)ᵤに等しいとみなせるとき，

$$W' = \frac{1}{2}\Delta m u^2 \quad \therefore \quad u = \sqrt{\frac{2W'}{\Delta m}} \quad \underline{\text{(f)}}_{\text{エ}}$$

【10】の答　⑨

問4　Δv と u が速度でなく速さ（絶対値）であることに注意して，運動量保存則を表すと，

$$M'\Delta v - \Delta m u' = 0 \quad \cdots\cdots ①$$

$M' \fallingdotseq M$，$u' \fallingdotseq u$ を用いて，

$$\underline{M\Delta v - \Delta m u = 0}$$

【11】の答　④

問 5 推進力の大きさを F とする。質量 M' のロケットの速度が 0 から Δv になる時間が Δt なので，力積と運動量変化の関係より，

$$F\Delta t = M'\Delta v \quad \therefore \quad F = \frac{M'\Delta v}{\Delta t}$$

この力の大きさ F がペットボトルロケットの重さより大きければよい。

$$\frac{M'\Delta v}{\Delta t} > M'g \quad \therefore \quad \underline{\Delta v > g\Delta t}$$

〈参考〉 噴出した水に着目する。力積と運動量変化の関係より，

$$(F+\Delta mg)\Delta t = \Delta mu'$$

ここで，微小量の積 $(\Delta mg\Delta t)$ を 0 とすると，

$$F = \frac{\Delta mu'}{\Delta t}$$

この力の大きさ F がペットボトルロケットの重さより大きければよい。

$$\frac{\Delta mu'}{\Delta t} > M'g$$

前問の①式より，$\Delta mu' = M'\Delta v$，および $M' \fallingdotseq M$ を代入して，

$$\therefore \quad \frac{M\Delta v}{\Delta t} > Mg \quad \therefore \quad \underline{\Delta v > g\Delta t}$$

$\boxed{12}$ の答 ④

第3問　波動・弦の振動

問 1 電流が磁場から受ける力の向きは，電流の向き（x 軸）と磁場の向き（y 軸）に垂直なので，$\underline{z 軸}_{ア}$ に平行である。弦の中央部分は，こまで固定されていないので，定在波の $\underline{腹}_{イ}$ となる。

$\boxed{13}$ の答 ⑤

問 2 定在波の波長を λ_3 とおく。

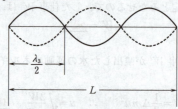

上図より，

$$\frac{\lambda_3}{2} \times 3 = L \quad \therefore \quad \lambda_3 = \underline{\frac{2L}{3}}$$

$\boxed{14}$ の答 ③

問 3 次図のように，問題の図2のすべての点を通る直線を引くことができる。

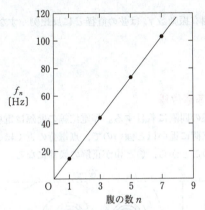

定在波の腹の個数が n の場合の波長を λ_n とすると，

$$\frac{\lambda_n}{2} \times n = L \quad \therefore \quad \lambda_n = \frac{2L}{n}$$

弦を伝わる波の速さを v とすると，

$$f_n = \frac{v}{\lambda_n} = \frac{v}{2L} n$$

したがって，上図の直線の傾きは $\frac{v}{2L}$ となり，傾きが<u>弦を伝わる波の速さ</u> v に比例していることがわかる。

$\boxed{15}$ の答　②

問4　原点を通る直線のグラフで表され，比例関係を示しているのは，f_3 と $\sqrt{S}$ のグラフである。

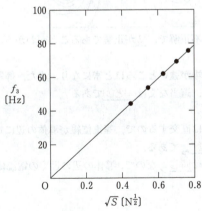

$\boxed{16}$ の答　②

問5　f_1 の値に着目する。d の値を 0.1 mm から 0.2 mm にする（2倍にする）と，f_1 の値が 29.4 Hz から 14.9 Hz の約半分になっている。f_3, f_5 も約半分になってい

る。したがって，固有振動数 f_n は弦の直径 d に反比例，すなわち，$\dfrac{1}{d}$ に比例していることがわかる。

17 の答　④

第4問　電磁気・等電位線

問1　まず，等電位線の間隔に着目する。等電位線の間隔は電場が強いところほど狭くなる。電場は点電荷に近いほど強いので，点電荷の近くほど等電位線の間隔は狭く，密になる。このことから，②と④が正解の候補になる。

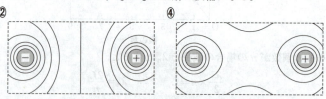

点電荷に近いほど等電位線が密になっている

次に，点電荷を結ぶ線分の垂直2等分線に着目する。この線上は正負の電荷との距離が等しいので，無限遠を基準にした電位が0になる。すなわち，垂直2等分線は等電位線である。

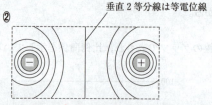

このことから，④は不正解で，②が正解であることがわかる。

18 の答　②

問2　電気力線は，電場が強いところほど密になり，また，等電位線と電気力線は直交する。したがって，適当な文は(a)と(c)である。

19 の答　⑤

問3　電場と等電位線は直交するので，等電位線が導体の辺に対して垂直なら，辺の近くの電場は辺と平行ア である。

電流と電場の向きは同じイ なので，導体の辺の近くの電流は辺と平行ウ に流れている。

— 140 —

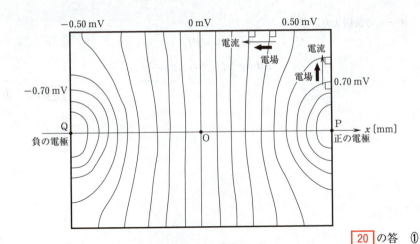

20 の答 ①

問4 $x=0$ mm 付近では距離 30 mm で電位差 0.20 mV になっている。

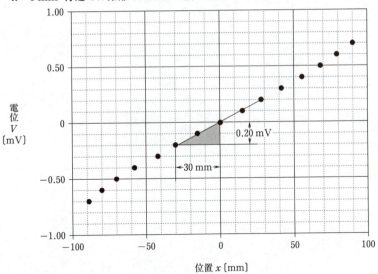

電場の大きさ E は，

$$E = \frac{0.20 \times 10^{-3}}{30 \times 10^{-3}} \fallingdotseq 7 \times 10^{-3} \text{ V/m}$$

21 の答 ⑥

問5 小さい幅を d とすると，電位差 V は，
$$V = Ed$$
この部分の抵抗 R は，抵抗率を ρ とすると，
$$R = \rho \frac{d}{S}$$

オームの法則より，

$$V = RI$$

$$Ed = \rho \frac{d}{S} I \qquad \therefore \quad \rho = \frac{SE}{I}$$

22 の答 ①

物　　理

（2023年1月実施）

受験者数　144,914

平　均　点　　63.39

2023 本試験

物理

解答・採点基準　(100点満点)

問題番号(配点)	設問	解答番号	正解	配点	自己採点
第1問 (25)	問1	1	③	5	
	問2	2	③	2	
		3	③	3	
	問3	4	④	2	
		5	②	3	
	問4	6	④	5	
	問5	7	⑤	5	
第1問　自己採点小計					
第2問 (25)	問1	8	⑥	5	
	問2	9	①	5 *1	
		10	⑤		
		11	⓪		
	問3	12	②	4	
	問4	13	④	3	} *2
		14	⑧	3	
	問5	15	⑨	5	
第2問　自己採点小計					

問題番号(配点)	設問	解答番号	正解	配点	自己採点
第3問 (25)	問1	16	⑤	5 *3	
	問2	17	⑥	5	
	問3	18	⑥	5 *4	
	問4	19	①	5	
	問5	20	④	5	
第3問　自己採点小計					25
第4問 (25)	問1	21	⑧	5	
	問2	22	⑦	5	
	問3	23	③	2	
		24	⑧	3	
	問4	25	④	5	
	問5	26	⑤	5	
第4問　自己採点小計					
自己採点合計					

(注)
1　＊1は，全部正解の場合のみ点を与える。ただし，解答番号9で①，解答番号10で⑥，解答番号11で⓪を解答した場合は2点を与える。

2　＊2の正解は，順序を問わない。

3　＊3は，②，④のいずれかを解答した場合は1点を与える。

4　＊4は，④，⑤のいずれかを解答した場合は1点を与える。

第1問　小問集合

問1　角材を取り付けた長い板にはたらく力を考える。これにはたらく力を図示すると，次のようになる。

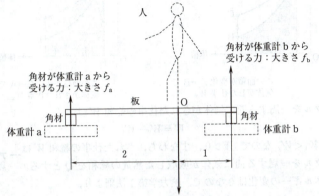

まず，人が片足で立つ板の上の点をOとし，点Oまわりの力のモーメントのつりあい式を立てる。

$$f_b \times 1 - f_a \times 2 = 0$$

次に，鉛直方向の力のつりあい式を立てる。

$$f_a + f_b - W = 0$$

2式より，

$$f_a = \frac{1}{3}W \quad f_b = \frac{2}{3}W$$

$W = 60$ を代入して，

$$f_a = \underline{20} \quad f_b = \underline{40}$$

　　　　　　　　　　　　　　　　　　　　　　　　　　　　　　　　　　　　|1| の答　③

問2　理想気体の内部エネルギーは気体の絶対温度に比例する。したがって，気体が状態変化し，気体の温度が変わるとき，気体の内部エネルギーは変化する。また，サイクルを一周して気体の状態がもとに戻るとき，気体の温度はもとに戻るので，気体の内部エネルギーはもとに戻る。以上のことより，気体の内部エネルギーは，変化するがもとの値に戻る。

　　　　　　　　　　　　　　　　　　　　　　　　　　　　　　　　　　　　|2| の答　③

　気体がした仕事とされた仕事の大きさは，圧力－体積グラフにおけるグラフと体積軸が囲む部分の面積で与えられる。

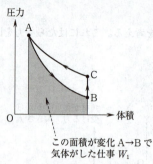
この面積が変化 A→B で
気体がした仕事 W_1

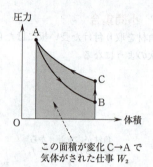
この面積が変化 C→A で
気体がされた仕事 W_2

サイクルを一周する間に気体がされた仕事の総和 W は，
$$W = W_2 - W_1$$
図より $W_1 < W_2$ なので $W > 0$，すなわち，された仕事の総和 W は<u>正</u>ア である。

サイクルを一周する間に気体が吸収した熱量の総和を Q とする。一周する間の内部エネルギーの変化は 0 なので，熱力学第1法則より，
$$0 = W + Q \quad \therefore \quad Q = -W < 0$$
すなわち，気体が吸収した熱量の総和 Q は<u>負</u>イ である。

3 の答 ③

問3 そりが岸に固定されていて動けない場合，そりとブロックにはたらく水平方向の力は次図のようになる。

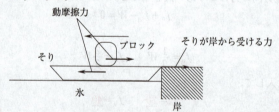

ブロックとそりからなる系において，そりが岸から受ける力は外力（その反作用が着目している系以外の物体にはたらく力）なので，<u>ブロックとそりの運動量の総和は保存しない</u>。また，ブロックとそりの間にすべりが生じ，動摩擦力による摩擦熱が発生するので，<u>ブロックとそりの力学的エネルギーの総和も保存しない</u>。

4 の答 ④

そりが岸に固定されておらず，氷の上を動くことができる場合，そりとブロックにはたらく水平方向の力は次図のようになる。

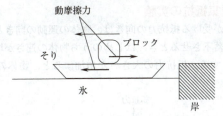

　ブロックとそりからなる系において，ブロックとそりの間にはたらく動摩擦力は内力(その反作用が着目している系内の物体にはたらく力)であり，外力がはたらいていないので，ブロックとそりの運動量の総和は保存する。また，ブロックとそりの間にすべりが生じ，動摩擦力による摩擦熱が発生するので，ブロックとそりの力学的エネルギーの総和は保存しない。

$\boxed{5}$ の答　②

問 4　荷電粒子の質量を m，速さを v，電気量の絶対値を q，磁場の磁束密度を B，円軌道の半径を r とする。円運動の式より，

$$m \times \frac{v^2}{r} = qvB \quad \therefore \quad r = \frac{mv}{qB}$$

正の荷電粒子と負の荷電粒子において，v，q，B は同じ値なので，円軌道の半径 r は質量 m に比例する。したがって，質量 m の大きい正の荷電粒子の方が質量 m の小さい負の荷電粒子より円軌道の半径 r が大きくなる。また，円軌道の回転方向を，ローレンツ力の向きから判断すると，運動の様子は次図のようになる。

④

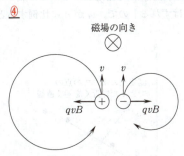

$\boxed{6}$ の答　④

問 5　金属から電子が飛び出すために必要なエネルギーの最小値が仕事関数である。したがって，金属から電子が飛び出さなくなるのは，照射した光のエネルギーが金属の仕事関数 W より小さいときである。振動数 ν_0 はその境目なので，

$$h\nu_0 = W \quad \therefore \quad h = \frac{W}{\nu_0}$$

$\boxed{7}$ の答　⑤

第2問　力学・空気抵抗の実験

問1　空気中で物体が受ける抵抗力の向きは，物体の運動の向きと<u>逆向き</u>ア である。初速度0で物体を落下させるとき，はじめのうち物体の速さが増加するので抵抗力の大きさも<u>増加</u>イ する。抵抗力の大きさが増加すると，物体の加速度は<u>減少</u>ウ する。

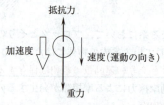

8 の答　⑥

問2　表1によると，$n=3$ の場合，40 cm より下の区間では 20 cm 落下する時間が 0.13 秒で，一定になっている。したがって，終端速度の大きさ v_f は，

$$v_f = \frac{0.20}{0.13} = 1.53\cdots \fallingdotseq \underline{1.5\times 10^0}\ \text{m/s}$$

9 の答　①
10 の答　⑤
11 の答　⓪

問3　v_f が n に比例することを予想していたので，$v_f - n$ グラフは原点を通る直線になるはずである。しかし，図3は，「測定値のすべての点のできるだけ近くを通る直線が，原点から大きくはずれる」ので，v_f が n に比例するという予想と異なる結果になっている。

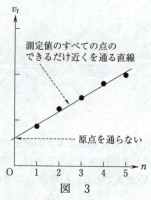

図 3

12 の答　②

問4　与えられた式はアルミカップ1枚の質量を m' とすると，

$$v_f = \sqrt{\frac{nm'g}{k'}}$$

これより，

—148—

$$v_\mathrm{f} = \sqrt{n} \times \sqrt{\frac{m'g}{k'}} \quad \text{あるいは} \quad v_\mathrm{f}^2 = n \times \frac{m'g}{k'}$$

すなわち，グラフが原点を通る直線になるのは，v_f と $\sqrt{n}$ のグラフや v_f^2 と n のグラフである。

<u>13</u>，<u>14</u> の答　④，⑧（順不同）

問 5　<u>エ</u> の選択肢(a)～(c)で示された内容を問題の図5にかき加える。

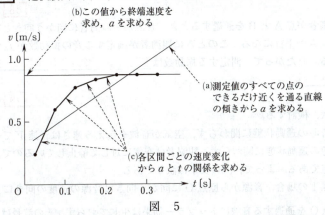

図 5

加速度 a が時刻 t とともにどのように変化するかを求める問題なので，(c)ェ が最も適当である。

抵抗力の大きさ R は，運動方程式より，

$$ma = mg - R \quad \therefore \quad R = m(g - a)$$

よって，選択肢(c)ォ が最も適当である。

<u>15</u> の答　⑨

第3問　波動・ドップラー効果

問 1　向心力の大きさは $\dfrac{mv^2}{r}$ である。向心力の向きは運動の向きに垂直なので，その仕事は $\underline{0}$ である。

<u>16</u> の答　⑤

問 2　音源が点 <u>C と D</u> を通過するとき，音源から観測者に向かう向きと音源の速度の向きが垂直になる。このとき音源から出た音を測定した場合に $f = f_0$ となる。

<u>17</u> の答　⑥

— 149 —

問3 ドップラー効果の公式より，

$$f_A = \frac{V}{V-v}f_0 \qquad f_B = \frac{V}{V+v}f_0$$

また，f_0 を消去すると，

$$v = \frac{f_A - f_B}{f_A + f_B}V$$

18 の答　⑥

問4 観測者が点 A と B を通過するとき，音源から観測者に向かう向きと観測者の速度の向きが平行になる。このときに観測者が測定する音の振動数が f_0 から大きくずれる。したがって，測定する振動数は点 A において最も大きく，点 B において最も小さい。

19 の答　①

問5 順次，検討する。

(a)：音源の運動状態に関わらず，空気が音波を伝える速さは音速 V で一定である。音源の運動状態に関わらず，観測者は空気に対して静止しているので，音の速さも一定である。よって，(a)の文章は誤りである。

(b)：図1の場合，音源から原点 O に向かう向きは音源の速度の向きに垂直なので，原点 O を通過する音波にドップラー効果は生じておらず，その波長は $\dfrac{V}{f_0}$ で一定である。よって，(b)の文章は正しい。

(c)：図3の場合，音源が静止しているので，音源から見た音の速さは音の進む向きによらずすべて等しい。よって，(c)の文章は正しい。

(d)：図3の場合，音源が静止しているので，音波の波長は場所によらずすべて等しい。よって，(d)の文章は誤りである。

20 の答　④

第4問　電磁気・コンデンサーの放電実験

問1　電圧と電場の関係より，

$$V = Ed \qquad \therefore \quad E = \frac{V}{d} \quad _\mathcal{P}$$

電気力線の面積密度が電場の強さと等しいので，

$$E = \frac{4\pi k_0 Q}{S} = \frac{V}{d} \qquad \therefore \quad Q = \frac{SV}{4\pi k_0 d}$$

$Q = CV$ と比較して，

$$C = \frac{S}{4\pi k_0 d} \quad _\mathcal{I}$$

21 の答　⑧

問2　コンデンサーは 5.0 V で充電されているので，スイッチを開いた直後に抵抗にかかる電圧はコンデンサーの電圧 5.0 V である。また，この瞬間の電流は図3より

100 mA (0.100 A) である。抵抗の抵抗値 R はオームの法則より，

$$R = \frac{5.0}{0.100} = \underline{50}\ \Omega$$

22 の答 ⑦

問3 横軸 1 cm が 10 s で，縦軸 1 cm が 10 mA (10×10^{-3} A) なので，1 cm² の面積に対応する電気量 q は，

$$q = 10 \times (10 \times 10^{-3}) = \underline{0.1\ C}$$

23 の答 ③

45 cm² の面積に対応する電気量を Q' とすると，

$$Q' = 0.1 \times 45 = 4.5\ C$$

この値から計算できるコンデンサーの電気容量を C' とすると，電圧が 5.0 V なので，

$$C' = \frac{Q'}{5.0} = 0.90 = \underline{9.0 \times 10^{-1}\ F}$$

24 の答 ⑧

問4 35 s 毎に半分になるので，いつ $\frac{1}{1000}$ に近くなるかを計算してみる。

$t = 35$ s で $\frac{1}{2}$ → $t = 70$ s で $\frac{1}{4}$ → $t = 105$ s で $\frac{1}{8}$ →

$t = 140$ s で $\frac{1}{16}$ → $t = 175$ s で $\frac{1}{32}$ → $t = 210$ s で $\frac{1}{64}$ →

$t = 245$ s で $\frac{1}{128}$ → $t = 280$ s で $\frac{1}{256}$ → $t = 315$ s で $\frac{1}{512}$ →

$t = 350$ s で $\frac{1}{1024}$ → $t = 385$ s で $\frac{1}{2048}$ → ……

この計算から，$\frac{1}{1000}$ に近くなる時間は $t = \underline{350}$ s である。

25 の答 ④

問5 抵抗値は一定なので，電流が半分になるとき，コンデンサーの電圧も半分になり，コンデンサーが蓄えている電気量も半分の $\frac{1}{2}Q_0$ である。

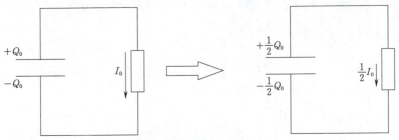

したがって，この間に放電された電気量 Q_1 は，

$$Q_1 = Q_0 - \frac{1}{2}Q_0 \qquad \therefore \quad Q_0 = \underline{2Q_1}_{\;\text{ウ}}$$

最初の方法で求めた電気容量 C' と正確な電気容量 C の式を比較する。

$$C' = \frac{Q'}{5.0} \qquad C = \frac{Q_0}{5.0}$$

Q' は，$t = 120\,\text{s}$ のときにコンデンサーが蓄えている電気量を含んでいないので，$Q' < Q_0$ となり，$C' < C$ である。すなわち，C' は正しい値 C より $\underline{\text{小さかった}}_{\;\text{エ}}$ ことになる。

$\boxed{26}$ の答　⑤

物　　　理

（2023年 1 月実施）

追試験
2023

物理

解答・採点基準　　(100点満点)

問題番号(配点)	設問	解答番号	正解	配点	自己採点
第1問(25)	問1	1	⑤	5	
	問2	2	⑧	5	
	問3	3	⑤	5	
	問4	4	⑤	5	
	問5	5	④	5	
第1問　自己採点小計					
第2問(25)	問1	6	⑥	5*1	
		7	②	5*2	
	問2	8	③	5	
	問3	9	②	5	
		10	③	5	
第2問　自己採点小計					
第3問(20)	問1	11	①	5*3	
	問2	12	③	5*4	
	問3	13	④	5	
	問4	14	④	5	
第3問　自己採点小計					

問題番号(配点)	設問	解答番号	正解	配点	自己採点
第4問(30)	問1	15	⑥	5	
	問2	16	⑤	5	
	問3	17	②	5	
	問4	18	④	5	
		19	③	5	
	問5	20	⑤	5	
第4問　自己採点小計					
自己採点合計					

(注)
1 ＊1は，③，④，⑤，⑨のいずれかを解答した場合は1点を与える。
2 ＊2は，①，③，⑤，⑧のいずれかを解答した場合は1点を与える。
3 ＊3は，②，③，⑤のいずれかを解答した場合は1点を与える。
4 ＊4は，①，④，⑤のいずれかを解答した場合は1点を与える。

第1問　小問集合

問1　彗星の速度の万有引力方向の成分は，太陽に近づいている点 A で正，太陽に最接近する点 B で 0，太陽から遠ざかっている点 C で負になる。したがって，万有引力の仕事の符号は，<u>正，0，負</u>$_{\mathcal{P}}$の順になる。

力学的エネルギー保存則より，太陽との距離が小さい点ほど彗星の位置エネルギーが小さく，運動エネルギー（速さ）が大きい。太陽との距離は点 A と点 C が等しく，点 B はそれらの点より小さいので，彗星の速さは，<u>$v_A = v_C < v_B$</u>$_{\mathcal{イ}}$となる。

$\boxed{1}$ の答　⑤

問2　慣性力が加わるときの見かけの重力加速度の大きさを g' とすると，

$$g' = \sqrt{g^2 + a^2}$$

振り子の周期 T' は，

$$T' = 2\pi\sqrt{\frac{L}{g'}}$$

$g' > g$ より，$T' = 2\pi\sqrt{\dfrac{L}{g'}} < 2\pi\sqrt{\dfrac{L}{g}} = T$ となる。

すなわち，T' は <u>T より短い</u>$_{\mathcal{ウ}}$。自動車が等速直線運動になると慣性力ははたらかなくなるので，振り子の周期は <u>T に等しい</u>$_{\mathcal{エ}}$。

$\boxed{2}$ の答　⑧

問3　過程 A→B において，気体がする仕事 W_{AB} は，問題の表1より，

$$W_{AB} = 4p_0 V_0$$

この過程での内部エネルギーの変化は問題の表1より $20p_0 V_0$ である。気体が吸収する熱量を Q_{AB} とすると，熱力学第1法則より，

$$Q_{AB} = W_{AB} + 20p_0 V_0 = \underline{24p_0 V_0}_{\mathcal{オ}}$$

1サイクルで気体がする正味の仕事 W は，問題の表1の和より，

$$W = 4p_0 V_0 + 0 + (-2p_0 V_0) = 2p_0 V_0$$

熱を吸収しているのは A→B の過程だけなので，熱効率 e は，

$$e = \frac{W}{Q_{AB}} = \frac{2p_0 V_0}{24p_0 V_0} = \underline{\frac{1}{12}}_{\mathcal{カ}}$$

$\boxed{3}$ の答　⑤

問4　物質波の式より，波長 λ は，

$$\lambda = \underline{\frac{h}{p}}_{\mathcal{キ}}$$

加速電圧を V，電気素量を e とする。加速後の電子の速さを $v_{電子}$，陽子の速さを $v_{陽子}$ とすると，

$$\frac{1}{2}mv_{電子}^2 = eV \qquad \therefore \quad v_{電子} = \sqrt{\frac{2eV}{m}}$$

$$\frac{1}{2}Mv_{陽子}^2 = eV \qquad \therefore \quad v_{陽子} = \sqrt{\frac{2eV}{M}}$$

したがって，物質波の波長は，

$$\lambda_{電子} = \frac{h}{mv_{電子}} = \frac{h}{\sqrt{2meV}}$$

$$\lambda_{陽子} = \frac{h}{Mv_{陽子}} = \frac{h}{\sqrt{2MeV}}$$

以上の結果より，

$$\frac{\lambda_{電子}}{\lambda_{陽子}} = \frac{\frac{h}{\sqrt{2meV}}}{\frac{h}{\sqrt{2MeV}}} = \underline{\sqrt{\frac{M}{m}}}_{ク}$$

$\boxed{4}$ の答　⑤

問5　点 A を通る鉛直線と水面の交点を C とする。

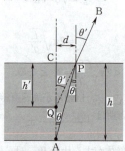

直角三角形 QCP と ACP に着目して，
$$d = h' \tan\theta' \qquad d = h \tan\theta$$

2式より，
$$h' = \frac{\tan\theta}{\tan\theta'} h \fallingdotseq \frac{\sin\theta}{\sin\theta'} h$$

点 P における屈折の法則より，
$$\frac{1}{n} = \frac{\sin\theta}{\sin\theta'}$$

したがって，
$$h' \fallingdotseq \underline{\frac{h}{n}}_{ケ}$$

この式に $\underline{d}_{コ}$ は含まれていない。また，光は$\underline{点Q}_{サ}$から出ているように見える。

$\boxed{5}$ の答　④

第2問　電磁気

問1　二つのコイルの距離が離れると，コイル2を貫く磁束が減少する（磁場が弱くなる）ので，誘導起電力も小さくなり，波形の振幅は，<u>小さくなる</u>ア。磁束（磁場）が変動する周期は変化しないので，波形の山の間隔は<u>変わらない</u>イ。
　交流電源の周波数を高くすると，コイルを貫く磁束（磁場）の時間に対する変化が大きくなるので，生じる誘導起電力も大きくなり，波形の振幅が<u>大きくなる</u>ウ。磁

束(磁場)が変動する周期も短くなるので，波形の山の間隔は狭くなる_エ。

6 の答 ⑥

7 の答 ②

問2　ab 間の電圧が正のときは抵抗に電流が流れるが，負のときは流れない。cd 間の電圧は抵抗に電流が流れているとき正で，流れていないとき 0 なので，グラフは次図のようになる。

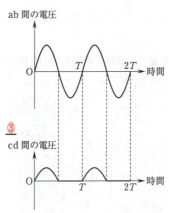

8 の答 ③

問3　点 b から電流が流れる(ab 間の電圧が負)場合の流れる順は，次図のようになる。

ダイオード 4，点 c，点 d，ダイオード 1，点 a，コイル 2

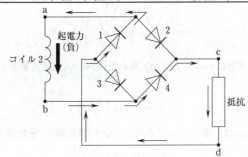

なお，点 a から電流が流れる(ab 間の電圧が正)場合の流れる順は，ダイオード 2，点 c，点 d，ダイオード 3，点 b，コイル 2 である。

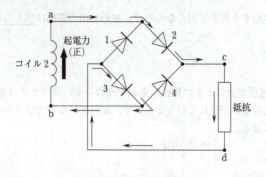

9 の答 ②

ab間の電圧とcd間の電圧，抵抗での消費電力を図示すると次図のようになる。

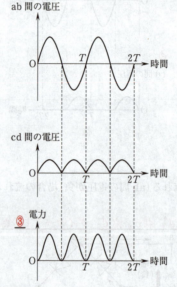

③

なお，問題の図5における電圧（ab間の電圧）をv_{ab}，最大値をv_0，時間をtとすると，

$$v_{ab} = v_0 \sin\left(\frac{2\pi}{T}t\right)$$

cd間の電圧v_{cd}は，ダイオードでの電圧降下（電位降下）を無視すれば，

$$v_{cd} = \left|v_0 \sin\left(\frac{2\pi}{T}t\right)\right|$$

抵抗の抵抗値をRとすると，消費電力Pは，

$$P = \frac{v_{cd}^2}{R} = \frac{v_0^2}{R}\sin^2\left(\frac{2\pi}{T}t\right)$$

$$= \frac{v_0^2}{2R}\left\{1 - \cos\left(\frac{4\pi}{T}t\right)\right\}$$

この式からもグラフ③が選択できる。

$\boxed{10}$ の答　③

第3問　力学

問1　鉛直方向の力のつりあいより，

$$N_{\mathrm{L}}+N_{\mathrm{R}}=mg \quad \text{ア}$$

重心まわりの力のモーメントのつりあいより，

$$N_{\mathrm{L}}x_{\mathrm{L}}=N_{\mathrm{R}}x_{\mathrm{R}} \quad \text{イ}$$

$\boxed{11}$ の答　①

問2　水平方向の力のつりあいより，

$$f_{\mathrm{L}}=f_{\mathrm{R}} \quad \text{ウ}$$

次に，**問1イ**の答えより，

$$\frac{N_{\mathrm{L}}}{N_{\mathrm{R}}}=\frac{x_{\mathrm{R}}}{x_{\mathrm{L}}}$$

$x_{\mathrm{L}}<x_{\mathrm{R}}$ なので，$\dfrac{N_{\mathrm{L}}}{N_{\mathrm{R}}}>1$，すなわち $N_{\mathrm{L}}>N_{\mathrm{R}}$ である。最大摩擦力の大きさは μN_{L}，μN_{R} なので，

$$\mu N_{\mathrm{L}}>\mu N_{\mathrm{R}} \quad \text{エ}$$

$\boxed{12}$ の答　③

問3　**問2**とは逆に x_{R} が小さくなるにつれて，N_{R} は大きく　オ　なる。左指からの静止摩擦力 f_{L} と右指からの動摩擦力が等しくなったときについて，

$$\mu N_{\mathrm{L}2}=\mu' N_{\mathrm{R}2} \quad \therefore \quad \frac{N_{\mathrm{L}2}}{N_{\mathrm{R}2}}=\frac{\mu'}{\mu} \quad \text{カ}$$

$\boxed{13}$ の答　④

問4　垂直抗力が大きいと動摩擦力も大きい。左指が滑り始めた直後は $x_{\mathrm{L}}>x_{\mathrm{R}}$ であり，垂直抗力は $N_{\mathrm{L}2}<N_{\mathrm{R}2}$ なので，このときの動摩擦力の大きさは，左指から受けている f_{L} より右指から受けている f_{R} のほうが大きい　キ。したがって，ものさしは左向き　ク　に加速される。

$\boxed{14}$ の答　④

第4問　波動

問1　複数の進行波が重なって合成波を生み出した後，再び元の波に戻って進行することを，波の独立性(c)　ア　という。したがって，元に戻った波は(f)　イ　である。

$\boxed{15}$ の答　⑥

問2　わずかに時間をすすめた波形（破線）から，代表点について速度の向きを判断する。

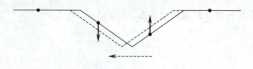

左へ進む波

各点の速度の向きは(h) ウ である。

　右へ進む波(実線)と左へ進む波(破線)の変位と速度を合成すると，次図のようになる。よって，波が重なっている部分での各点の速度の向きは(j) エ である。

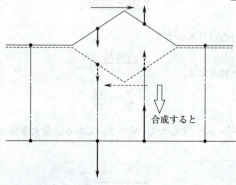

16 の答　⑤

問3　まず，$\frac{1}{4}$ 周期後のそれぞれの波形を描き，そして合成する。

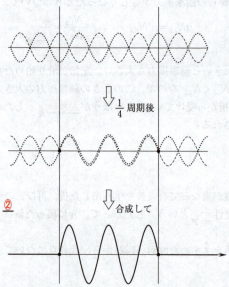

17 の答　②

問4 AB 間の距離は $\frac{5}{2}\lambda$ なので，位相差は $\frac{5}{2}\lambda \times \frac{2\pi}{\lambda} = \underline{5\pi}$ である。

$\boxed{18}$ の答　④

点 B から位置 x の点まで波が進む時間は $\dfrac{\frac{5}{2}\lambda - x}{v}$ であるから，それだけ振動が遅れる。したがって，変位の式は次のようになる。

$$y_B = A_0 \cos \frac{2\pi}{T} \left(t - \frac{\frac{5}{2}\lambda - x}{v} \right)$$

$$= A_0 \cos \frac{2\pi}{T} \left\{ t + \frac{1}{v} \left(x - \frac{5\lambda}{2} \right) \right\}$$

$\boxed{19}$ の答　③

問5　点 P_1 は A，B からの距離の差が $\left| \frac{3}{2}\lambda - 2\lambda \right| = \frac{1}{2}\lambda$ なので，弱めあう点である。

点 P_2 は A，B からの距離の差が $\left| \frac{7}{2}\lambda - \frac{3}{2}\lambda \right| = 2\lambda$ なので，強めあう点である。点 P_3 は**問4**で示されているように，弱めあう点である（位相差が 5π）。したがって，弱めあう点は $\underline{P_1，P_3}$ である。

$\boxed{20}$ の答　⑤

MEMO

物　　　理

（2022年1月実施）

受験者数　148,585

平　均　点　　60.72

物理

解答・採点基準　　(100点満点)

問題番号(配点)	設 問	解答番号	正解	配点	自己採点
第1問(25)	問1	1	②	5	
	問2	2	③	3	
		3	③	2	
	問3	4	②	5	
	問4	5	②	5	
	問5	6	⑦	5 *1	
第1問　自己採点小計					
第2問(30)	問1	7	④	5	
	問2	8	①	5 *2	
		9	②		
	問3	10	④	5	
	問4	11	④	5	
	問5	12	①	5	
	問6	13	③	5	
第2問　自己採点小計					

問題番号(配点)	設 問	解答番号	正解	配点	自己採点
第3問(25)	問1	14	⑤	5 *2	
		15	①		
	問2	16	②	2	
		17	③	3 *2	
		18	①		
	問3	19	⑤	5	
	問4	20	③	5	
	問5	21	④	5	
第3問　自己採点小計					
第4問(20)	問1	22	⑥	5	
	問2	23	④	5	
	問3	24	④	5	
	問4	25	②	5	
第4問　自己採点小計					
自己採点合計					

(注)
1　*1は、⑧を解答した場合は3点、①、③、⑤のいずれかを解答した場合は2点を与える。
2　*2は、両方正解の場合のみ点を与える。

— 164 —

第1問　小問集合

問1　水面波の干渉の問題である。波源が逆位相で振動しているので，強めあうのは，波源との距離の差が波長の $\left(m+\dfrac{1}{2}\right)$ 倍になる点である。

$$|l_1-l_2|=\left(m+\dfrac{1}{2}\right)\lambda$$

1 の答　②

問2　凸レンズによる実像は倒立実像である。x 軸方向も y 軸方向も逆向きになるので，像は③のようになる。

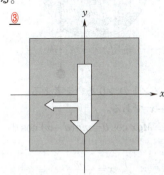

③

2 の答　③

レンズに入射する光を板で半分さえぎっても，次図右のように，同じ位置に像ができる。しかし，光量が減るので，「像の全体が暗くなった。」が正解である。

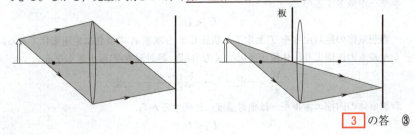

3 の答　③

問3　重力加速度の大きさを g とし，$\angle \mathrm{OPC}=\theta$ とする。

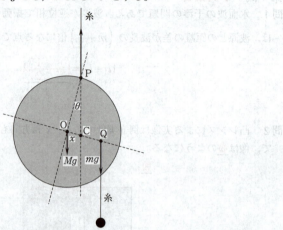

点Cまわりの，力のモーメントのつりあいを考える。
OQ=d なので，CQ=$d-x$ である。
$$Mgx\cos\theta = mg(d-x)\cos\theta$$
これより，
$$x = \frac{m}{M+m}d$$

4 の答　②

問4　状態Bから状態Cの断熱膨張では，気体が外部にした仕事の分だけ内部エネルギーが減少するので，
$$U_\mathrm{C} < U_\mathrm{B}$$
理想気体の絶対温度を T とする。状態Cから状態Aの変化は定圧変化である。シャルルの法則より，体積 V が小さくなれば，絶対温度 T も小さくなる。
$$\frac{V}{T}=一定 \quad \rightarrow \quad \frac{V(\rightarrow 小)}{T(\rightarrow 小)}=一定$$
理想気体の内部エネルギーは絶対温度に比例するから，
$$U_\mathrm{A} < U_\mathrm{C}$$
以上より，
$$U_\mathrm{A} < U_\mathrm{C} < U_\mathrm{B}$$

5 の答　②

問5 直線電流がつくる磁場の向きは，右ねじの法則より，(c)ア の向きである。

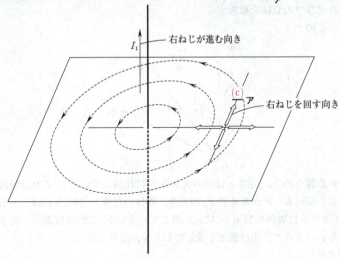

導線2が磁場から受ける力の向きは，フレミングの左手の法則より，(d)イ の向きである。

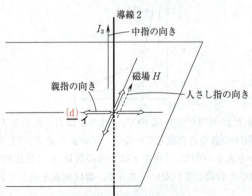

導線1の電流が導線2の位置につくる磁場の強さ H は，

$$H = \frac{I_1}{2\pi r}$$

導線2の長さ l の部分が受ける力の大きさ F は，

$$F = \mu_0 H I_2 l = \mu_0 \frac{I_1 I_2}{2\pi r} l \quad \text{ウ}$$

6 の答 ⑦

第2問　力学

問1 順次グラフの意味を検討する。

まず，①のグラフ。

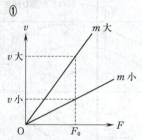

グラフが直線なので，「速さ v は力の大きさ F に比例している」。これは仮説(a)の前半と合致している。F がある値 F_0 のとき，物体の質量 m が大きいほど v も大きいので，「速さ v は物体の質量 m に反比例していない」。これは仮説(a)の後半と合致していない。よって，①は仮説を表しておらず，誤りである。

②のグラフ。

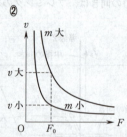

グラフが双曲線(反比例のグラフ)なので，「速さ v は力の大きさ F に反比例している」。これは仮説(a)の前半と合致していない。F がある値 F_0 のとき，物体の質量 m が大きいほど v も大きいので，「速さ v は物体の質量 m に反比例していない」。これは仮説(a)の後半と合致していない。よって，②は仮説を表しておらず，誤りである。

③のグラフ。

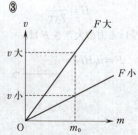

グラフが直線なので，「速さ v は物体の質量 m に反比例していない」。これは仮説

(a)の後半と合致していない。m がある値 m_0 のとき，力の大きさ F が大きいほど v も大きいので，「速さ v は力の大きさ F に比例している」。これは仮説(a)の前半と合致している。よって，③は仮説を表しておらず，誤りである。

④のグラフ。

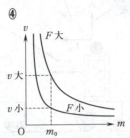

グラフが双曲線（反比例のグラフ）なので，「速さ v は質量 m に反比例している」。これは仮説(a)の後半と合致している。m がある値 m_0 のとき，力の大きさ F が大きいほど v も大きいので，「速さ v は力の大きさ F に比例している」。これは仮説(a)の前半と合致している。よって，④は仮説を表している。

7 の答　④

問2　ばねばかりの目盛りは力学台車にはたらく力の大きさを示している。したがって，力学台車を一定の大きさの力で引くためには，ばねばかりの目盛りが常に一定になるようにする必要がある。

8 の答　①

また，実験1では質量を変えず，力の大きさを変える。よって，力学台車とおもりの質量の和を同じ値にする必要がある。

9 の答　②

問3　問題の図2によると，どの質量の場合も，時間とともに速さが大きくなっている。したがって，ある質量の物体に一定の力を加えても，速さは一定にならない。

10 の答　④

問4　時刻0におけるア，イ，ウの運動量をそれぞれ $P_{ア0}$，$P_{イ0}$，$P_{ウ0}$ とし，時刻 t における運動量をそれぞれ $P_ア$，$P_イ$，$P_ウ$ とする。問題文に示された運動量変化と力積の関係をそれぞれ表すと，

$P_ア - P_{ア0} = Ft$ ∴ $P_ア = Ft + P_{ア0}$

$P_イ - P_{イ0} = Ft$ ∴ $P_イ = Ft + P_{イ0}$

$P_ウ - P_{ウ0} = Ft$ ∴ $P_ウ = Ft + P_{ウ0}$

上の式より，$P_ア - t$ グラフ，$P_イ - t$ グラフ，$P_ウ - t$ グラフの傾きは F になる。この場合，F は $F ≠ 0$ で各場合とも同じ値なので，グラフの傾きが0でなく，傾きが同じであることが分かる。

11 の答　④

問5　問題文には，「台車の水平な上面に対して垂直上向きに小球を発射する」とある

が，これは，「台車に対する小球の相対速度の向きが鉛直上向きである」ことを意味している。したがって，発射直後の小球と台車の速度は次図のようになる。

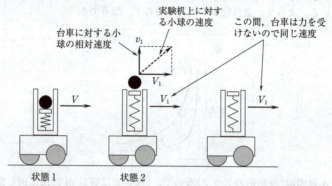

まず，発射装置で解放される力学的エネルギー(ばねの場合なら弾性エネルギー)を E とする。状態1と状態2について，力学的エネルギー保存則より，

$$\frac{1}{2}(M_1+m_1)V^2+E=\frac{1}{2}M_1V_1^2+\frac{1}{2}m_1(v_1^2+V_1^2)$$

この式からはどの選択肢も導けない。

次に，運動量保存則を考える。状態1と状態2について，水平方向に外力がはたらかないので，水平方向の運動量保存則より，

$$(M_1+m_1)V=(M_1+m_1)V_1 \quad \therefore \quad \underline{V=V_1}$$

となり，選択肢が導かれる。

　　　　　　　　　　　　　　　　　　　　　　　　　　12 の答　①

問6　次図の状態3から状態4の変化は，はね返り係数が0の衝突である。

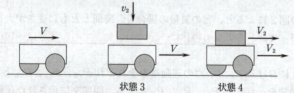

この衝突では運動エネルギーは保存されない。また，鉛直方向には実験机上から上向きの垂直抗力が外力としてはたらくので，鉛直方向の運動量も保存されない。保存されるのは水平方向の運動量だけである。したがって，状態3と状態4の間には，運動量の水平成分が保存するので，$M_2V=(M_2+m_2)V_2$ が成り立つ。

　　　　　　　　　　　　　　　　　　　　　　　　　　13 の答　③

第3問　電磁気

問1　電圧が発生する時間間隔は 0.4 s である。

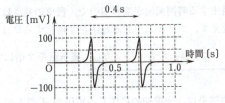

電圧を発生するコイルの距離は 0.20 m なので，台車の速さは，

$$\frac{0.20\text{ m}}{0.4\text{ s}} = 0.5\text{ m/s} \quad \therefore\ \underline{5} \times 10^{\underline{-1}}\text{ m/s}$$

14 の答　⑤
15 の答　①

問2　電磁誘導による電流がつくる磁場は，台車の運動を妨げる力を生じる。したがって，台車が近づくときも遠ざかるときも，台車の速さを<u>小さく</u>する。

〈参考〉　電磁誘導によってコイルに電流が流れると，そのコイルは電磁石になる。その電磁石の極性は，運動する磁石（台車）の動きを妨げる向きである。

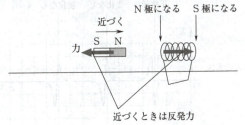

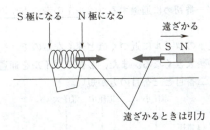

16 の答　②

オシロスコープの内部抵抗を大きくし，コイルに流れる電流を小さくすると台車の運動を妨げる力が小さくなる。すなわち，等速直線運動とみなせる理由は，オシロスコープの内部抵抗が<u>大きいので，コイルを流れる電流が小さい</u>からである。

17 の答　③

速さが一定の場合，物体が受ける空気抵抗も一定になる。運動方程式より，質量が<u>大きい</u>とき加速度は小さい。

18 の答 ①

問3 電圧が発生する時間間隔が変わらず，電圧が2倍になっている。台車の速さを変えると電圧が発生する時間間隔が変わるので，台車の速さは変えていない。

台車の速さを変えず，コイルに生じる電圧を2倍にするには，台車につける磁石を S|N / S|N のように2個たばねたものに交換し，磁気量を2倍にすればよい。

19 の答 ⑤

問4 Bさんの実験結果は，一番初めに生じる電圧がAさんの実験結果と正負逆になっている。

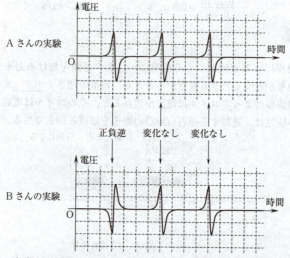

したがって，台車が一番初めに通過するコイル1の巻き方が逆であった。

20 の答 ③

問5 台車の速さは右下のコイルに近づくほど速くなるので，一番初めに生じる電圧が一番小さく，その後大きくなる。また，2個のコイルを通過する時間の間隔は一番目と二番目より，二番目と三番目の方が短い。

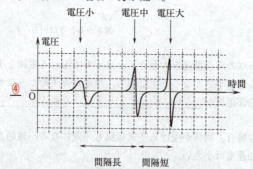

21 の答 ④

第4問　原子の構造

問1　円運動における速さと角速度の関係より，

$$v = r\omega \quad \therefore \quad \omega = \frac{v}{r} \quad \text{ア}$$

速度変化の大きさ $|\Delta \vec{v}|$ は，扇形の中心角と円弧の関係より，

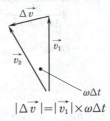

$$|\Delta \vec{v}| = |\vec{v_1}| \times \omega \Delta t$$

$|\vec{v_1}| = v$ と $\omega = \frac{v}{r}$ を代入して，

$$|\Delta \vec{v}| = v \times \frac{v}{r} \Delta t = \frac{v^2}{r} \Delta t \quad \text{イ}$$

22 の答 ⑥

問2　万有引力の大きさは $\frac{GmM}{r^2}$ であり，静電気力の大きさは $\frac{k_0 e^2}{r^2}$ である。比をとって，

$$\frac{\frac{GmM}{r^2}}{\frac{k_0 e^2}{r^2}} = \frac{GmM}{k_0 e^2}$$

選択肢の数値はこの比の概算値なので，例えば，$G = 6.7 \times 10^{-11} \fallingdotseq 10^{-11}$ とする桁数だけの近似を用いる。その場合，

$$\frac{GmM}{k_0 e^2} \fallingdotseq \frac{10^{-11} \times 10^{-31} \times 10^{-27}}{10^9 \times (10^{-19})^2}$$
$$= 10^{-40}$$

〈参考〉　より正確な数値計算は次のようになる。

$$\frac{GmM}{k_0 e^2} = \frac{6.7 \times 10^{-11} \times 9.1 \times 10^{-31} \times 1.7 \times 10^{-27}}{9.0 \times 10^9 \times (1.6 \times 10^{-19})^2}$$
$$= 4.49 \cdots \times 10^{-40}$$

23 の答 ④

問3　電子の運動方程式より，

$$m \frac{v^2}{r} = \frac{k_0 e^2}{r^2} \quad \therefore \quad \frac{1}{2} m v^2 = \frac{k_0 e^2}{2r}$$

電子の静電気力による位置エネルギーは $-\frac{k_0 e^2}{r}$ なので，電子の（力学的）エネル

ギー E は，

$$E = \frac{1}{2}mv^2 + \left(-\frac{k_0 e^2}{r}\right)$$

$$= -\frac{k_0 e^2}{2r}$$

この式に r を代入して，

$$E = -\frac{k_0 e^2}{2\dfrac{h^2}{4\pi^2 k_0 m e^2}n^2}$$

$$= -2\pi^2 k_0{}^2 \times \frac{me^4}{n^2 h^2} \ (= E_n)$$

$\boxed{24}$ の答　④

問4　振動数条件より，

$$E - E' = h\nu \qquad \therefore \quad \nu = \frac{E - E'}{h}$$

$\boxed{25}$ の答　②

物　　理

（2022年 1 月実施）

追試験
2022

物理

解答・採点基準　(100点満点)

問題番号(配点)	設問	解答番号	正解	配点	自己採点
第1問 (30)	問1	1	④	5	
	問2	2	③	5	
		3	①	5	
	問3	4	②	5	
	問4	5	⑥	5	
	問5	6	⑤	5	
第1問　自己採点小計					
第2問 (25)	問1	7	①	5	
	問2	8	⑤	5	
	問3	9	⑤	5	
	問4	10	①	5	
	問5	11	②	5	
第2問　自己採点小計					
第3問 (25)	問1	12	③	5	
	問2	13	⑥	5	
	問3	14	④	5	
	問4	15	①	5	
		16	①	5	
第3問　自己採点小計					

問題番号(配点)	設問	解答番号	正解	配点	自己採点
第4問 (20)	A 問1	17	②	4	
		18	④	4	
	問2	19	③	4	
	B 問3	20	④	4	
	問4	21	③	4	
第4問　自己採点小計					
自己採点合計					

— 176 —

第1問　小問集合

問1　台車A，B，およびばねからなる物体系を考える。この物体系には水平方向の外力がはたらいていないので，水平方向の運動量が保存される。問題の図1の右向きを正として，運動量保存則より，

$$m_A \times 0.6 + m_B \times 0.3 = m_A \times 0.4 + m_B \times 0.7$$

$$\therefore \quad \frac{m_A}{m_B} = \underline{2.0}$$

<u>1</u>の答　④

問2　物体は静止しているので，はたらく力の合力は0である。したがって，斜面からの垂直抗力と静止摩擦力の合力は重力とつりあっている。

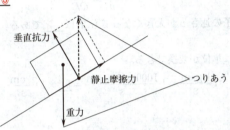

上図のように，斜面からの垂直抗力と静止摩擦力の合力の向きは重力と逆向きで，鉛直上向きである。

<u>2</u>の答　③

慣性力の向きは観測者の加速度の向きと逆なので，水平方向<u>左</u>ア向きである。重力と慣性力を分解し，斜面に沿った方向で力のつりあいを考える。次図のように，慣性力の成分だけ静止摩擦力の大きさが<u>増える</u>イ。

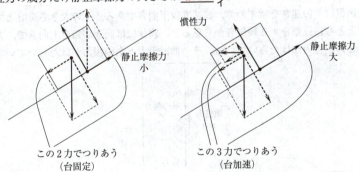

<u>3</u>の答　①

問3　抵抗線のac間の抵抗値をR_{ac}とし，cb間の抵抗値をR_{cb}とする。ホイートストンブリッジの条件が成立しているので，

$$R_1 : R_2 = R_{ac} : R_{cb}$$

抵抗線の抵抗値は長さに比例するので，
$$R_1 : R_2 = R_{ac} : R_{cb} = x : (L-x)$$
$$\therefore \quad \frac{R_1}{R_2} = \frac{x}{L-x}$$

4 の答 ②

問4 粒子の速さを v とする。円運動の式より，
$$m\frac{v^2}{R} = QvB \quad \therefore \quad R = \frac{mv}{QB}$$

この式より，粒子の速さ v が大きくなるにつれて，半径 R は増加する。

半円を描くのに要する時間 T は，
$$T = \frac{\pi R}{v} = \frac{\pi m}{QB}$$

この式より，粒子の速さ v が大きくなっても T は一定である。

5 の答 ⑥

問5 次式のように単位が変換できる。
$$1\frac{\text{kg} \cdot \text{m}}{\text{s}} = 1\frac{1000\,\text{g} \cdot 100\,\text{cm}}{\text{s}} = 10^5 \times 1\frac{\text{g} \cdot \text{cm}}{\text{s}}$$

6 の答 ⑤

第2問　力学・波動

問1 装置が終端速度になったとき，装置にはたらく力の合力は 0 になっているので，
$$Mg - kv' = 0 \quad \therefore \quad v' = \frac{Mg}{k}$$

7 の答 ①

問2 装置はその速さを増すので，加速度は下向きである。その大きさを a とする。装置とともに運動をする観測者から見ると，物体には向きが鉛直上向きで，大きさが ma の慣性力がはたらいている。その他，重力と糸の張力がはたらいている。

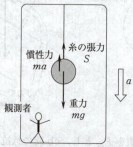

糸の張力の大きさを S とする。観測者から見て，力はつりあっているので，
$$mg - ma - S = 0 \quad \therefore \quad S = m(g-a)$$

落下前は $a=0$ なので，

—178—

$$S=m(g-0)=mg$$

落下を開始すると同時に $a=g$ となるので，
$$S=m(g-g)=0$$

その後，空気の抵抗力によって $a<g$ となり，S は徐々に増加する。そして，装置が終端速度になると $a=0$ となり，
$$S=m(g-0)=mg$$

以上より，最も適当なものは⑤である。

8 の答 ⑤

問3 音源が動く場合のドップラー効果の公式を用いる。

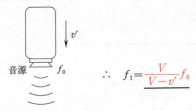

$$\therefore \ f_1=\frac{V}{V-v'}f_0$$

9 の答 ⑤

問4 観測者が動く場合のドップラー効果の公式を用いる。

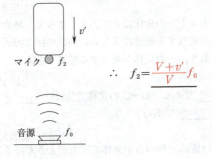

$$\therefore \ f_2=\frac{V+v'}{V}f_0$$

10 の答 ①

問5 時刻 $t=0$ ではマイクの速さは 0 なので，$f=f_0$ であり，
$$|f-f_0|=|f_0-f_0|$$
$$=0$$

十分時間が経過し，マイクの速さが v'（終端速度）になったときは $f=f_2$ であり，
$$|f-f_0|=|f_2-f_0|$$
$$=\frac{v'}{V}f_0$$

マイクの速さは時間がたつにつれて v' に漸近していくので，グラフは $|f-f_0|=0$ から $|f-f_0|=\dfrac{v'}{V}f_0$ に漸近していく形となる。

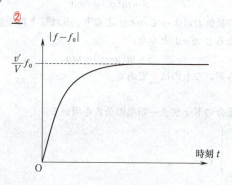

11 の答　②

第3問　熱力学

問1　ゴムひもをばねと見なした場合のばね定数を k とする。ゴムひもの伸びが x_1-x_0 のときの力の大きさが f_1 なので，フックの法則より，

$$f_1=k(x_1-x_0) \quad \therefore \quad k=\dfrac{f_1}{x_1-x_0}$$

12 の答　③

問2　等温変化では気体の内部エネルギーの変化は 0 である。よって，熱力学第一法則より，気体がする仕事と気体が吸収する熱量は等しい。問題の図3の灰色部分の面積は，(イ)の気体がする仕事であり，(ニ)の気体が吸収する熱量でもある。

13 の答　⑥

問3　A→B の断熱変化は，$Q_{AB}=0$ である。B→C の定積変化は，$W_{BC}=0$ である。また，A→C の等温変化は，$\varDelta U_{AC}=0$ である。

14 の答　④

問4　次図のように，気体の場合は断熱変化の方が気体の圧力が大きくなる。

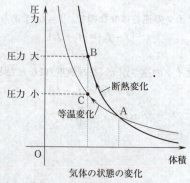

気体の状態の変化

— 180 —

したがって，A→B の変化である断熱変化の方が強い力が必要である。
　次図のように，ゴムひもの場合も断熱変化の方が張力が大きくなる。作用・反作用の法則より，張力と外力の大きさは等しい。したがって，ゴムの場合の縦軸はゴムに加えている外力の大きさとみなすことができる。

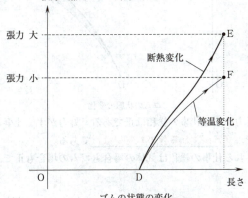

ゴムの状態の変化

したがって，ゴムの場合も断熱変化の方が強い力が必要である。
以上より，気体もゴムも断熱変化の方が強い力が必要である。

15 の答 ①

　気体の場合，C→A で気体がする仕事より，A→B の変化で気体がされる仕事の方が大きい。

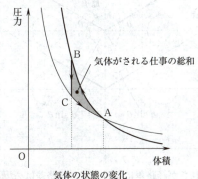

気体の状態の変化

したがって，気体がされる仕事の総和は正である。
　ゴムの場合，F→D で外力がされる仕事より，D→E で外力がする仕事の方が大きい。

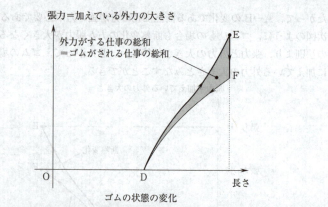

したがって，外力のする仕事の総和は正である．外力がする仕事とゴムがされる仕事は等しいので，ゴムがされる仕事の総和は正である．

以上より，される仕事の総和は気体の場合もゴムの場合も正である．

16 の答 ①

第4問 X線
A X線の干渉
問1 X線が反射する位置を，各原子の中心として作図する．

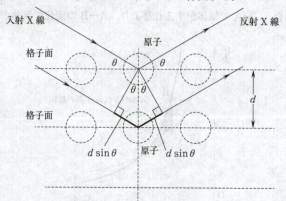

この図の太線部分の長さが経路差になるので，経路差は $2d\sin\theta$ である．

17 の答 ②

反射X線が強め合うのは経路差が波長 λ の整数倍のときである．

18 の答 ④

B X線の発生
問2 エネルギー(ア) の保存則より，発生する最短波長のX線の光子のエネルギーは，陽極に衝突した電子の運動エネルギーに等しいことがわかる．また，最短波長より

波長の長い X 線の場合，陽極を構成する原子の熱運動のエネルギーの増加_イと発生する X 線の光子の運動エネルギーの和が陽極に衝突した電子の運動エネルギーに等しい。

19 の答 ③

問3 陽極に衝突するときの電子の運動エネルギーを K とし，X 線の最短波長を λ_0 とすると，電子の加速に関して，エネルギー保存則より，

$$K = eV$$

X 線の発生に関して，エネルギー保存則より，

$$K = \frac{hc}{\lambda_0}$$

2 式より，

$$\lambda_0 = \frac{hc}{eV}_{\text{ウ}}$$

両極間の電圧を 35 kV から 50 kV にすると，上式の V が大きくなるので，最短波長 λ_0 は短く_エなる。

20 の答 ④

問4 X 線の光子のエネルギーは波長に反比例するので，エネルギーが小さいのは波長の長い(b)_オのピークである。

最短波長は陽極の金属の種類ではなく両極間の電圧で決まるので，電圧が 35 kV のままであれば，最短波長は変化しない_カはずである。

21 の答 ③

MEMO

物　　　理

（2021年1月実施）

受験者数　146,041

平均点　　62.36

2021 第1日程

物理

解答・採点基準 （100点満点）

問題番号(配点)	設問	解答番号	正解	配点	自己採点
第1問 (25)	問1	1	④	5	
	問2	2	⑤	5	
	問3	3	②	5	
	問4	4	①	5	
	問5	5	②	5 *1	
第1問 自己採点小計					
第2問 (25)	A 問1	6	③	2	
		7	③	2 *2	
		8	⓪		
		9	①		
	A 問2	10	④	3	
		11	②	3	
	A 問3	12	④	3 *3	
		13	⓪		
		14	①		
	B 問4	15	②	4	
	B 問5	16	③	4	
	B 問6	17	③	4	
第2問 自己採点小計					

問題番号(配点)	設問	解答番号	正解	配点	自己採点
第3問 (30)	A 問1	18	①	4	
	A 問2	19	②	4	
	A 問3	20	④	4	
		21	①	4	
	B 問4	22	②	4	
	B 問5	23	①	5	
	B 問6	24	⑥	5	
第3問 自己採点小計					
第4問 (20)	問1	25	④	5	
	問2	26	③	5	
	問3	27	①	5	
	問4	28	④	5 *4	
第4問 自己採点小計					
自己採点合計					

(注)
1 ＊1は，①を解答した場合は3点を与える。
2 ＊2は，解答番号6で③を解答し，かつ，全部正解の場合のみ点を与える。
3 ＊3は，全部正解の場合のみ点を与える。
4 ＊4は，③を解答した場合は3点を与える。

第1問　小問集合

問1　台車上で観測するとき，すべての物体に慣性力が重力とともにはたらく。そこで，それらの合力を台車上での見かけの重力とみなすことができる。慣性力の向きは台車の加速度の向きの逆なので，水平左向きである。見かけの重力の方向を台車上での鉛直線，それに垂直な方向を台車上での水平面として扱うことができる。

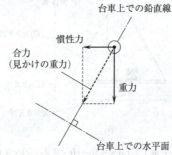

したがって，おもりをつるしている糸は，台車上での鉛直線の向きに一致して傾き，水そう内の水面は台車上での水平面の向きに一致して傾く。

　　　　　　　　　　　　　　　　　　　　　　　　　1 の答　④

問2　次図の点線で囲んだ部分を一つの物体Xと考え，物体Xにはたらく力を図示する。ロープの張力の大きさは，どこも同じで，Tとする。ロープの張力は，物体Xに対して鉛直上向きに3箇所ではたらく。

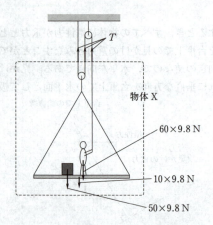

力のつり合いより，
$$T+T+T-60\times9.8-10\times9.8-50\times9.8=0$$
これより，
$$T=40\times9.8$$
$$=392\fallingdotseq\underline{3.9\times10^2}\text{ N}$$

$\boxed{2}$ の答 ⑤

問3 点A～Fにおける電場の強さを$E_A\sim E_F$とする。
（電場の強さ）＝（電位差）／（距離）なので，

$$E_A=\frac{V-0}{3L}=\frac{V}{3L} \qquad E_B=\frac{2V-V}{L}=\frac{V}{L}$$

$$E_C=\frac{3V-2V}{2L}=\frac{V}{2L} \qquad E_D=\frac{4V-3V}{2L}=\frac{V}{2L}$$

$$E_E=\frac{5V-4V}{3L}=\frac{V}{3L} \qquad E_F=\frac{6V-5V}{2L}=\frac{V}{2L}$$

したがって，電場の強さが最も強いのは点$\underline{B}$で，そこで点電荷が受ける静電気力が最も大きくなる。

$\boxed{3}$ の答 ②

問4 音速をV，おんさをもつAさんの速さをv，Bさんが聞く直接音の振動数をf_1，壁での反射音の振動数をf_2とする。ドップラー効果の公式より，

$$f_1=\frac{V}{V-v}f \qquad f_2=\frac{V}{V+v}f$$

これらの式より，f_1はfより$\underline{大きい}_{ア}$。また，f_2はfより$\underline{小さい}_{イ}$。
1秒あたりのうなりの回数nは，

$$n=f_1-f_2$$
$$=\frac{V}{V-v}f-\frac{V}{V+v}f=\frac{2vVf}{V^2-v^2}$$

この式より，v が大きくなると となりの回数 n が 多くなる ウ。

4 の答 ①

問5 はじめの状態の気体の圧力，体積，絶対温度を p_0，V_0，T_0 とする。ピストンにはたらく力のつり合いより，変化後の圧力は等温変化の場合と断熱変化の場合で等しく，それを p_1 とする。等温変化後の体積を $V_{等温}$ とし，断熱変化後の体積を $V_{断熱}$，絶対温度を $T_{断熱}$ とする。ボイル・シャルルの法則より，

等温変化　　$\dfrac{p_0 V_0}{T_0} = \dfrac{p_1 V_{等温}}{T_0}$

断熱変化　　$\dfrac{p_0 V_0}{T_0} = \dfrac{p_1 V_{断熱}}{T_{断熱}}$

2式より，

$$V_{等温} = \dfrac{T_0}{T_{断熱}} V_{断熱} \quad \cdots\cdots ①$$

体積が増加する断熱膨張では，気体が外にした仕事の分だけ内部エネルギーが減少するので，温度が下がる。すなわち，$T_0 > T_{断熱}$ である。したがって，式①より，

$$V_{等温} > V_{断熱}$$

この関係を p–V グラフで表すと次図のようになる。

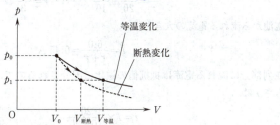

以上より，実線は 等温変化 エ，破線は 断熱変化 オ である。また，$V_{等温} > V_{断熱}$ より，円筒容器底面からピストンまでの距離に関しては，

$$L_{等温} > L_{断熱} \quad カ$$

5 の答 ②

第2問　電磁気

A　コンデンサーを含む直流回路

問1 スイッチを閉じた直後のコンデンサーの電位差は 0 V なので，コンデンサーを導線とみなせる。

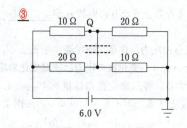

6 の答 ③

この回路を並列と直列の組合せに直すと次図のようになる。

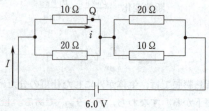

並列部分の合成抵抗 r は,

$$\frac{1}{r}=\frac{1}{20}+\frac{1}{10} \quad \therefore \quad r=\frac{20}{3}\,\Omega$$

電池から流れる電流の大きさ I は,

$$I=\frac{6.0}{r+r}=0.45\,\text{A}$$

並列部分に流れる電流は抵抗値の逆比に配分されるので,点 Q を流れる電流の大きさ i は,

$$i=I\times\frac{20}{10+20}$$
$$=0.30\,\text{A}=3.0\times10^{-1}\,\text{A}$$

7 の答 ③
8 の答 ⓪
9 の答 ①

問 2 図のように,回路上に点 a と点 b をとる。スイッチを閉じて十分時間が経過すると,コンデンサーには電流が流れなくなる。このとき,点 a に流れる電流の大きさを I_a,点 b に流れる電流の大きさを I_b とおく。

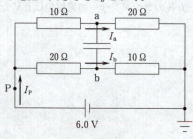

— 190 —

オームの法則より，
$$I_a = I_b = \frac{6.0}{10+20} = 0.20 \text{ A}$$
点Pを流れる電流の大きさ I_P は，
$$I_P = I_a + I_b = \underline{0.40} \text{ A}$$

10 の答 ④

接地点を電位の基準にすると，点aの電位 V_a と点bの電位 V_b は，
$$V_a = I_a \times 20 = 4.0 \text{ V}$$
$$V_b = I_b \times 10 = 2.0 \text{ V}$$
したがって，コンデンサーに蓄えられた電気量 q は，
$$q = 0.10 \times (V_a - V_b) = \underline{0.20} \text{ C}$$

11 の答 ②

問3 点Pを流れる電流が，スイッチを入れた直後から一定になるのは，コンデンサーに電流が流れ込まず，充電されない場合である。そのようなことは，4個の抵抗がホイートストンブリッジになっているときに起こる。したがって，
$$\frac{10}{20} = \frac{20}{R}$$
$$\therefore R = 40 = \underline{4.0 \times 10^1} \text{ Ω}$$

12 の答 ④
13 の答 ⓪
14 の答 ①

B 導体棒に生じる誘導起電力

問4 導体棒a，bと2本の金属レールからなるコイルを考える。導体棒aが右に動くことによって，このコイルの面積が増加し，コイルを上向きに貫く磁束 ϕ が増加する。このとき，レンツの法則によって，コイルを上から見て時計回りの誘導電流が流れる。したがって，電流の向きは $\underline{P}_ア$ である。

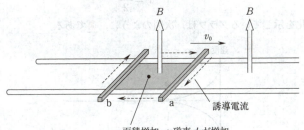

面積増加 → 磁束 ϕ が増加

このコイルの全抵抗は $2rd$ であり，誘導起電力の大きさは v_0Bd なので，誘導電流の大きさ I_0 は，

$$I_0 = \frac{v_0 Bd}{2rd} = \frac{Bv_0}{2r}$$ イ

15 の答 ②

問5 導体棒 a, b, および 2 本の金属レールには，上から見て時計回りに電流が流れる。フレミングの左手の法則を用いると，導体棒 a には左向きの力，導体棒 b には右向きの力が磁場からはたらく。したがって，力の向きは反対である。また，導体棒 a, b を流れる電流の大きさは等しいので，磁場からはたらく力の大きさは等しくなる。

16 の答 ③

問6 次図のように，導体棒 a, b の速さを，それぞれ，v_a, v_b とし，流れる電流の大きさを I，導体棒が磁場から受ける力の大きさを F とする。

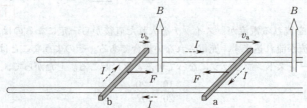

導体棒 a は，磁場から受ける力 (大きさ F) によって，速さ v_a は v_0 から徐々に小さくなる。導体棒 b は，磁場から受ける力 (大きさ F) によって，速さ v_b は 0 から徐々に大きくなる。やがて，同じ速さになると，コイルを貫く磁束が一定になり，誘導電流が流れなくなって，磁場から力を受けなくなり，2 本の導体棒は，以後，一定の速さで等速度運動を続ける。この間，導体棒が磁場から受ける力による力積は，大きさが同じで向きが逆なので，全体として運動量が保存される。その一定の速さを V，導体棒 1 本の質量を m とすると，

$$m \times 0 + mv_0 = mV + mV$$

$$\therefore\ V = \frac{v_0}{2}$$

以上の変化を示しているグラフは，次図のように，③である。

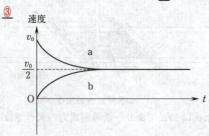

17 の答 ③

第3問　波動と原子

A　光の屈折と全反射

問1　光の屈折において，変化しないのは<u>振動数</u>ア，変化するのは<u>波長</u>イと速さである。また，波の隣り合う山と山の距離は波長である。

波長が短く，屈折率が少し大きい場合の光の経路を実線で描き，波長が長く，屈折率が少し小さい場合の経路を破線で描く（途中までの経路を誇張して描く）と次図のようになる。

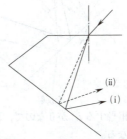

この図より，波長が短く，屈折率が大きい場合の光の経路は<u>(i)</u>ウである。

　　　　　　　　　　　　　　　　　　　　　　　　18 の答　①

問2　DE面の点Pでの光の屈折について考える。屈折の法則より，

$$n = \frac{\sin i}{\sin r} \quad \therefore \quad \underline{\sin i = n \sin r}_{エ}$$

AC面での屈折について考える。入射角 θ_{AC} が臨界角 θ_c のとき，屈折角は90°になる。屈折の法則より，

$$\frac{1}{n} = \frac{\sin \theta_c}{\sin 90°} \quad \therefore \quad \underline{\sin \theta_c = \frac{1}{n}}_{オ} \quad \cdots\cdots ①$$

　　　　　　　　　　　　　　　　　　　　　　　　19 の答　②

問3　次図のように，入射角が i_c の場合の光の経路を太い線で描く。入射角が i_c より小さいときを一点鎖線で描くと，面ACでの入射角が θ_c より大きくなり，<u>全反射</u>カすることがわかる。入射角が i_c より大きいときを破線で描くと，面ACでの入射角が θ_c より小さくなり，<u>部分反射</u>キすることがわかる。

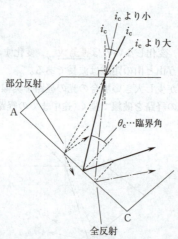

ガラスの場合，入射角 i_c に相当する i_c' が 0 なので，どの入射角も i_c' より大きくなり，面 AC で<u>部分反射</u>ヶになる。

　　　　　　　　　　　　　　　　　　　　　　　20 の答 ④

式①や問題の図5(a), (b)に示されているように，ダイヤモンドはガラスより屈折率が<u>大きい</u>ヶため臨界角が小さい。その結果，ダイヤモンドでは面 AC と面 BC で二度<u>全反射</u>コし，ガラスより明るく輝くのである。

　　　　　　　　　　　　　　　　　　　　　　　21 の答 ①

B　蛍光灯の原理

問 4　電圧 V は単位電気量あたりの位置エネルギーの差なので，電気量 e の電子に与える運動エネルギーは <u>eV</u> である。

　　　　　　　　　　　　　　　　　　　　　　　22 の答 ②

問 5　二物体の衝突で，外力による力積がはたらかないので，過程(a)も過程(b)も，運動量の和は<u>保存する</u>。

　　　　　　　　　　　　　　　　　　　　　　　23 の答 ①

問 6　過程(a)の場合，水銀原子のエネルギーの状態が変化していないので，運動エネルギーの和は<u>変化しない</u>。過程(b)の場合，衝突によって水銀原子は運動エネルギーの一部をもらい，エネルギーが高い状態になるので，運動エネルギーの和はその分だけ<u>減る</u>。

　　　　　　　　　　　　　　　　　　　　　　　24 の答 ⑥

第 4 問　力学　放物運動と衝突

問 1　A さん側と B さん側でのボールの速度の鉛直成分の大きさを，それぞれ w_A, w_B とする。水平成分の大きさは，ともに w_0 とする。

AさんのほうがBさんより高い位置にあるとき，力学的エネルギー保存則より，

$$v_A < v_B$$

また，上図のようになり，明らかに，

$$\theta_A < \theta_B$$

25 の答 ④

問2 そりと氷の間に摩擦力がはたらかないので，そりとBさんとボールの間で水平方向の運動量保存則が成り立つ。$w_0 = v_B \cos\theta_B$ なので，

$$mv_B\cos\theta_B + M \times 0 = mV + MV \quad \therefore \quad V = \frac{mv_B\cos\theta_B}{m+M}$$

26 の答 ③

問3 捕球時のボールとの衝突によって，力学的エネルギーの一部が熱などに変換されるため，力学的エネルギーの変化 ΔE は負になる。

計算をすれば，

$$E_1 = \frac{1}{2}mv_A^2$$
$$= \frac{1}{2}m(w_A^2 + v_B^2\cos^2\theta_B)$$

$$E_2 = \frac{1}{2}(m+M)V^2$$
$$= \frac{1}{2}(m+M)\left(\frac{mv_B\cos\theta_B}{m+M}\right)^2$$

差をとって，

$$\Delta E = E_2 - E_1$$
$$= -\frac{1}{2}mw_A^2 - \frac{mMv_B^2\cos^2\theta_B}{2(m+M)} < 0$$

27 の答 ①

問4 そりの上面とボールの間に摩擦力がはたらかないので，ボールからそりにはたらいた力の水平方向の成分がゼロ と言える。また，衝突前後におけるボールの速度の鉛直成分の大きさが同じ場合は弾性衝突であるが，それ以外は弾性衝突ではない。すなわち，鉛直方向の運動によっては弾性衝突とは限らない。

28 の答 ④

MEMO

物　　理

（2021年1月実施）

受験者数　　　656

平　均　点　　53.51

2021
第2日程

物理

解答・採点基準　　　(100点満点)

問題番号 (配点)	設問	解答番号	正解	配点	自己採点
第1問 (25)	問1	1	③	5	
	問2	2	①	5	
	問3	3	②	3	
		4	①	2	
	問4	5	②	3	
		6	②	2	
	問5	7	④	5 *1	
第1問　自己採点小計					
第2問 (25)	A	問1	8	③	3	
			9	⑥	2 *2	
		問2	10	⑤	5	
	B	問3	11	④	5	
		問4	12	⑤	5	
		問5	13	⑤	5	
第2問　自己採点小計					
第3問 (25)	A	問1	14	④	4	
		問2	15	①		
			16	⑨	4 *3	
			17	②		
		問3	18	⑤	4 *4	
	B	問4	19	④	4	
		問5	20	⑤	3	
		問6	21	①	3	
		問7	22	④	3	
第3問　自己採点小計					

問題番号 (配点)	設問	解答番号	正解	配点	自己採点
第4問 (25)	問1	23	①	5	
	問2	24	③	5	
	問3	25	③	5	
	問4	26	③	5	
	問5	27	①	5 *5	
第4問　自己採点小計					
自己採点合計					

(注)

1　＊1は、③を解答した場合は3点を与える。

2　＊2は、解答番号8で③を解答した場合のみ⑥を正解とし、点を与える。

3　＊3は、全部正解の場合に4点を与える。ただし、解答番号14の解答に応じ、解答番号15〜17を下記①〜⑦のいずれかの組合せで解答した場合も4点を与える。

①解答番号14の解答にかかわらず、解答番号15で①、16で⑧、17で②を解答した場合

②解答番号14の解答にかかわらず、解答番号15で②、16で①、17で②を解答した場合

③解答番号14で①を解答し、かつ、解答番号15で⑤、16で①、17で①を解答した場合

④解答番号14で②を解答し、かつ、解答番号15で①、16で⑦、17で②を解答した場合

⑤解答番号14で③を解答し、かつ、解答番号15で①、16で⑦、17で②を解答した場合

⑥解答番号14で⑤を解答し、かつ、解答番号15で②、16で⑦、17で②を解答した場合

⑦解答番号14で⑥を解答し、かつ、解答番号15で③、16で①、17で②を解答した場合

また、解答番号14の解答にかかわらず、解答番号15で①、16で②、17で③を解答した場合は2点を与える。

4　＊4は、①、③、⑥、⑦のいずれかを解答した場合は2点を与える。

5　＊5は、②を解答した場合は3点を与える。

第1問　小問集合

問1　2個の角材と薄い板を貼りあわせたもの（重心はC）の形から，時計回りでなく反時計回りに倒れる可能性がある。そこで，薄い板の左辺を支点に反時計回りに少し傾いた状態を考える。このとき，重力によるモーメントがこの物体を床の上に戻そうとする向きか，さらに傾けようとする向きかを求める。

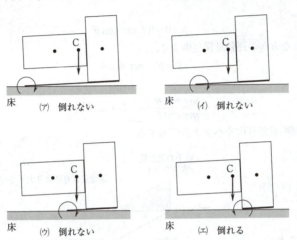

上図より，倒れないのは(ア)，(イ)，(ウ)である。

$\boxed{1}$ の答　③

問2　問題で与えられた次の2式から T を消去し，N を求める。

$$\begin{cases} T\sin\theta = m\omega^2 L\sin\theta \\ T\cos\theta + N = mg \end{cases}$$

$$\therefore \; N = mg - m\omega^2 L\cos\theta$$

小球が床から離れない条件は $N \geq 0$ なので，

$$mg - m\omega^2 L\cos\theta \geq 0$$

$$\therefore \; \omega \leq \sqrt{\frac{g}{L\cos\theta}} \; (=\omega_0)$$

$\boxed{2}$ の答　①

問3　電場の向きは等電位線に垂直である。正電荷は電場の向きに静電気力を受けるので，正電荷が受ける静電気力は等電位線に垂直である。

$\boxed{3}$ の答　②

　一般に，負電荷から離れるにつれて電位は高くなる。位置Aを含む等電位線は位置Bを含む等電位線より内側にあるので，位置Aより位置Bの方が電位は高い。正電荷を位置Aから位置Bに移動することは位置エネルギーの低い位置から高い位置に物体を押し上げることに相当するので，外力がした仕事は正である。

〈別解〉　正電荷の電気量を q，位置Aの電位を V_A，位置Bの電位を V_B，外力の

仕事を W とすると，仕事とエネルギーの関係より，
$$W=q(V_B-V_A)$$
ここで，$V_B>V_A$，$q>0$ なので，$W>0$ である。

[4]の答 ①

問4 電子の質量を m，衝突後の電子の速さを v とする。x 軸方向の運動量保存則より，
$$p+0=0+mv\cos\theta$$
x 軸に垂直な方向の運動量保存則より，
$$0=p'-mv\sin\theta$$
2式より，
$$\frac{mv\sin\theta}{mv\cos\theta}=\frac{p'}{p}(=\tan\theta)$$

〈別解〉 運動量保存則をベクトル表示する。

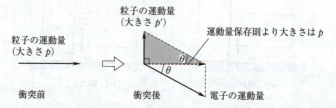

灰色の直角三角形に着目して，
$$\tan\theta=\frac{p'}{p}$$

[5]の答 ②

エネルギー保存則より，衝突によって X 線光子のエネルギーの一部は電子の運動エネルギーになる。したがって，衝突後の X 線光子のエネルギーは衝突前の X 線光子のエネルギーより小さい。

振動数はエネルギーに比例するので，衝突後の X 線光子の振動数は衝突前に比べて小さくなる。

[6]の答 ②

問5 定圧変化の場合，気体に与えられた熱量 Q は，熱力学第1法則より，
$$Q=\varDelta U+p\varDelta V \quad \text{ア}$$
定圧モル比熱 C_p は，
$$C_p=\frac{Q}{n\varDelta T}=\frac{\varDelta U}{n\varDelta T}+\frac{p\varDelta V}{n\varDelta T}$$
ここで，変化前の状態方程式と変化後の状態方程式から，$p\varDelta V$ を消去する。
$$\begin{cases} pV=nRT \\ p(V+\varDelta V)=nR(T+\varDelta T) \end{cases}$$
$$\therefore\ p\varDelta V=nR\varDelta T$$

また，$C_V = \dfrac{\Delta U}{n\Delta T}$ なので，

$$C_p = \dfrac{\Delta U}{n\Delta T} + \dfrac{p\Delta V}{n\Delta T} = C_V + R$$

すなわち，

$$C_p - C_V = \underline{R}_イ$$

この関係式(マイヤーの関係)は暗記しておくべき公式である。

7 の答 ④

第2問 電磁気
A 電流計と電圧計

問1 端子 a，b 間の抵抗値は 2Ω なので，a，b 間に 10V の電圧をかけると電流が 5A 流れ，指針が振りきれてしまう。この電流を 10mA にするには，端子 a，b 間に抵抗を直列に接続する必要がある。→ 選択肢③ or ④

電流の向きから見て端子 a が ＋ 側で端子 b が － 側である。→ 選択肢③

8 の答 ③

抵抗を直列に接続した状態で 10V の電圧をかけたとき，10mA の電流が流れればよい。接続する抵抗の抵抗値を R とすると，オームの法則より，

$$10 = (R+2) \times (10 \times 10^{-3})$$

$$\therefore\ R = \underline{998}\ \Omega$$

9 の答 ⑥

問2 次図のように，回路内の部品 A に電流 i が流れ，そのとき部品 A の両端間の電圧が v であったとする。この部品 A の両端間の電圧を測定するためには部品 A に対して $\underline{並列}_ア$ に電圧計を接続する。ただし，電圧計を接続することによって回路が全体として変化し，部品 A に流れる電流が i から i' になり，電圧が v から v' になったとする。電圧計の内部抵抗を r とすると，電圧計を流れる電流 I は $\dfrac{v'}{r}$ となる。

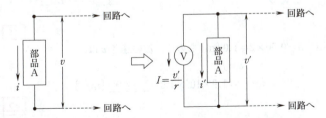

電圧計を接続することによる回路への影響を少なくするには，電圧計の内部抵抗 r を $\underline{大きく}_イ$ し，電圧計 $\underline{を流れる電流}_ウ$ I を小さくすればよい。すなわち，$I \fallingdotseq 0$ のとき，$v' \fallingdotseq v$ になる。

10 の答 ⑤

B 磁場

問3 天秤がつりあうためには，コイルの下辺が鉛直下向きの力を受ける必要がある。フレミングの左手の法則より，コイルの下辺が受ける電磁力を鉛直下向きにするには，電流を Q の向きに流さなくてはいけない。

11 の答 ④

問4 コイルが上向きに通過するとき，レンツの法則より，コイルには Q_エ の向きに誘導電流が流れる。誘導起電力の大きさ V は，
$$V = vBL$$
この式と，$mg = IBL$ より，$mgv = IV$_オ が導かれる。

12 の答 ⑤

問5 $mgv = $(重力)×(単位時間あたりの移動距離) となることから，mgv は重力のする仕事の仕事率を表している。また，その単位は J/s = W である。

13 の答 ⑤

第3問 波動

A 弦の振動

問1 問題の図2より，$\dfrac{1}{L} = \dfrac{1}{0.50} = 2$ [1/m] における振動数は $f = 1.9 \times 10^2$ [Hz] である。

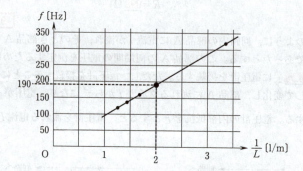

14 の答 ④

問2 波長は $\lambda = 0.50 \times 2 = 1.0$ [m] なので，波の速さ v は，
$$v = f\lambda$$
$$= 1.9 \times 10^2 \times 1.0 = 1.9 \times 10^2 \text{ [m/s]}$$

15 の答 ①
16 の答 ⑨
17 の答 ②

問3 一般に，左（$-x$ 方向）に進む正弦波は，定数を θ として，次のように表すことができる。

(変位)=(振幅)×sin{2π((振動数)×t+$\frac{x}{(波長)}$)+θ}

この場合は，

$$y_2 = \frac{A_0}{2} \times \sin\left\{2\pi\left(ft+\frac{x}{\lambda}\right)+\theta\right\}$$

問題の図3によると，時刻 $t=0$ において $y_2=\frac{A_0}{2}\sin\left(\frac{2\pi x}{\lambda}\right)$ なので，$\theta=0$ である。

$$\therefore\ y_2 = \frac{A_0}{2}\sin 2\pi\left(ft+\frac{x}{\lambda}\right)$$

定常波の節は2つの波が弱め合う点でもある。図3の a，a' はこの瞬間に山と谷が重なっており，弱め合う点なので，定常波の節である。一方，図3のb，b'は図3の瞬間から四分の一周期後に谷と谷，あるいは山と山が重なるので強め合う点である。

18 の答 ⑤

B くさび形空気層による光の干渉

問4 空気層の厚さが d の位置に暗線が現れる条件は，$m=0, 1, 2, \cdots$ として，
$$2d = m\lambda$$
空気層が直角三角形になる灰色部分に着目する。

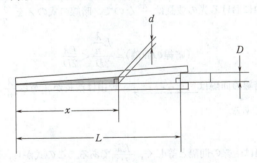

相似条件より，
$$\frac{D}{L}=\frac{d}{x}$$

2式より，暗線の位置 x は，
$$x=\frac{mL\lambda}{2D}$$

暗線の間隔 Δx は，
$$\Delta x = \frac{(m+1)L\lambda}{2D} - \frac{mL\lambda}{2D}$$
$$= \frac{L\lambda}{2D}$$

これより，

$$D = \frac{L\lambda}{2\Delta x}$$

$\boxed{19}$ の答　④

問5　長さを 0.1 mm まで読み取ることができるということは，測定値が 0.1 mm 刻みで得られるということである。したがって，ある物体の長さの測定値が仮に 54.3 mm だとすると，本当の長さは 54.25 mm から 54.35 mm の間とみなすことができる。このことから次の不等式が得られる。

$$(N\Delta x \text{ の測定値}) - 0.05 < N\Delta x < (N\Delta x \text{ の測定値}) + 0.05$$

両辺を N で割って，

$$\frac{(N\Delta x \text{ の測定値})}{N} - \frac{0.05}{N} < \Delta x < \frac{(N\Delta x \text{ の測定値})}{N} + \frac{0.05}{N}$$

この不等式より，Δx の範囲のはばは，$\dfrac{0.05}{N} - \left(-\dfrac{0.05}{N}\right) = \dfrac{0.1}{N}$ となり，Δx は

$\dfrac{0.1}{N}$ mm 刻みで得られる。すなわち，Δx を $\underset{ウ}{\dfrac{0.1}{N}}$ mm まで決めることができる。

この $\dfrac{0.1}{N}$ が小さいほど正確なので，N を $\underset{エ}{\text{大きく}}$ するとより正確になる。

$\boxed{20}$ の答　⑤

問6　この液体中における光の波長は $\dfrac{\lambda}{n}$ なので，暗線の式の λ を $\dfrac{\lambda}{n}$ に置き換えて，

$$(\text{暗線の間隔}) = \frac{L\dfrac{\lambda}{n}}{2D} < \frac{L\lambda}{2D}$$

したがって，暗線の間隔は $\underset{オ}{\text{狭くなった}}$。理由は波長が λ から $\dfrac{\lambda}{n}$ に変わり，$\underset{カ}{\text{短くなった}}$からである。

$\boxed{21}$ の答　①

問7　明線の間隔は暗線の間隔と等しく，$\dfrac{L\lambda}{2D}$ である。この式から，波長 λ が異なるとき明線の位置も異なる。すなわち，虹色の縞模様が見えるのは波長によって明線の間隔が異なるためである。

$\boxed{22}$ の答　④

第4問　力学　単振動

問1　物体が位置 $x=0$ で静止しているときの力のつり合いより，

$$k_A L_A - k_B L_B = 0$$

$\boxed{23}$ の答　①

問2　次図のように，$L_A > x_0$ かつ $L_B > x_0$ であれば，ばね A，B が自然の長さより伸びた状態を保つことになる。

—204—

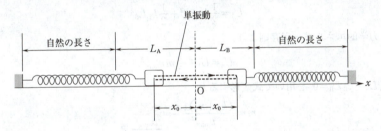

24 の答 ③

問3　次図のように，物体の位置が x のとき，ばね A の伸びは L_A+x で，ばね B の伸びは L_B-x である。

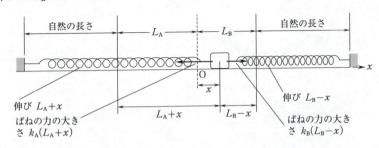

ばね B から物体にはたらく力は，$k_B(L_B-x)$ である。物体にはたらく力の合力は，
$$（合力）=-k_A(L_A+x)+k_B(L_B-x)$$

$k_A L_A - k_B L_B = 0$ を用いて，
$$（合力）=-(k_A+k_B)x=-Kx$$

したがって，合成ばねのばね定数 K は，
$$K=k_A+k_B$$

25 の答 ③

問4　周期 T は，グラフの目盛りを読み取って，
$$T=2.8\text{ s}$$

速さの最大値 v_{max} は振幅 x_0 と角振動数を用いて求められる。
$$v_{max}=（振幅）\times（角振動数）$$
$$=x_0\times\frac{2\pi}{T}$$
$$=0.14\times\frac{2\pi}{2.8}=0.314\cdots\fallingdotseq 0.3\text{ m/s}$$

26 の答 ③

問5　時刻 $t=0$ で物体を静かに放したときのばねの弾性エネルギー U_0 は，
$$U_0=\frac{1}{2}k_A(L_A+x_0)^2+\frac{1}{2}k_B(L_B-x_0)^2$$

$x=0$ の位置を通過し，速さが最大になる瞬間のばねの弾性エネルギー U_1 は，

$$U_1 = \frac{1}{2}k_A L_A{}^2 + \frac{1}{2}k_B L_B{}^2$$

力学的エネルギー保存則より，

$$U_0 = U_1 + \frac{1}{2}mv_{max}{}^2$$

$k_A L_A - k_B L_B = 0$ を用いて式変形すると，

$$m = \frac{(k_A + k_B)x_0{}^2}{v_{max}{}^2} = \frac{Kx_0{}^2}{v_{max}{}^2}_{\text{ア}}$$

摩擦によって v_{max} は小さくなってしまうため，上の式を用いて計算する m の値は真の質量より 大きい イ 値になる。

27 の答 ①

物　　理

（2020年1月実施）

受験者数　153,140

平　均　点　　60.68

物理

解答・採点基準 （100点満点）

問題番号（配点）	設問	解答番号	正解	配点	自己採点
第1問 (25)	問1	1	③	5	
	問2	2	①	5	
	問3	3	④	5	
	問4	4 *1	③	5	
	問5	5	④	5	
第1問　自己採点小計					
第2問 (20)	A	問1	1	④	5	
		問2	2	②	5	
	B	問3	3	⑤	5	
		問4	4 *2	③	5	
第2問　自己採点小計					
第3問 (20)	A	問1	1	③	5	
		問2	2	②	5	
	B	問3	3	⑥	5	
		問4	4 *3	⑦	5	
第3問　自己採点小計					
第4問 (20)	A	問1	1	①	5	
		問2	2	③	5	
	B	問3	3	④	5	
		問4	4	④	5	
第4問　自己採点小計					

問題番号（配点）	設問	解答番号	正解	配点	自己採点
第5問 (15)	問1	1	①	5	
	問2	2	②	5	
	問3	3	③	5	
第5問　自己採点小計					
第6問 (15)	問1	1	⑧	5	
	問2	2	⑤	5	
	問3	3	⑥	5	
第6問　自己採点小計					
自己採点合計					

（注）

1　＊1は，解答④の場合は3点を与える。

2　＊2は，解答④の場合は3点を与える。

3　＊3は，解答⑧，⑨の場合は3点を与える。

4　第1問～第4問は必答。第5問，第6問のうちから1問選択。計5問を解答。

第1問　小問集合(必答問題)

問1　一様な棒の重心は棒の中点で，棒の右端から距離 $\frac{3}{2}\ell$ の位置である。棒にはたらく力は次図のようになる。

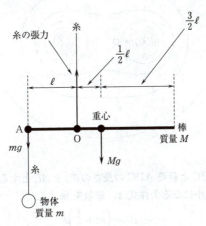

点Oまわりの，力のモーメントのつり合いより，

$$mg \times \ell - Mg \times \frac{1}{2}\ell = 0 \quad \therefore \quad m = \underline{\frac{1}{2}M}$$

$\boxed{1}$ の答　③

問2　右ねじの法則を用いて次図の2点P，Qについて磁場の向きを作図する。

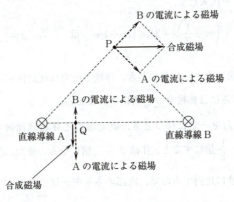

磁場の向きは磁力線の接線の向きになるので，選択肢の中では次図を選ぶことができる。

— 209 —

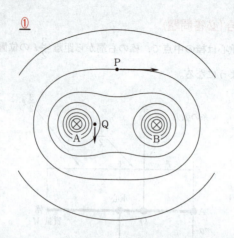

2 の答　①

問3 経路差(経路 ABC と経路 ADC の長さの差)を ΔL とするとき，出口 C で音波が弱め合い，音が最小になる条件式は，整数を m として，

$$\Delta L = \left(m + \frac{1}{2}\right)\lambda$$

管 D を長さ L 引き出すと，経路 ADC の長さが $2L$ 増加し，経路差も $2L$ 増加するので，

$$\Delta L + 2L = \left(m + 1 + \frac{1}{2}\right)\lambda$$

$\Delta L = \left(m + \frac{1}{2}\right)\lambda$ を代入して，

$$\left(m + \frac{1}{2}\right)\lambda + 2L = \left(m + 1 + \frac{1}{2}\right)\lambda \quad \therefore \quad \lambda = \underline{2L}$$

3 の答　④

問4 理想気体の温度を一定に保つとき，体積と圧力は反比例する(ボイルの法則)。圧力を $\frac{1}{2}$ 倍にするには体積を $\underline{2}_{ア}$ 倍にすればよい。

　理想気体の圧力を一定に保つとき，絶対温度と体積は比例する(シャルルの法則)。絶対温度を $\frac{1}{2}$ 倍にすると，体積は $\underline{\frac{1}{2}}_{イ}$ 倍になる。また，理想気体の内部エネルギーは絶対温度に比例するので，内部エネルギーは $\underline{\frac{1}{2}}_{ウ}$ 倍になる。

4 の答　③

問5 次図のように，衝突後の速度成分をそれぞれの矢印の向きを正として v_1，v_1'，v_2，v_3 とする。ただし，$v_1 > 0$ である。

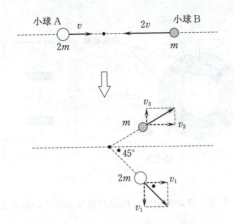

衝突前の小球Aの速度の向きについて，運動量保存則より，
$$2m \times v - m \times 2v = 2m \times v_1 + m \times v_2$$
$$\therefore v_2 = -2v_1$$

衝突前の小球Aの速度の向きと垂直な方向について，運動量保存則より，
$$0 = -2m \times v_1 + m \times v_3$$
$$\therefore v_3 = 2v_1$$

$v_2 = -2v_1$ と $v_3 = 2v_1$ より，衝突後の小球Bの速度を作図すると，運動の向きがわかる。

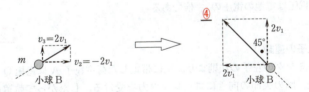

5 の答 ④

第2問　電磁気（必答問題）
A　コンデンサー回路

問1　円筒の導体部分を太い導線と金属極板とみなすことで，コンデンサーの回路が形成されていることがわかる。

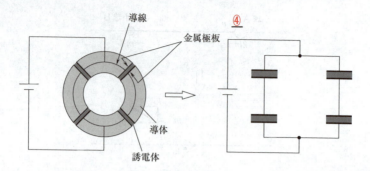

$\boxed{1}$ の答 ④

問2 問1と同様にして，コンデンサー回路が形成されていることがわかる。

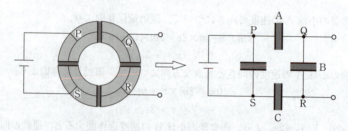

上図右において，3個のコンデンサーA，B，Cは直列に接続されているので，QR間の電圧は電池の電圧の $\frac{1}{3}$ 倍である。

$\boxed{2}$ の答 ②

B 荷電粒子の運動

問3 フレミングの左手の法則より，正に帯電した荷電粒子Aは電極Qの穴を通過した直後，図の矢印の向きにローレンツ力を受ける。したがって軌道は(b)ア である。

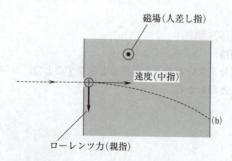

また，ローレンツ力は荷電粒子に対して仕事をしないので，運動エネルギーは変わらない イ。

— 212 —

問 4 電極 Q の電位が 0 で，電極 P の電位が V である。

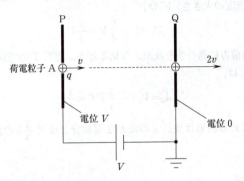

荷電粒子の力学的エネルギー保存則より，
$$\frac{1}{2}mv^2 + q \times V = \frac{1}{2}m(2v)^2 + q \times 0 \quad \therefore \quad V = \frac{3mv^2}{2q}_{ウ}$$

荷電粒子 B の質量を M とし，電極 Q の穴を通過するときの速さを v' とする。荷電粒子の力学的エネルギー保存則より，
$$\frac{1}{2}Mv^2 + q \times V = \frac{1}{2}Mv'^2 + q \times 0 \quad \therefore \quad v' = \sqrt{v^2 + \frac{2qV}{M}}$$

$V = \frac{3mv^2}{2q}$ を代入して，
$$v' = \sqrt{v^2 + \frac{2q}{M} \times \frac{3mv^2}{2q}} = \sqrt{v^2 + \frac{3m}{M}v^2} = \sqrt{1 + \frac{3m}{M}} \times v$$

$M > m$ なので，$\sqrt{1 + \frac{3m}{M}} < 2$ となり，$v' < 2v$ である。すなわち，v' は $2v$ より 小さい ェ。

$\boxed{4}$ の答 ③

第3問 波動（必答問題）

A ドップラー効果

問 1 波の隣り合う山と山の距離は波長 λ である。周期が T，速さが V なので，
$$\lambda = VT \quad_{ア}$$
観測者に対する波の速さ（相対速度の大きさ）V_1 は，
$$V_1 = V - v_0$$
最初の山を観測してから，次の山を観測するまでにかかる時間 T_1 はこの観測者にとっての周期なので，
$$T_1 = \frac{\lambda}{V_1} = \frac{\lambda}{V - v_0} = \frac{V}{V - v_0}T \quad_{イ}$$

$\boxed{1}$ の答 ③

問2　波源を速さ $\frac{1}{4}V$ で動かすとき，波源の移動方向前方に進む波の，波源に対する波の速さ（相対速度の大きさ）V_2 は，

$$V_2 = V - \frac{1}{4}V = \frac{3}{4}V$$

波源の移動方向前方に進む波を波源から見るとき，周期 T の波が速さ V_2 で進むので，その波長 λ_2 は，

$$\lambda_2 = V_2 T = \frac{3}{4}VT = \frac{3}{4}\lambda$$

したがって，求める波形は波長 λ の波が2周期分と波長 $\frac{3}{4}\lambda$ の波が2周期分である。

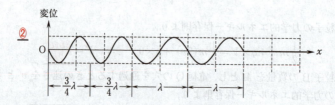

$\boxed{2}$ の答　②

B　光の干渉

問3　図のように，スリット S_1 と S_2 の垂直2等分線とスクリーンの交点を O とすると，点 O には明線が生じる。また，点 O の隣の明線の位置を点 Q とする。

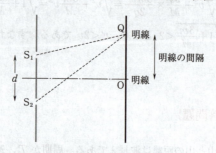

$$S_2Q - S_1Q = \lambda$$

三角形 S_1QS_2 の幾何学的な考察と上式から，

　　　d が一定の場合　λ が小さい $\Longrightarrow$ OQ が小さい
　　　λ が一定の場合　d が小さい $\Longrightarrow$ OQ が大きい

すなわち，d が一定の場合，波長 λ が短い紫ゥの単色光の方が明線の間隔 OQ が狭くなる。また，λ が一定の場合，S_1 と S_2 の間隔 d を狭くすると明線の間隔 OQ が広くなるェ。

〈参考〉　複スリット S_1 と S_2 が開けられている板からスクリーンまでの距離を L と

し，スクリーン上に点Oを原点とするx軸をつくる。$\lambda < d \ll L$ のとき，明線の位置をx，整数をmとすると，次の関係式が近似的に成り立つ。

$$\frac{dx}{L} = m\lambda \quad \therefore \quad x = \frac{m\lambda L}{d}$$

明線の間隔 Δx は，

$$\Delta x = \frac{\lambda L}{d}$$

この式より，d が一定の場合，λ が小さいと Δx が小さくなる。また，λ が一定の場合，d が小さいと Δx が大きくなる。

3 の答 ⑥

問4 二つの光のみちすじの差が $2d$ で，反射における位相のずれが点Pで1度だけ起きているので，光が強め合う条件は，

$$2d = \left(m + \frac{1}{2}\right)\lambda \quad \therefore \quad \underline{\frac{2d}{\lambda} = m + \frac{1}{2}}_{\text{オ}}$$

空気層を屈折率 n' の透明な液体で満たす場合，平凸レンズと平面ガラスのすきまの厚みを d' とすると，光のみちすじの差は $2n'd'$ となる。この場合も反射における位相のずれが点Pで1度だけ起きているので光が強め合う条件は，

$$2n'd' = \left(m + \frac{1}{2}\right)\lambda$$

最も内側の明環は $m = 0$ なので，すきまが空気の場合は，

$$d = \frac{1}{4}\lambda$$

すきまが液体の場合は，

$$d' = \frac{1}{4n'}\lambda$$

$n' > 1$ なので，$d > d'$ である。

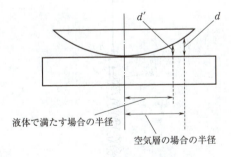

上図より，明環の半径は液体で満たす前と比べて<u>小さくなる</u>ヵ。

4 の答 ⑦

第4問　力学（必答問題）
A　衝突と円運動
問1　小物体A，Bの衝突前後についての運動量保存則より，
$$mv+0=(m+3m)V \quad \therefore \quad V=\underline{\frac{1}{4}v}$$

1 の答　①

問2　小物体Cが点Pを通過すると仮定し，その速さをV'とする。力学的エネルギー保存則より，
$$\frac{1}{2}4mV^2=\frac{1}{2}4mV'^2+4mg\times 2r \quad \therefore \quad V'^2=V^2-4gr$$

点Pにおいて小物体Cが円筒面から受ける垂直抗力の大きさをNとする。円運動の運動方程式より，
$$4m\times \frac{V'^2}{r}=N+4mg \quad \therefore \quad N=4m\left(\frac{V'^2}{r}-g\right)$$

V'^2を代入して，
$$N=4m\left(\frac{V^2-4gr}{r}-g\right)=4m\left(\frac{V^2}{r}-5g\right)$$

実際に点Pを小物体Cが通過するためには $N\geqq 0$ でなければいけない。
$$N=4m\left(\frac{V^2}{r}-5g\right)\geqq 0 \quad \therefore \quad V\geqq \underline{\sqrt{5gr}}$$

2 の答　③

B　力のつり合いと運動方程式
問3　小球1および小球2にはたらく力は次図のようになる。

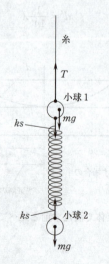

小球2にはたらく力のつり合いより，

$$ks - mg = 0 \quad \therefore \quad s = \underline{\dfrac{mg}{k}}$$

小球1にはたらく力のつり合いより，
$$T - mg - ks = 0 \quad \therefore \quad T = \underline{2mg}$$

3 の答 ④

問4 糸を静かに放した直後はばねの伸びを s のままとみなせる。したがって，小球1および小球2にはたらく力は次図のようになる。

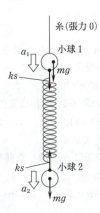

小球1についての運動方程式と $s = \dfrac{mg}{k}$ より，
$$ma_1 = mg + ks \quad \therefore \quad a_1 = \underline{2g}$$

小球2についての運動方程式と $s = \dfrac{mg}{k}$ より，
$$ma_2 = mg - ks \quad \therefore \quad a_2 = \underline{0}$$

4 の答 ④

第5問 　熱（選択問題）

問1 円筒容器と中の気体を一つの物体と見なし，それを物体Ｘとする。物体Ｘにはたらく力は大きさ mg の重力と大きさ $\rho S \ell_1 g$ の浮力である。これらの力のつり合いより，
$$mg - \rho S \ell_1 g = 0 \quad \therefore \quad \ell_1 = \underline{\dfrac{m}{\rho S}}$$

1 の答 ①

問2 水槽の底から物体Ｘが上昇を始めるとき，重力と浮力だけで力がつり合う。水槽の底面からはたらく垂直抗力の大きさ N は，
$$N = \underline{0}$$
円筒容器内部の気体の圧力 p_2 は，深さ ℓ_2 における水中の圧力と同じなので，
$$p_2 = \underline{p_0 + \rho \ell_2 g}$$

12

$\boxed{2}$ の答 ②

問3 水槽の底から物体 X が上昇を始めるときの浮力の大きさは**問1**の場合と同じである。したがって，そのときの気体の体積も**問1**と同じ $S\ell_1$ である。求める温度を T_2 として，ボイル・シャルルの法則より，

$$\frac{p_1 S\ell_1}{T_1} = \frac{p_2 S\ell_1}{T_2} \quad \therefore \quad T_2 = \frac{p_2}{p_1} T_1$$

$\boxed{3}$ の答 ③

第6問　原子（選択問題）

問1 求める原子核の質量数を A，原子番号を Z とする。核反応の前後で，質量数（陽子数と中性子数の和）の和は変化しないので，

$$A + 209 = 278 + 1 \quad \therefore \quad A = 70$$

また，核反応の前後で原子番号（陽子数）の和は変化しないので，

$$Z + 83 = 113 + 0 \quad \therefore \quad Z = 30$$

したがって，この元素は $\underset{\text{ア}}{{}^{70}_{30}\text{Zn}}$ である。

${}^{278}_{113}\text{Nh}$ が ${}^{254}_{101}\text{Md}$ になるまでの間に α 崩壊した回数を n 回とする。1 回の α 崩壊で質量数が 4 だけ減少するので，

$$278 - 4n = 254 \quad \therefore \quad n = \underset{\text{イ}}{6} \text{ 回}$$

$\boxed{1}$ の答 ⑧

問2 ${}^4_2\text{He}$ 核の質量欠損を Δm とすると，

$$\Delta m = (2 \times 1.673 + 2 \times 1.675 - 6.645) \times 10^{-27}$$
$$= 0.051 \times 10^{-27} \text{ kg}$$

結合エネルギー E と質量欠損 Δm の間には，真空中の光の速さ c を用いて，$E = \Delta mc^2$ の関係がある。よって，

$$E = (0.051 \times 10^{-27}) \times (3.0 \times 10^8)^2$$
$$= 4.59 \times 10^{-12} \fallingdotseq 4.6 \times 10^{-12} \text{ J}$$

$\boxed{2}$ の答 ⑤

問3 α 線は正に帯電しているので，電場の向きに進路が曲がる。β 線は負に帯電しているので，電場と逆の向きに進路が曲がる。γ 線は電磁波なので，電場をかけても曲がらず，直進する。

—218—

⑥

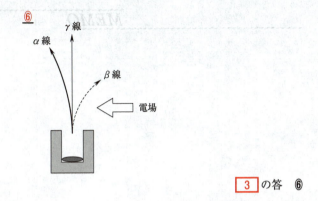

3 の答　⑥

MEMO

物　　　理

（2019年1月実施）

2019 本試験

受験者数　156,568

平　均　点　　56.94

物理

解答・採点基準　　　　(100点満点)

問題番号 (配点)	設　問	解　答番　号	正解	配点	自己採点
第1問 (25)	問1	1	②	5	
	問2	2	⑥	5	
	問3	3	①	5	
	問4	4	⑤	5	
	問5	5	④	5	
第1問　自己採点小計					
第2問 (20)	A 問1	1	③	5	
	A 問2	2	⑤	5	
	B 問3	3	②	5	
	B 問4	4	⑤	5	
第2問　自己採点小計					
第3問 (20)	A 問1	1	①	3	
		2	③	2	
	A 問2	3	④	2	
		4	②	3	
	B 問3	5	④	5	
	B 問4	6	③	5	
第3問　自己採点小計					

問題番号 (配点)	設　問	解　答番　号	正解	配点	自己採点
第4問 (20)	A 問1	1	③	5	
	A 問2	2	⑤	5	
	B 問3	3	⑤	5	
	B 問4	4	⑥	5	
第4問　自己採点小計					
第5問 (15)	問1	1	①	5	
	問2	2	③	5	
	問3	3	⑥	5	
第5問　自己採点小計					
第6問 (15)	問1	1	①	5	
	問2	2	②	5	
	問3	3	⑤	5	
第6問　自己採点小計					
自己採点合計					

(注)　第1問～第4問は必答。第5問，第6問のうちから1問選択。計5問を解答。

2019年度　本試験〈解説〉　物理　3

第1問　小問集合（必答問題）

問1　順次，検討する。

①：運動エネルギーには向きがなく，ベクトルではない。よって，①は適当でない。

②：二つの小球の非弾性衝突では運動量の和が保存される。しかし，運動エネルギーは，一部が熱などに変換されるため，その和は保存されない。よって，②は適当である。

③：運動エネルギーの変化に等しいのは力積ではなく，仕事である。よって，③は適当でない。

④：等速円運動する物体の運動量の大きさは一定であるが，運動量の向きは刻々と変化する。よって，④は適当でない。

$\boxed{1}$ の答　②

問2　電気量 Q の点電荷による電場（$+x$ 方向を正とする）は，クーロンの法則の比例定数を k として，

$$\frac{kQ}{4d^2}$$

電気量 q の点電荷による電場（$+x$ 方向を正とする）は，

$$\frac{kq}{d^2}$$

これらの和が $x=2d$ の位置の電場である。これが 0 なので，

$$\frac{kQ}{4d^2}+\frac{kq}{d^2}=0$$

$$\therefore\quad Q=-4q$$

$\boxed{2}$ の答　⑥

問3　物体と凸レンズの距離が 0.50 m で，凸レンズとスクリーンの距離も 0.50 m である。凸レンズの焦点距離を f とすると，凸レンズの公式より，

$$\frac{1}{0.50}+\frac{1}{0.50}=\frac{1}{f}$$

$$\therefore\quad f=\underset{\mathcal{P}}{0.25}\ \text{m}$$

また，像は上下だけでなく，左右も反転するので図 $\underset{\mathcal{イ}}{(A)}$ のように見える。

$\boxed{3}$ の答　①

問4　シリンダー内の理想気体の圧力を p とする。ピストンにはたらく力のつりあいより，

$$pS=p_0S+mg$$

$$\therefore\quad p=p_0+\frac{mg}{S}$$

状態方程式より，

$$\left(p_0+\frac{mg}{S}\right)hS=nRT$$

$$\therefore\quad h=\frac{nRT}{p_0S+mg}$$

— 223 —

問5 ばね振り子の周期は，水平面上であっても，斜面上であっても，鉛直面内であっても，全て同じ値になる。
$$T_a = T_b = T_c$$

5 の答 ④

第2問　電磁気（必答問題）
A
問1 ダイオードを流れる電流の向きはp型半導体からn型半導体の向きなので，半導体Aがp型であり，半導体Bがn型である。

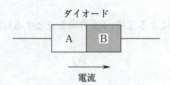

半導体Aはp型半導体なので，電流の担い手（キャリア）はホール（正孔）である。
半導体Bはn型半導体なので，電流の担い手（キャリア）は電子である。

1 の答 ③

問2 点Pに流れる電流をI，ダイオードがつながれていない抵抗に流れる電流をI_1，ダイオードがつながれている抵抗に流れる電流をI_2とする。

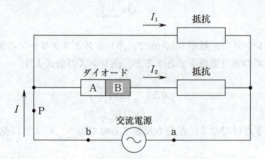

I_1は点aに対する点bの電位（問題の図3）と同じ変化をする。

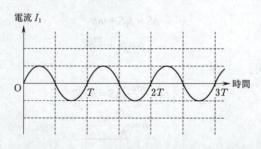

— 224 —

I_2 は点 a に対する点 b の電位(問題の図 3)が正の場合，その電位と同じ変化をするが，電位が負の場合は $I_2=0$ になる。

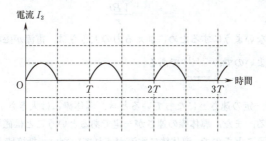

I はキルヒホッフの法則より，

$$I = I_1 + I_2$$

これをグラフで表すと，

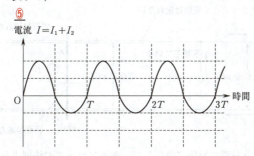

2 の答 ⑤

B

問3 導体棒は静止しているので誘導起電力が生じず，導体棒両端の電位差は 0 になる。したがって，抵抗値 R の抵抗の両端の電位差も 0 になり，抵抗に電流は流れない。導体棒に流れる電流の強さを I とすると，回路各部に流れる電流と電位差は次のようになる。

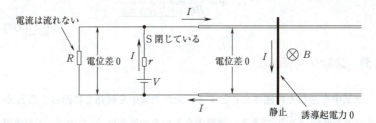

オームの法則(キルヒホッフの法則)より，

$$I = \frac{V}{r}$$

導体棒を流れる電流が磁場から受ける力の大きさ F は，
$$F = IB\ell$$
$$= \frac{VB\ell}{r}$$
導体棒を動かないようにするために加える力の大きさは，電流が磁場から受ける力とつりあえばよいので，$\underline{\dfrac{VB\ell}{r}}$ である。

3 の答 ②

問4 導体棒が一定の速さ v になっているとき，導体棒には大きさ $vB\ell$ の誘導起電力が生じている。また，導体棒の速さが一定であるということは磁場から力を受けていないということなので，導体棒に電流が流れていない。抵抗値 R の抵抗に流れる電流の強さを I' とし，導体棒の誘導起電力を電池の記号で表す。回路各部に流れる電流と電位差は次のようになる。

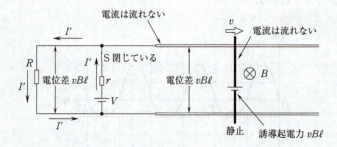

電流が流れている左側の回路に着目して，キルヒホッフの法則より，
$$I'R + I'r = V$$
$$\therefore \ I' = \frac{V}{r+R}$$
抵抗値 R の抵抗と導体棒の電位差は等しく $vB\ell$ なので，
$$I'R = vB\ell$$
$$\therefore \ v = \frac{I'R}{B\ell} = \underline{\frac{VR}{B\ell(r+R)}}$$

4 の答 ⑤

第3問　波動(必答問題)

A

問1 空気中を進む光の速さを c とする。光が空気中を経路2に沿って点Eから点Fまで進む時間は $\dfrac{\text{EF}}{c}$ である。薄膜中を進む光の速さは $\dfrac{c}{n}$ なので，光が薄膜中を経路1に沿って点Aから点Bまで進む時間は $\dfrac{\text{AB}}{c/n}$ である。これらの時間は等しいので，

$$\frac{EF}{c} = \frac{AB}{c/n}$$
$$\therefore \quad n = \frac{EF}{AB}$$

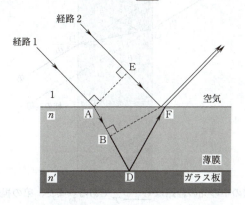

1 の答 ①

経路1と経路2のみちすじの差は上の図の太い線の部分BDFである。薄膜の屈折率は n なので，経路1と経路2の光路差（光学的距離の差）は $n(BD+DF)$ となる。また，$n>1$ なので，点Fにおける反射は π だけ位相がずれる。さらに，$n'>n$ なので，点Dにおける反射も π だけ位相がずれる。したがって，経路1と経路2に沿って進む光が強め合う条件は，次のようになる。

$$n(BD+DF) = m\lambda$$

2 の答 ③

問2 透明な壁の空気に対する屈折率を n'' とし，空気から透明な壁に光が屈折するときの入射角を θ_1，屈折角を θ_2 とする。屈折の法則より，

$$n'' = \frac{\sin\theta_1}{\sin\theta_2} > 1$$
$$\therefore \quad \theta_1 > \theta_2$$

また，透明な壁から空気に光が屈折する場合の入射角が θ_2 のときの屈折角は θ_1 になる。以上より，光の経路は次図のようになる。

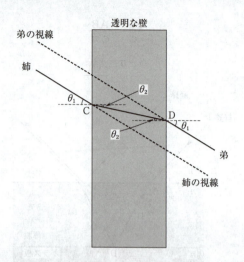

したがって，壁の中の光の経路は <u>C→D</u>ア である。また，弟の視線は姉の位置より上にずれているので姉の目の位置は <u>上にずれて</u>イ 見える。姉の視線は弟の位置より下にずれているので弟の目の位置は <u>下にずれて</u>ウ 見える。

3 の答 ④

4 の答 ②

B

問3 単振動の一般式は，定数(初期位相)を α とすると，

$$x = a\sin\left(\frac{2\pi t}{T} + \alpha\right)$$

問題の図では，$t=0$ で $x=a$ なので，

$$a = a\sin(0+\alpha)$$

$$\therefore\ \alpha = \frac{\pi}{2}$$

したがって，位置の式は，

$$\underline{x = a\sin\left(\frac{2\pi t}{T} + \frac{\pi}{2}\right)}$$

5 の答 ④

問4 ドップラー効果によって最も高い音が生じるのは，音源の速度の向きが観測者に向かう向き($+x$ 方向)であり，なおかつ速度の大きさ(速さ)が最大のときである。この場合，音源の運動は単振動なので，中心 $x=0$ を通過し，微小時間後の位置が $x>0$ となる場合である。

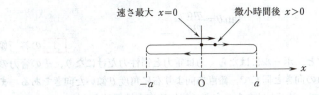

したがって，$x{-}t$ グラフでは点 R の時刻であることがわかる。

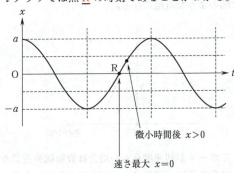

6 の答 ③

第4問　力学（必答問題）

A

問1　おもりの質量を m とする。おもりでは，慣性力（右向き，大きさが ma）と重力（大きさ mg）の合力がひもの張力とつりあっている。このとき，合力の向きとひもは一直線になる。

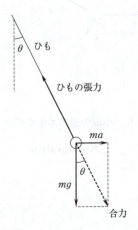

図より，

$$\tan\theta = \frac{ma}{mg} = \frac{a}{g}$$

1 の答 ③

問2 ボールを放すと，ボールにはたらく力は重力と慣性力だけになり，その合力の向きは問1の合力の向きと同じで，鉛直方向より右に角度θ傾いた向きである。また，初速が0なので，ボールは合力の向きに等加速度直線運動をする。したがって，ボールの軌道は次図のような直線になる。

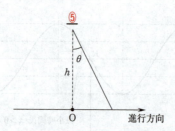

なお，電車に対してボールが初速度をもつ場合は放物線軌道になる場合があるが，初速度が0の場合は自由落下と同じで，必ず直線の軌道になる。

2 の答 ⑤

B

問3 小球の速さをvとする。位置エネルギーの減少は $mg \times \ell\sin\alpha$ である。

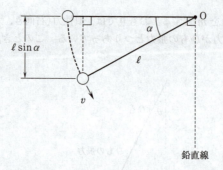

力学的エネルギー保存則より，小球の運動エネルギー $K\left(=\frac{1}{2}mv^2\right)$ は，

$$K = mg\ell\sin\alpha$$

この関係式をグラフで表すと，

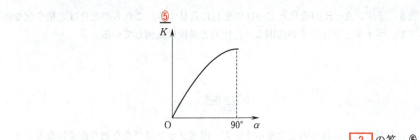

3 の答 ⑤

問4　$\beta=90°$ における小球の速さを v_0 とすると，力学的エネルギー保存則より，

$$\frac{1}{2}mv_0^2=mga$$

$$\therefore \quad v_0^2=2ga$$

円軌道の半径は $\ell-a$ なので，糸の張力を T_0 とすると，水平方向の運動方程式より，

$$m\times\frac{v_0^2}{\ell-a}=T_0$$

$$\therefore \quad T_0=\frac{2amg}{\ell-a}$$

4 の答 ⑥

第5問　熱と気体（選択問題）

問1　A→Bの変化は定積変化で，圧力が2倍になっている。このとき，ボイル・シャルルの法則より，温度(絶対温度)も2倍になっている。

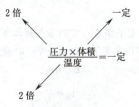

温度が上昇しているので，気体の内部エネルギーは<u>増加する</u>ィ。体積が変化していないので気体は外部に仕事をしていない。したがって，内部エネルギーの増加分のエネルギーを熱として<u>外部から吸収し</u>ァていることになる。

1 の答　①

問2　気体が外部にした仕事の総和 W は圧力−体積グラフの囲まれた部分の面積に等しい。

$$W=(2p_0-p_0)\times(3V_0-V_0)$$
$$=\underline{2p_0V_0}$$

2 の答　③

問3　まず，A→Bの変化とC→Dの変化に着目する。これらの変化は定積変化なので，ボイル・シャルルの法則より，圧力と温度は比例している。

したがって，これらの変化を示す圧力－温度グラフは原点を通る直線になる。
　次に，B→Cの変化とD→Aの変化に着目する。これらの変化は定圧変化なので，圧力－温度グラフは温度軸に平行な直線になる。
　以上の結果より，選択肢の中でこれらの条件を満たすグラフは次のグラフになる。

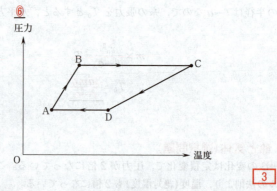

3　の答　⑥

第6問　原子（選択問題）

問1　電圧 V で加速された電子がもっている運動エネルギー E は，$E = \underline{eV}_{\,ア}$ である。この値は陽極から飛び出す光子のエネルギーの最大値に等しい。

$$E = h\nu_0$$

$$\therefore \ \nu_0 = \underline{\frac{E}{h}}_{\,イ}$$

1　の答　①

問2　X線の強度のグラフにおいて鋭いピーク部分のX線は <u>特性(固有)X線</u>_ウ と呼ばれる。特性X線は金属原子内の電子のエネルギー準位の変化によるものであり，エネルギー準位の変化量と発生するX線光子のエネルギー E_X が等しい。

$$E_X = \underline{E_1 - E_0}_{\,エ}$$

2　の答　②

問3　加速電圧が同じ場合，X線光子のエネルギーの最大値が同じになるので，発生するX線の最短波長も同じになる。したがって，スペクトルは <u>(B)と(C)</u>_オ の組合せである。また，陽極の金属が同じ場合，特性X線の波長が同じになるので，スペク

トルは(A)と(B)カの組合せになる。

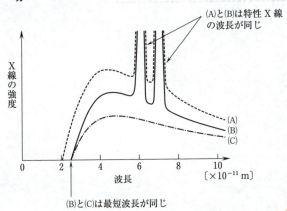

3 の答 ⑤

MEMO

物　　理

（2018年1月実施）

受験者数　　157,196

平　均　点　　62.42

物理

解答・採点基準 (100点満点)

問題番号(配点)	設問	解答番号	正解	配点	自己採点
第1問 (25)	問1	1	⑤	5	
	問2	2	③	5	
	問3	3	⑦	5	
	問4	4 *1	①	5	
	問5	5 *2	②	5	
第1問 自己採点小計					
第2問 (20)	A 問1	1	①	5	
	A 問2	2	⑧	5	
	B 問3	3	④	5	
	B 問4	4	④	5	
第2問 自己採点小計					
第3問 (20)	A 問1	1	⑥	4	
	A 問2	2 *3	②	4	
	A 問3	3 *4	①	4	
	B 問4	4	④	4	
	B 問5	5	③	2	
	B 問5	6	⑥	2	
第3問 自己採点小計					

問題番号(配点)	設問	解答番号	正解	配点	自己採点
第4問 (20)	A 問1	1	②	4	
	A 問2	2	⑤	4	
	A 問3	3 *5	④	4	
	B 問4	4	⑨	4	
	B 問5	5	⑤	4	
第4問 自己採点小計					
第5問 (15)	問1	1	⑥	5	
	問2	2	③	5	
	問3	3	⑦	5	
第5問 自己採点小計					
第6問 (15)	問1	1	②	5	
	問2	2 *6	⑨	5	
	問3	3	⑦	5	
第6問 自己採点小計					
自己採点合計					

(注)
1 ＊1は，解答②の場合は3点を与える。
2 ＊2は，解答①，③，④の場合は2点を与える。
3 ＊3は，解答①の場合は2点を与える。
4 ＊4は，解答②の場合は2点を与える。
5 ＊5は，解答⑤，⑥の場合は2点を与える。
6 ＊6は，解答⑦，⑧の場合は2点を与える。
7 第1問～第4問は必答。第5問，第6問のうちから1問選択。計5問を解答。

第1問　小問集合(必答問題)

問1　衝突後，一体となった物体の速さを V とする。

運動量保存則より，
$$mv=(M+m)V \quad \therefore \quad V=\frac{mv}{M+m}$$

一体となった物体の運動エネルギー K は，
$$K=\frac{1}{2}(M+m)\left(\frac{mv}{M+m}\right)^2$$
$$=\underline{\frac{m^2v^2}{2(M+m)}}$$

|1| の答　⑤

問2　順次，検討する。

① : 空気中を伝わる音の速さは気温が高いほど大きくなる。振動数にはよらないので，①は適当でない。

② : 音を高くする，すなわち振動数を大きくすると，波長は短くなる。よって，②は適当でない。なお，音を1オクターブ高くすると，振動数は2倍になり，波長は半分になる。

③ : 音が障害物の背後にまわりこむ現象は，回折と呼ばれる。よって，③は適当である。

④ : うなりが生じるのは，振動数が少し異なる波が重なる場合である。振動数が等しい場合は生じない。よって，④は適当でない。

⑤ : ドップラー効果の公式より，観測者に近づく音源の速さが大きいほど，観測者が聞く音の振動数は大きくなる。よって，⑤は適当でない。

|2| の答　③

問3　各頂点 A～D の点電荷が点 P につくる電場を $\vec{E_A}$～$\vec{E_D}$ とする。

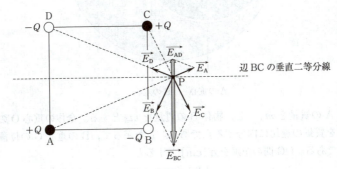

ここで，$|\vec{E_A}|=|\vec{E_D}|<|\vec{E_B}|=|\vec{E_C}|$ である。$\vec{E_{AD}}=\vec{E_A}+\vec{E_D}$ とし，$\vec{E_{BC}}=\vec{E_B}+\vec{E_C}$ とすると，図より，$|\vec{E_{AD}}|<|\vec{E_{BC}}|$ となる。したがって，$\vec{E_{AD}}+\vec{E_{BC}}$ の向きは，図の辺 BC の垂直二等分線に垂直で，C→B の向きである。

|3| の答　⑦

問4 分子1個の質量を m,分子の速さの2乗の平均を $\overline{v^2}$,アボガドロ定数を N_A,気体定数を R,気体の絶対温度を T とする。気体分子の平均運動エネルギーは,

$$\frac{1}{2}m\overline{v^2} = \frac{3RT}{2N_A}$$

したがって,気体分子の平均運動エネルギーは,絶対温度に<u>比例</u>ア し,分子量に<u>よらない</u>イ。また,分子の2乗平均速度 $\sqrt{\overline{v^2}}$ は,上式より,

$$\sqrt{\overline{v^2}} = \sqrt{\frac{3RT}{mN_A}}$$

ヘリウムとネオンではヘリウムの方が分子の質量 m が小さいので,$\sqrt{\overline{v^2}}$ は<u>ヘリウムの方が大きい</u>ウ。

4 の答 ①

問5 物体B(次図のうすい灰色,その重心はG)に,切り取った円板A(次図の濃い灰色,その重心はO′)を戻したA,B全体(中心O,半径3.0 cmの一様な円板)の重心が点Oであることを利用する。

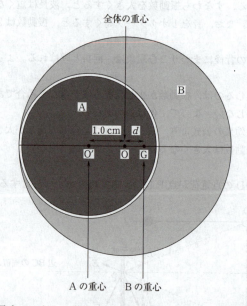

円板Aの質量を m_A とし,物体Bの質量を m_B とする。全体の重心Oの位置はO′G間を質量の逆比に内分する点である。したがって,Bの重心Gの位置は<u>点Oの右側</u>である。OG間の距離を d [cm] とすると,

$$1.0 : d = m_B : m_A$$

$$\therefore\ d = \frac{m_A}{m_B} \times 1.0$$

半径1.0 cmの円板の質量を m とする。円板の質量は半径の2乗に比例するので,

半径 2.0 cm の円板 A の質量 m_A は，
$$m_A = \left(\frac{2.0}{1.0}\right)^2 m = 4.0m$$

A，B 合わせた半径 3.0 cm の円板の質量 m_{AB} は，
$$m_{AB} = \left(\frac{3.0}{1.0}\right)^2 m = 9.0m$$

物体 B の質量 m_B は，
$$m_B = m_{AB} - m_A = 5.0m$$

これらの値を d の式に代入する。
$$d = \frac{4.0m}{5.0m} \times 1.0 = \underline{0.8}$$

$\boxed{5}$ の答 ②

第2問　電磁気（必答問題）

A

問1 スイッチを a 側に入れた直後のコンデンサーの電気量は 0 なので，電圧も 0 である。この瞬間に抵抗にかかっている電圧は直流電源の電圧 V に等しい。このときの電流は正の向きである。

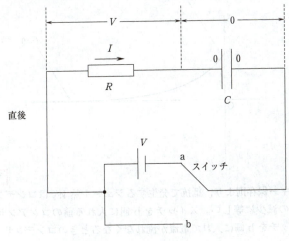

$$\therefore \quad I = \frac{V}{R}$$

スイッチを a 側に入れてから十分時間が経過したとき，コンデンサーの電圧は直流電源の電圧 V と等しくなり，抵抗の電圧は 0 になる。

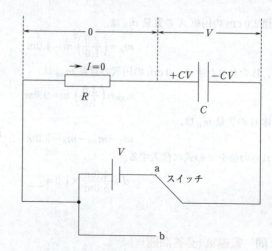

十分時間が経過した後

$$\therefore I = \frac{0}{R} = 0$$

選択肢の中で，これらの条件を満たすグラフは次図のグラフだけである。

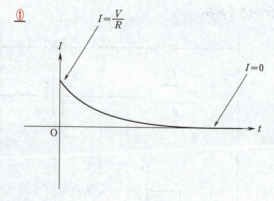

□1 の答　①

問2 エネルギー保存則より，抵抗で発生するジュール熱 W_R はコンデンサーの静電エネルギーの減少に等しい。スイッチを b 側に入れる前のコンデンサーの電圧は V で，スイッチを b 側に入れて電流が流れなくなるときのコンデンサーの電圧は 0 なので，

$$W_R = \frac{1}{2} C \cdot V^2 - \frac{1}{2} C \cdot 0^2$$
$$= \frac{CV^2}{2}$$

□2 の答　⑧

B

問 3 $t=0$ から $t=T$ の間，コイルが一定の速さで落下するため，コイルを貫く磁束が一定の割合で増加し続ける。したがって，コイルには一定の誘導起電力が生じ，一定の電流が流れ続ける。レンツの法則より，誘導電流の向きは adcba の向き（負の向き，$I<0$）である。$t>T$ では，コイルを貫く磁束が変化しないので，電流は流れない。したがって，グラフは次図のようになる。

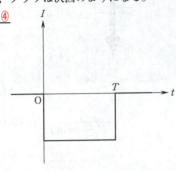

<u>3</u> の答　④

問 4 コイルは一定の速さで落下しているので，コイルにはたらく力はつりあっていると考えられる。辺 ad と辺 bc が磁場から受ける力は互いに逆向きで大きさが等しいため必ずつりあう。ここでは，辺 ab が磁場から受ける力と重力のつりあいを考えればよい。コイルに生じる誘導起電力の大きさ V は，速さ v の導体棒（長さ w の辺 ab）に生じる誘導起電力の公式より，

$$V=vBw$$

電流の大きさ $|I|$ は，

$$|I|=\frac{V}{R}=\frac{vBw}{R}$$

コイルに流れる電流が磁場から受ける力の大きさ $|I|Bw$ は，

$$|I|Bw=\frac{vB^2w^2}{R}$$

力の向きは，フレミングの左手の法則より，次図のようになる。

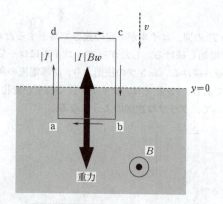

力のつりあいより,

$$\frac{vB^2w^2}{R}=mg$$

$$\therefore \quad v=\frac{mgR}{B^2w^2}$$

<u>4</u> の答 ④

第3問　波動（必答問題）

A

問1　問題の図1によると，時刻 $t=0$ s から $t=0.1$ s の 0.1 s の間に波形が 0.1 m 進んでいる。正弦波が進む速さ v [m/s] は，

$$v=\frac{0.1 \text{ m}}{0.1 \text{ s}}=1 \text{ m/s}$$

正弦波の波長を λ [m] とする。問題の図1より，

$$\lambda=0.4 \text{ m}$$

したがって，周期 T [s] は，

$$T=\frac{\lambda}{v}$$

$$=\frac{0.4 \text{ m}}{1 \text{ m/s}}=\underline{0.4} \text{ s}$$

次に，$x=0$ m の変位 y [m] に着目する。$x=0$ m の変位は，問題の図1より，時刻 $t=0$ s で最大変位の $y=0.1$ m である。振幅が 0.1 m の正弦波なので，$x=0$ m の変位 y [m] は，コサインを用いて次のように表すことができる。

$$y=0.1\cos\left(2\pi\frac{t}{T}\right)$$

$$=0.1\sin\left(2\pi\frac{t}{T}+\underline{\frac{\pi}{2}}\right)$$

<u>1</u> の答 ⑥

問2 問題の図2の少し後(正確には $\frac{1}{8}T=0.05\,\mathrm{s}$ 後),二つの波の山どうし,あるいは谷どうしが重なる。このとき,$x=0$ では山どうしが重なる。

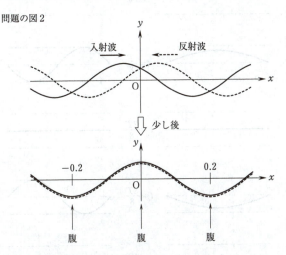

山どうし,あるいは谷どうしが重なる位置が定常波の腹の位置になるので,$x=1.0\,\mathrm{m}$ までの腹の位置は次のようになる。
$$x=\cdots,\ -0.2,\ 0,\ 0.2,\ 0.4,\ 0.6,\ 0.8,\ 1.0\,[\mathrm{m}]$$
反射点である $x=1.0\,\mathrm{m}$ に腹が生じているので,反射は<u>自由端</u>ィ反射である。また,定常波の節の位置は腹と腹の中間なので,$x=0\,\mathrm{m}$ 付近では
$$x=\cdots,\ \underline{-0.1,\ 0.1}_{ア},\ 0.3,\ 0.5,\ 0.7,\ 0.9\,[\mathrm{m}]$$

$\boxed{2}$ の答 ②

問3 $t=\dfrac{4T}{8}$ から $t=\dfrac{5T}{8}$ までの時間経過は,基本振動の周期の $\dfrac{1}{8}$ 倍であり,2倍振動の周期の $\dfrac{1}{4}$ 倍であることに着目し,波形を描く。

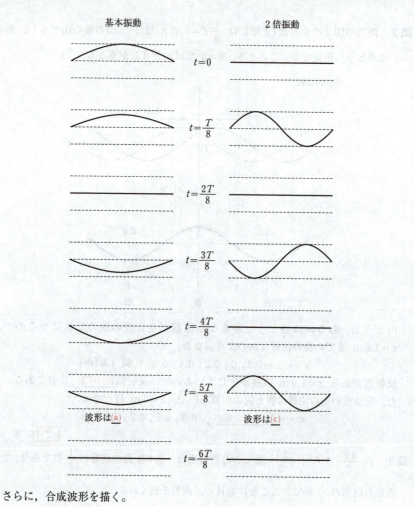

さらに，合成波形を描く。

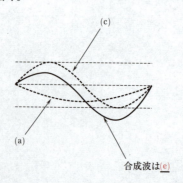

3 の答 ①

B

問4 面 B_1 での反射は固定端反射に相当するので，位相は，

<u>π だけ変化（反転）する</u>ウ

面 A_1 での反射も位相が π だけ変化するので，透過光が干渉して強めあう条件は，自然数を m として，

$$2d = m\lambda$$

間隔が $d + \dfrac{\lambda}{2}$ のとき，

$$2\left(d + \frac{\lambda}{2}\right) = 2d + \lambda$$
$$= (m+1)\lambda$$

この場合は右辺が波長 λ の自然数倍となり，強めあう条件を満たす。また，途中，間隔が $d + \dfrac{\lambda}{4}$ のとき，

$$2\left(d + \frac{\lambda}{4}\right) = 2d + \frac{\lambda}{2}$$
$$= \left(m + \frac{1}{2}\right)\lambda$$

この場合は右辺が波長 λ の $\left(自然数 + \dfrac{1}{2}\right)$ 倍となり，弱めあう条件を満たす。したがって，間隔を $d \to d + \dfrac{\lambda}{4} \to d + \dfrac{\lambda}{2}$ にすると，

<u>一度弱めあった後強めあう</u>エ

$\boxed{4}$ の答　④

問5 振動数が f のときの波長を λ とすると，$\lambda = \dfrac{c}{f}$ より，強めあう条件は，

$$2d = m\frac{c}{f} \qquad \therefore \quad f = \underline{m\frac{c}{2d}}$$

$\boxed{5}$ の答　③

振動数が $f + \varDelta f$ のときの波長を λ' とすると，

$$\lambda' = \frac{c}{f + \varDelta f} < \frac{c}{f} = \lambda$$

波長が小さくなるので，強めあう条件式の m の値が一つ大きくなる。

$$2d = m\lambda$$
$$\Downarrow$$
$$2d = (m+1)\frac{c}{f + \varDelta f}$$

この式より，

$$\varDelta f = \frac{c}{2d}$$

— 245 —

$$= \frac{3.0 \times 10^8 \text{ m/s}}{2 \times 0.10 \text{ m}} = \underline{1.5 \times 10^9} \text{ Hz}$$

6 の答 ⑥

第4問　力学，熱（必答問題）

A

問1　ばねの弾性力が最大摩擦力以下のとき，小物体は静止したままである。

$$kx \leqq \mu mg$$

$$\therefore x \leqq \underline{\frac{\mu mg}{k}} (= x_M)$$

1 の答 ②

問2　$x > 0$ の領域を運動している場合を想定して立式する。

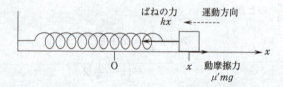

右向きを正とすると，動摩擦力は $+\mu' mg$，ばねの弾性力は $-kx$ である。合力 F は，

$$F = \mu' mg - kx$$
$$= -k\left(x - \underline{\frac{\mu' mg}{k}}\right)_{\mathcal{F}}$$

なお，$x > 0$ の領域を想定したが，$x < 0$ の領域を想定しても同じ結果が得られる。また，単振動の周期 T は，ばね振り子の公式より，

$$T = 2\pi \sqrt{\frac{m}{k}}$$

動き始めた小物体の速度が 0 になるまでの時間 t_1 は $\frac{T}{2}$ なので，

$$t_1 = \frac{T}{2} = \underline{\pi \sqrt{\frac{m}{k}}}_{\mathcal{A}}$$

2 の答 ⑤

B

問3　ピストンにはたらく力のつりあいを考える。ばねの縮みは $\frac{V_0}{S}$ なので，ばねがピストンを押す力の大きさは $k\frac{V_0}{S}$ である。気体が押す力の大きさは $p_0 S$ であるので，力のつりあいより，

$$k\frac{V_0}{S} = p_0 S$$

$$\therefore \quad k = \underline{\frac{p_0 S^2}{V_0}}$$

ばねに蓄えられたエネルギー U_k は,

$$U_k = \frac{1}{2} k \left(\frac{V_0}{S}\right)^2 = \frac{1}{2} p_0 V_0$$

気体の状態方程式, $p_0 V_0 = nRT_0$ より,

$$U_k = \underline{\frac{1}{2} nRT_0}$$

3 の答 ④

問4 気体の温度変化は $T - T_0$ なので, 内部エネルギーの増加分 ΔU は,

$$\Delta U = \underline{\frac{3}{2} nR(T - T_0)}$$

4 の答 ⑨

問5 気体がした仕事の大きさは, 圧力-体積グラフが体積軸と囲む部分の面積で与えられる。

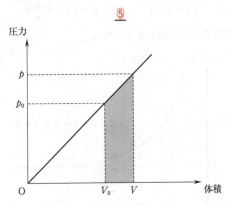

5 の答 ⑤

第5問 力学(選択問題)

問1 ケプラーの第二法則(面積速度一定の法則)は次式で与えられる。

$$\frac{1}{2} r_1 v_1 = \frac{1}{2} r_2 v_2 \qquad \therefore \quad \underline{r_1 v_1 = r_2 v_2}$$

1 の答 ⑥

問2 まず, 万有引力による位置エネルギー U は,

$$U = -\frac{GmM}{r}$$

この関係を表すグラフは次図のグラフである。

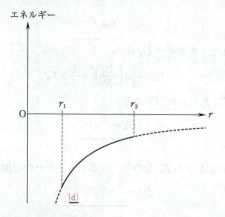

次に，運動エネルギーを K，力学的エネルギーを E_0（一定）とする。力学的エネルギー保存則より，

$$E_0 = K + U \quad \therefore \quad K = E_0 + \frac{GmM}{r}$$

$E_0 < 0$ なので，このグラフは次のようになる。

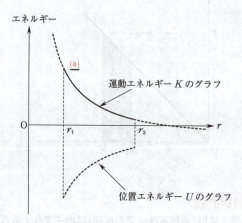

なお，$E_0 > 0$ の場合，惑星は太陽から無限の彼方に飛び去ってしまうので，楕円軌道には当てはまらない。

$\boxed{2}$ の答　③

問3　軌道 A の場合，等速円運動の方程式より，

$$m\frac{v^2}{r} = G\frac{mM}{r^2}$$

$$\therefore v = \sqrt{\frac{GM}{r}} \quad \text{ア}$$

近日点における軌道 B での速さは軌道 A での速さより大きいので，力学的エネ

ルギーも軌道Bの方が大きい。
ア

3 の答 ⑦

第6問 原子(選択問題)

問1 順次，検討する。
　①：中性子は電荷をもたないので①は適当でない。
　②：原子核の質量は，陽子と中性子にばらばらになった状態の質量の和より小さいので②は適当である。
　③：陽子の内部ではクォークが3個結びついているので③は適当でない。
　④：クォークは電荷をもっているので④は適当でない。
　⑤：自然界に存在する基本的な力は，重力，弱い力，強い力，電磁気力の4種類であると考えられているので⑤は適当でない。

1 の答 ②

問2 α 崩壊の回数を m，β 崩壊の回数を n とする。
質量数(核子の数)に関して，
$$238 - 4m = 206$$
原子番号(陽子の数)に関して，
$$92 - 2m + n = 82$$
以上2式より，
$$m = \underset{ア}{8} \qquad n = \underset{イ}{6}$$

2 の答 ⑨

問3 残ったさいころの個数のグラフは一定時間ごとに半分になり，放射性原子核の残った個数と時間の関係を示す次図(半減期が T，はじめの原子核数が N_0)と同じ形になる。

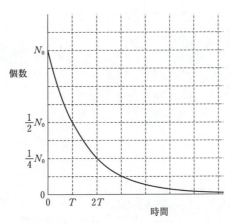

この形は選択肢 ⑷ のグラフである。
　　　　　　　ウ

上図の N_0 を 1000 個とすればよい。$2T$ の時間が経過したときの原子核数 N は，

$$N = \frac{1}{4} \times 1000$$

$$= \underline{250}_{\text{エ}} \ 個$$

$\boxed{3}$ の答　⑦

物　　　理

（2017年1月実施）

受験者数　156,719

平　均　点　　62.88

物理

解答・採点基準 （100点満点）

問題番号 （配点）	設問		解答番号	正解	配点	自己採点
第1問 (25)	問1		1	③	5	
	問2		2	②	5	
	問3		3	⑥	5	
	問4		4	⑤	5	
	問5		5	⑤	5	
第1問　自己採点小計						
第2問 (20)	A	問1	1	①	4	
			2	③	4	
		問2	3	⑤	4	
	B	問3	4	③	4	
		問4	5	⑤	4	
第2問　自己採点小計						
第3問 (20)	A	問1	1	②	4	
		問2	2	⑥	4	
	B	問3	3	③	4	
		問4	4	④	4	
		問5	5	⑥	4	
第3問　自己採点小計						

問題番号 （配点）	設問		解答番号	正解	配点	自己採点
第4問 (20)	A	問1	1	⑦	4	
		問2	2	⑦	4	
		問3	3	④	4	
	B	問4	4	⑥	4	
		問5	5	②	4	
第4問　自己採点小計						
第5問 (15)	問1		1	⑧	5	
	問2		2	②	5	
	問3		3	①	5	
第5問　自己採点小計						
第6問 (15)	問1		1	⑤	5	
	問2		2	④	5	
	問3		3	③	5	
第6問　自己採点小計						
自己採点合計						

（注）　第1問～第4問は必答。第5問，第6問のうちから1問選択。計5問を解答。

第1問　小問集合(必答問題)

問1　衝突後の小球Bの速度を v とする。

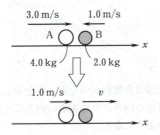

運動量保存則より,
$$4.0 \times 3.0 + 2.0 \times (-1.0) = 4.0 \times 1.0 + 2.0 \times v$$
$$v = \underline{3.0} \text{ m/s}$$

　　　　　　　　　　　　　　　　　　　　　　　　　　　　　　　　　1 の答　③

問2　B端にはたらくひもの張力(大きさ T)の作用線とA端との距離は h で, 点Pにはたらく糸の張力(大きさ Mg)の作用線とA端との距離は $\dfrac{2}{3}\ell$ である。

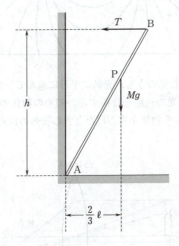

A端のまわりのモーメントのつりあいより,
$$T \times h = Mg \times \dfrac{2}{3}\ell \quad \therefore \quad T = \underline{\dfrac{2\ell}{3h} Mg}$$

　　　　　　　　　　　　　　　　　　　　　　　　　　　　　　　　　2 の答　②

問3　右の電荷を正, 左の電荷を負とし, 代表点2か所の電場の向きの概略を作図する。

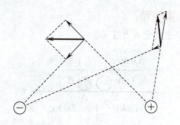

この図において，細い矢印は各電荷がつくる電場を表し，太い矢印は合成電場を表している。電気力線の接線の向きが合成電場の向きに一致すればいいので，電気力線の様子を表す図は次のようになる。

⑥

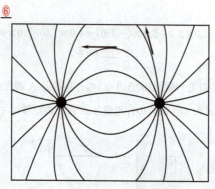

3 の答 ⑥

問4 物体の上端から進む光のうち，光軸に平行に進んでレンズに入射する光と，レンズの中心に入射する光の進路を作図する。初めの物体の位置を A，その像の位置を A′ とし，レンズから物体を遠ざけたときの物体の位置を B，その像の位置を B′ とする。

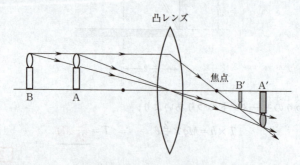

上図より，像は<u>倒立</u>ア の実像で，物体を遠ざけると像の位置が<u>レンズに近づいた</u>イことがわかる。

4 の答 ⑤

問5　気温が低いほど音速は小さくなる。したがって，上空に比べて地表付近の気温が低いとき，音速は上空より<u>地表付近の方が遅い</u>ウ。地表付近と上空の2層に大気を分けて音波が屈折する様子は次図のようになる。

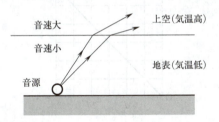

実際は地表付近から上空まで，連続して音速が大きくなっているので，音波の伝わる様子は次の図aのようになる。

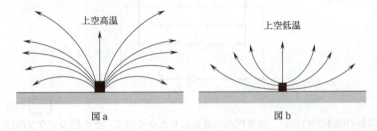

上空の気温が地表付近の気温より低い場合の図bと比較すると，図aの場合は，地表で発せられた音が遠くの地表面上に<u>届きやすくなる</u>エことがわかる。

$\boxed{5}$ の答　⑤

第2問　電磁気（必答問題）

A

問1　電位のグラフ（$V-x$グラフ）の傾きは電場の強さに等しくなる。問題の図1(a)の場合，極板間の電場は一様なので，電位のグラフは一定の傾きの直線になる。

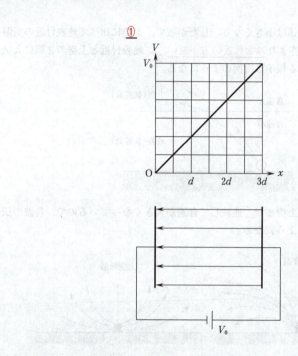

1 の答　①

　問題の図1(b)の場合，金属板内の電場は0となるので，その間のグラフの傾きは0になる。また，電位のグラフは位置 x に対して連続になること，および極板間の電位差が V_0 になることから，グラフは次のようになる。

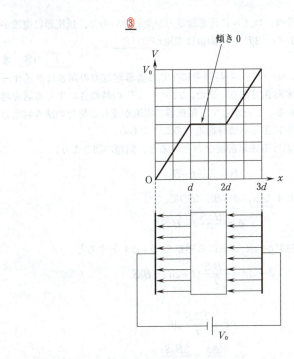

$\boxed{2}$ の答 ③

問2 問題の図1(a)の場合の電気容量を C とする。極板の面積を S とし，誘電率を ε_0 とすると，

$$C = \frac{\varepsilon_0 S}{3d}$$

問題の図1(b)の場合の電気容量を C' とする。極板間隔は，金属板の厚さ d だけ小さいと考えられるので，

$$C' = \frac{\varepsilon_0 S}{3d-d} = \frac{\varepsilon_0 S}{2d}$$

$$\therefore \quad C' = \frac{3}{2}C$$

静電エネルギー U_a, U_b は，

$$U_a = \frac{1}{2}CV_0^2 \qquad U_b = \frac{1}{2}C'V_0^2$$

$$\therefore \quad \frac{U_b}{U_a} = \frac{C'}{C} = \underline{\frac{3}{2}}$$

$\boxed{3}$ の答 ⑤

B

問3 磁束密度が変化する時間帯は，コイルに誘導起電力が生じるので，抵抗器に電流が流れる。すなわち，$0<t<T$ と $2T<t<3T$ の時間帯は電流が流れる。磁束

密度が変化しない時間帯は，コイルに誘導起電力が生じないので，抵抗器に電流が流れない。すなわち，$T<t<2T$ の時間帯は電流が流れない。

4 の答 ③

問4 レンツの法則より，$0<t<T$ の時間帯に生じる誘導起電力の向きはダイオードの順方向に電流を流す向きである。また，$2T<t<3T$ の時間帯に生じる誘導起電力の向きはその逆である。したがって，抵抗器に電流が流れる場合の誘導起電力とは，$0<t<T$ の時間帯に生じる誘導起電力のことである。

時刻 $t(0<t<T)$ における磁束密度を B とすると，問題の図3より，

$$B=\frac{2B_0}{T}t-B_0$$

コイルを貫く磁束を ϕ とすると，$\phi=BS$ なので，

$$\phi=\frac{2B_0S}{T}t-B_0S$$

微小時間を Δt とし，時刻 $t+\Delta t$ における磁束を $\phi+\Delta\phi$ とすると，

$$\phi+\Delta\phi=\frac{2B_0S}{T}(t+\Delta t)-B_0S$$

2式の差より，

$$\Delta\phi=\frac{2B_0S}{T}\Delta t$$

$$\therefore \quad \frac{\Delta\phi}{\Delta t}=\frac{2B_0S}{T}$$

コイルの両端に現れる電圧の大きさ V は，ファラデーの電磁誘導の法則より，

$$V=\left|\frac{\Delta\phi}{\Delta t}\right|\times N=\frac{2B_0SN}{T}$$

5 の答 ⑤

第3問　波動，熱（必答問題）

A

問1 空気層の厚さを ℓ とする。強めあう条件は，$m=1$，2，3，… として，

$$2\ell=\left(m-\frac{1}{2}\right)\lambda \qquad \therefore \quad \ell=\left(m-\frac{1}{2}\right)\frac{\lambda}{2}$$

m 番目の明線と $m+1$ 番目の明線の空気層の厚さの差を $\Delta\ell$ とすると，

$$\Delta\ell=\left(m+1-\frac{1}{2}\right)\frac{\lambda}{2}-\left(m-\frac{1}{2}\right)\frac{\lambda}{2}=\frac{\lambda}{2}$$

明線の間隔を d とすると，次図より，

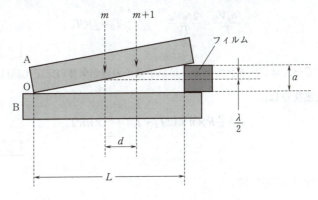

$$\frac{1}{2}\lambda : d = a : L \quad \therefore \quad d = \underline{\frac{\lambda L}{2a}}$$

1 の答 ②

問2 ガラス板の真上から観測する場合，光はガラス面Bの上面の反射のときだけ位相がπずれる。干渉条件は，

$$\text{明線}\cdots 2\ell = \left(m - \frac{1}{2}\right)\lambda \quad \text{暗線}\cdots 2\ell = m\lambda$$

ガラス板の真下から観測する場合，光はガラス面Bの上面だけでなく，ガラス面Aの下面においても反射で位相がπずれる。干渉条件は，

$$\text{明線}\cdots 2\ell = m\lambda \quad \text{暗線}\cdots 2\ell = \left(m - \frac{1}{2}\right)\lambda$$

これらの干渉条件は明暗が逆になっているので，真上から見たとき明線のあった位置には，真下から見ると<u>暗線</u>ァが見える。

空気層を屈折率nの液体で満たすと，液体中での光の波長は$\frac{\lambda}{n}$になるので，明線の間隔d'は，問1の答え $d=\frac{\lambda\ell}{2a}$ を利用して，

$$d' = \frac{\frac{\lambda}{n}\ell}{2a} = \underline{\frac{d}{n}}_{\text{イ}}$$

2 の答 ⑥

B

問3 状態Aにおける気体の内部エネルギー U_A は，単原子分子の理想気体の内部エネルギーの公式より，

$$U_A = \underline{\frac{3}{2}} \times nRT_0$$

3 の答 ③

問4 状態Bの温度を T_B とする。変化A→Bについて，ボイル・シャルルの法則より，

$$\frac{p_0 V_0}{T_0} = \frac{2p_0 V_0}{T_B} \quad \therefore \quad T_B = \underline{2} \times T_0$$

4 の答 ④

問5 変化 C→A は定圧変化である。単原子分子の理想気体の定圧比熱は $\frac{5}{2}R$ なので，放出熱量 Q は，

$$Q = \frac{5}{2} R \times n \times (2T_0 - T_0) = \underline{\frac{5}{2}} \times nRT_0$$

5 の答 ⑥

第4問　力学(必答問題)

A

問1 円錐面を落下する小物体の加速度を α とし，小物体にはたらく力を作図する。

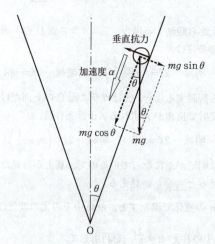

運動方程式より，

$$m\alpha = mg\cos\theta \quad \therefore \quad \alpha = g\cos\theta$$

頂点 O に達するまでの時間を t とすると，等加速度直線運動の公式より，

$$\frac{1}{2}\alpha t^2 = \ell \quad \therefore \quad t = \sqrt{\frac{2\ell}{\alpha}} = \underline{\sqrt{\frac{2\ell}{g\cos\theta}}}$$

1 の答 ⑦

問2 小物体は水平面内で，半径 a，速さ v_0 の等速円運動をしているので，加速度(向心加速度)は，向きが水平方向で中心軸を向き，大きさが $\frac{v_0^2}{a}$ である。小物体が円錐面から受ける垂直抗力の大きさを N とし，はたらく力を作図する。

— 260 —

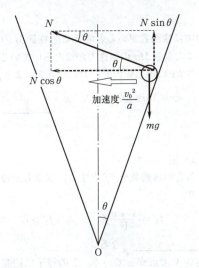

水平方向の運動方程式より，

$$m\frac{v_0^2}{a} = N\cos\theta$$

鉛直方向の力のつりあい式より，

$$mg = N\sin\theta$$

2 式より N を消去して，

$$a = \frac{v_0^2 \tan\theta}{g}$$

2 の答 ⑦

問3 点 O から測ったときの点 A の高さは $\ell_1 \cos\theta$ であり，点 B の高さは $\ell_2 \cos\theta$ である。点 B を通過するときの小物体の速さを v_2 とすると，力学的エネルギー保存則より，

$$\frac{1}{2}mv_1^2 + mg\ell_1\cos\theta = \frac{1}{2}mv_2^2 + mg\ell_2\cos\theta$$

$$\therefore\ v_2 = \sqrt{v_1^2 + 2g(\ell_1 - \ell_2)\cos\theta}$$

3 の答 ④

B

問4 二つの物体の加速度の大きさを α とし，物体それぞれについて運動方程式を立てる。

$$M\alpha = Mg - T$$
$$m\alpha = T - mg$$

2 式より α を消去して，

$$T = \frac{2Mm}{M+m}g$$

— 261 —

4 の答 ⑥

問5　エレベーターの中に観測者がいると考える。質量 M の物体には重力と糸の張力の他，鉛直下向きに大きさ Ma の慣性力がはたらいている。糸の張力の大きさはばねの弾性力の大きさ kx に等しいので，力のつりあいより，

$$kx = Mg + Ma \quad \therefore \quad x = \underline{\frac{M(g+a)}{k}}$$

5 の答 ②

第5問　波動(選択問題)

問1　観測者に聞こえる音の振動数を f_1' とする。観測者が音源に近づく場合のドップラー効果の公式より，

$$f_1' = \frac{V+v}{V} f_1 \quad \therefore \quad f_1' > f_1$$

すなわち，f_1' は $\underline{f_1 よりも大きく}_{ア}$ なる。

　音波は音源から速さ V で広がっていく。この様子は観測者の運動には無関係である。音源の振動数が f_1 なので，その波長 λ_1 は，

$$\lambda_1 = \underline{\frac{V}{f_1}}_{イ}$$

1 の答 ⑧

問2　音源が運動しても，音波が伝わる速さ(地面あるいは空気に対する速さ)は V のままである。

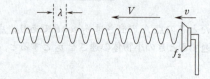
音波と音源の地面に対する速度

　音源に対する音波の相対速度の大きさは $V-v$ なので，音波が伝わる様子を音源から見ると次のようになる。

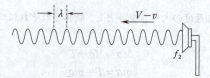
音源から見た音波の伝わる様子

この様子に対して式を立てる。音源の振動数が f_2 なので，その波長 λ は，

$$\lambda = \underline{\frac{V-v}{f_2}}$$

2 の答 ②

問3　動いている反射板はマイク兼スピーカーとしてとらえることができる。すなわち，音源から出た振動数 f_1 の音をマイクが振動数 f_1'（問1で示された値）の音として受け取り，その振動数 f_1' の音をスピーカーが出す。その音を観測者が振動数 f_3 の音として受け取る。

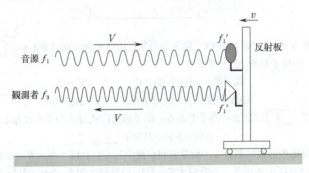

f_1' は問1で示されている。

$$f_1' = \frac{V+v}{V} f_1$$

f_3 は音源が観測者に近づく場合のドップラー効果の公式より，

$$f_3 = \frac{V}{V-v} f_1'$$

2式より，

$$f_3 = \frac{V+v}{V-v} f_1 \quad \therefore \quad v = \frac{f_3 - f_1}{f_3 + f_1} V$$

3 の答 ①

第6問　原子（選択問題）

問1　順次検討する。
① : 電離作用をもつ放射線は α 線だけではない。α 線ほど強くないが，β 線や γ 線も電離作用をもっている。①は誤りである。
② : β 線の正体は電子なので，負に帯電している。運動する電子は磁場からローレンツ力を受けるので直進しない。②は誤りである。
③ : β 崩壊をすると，原子核中の中性子が陽子になるため，原子番号が1増える。③は誤りである。
④ : 自然界にはウランのように，放射線を放出ものが存在する。④は誤りである。
⑤ : シーベルト（Sv）は，人体への放射線の影響を示す単位である。⑤は①〜⑤の中で最も適当である。

1 の答　⑤

問2 原子核中の陽子の数は Z，中性子の数は $A-Z$ である。原子核の質量欠損を Δm とすると，

$$\Delta m = Zm_\mathrm{p} + (A-Z)m_\mathrm{n} - M$$

結合エネルギー ΔE は，

$$\Delta E = \Delta mc^2$$
$$= \{Zm_\mathrm{p} + (A-Z)m_\mathrm{n} - M\}c^2$$

$\boxed{2}$ の答　④

問3 原子核反応の前後において，陽子数の和と中性子数の和は等しい。$\boxed{\text{ア}}$ の陽子数を N_p，中性子数を N_n とすると，

$$\text{陽子数}\cdots\ 2+2=2+N_\mathrm{p} \quad \therefore\quad N_\mathrm{p}=2$$
$$\text{中性子数}\cdots\ 1+1=2+N_\mathrm{n} \quad \therefore\quad N_\mathrm{n}=0$$

したがって，$\boxed{\text{ア}}$ は2個の陽子である。原子核反応式は次のようになる。

$$\underset{\text{ア}}{{}^3_2\mathrm{He} + {}^3_2\mathrm{He} = {}^4_2\mathrm{He} + 2{}^1_1\mathrm{H}}$$

原子核反応の前後において，質量の和が減少していればエネルギーが放出され，増加していればエネルギーを吸収する。${}^3_2\mathrm{He}$ の質量欠損を Δm_3，${}^4_2\mathrm{He}$ の質量欠損を Δm_4 とし，原子核反応の前の質量の和を $M_\text{前}$，後の質量の和を $M_\text{後}$ とすると，

$$M_\text{前} = 2(2m_\mathrm{p} + m_\mathrm{n} - \Delta m_3)$$
$$M_\text{後} = 4m_\mathrm{p} + 2m_\mathrm{n} - \Delta m_4$$

これらの差を取り，真空中の光速を c とすると，

$$M_\text{前} - M_\text{後} = \Delta m_4 - 2\Delta m_3$$
$$= \frac{1}{c^2}(\Delta m_4 c^2 - 2\Delta m_3 c^2)$$

この式において，$\Delta m_4 c^2$ と $m_3 c^2$ は ${}^4_2\mathrm{He}$ と ${}^3_2\mathrm{He}$ の結合エネルギーである。これを MeV の単位で計算する。

$$M_\text{前} - M_\text{後} = \frac{1}{c^2}(28.3 - 2\times 7.7)$$
$$= \frac{12.9}{c^2} > 0$$
$$\therefore\quad M_\text{前} > M_\text{後}$$

すなわち，原子核反応の前後において，質量の和が減少しているので，この原子核反応ではエネルギーが $\underset{\text{イ}}{\text{放出}}$ される。

$\boxed{3}$ の答　③

物　　理

（2016年 1 月実施）

受験者数　155,739

平　均　点　　61.70

2

物理

解答・採点基準　　(100点満点)

問題番号(配点)	設問	解答番号	正解	配点	自己採点
第1問(20)	問1	1	①	4	
	問2	2	①	4	
	問3	3	④	4	
	問4	4	④	4	
	問5	5	⑤	4	
第1問　自己採点小計					
第2問(25)	A 問1	1	①	5	
	A 問2	2	②	5	
	B 問3	3	③	5	
	B 問3	4	⑤	5	
	B 問4	5 *1	④	5	
第2問　自己採点小計					
第3問(20)	A 問1	1	②	5	
	A 問2	2	⑦	5	
	B 問3	3	⑥	5	◯
	B 問4	4	③	5	✗
第3問　自己採点小計					
第4問(20)	A 問1	1	⑥	5	
	A 問2	2	②	5	
	B 問3	3	⑤	5	
	B 問4	4 *2	⑨	5	
第4問　自己採点小計					

問題番号(配点)	設問	解答番号	正解	配点	自己採点
第5問(15)	問1	1	③	5	
	問2	2	③	5	
	問3	3	⑤	5	
第5問　自己採点小計					
第6問(15)	問1	1	⑥	5	
	問2	2	⑧	5	
	問3	3	④	5	
第6問　自己採点小計					
自己採点合計					

(注)
1　*1は、解答⑤，⑥の場合は2点を与える。
2　*2は、解答⑦，⑧の場合は2点を与える。
3　第1問～第4問は必答。第5問，第6問のうちから1問選択。計5問を解答。

— 266 —

第1問 小問集合(必答問題)

問1 小球を打ち上げる速さを v_0 とし、打ち上げる向きと地面(水平面)とがなす角度を θ とする。

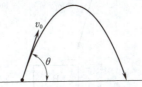

重力加速度の大きさを g とし、小球が地面に落下するまでに要する時間を T とする。鉛直方向の運動に着目して、

$$v_0 \sin\theta \times T - \frac{1}{2}gT^2 = 0$$

$$T = \frac{2v_0 \sin\theta}{g}$$

この式より、θ の値が大きいほど T の値が大きくなることが分かる。したがって、打ち上げる向きと地面とがなす角度の大きい小球1の時間の方が大きい。

$$\therefore \quad T_1 > T_2$$

$\boxed{1}$ の答 ①

問2 不導体にはたらく力を考える。次図のように、不導体の場合、誘電分極が起こり、帯電した棒と分極した場所との間にそれぞれ静電気力が生じる。

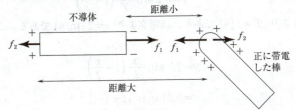

静電気力の大きさは、棒との距離が小さい f_1 (引力)の方が、距離が大きい f_2 (斥力)より大きくなる。したがって、不導体と帯電した棒との間にはたらく力は**引力**ア である。

導体A, Bの場合にも静電誘導が起こり、不導体と同じ理由から、全体として**引力**イ がはたらくことになる。

また、導体A, Bを引き離した場合、静電誘導の電荷がそのまま残るため、Aは**正に帯電している**ウ。

— 267 —

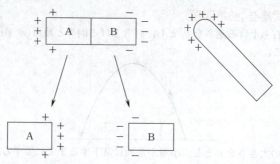

なお，導体内で電荷が移動し，AとBが近いときは，AとBが向きあう位置に帯電位置が変わる．AとBを十分遠ざけると，A，Bの表面が一様に帯電するようになる．

<u>2</u> の答 ①

問3 正弦波の周期を T とする．問題の図3より，$x=0$ における変位 y は，
$$y=0.2\sin\frac{2\pi t}{T}$$

正弦波の速さを v とすると，時刻 t における位置 x の変位は，時刻 $t-\frac{x}{v}$ における位置 $x=0$ の変位に等しい．
$$\therefore\ y=0.2\sin\frac{2\pi}{T}\left(t-\frac{x}{v}\right)$$

問題の図3より $T=2$ [s] であり，問題文より $v=2$ [m/s] である．これらを代入して，
$$y=0.2\sin\frac{2\pi}{2}\left(t-\frac{x}{2}\right)$$
$$=\underline{0.2\sin\left\{\pi\left(t-\frac{x}{2}\right)\right\}}$$

<u>3</u> の答 ④

問4 物体Bを打ち出した直後の，床に対する物体Aの速度を，問題の図4の右向きを正として V とする．
運動量保存則より，
$$0=mv+MV$$
$$\therefore\ V=-\frac{m}{M}v$$

物体Aに対する物体Bの相対速度の大きさ u は，
$$u=|v-V|=\underline{\frac{M+m}{M}v}$$

<u>4</u> の答 ④

問5 求める温度を T とする．熱量の保存より，
$$C_1(T-T_1)=C_2(T_2-T)$$

$$\therefore\ T=\frac{C_1T_1+C_2T_2}{C_1+C_2}\ _エ$$

何も手を加えずに水と金属球の温度が元の温度に戻ることはないから<u>不可逆変化</u>$_オ$である。

5 の答 ⑤

第2問　電磁気（必答問題）

A

問1　電源を接続する前に各コンデンサーには電荷が蓄えられていなかったので，次図の点線で囲まれた部分の電荷の総和は0である。

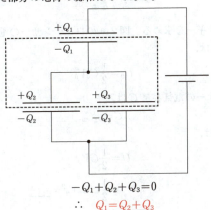

$$-Q_1+Q_2+Q_3=0$$
$$\therefore\ \underline{Q_1=Q_2+Q_3}$$

合成容量をCとすると，

$$\frac{1}{C}=\frac{1}{4}+\frac{1}{1+3}$$

$$\therefore\ C=2\,[\mu F]=2\times10^{-6}\,[F]$$

電源から供給される電気量Qは，次図の点線のように回路を移動した。

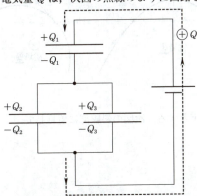

合成容量を用いると，この電気量Qを求めることができる。電源の電圧をVとし

て，
$$Q=CV$$
$$=(2\times 10^{-6})\times 10=2\times 10^{-5} \text{ [C]}$$

C_1 に蓄えられる電気量 Q_1 は Q に等しいので，
$$Q_1=Q=\underline{2\times 10^{-5}} \text{ [C]}$$

1 の答　①

問2 まず，極板間の電場の大きさ E は，誘電体の有無に無関係である。電圧と電場の関係式より，
$$V_0=Ed$$
$$\therefore E=\underline{\frac{V_0}{d}}$$

次に，静電エネルギーを求める。図2(a)のコンデンサーの電気容量を C_0 とする。静電エネルギー U_0 は，
$$U_0=\frac{1}{2}C_0V_0^2$$

図2(b)のコンデンサーの電気容量 C は，
$$C=\varepsilon_r C_0$$

静電エネルギー U は，
$$U=\frac{1}{2}CV_0^2$$
$$=\frac{1}{2}\varepsilon_r C_0 V_0^2 = \underline{\varepsilon_r U_0}$$

2 の答　②

B

問3 帯電した粒子の軌道は，一様な電場の場合は放物線軌道，一様な磁場の場合は円軌道になる。

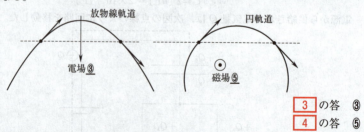

3 の答　③
4 の答　⑤

問4 円運動の半径を r とする。次図の斜線部に着目して，

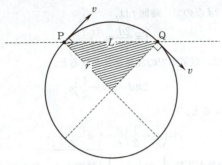

$$L=\sqrt{2}\,r \quad \therefore \quad r=\frac{1}{\sqrt{2}}L$$

また，点Pから点Qまでの粒子の軌跡は円の $\frac{1}{4}$ の円弧を速さ v で移動する運動である。したがって，その時間 t は，

$$t=\frac{2\pi r}{v}\times\frac{1}{4}=\underline{\frac{\sqrt{2}\,\pi L}{4v}}$$

5 の答 ④

第3問　波動（必答問題）

A

問1　スピーカーA，Bの間には互いに逆行する音波が重なり，定常波が生じている。そのため，半波長の間隔で最も強めあう点が存在する。波長を λ とすると，間隔 L は，

$$L=\frac{1}{2}\lambda=\underline{\frac{V}{2f_0}}$$

1 の答 ②

問2　Aから受けた音の振動数 f_A は，ドップラー効果の公式より，

$$f_A=\underline{\frac{V+v}{V}f_0}\quad \text{ア}$$

Bから受けた音の振動数 f_B は，ドップラー効果の公式より，

$$f_B=\frac{V-v}{V}f_0$$

単位時間あたりのうなりの回数 n は，

$$n=f_A-f_B=\underline{\frac{2v}{V}f_0}\quad \text{イ}$$

2 の答 ⑦

B

問3　薄膜中での光の速さ v は，

$$v=\frac{c}{n}$$

光が伝わる距離は $2d$ なので，時間 t は，
$$t = \frac{2d}{v} = \frac{2nd}{c}$$
光が強めあう条件は，空気中での波長を λ とすると，
$$2nd = \left(m - \frac{1}{2}\right)\lambda$$

2式から d を消去すると，
$$t = \left(m - \frac{1}{2}\right)\frac{\lambda}{c} = \left(m - \frac{1}{2}\right)\frac{1}{f}$$

この条件式は，t の値が周期 $\frac{1}{f}$ の $\left(m - \frac{1}{2}\right)$ 倍のとき，境界面 A で同位相の光が重なり，強めあうことを示している。

3 の答 ⑥

問 4 光が弱めあう条件は $2nd = m\lambda$ なので，厚さが十分に薄くて $d \fallingdotseq 0$ とみなせるとき，$m = 0$ となり，弱めあう条件が成り立つ。その状態から薄膜を徐々に厚くしていくと光は強めあい，さらに厚くすると，再び弱めあう。このときの薄膜の厚さ d_1 は $m = 1$ とおいて，
$$2nd_1 = 1 \times \lambda$$
$$\therefore \quad d_1 = \frac{\lambda}{2n}$$

この式において，d_1 の値が最も小さくなるのは，波長 λ が最も小さいときなので，赤色，緑色，青色の中では青色である。

4 の答 ③

第4問　力学（必答問題）

A

問 1 力学的エネルギー保存則より，
$$\frac{1}{2}mv_0^2 = \frac{1}{2}mv_A^2 + mg(R+h)$$
$$\therefore \quad v_A = \sqrt{v_0^2 - 2g(R+h)}$$

1 の答 ⑥

問 2 点 A を通過する直前における小物体の運動は，半径 R，速さ v_A の円運動である。

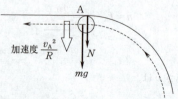

小物体が円筒面から受ける垂直抗力の大きさを N とすると，円運動の運動方程式

より，

$$m \times \frac{v_A^2}{R} = N + mg$$

$$\therefore \quad N = m\left(\frac{v_A^2}{R} - g\right)$$

小物体が点 A を通過するためには $N \geqq 0$ でなければいけない。

$$N = m\left(\frac{v_A^2}{R} - g\right) \geqq 0$$

$$\therefore \quad v_A \geqq \sqrt{gR}$$

$\boxed{2}$ の答　②

B

問3 力学的エネルギー保存則より，

$$\frac{1}{2}(M+m)v^2 = \frac{1}{2}kd_1^2$$

$$\therefore \quad d_1 = \sqrt{\frac{M+m}{k}}\, v$$

$\boxed{3}$ の答　⑤

問4 $d \leqq d_2$ では小物体と台が一体で運動するので，その加速度の大きさ a は，運動方程式より，

$$(M+m)a = kd$$

$$\therefore \quad a = \frac{kd}{M+m} \quad \text{ア}$$

台の上に観測者がいると考える。$d = d_2$ の場合は，その観測者から見て小物体にはたらく慣性力と最大摩擦力がつりあう。慣性力の大きさは ma なので，

$$ma = \mu mg$$

$d = d_2$ として a を代入すると，

$$m\frac{kd_2}{M+m} = \mu mg$$

$$\therefore \quad d_2 = \frac{M+m}{k}\mu g \quad \text{イ}$$

$\boxed{4}$ の答　⑨

第5問　熱（選択問題）

問1 熱をよく通す容器なので，容器内部の気体の温度は大気の温度に等しい。その絶対温度を T とし，気体定数を R とする。状態方程式より，

容器A　$p_A V_A = n_A R T$

容器B　$p_B V_B = n_B R T$

2式より，

$$\frac{p_A}{p_B} = \frac{n_A V_B}{n_B V_A}$$

—273—

10

$$\boxed{1}\text{の答}\quad ③$$

問2 コックを開けた後も気体の温度は大気の温度 T に等しくなる。気体全体に関する状態方程式より，

$$p(V_A+V_B)=(n_A+n_B)RT$$
$$=n_ART+n_BRT$$

前問の状態方程式を用いて右辺を変形すると，

$$p(V_A+V_B)=p_AV_A+p_BV_B$$

$$\therefore\quad p=\underline{\frac{p_AV_A+p_BV_B}{V_A+V_B}}$$

$$\boxed{2}\text{の答}\quad ③$$

問3 気体の内部エネルギーは温度だけで決まる。この場合，気体の温度は常に T なので，内部エネルギーの値は一定である。よって，

$$U_0-U_1=\underline{0}$$

$$\boxed{3}\text{の答}\quad ⑤$$

第6問　原子(選択問題)

問1 光には，波としてふるまう波動性と粒子の集まりとしてふるまう粒子性の，二つの性質がある。光電効果は光の<u>粒子性</u>ア によって説明できる現象である。

　波としてとらえたときの振動数が ν である光を粒子(光子という)の集まりとしてとらえるとき，光子1個のエネルギーは $h\nu$ である。したがって，金属内の電子が1個の光子を吸収するときに得るエネルギーは $E=\underline{h\nu}$ イ である。

　仕事関数 W は，金属内の電子が外に出るために使うエネルギーの最小値なので，外に飛び出した電子の運動エネルギーの最大値は<u>$E-W$</u>ウ である。

$$\boxed{1}\text{の答}\quad ⑥$$

問2 電極 a の電位が $-V_0$ のとき，光電流が $I=0$ になる。このとき，電極 b を飛び出した電子のうち最大の速さの電子が電極 a の位置で速さが0になっている。この電子が電極 b を飛び出したときの速さを v_0 とし，エネルギー保存則を用いると，

$$\frac{1}{2}mv_0{}^2+0=0+(-e)\times(-V_0)$$

$$\therefore\quad v_0=\underline{\sqrt{\frac{2eV_0}{m}}}$$

$$\boxed{2}\text{の答}\quad ⑧$$

問3 光電流が $I=0$ になるときの電極 a の電位が $-V_0$ のまま変わっていないので，電極 b を飛び出した電子の速さ(運動エネルギー)の最大値が変わっていない。したがって，入射した光子のエネルギーが変わっていないことになる。すなわち，光の振動数は<u>交換前と等しい</u>エ。また，$V>0$ のときの光電流の値が I_0 より小さいので，電極 b に入射する光子の数は<u>交換前より少ない</u>オ。

$$\boxed{3}\text{の答}\quad ④$$

— 274 —

物　　理

（2015年 1 月実施）

受験者数　129,193

平　均　点　　64.31

物理

解答・採点基準　(100点満点)

問題番号(配点)	設問	解答番号	正解	配点	自己採点
第1問 (20)	問1	1	⑤	4	
	問2	2	⑧	4	
	問3	3	⑦	4	
	問4	4	⑧	4	
	問5	5	②	4	
第1問　自己採点小計					
第2問 (20)	A 問1	1	⑤	5	
	A 問2	2	③	5	
	B 問3	3	①	5	
	B 問4	4	①	5	
第2問　自己採点小計					
第3問 (20)	A 問1	1	⑥	5	
	A 問2	2	②	5	
	B 問3	3	⑥	5	
	B 問4	4	②	5	
第3問　自己採点小計					
第4問 (25)	A 問1	1	②	5	
	A 問2	2	⑤	5	
	A 問3	3	⑤	5	
	B 問4	4	①	5	
	B 問5	5	⑥	5	
第4問　自己採点小計					

問題番号(配点)	設問	解答番号	正解	配点	自己採点
第5問 (15)	問1	1	②	5	
	問2	2	⑥	5	
	問3	3	⑧	5	
第5問　自己採点小計					
第6問 (15)	問1	1	③	5	
	問2	2	④	5	
	問3	3	⑥	5	
第6問　自己採点小計					
自己採点合計					

(注)　第1問～第4問は必答。第5問，第6問のうちから1問選択。計5問を解答。

— 276 —

第1問　小問集合（必答問題）

問1　波の回折とは障害物の後ろに波が回り込む現象なので，「⑤コンクリートの塀の向こう側の見えない場所で発生した音でも，塀を越えて聞こえてくる。」が正解である。

①は光の屈折，②は気柱の共鳴，③は音波の屈折，④は水面波の反射，⑥は光の散乱，⑦は音のドップラー効果である。

$\boxed{1}$ の答　⑤

問2　電気量 q の点電荷にはたらく静電気力が次図のようになるとき力がつりあう。したがって，電気量 Q' は負である。

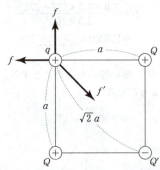

正方形の一辺の長さを a，クーロンの法則の比例定数を k とする。電気量 Q の点電荷から受ける静電気力の大きさを f，電気量 Q' の点電荷から受ける静電気力の大きさを f' とすると，

$$f = k\frac{qQ}{a^2} \qquad f' = k\frac{q|Q'|}{(\sqrt{2}\,a)^2}$$

力のつりあいより，

$$f' = \sqrt{2}\,f$$

$$k\frac{q|Q'|}{(\sqrt{2}\,a)^2} = \sqrt{2}\,k\frac{qQ}{a^2}$$

$$\therefore\ |Q'| = 2\sqrt{2}\,Q$$

$Q' < 0$ なので，

$$Q' = \underline{-2\sqrt{2}\,Q}$$

$\boxed{2}$ の答　⑧

問3　慣性力の大きさは着目物体の質量と観測者の加速度の大きさの積に等しい。単振動する台の加速度の大きさの最大値は $A\omega^2$ なので，慣性力の大きさの最大値 F_1 は，

$$F_1 = \underline{mA\omega^2}\quad_{ア}$$

物体が台上を滑り始めるのは F_1 が最大摩擦力を超えたときである。静止摩擦係数が μ なので，滑り始める条件は，

$$\therefore \quad F_1 > \underline{\mu mg}_{\text{イ}}$$

3 の答 ⑦

問4 理想気体の圧力を p，体積を V，物質量を n，絶対温度を T，気体定数を R とすると，次の状態方程式が成り立つ。

$$pV = nRT$$

$$\therefore \quad p = \frac{nRT}{V}$$

問題で与えられている気体の温度がセルシウス温度であることに注意して，各値を代入する。

$$p = \frac{2.0 \times 8.3 \times (27 + 273)}{2.5 \times 10^{-2}}$$

$$= 199200 \fallingdotseq \underline{2.0 \times 10^5}\,\text{Pa}$$

4 の答 ⑧

問5 糸の張力の大きさを T，細い棒の長さを ℓ とする。棒にはたらく重力と糸の張力を図示すると，次のようになる。

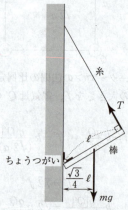

ちょうつがいでとめられた棒の左下端まわりの，力のモーメントのつりあいより，

$$T \times \ell = mg \times \frac{\sqrt{3}}{4}\ell$$

$$\therefore \quad T = \frac{\sqrt{3}}{4}mg$$

5 の答 ②

第2問　電磁気（必答問題）

A

問1 ダイオードが入っているため，回路には B→D→C→A の向きにだけ電流が流れる。これは，点 B より点 A の電位が低くなるときである。すなわち，問題の図

2 の電位(点 B を基準にした点 A の電位)が負になるときに電流が流れる。これは時間にして，$\frac{1}{2}T \sim T$ と $\frac{3}{2}T \sim 2T$ の間である。

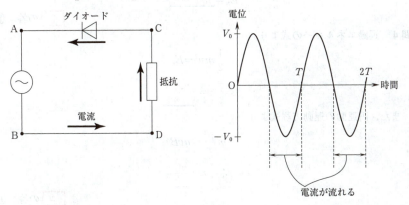

時間 $\frac{1}{2}T \sim T$ と $\frac{3}{2}T \sim 2T$ の間に抵抗を流れる電流に着目すると，点 D を基準としたときの点 C の電位は負になり，そのグラフは次図のようになる。

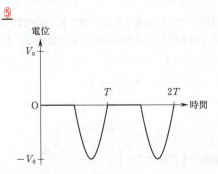

$\boxed{1}$ の答 ⑤

問2 ダイオードが入っていない場合に回路を流れる電流の実効値を I_e，消費電力の平均値を $\overline{P_0}$ とすると，

$$I_e = \frac{V_0}{\sqrt{2}\,R} \qquad \overline{P_0} = RI_e^2 = \frac{V_0^2}{2R}$$

電流が流れるのは周期の半分の間なので，消費電力の平均値 $\overline{P}$ も $\overline{P_0}$ の半分になる。

$$\therefore \quad \overline{P} = \frac{1}{2} \times \overline{P_0} = \frac{1}{4}\frac{V_0^2}{R}$$

$\boxed{2}$ の答 ③

B

問3 電極間の電位差が V なので，電極間を通過することによって得られる運動エ

ネルギーは qV である。また，磁場は粒子にエネルギーを与えない。n 回通過した後の運動エネルギー E_n は，はじめの運動エネルギーが E_0 なので，

$$E_n = nqV + E_0$$

3 の答　①

問4　運動エネルギーの式より，

$$\frac{1}{2}mv^2 = E_n$$

$$\therefore\ v = \sqrt{\frac{2E_n}{m}}$$

また，円運動の運動方程式より，

$$m\frac{v^2}{r} = qvB$$

$$\therefore\ r = \frac{mv}{qB}$$

4 の答　①

第3問　波動（必答問題）

A

問1　ある点を単位時間あたりに通過する波の山の数が振動数である。その点を境界面上にとると，屈折では振動数が変わらないことが分かる。したがって，振動数を f とすると，

$$f = \frac{v_1}{\lambda_1} = \frac{v_2}{\lambda_2}$$

$$\therefore\ \frac{v_1}{\lambda_1} = \frac{v_2}{\lambda_2}$$

1 の答　⑥

問2　波面に垂直な補助線を次図のように引く。

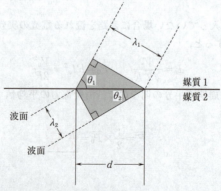

図における灰色部分の直角三角形に着目して，

— 280 —

$$d\sin\theta_1 = \lambda_1$$
$$d\sin\theta_2 = \lambda_2$$

d を消去して，

$$d = \frac{\lambda_1}{\sin\theta_1} = \frac{\lambda_2}{\sin\theta_2}$$

<u>2</u> の答 ②

B

問3 出口 A と B は，互いに逆位相の水面波を送り出す 2 個の波源と見なせる。波源が逆位相の場合において，観測点で水面波が強めあう条件は，波長を λ とすると，

$$|\ell_A - \ell_B| = \left(m + \frac{1}{2}\right)\lambda$$

$\lambda = vT$ なので，

$$|\ell_A - \ell_B| = \left(m + \frac{1}{2}\right)vT$$

<u>3</u> の答 ⑥

問4 水面波が強めあっていた観測点で水面波が弱めあうためには，出口 A，B が同位相の波源と見なせるようになればよい。

はじめ，仕切り板から出口 A と出口 B までの距離が等しいので，この距離の差を $\left(m' + \frac{1}{2}\right)\lambda$ にするとき，A，B が同位相になる。ここで，$m' = 0, 1, 2, \cdots$ である。はじめの状態において，仕切り板から出口 A および出口 B までの距離を ℓ とする。

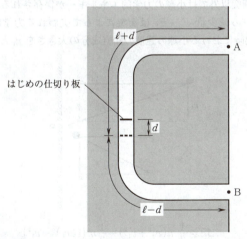

図より，条件式は，

$$(\ell + d) - (\ell - d) = \left(m' + \frac{1}{2}\right)\lambda$$

$$\therefore \ d = \left(m' + \frac{1}{2}\right)\frac{\lambda}{2}$$

d の最小値 $d_{\min}$ は，$m'=0$ として，

$$\therefore \ d_{\min} = \frac{1}{4}\lambda = \underline{\frac{1}{4}vT}$$

$\boxed{4}$ の答 ②

第4問　力と運動(必答問題)

A

問1　点 P に当たるまでの小球の運動を考える。この間の水平方向の運動は速さ v_0 の等速度運動なので，

$$v_0 \times t_1 = L$$

$$\therefore \ t_1 = \underline{\frac{L}{v_0}}$$

$\boxed{1}$ の答 ②

問2　鉛直な壁はなめらかなので，衝突時に小球に及ぼす力は水平方向である。したがって，衝突は小球の鉛直方向の運動に影響を与えない。壁との衝突が起こるが，床に落下するまでの小球の鉛直方向の運動は自由落下と同じである。

$$\frac{1}{2}gt_2^2 = h$$

$$\therefore \ t_2 = \underline{\sqrt{\frac{2h}{g}}}$$

$\boxed{2}$ の答 ⑤

問3　点 P での衝突以外では小球の力学的エネルギーが保存される。したがって，力学的エネルギーの減少量 $E_0 - E_1$ は衝突によって失われる力学的エネルギー ΔE に等しい。衝突時における小球の速度の鉛直成分の大きさを v_1 とすると，

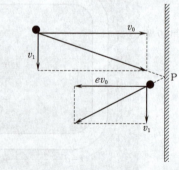

$$\Delta E = \frac{1}{2}m(v_0^2 + v_1^2) - \frac{1}{2}m\{(ev_0)^2 + v_1^2\}$$

$$= \frac{1}{2}m(1-e^2)v_0^2$$

$$\therefore \quad E_0 - E_1 = \Delta E = \underline{\frac{1}{2}m(1-e^2)v_0^2}$$

3 の答 ⑤

B

問4 下側のばねの縮みは $\ell-h$，上側のばねの伸びは $\ell-h$ である。小球にはたらく力は次図のようになる。

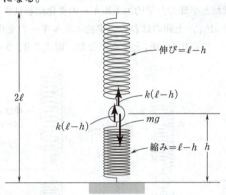

これらの力のつりあいより，

$$k(\ell-h) + k(\ell-h) = mg$$

$$\therefore \quad h = \ell - \frac{mg}{2k}$$

4 の答 ①

問5 まず，変化後における上側のばねの伸びを x とすると，小球にはたらく力は次図のようになる。

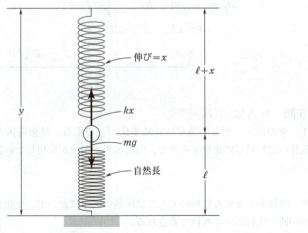

小球にはたらく力のつりあいより，

$$kx = mg$$

$$\therefore x = \frac{mg}{k}$$

したがって，全長 y は，
$$y = \ell + \ell + x$$
$$= 2\ell + \frac{mg}{k}$$

次に，2個のばねと小球の力学的エネルギーの変化に着目する。小球の力学的エネルギーの変化を ΔE_1，上側のばねの力学的エネルギーの変化を ΔE_2，下のばねの力学的エネルギーの変化を ΔE_3 とする。なお，前式より，$x = y - 2\ell$ である。

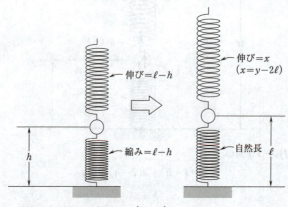

$$\Delta E_1 = mg\ell - mgh = mg(\ell - h)$$
$$\Delta E_2 = \frac{1}{2}kx^2 - \frac{1}{2}k(\ell - h)^2 = \frac{1}{2}k(y - 2\ell)^2 - \frac{1}{2}k(\ell - h)^2$$
$$\Delta E_3 = 0 - \frac{1}{2}k(\ell - h)^2 = -\frac{1}{2}k(\ell - h)^2$$
$$W = \Delta E_1 + \Delta E_2 + \Delta E_3$$
$$= mg(\ell - h) + \frac{1}{2}k(y - 2\ell)^2 - k(\ell - h)^2$$

5 の答 ⑥

第5問　熱と気体（選択問題）

問1　熱の出入りがない過程は断熱変化(a)ァである。理想気体の内部エネルギーは気体の絶対温度に比例するので，内部エネルギーが変化しない過程は等温変化(b)ィである。

1 の答 ②

問2　外部からされる仕事の大きさは問題の図1において，変化を表すグラフと体積軸が囲む灰色部分の面積で表される。

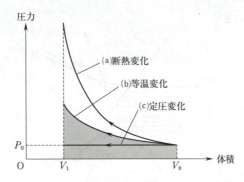

(b)の場合の仕事

面積が一番大きいのは(a)の場合で，次に(b)，(c)と続く。

$$W_c < W_b < W_a$$

2 の答 ⑥

問3 この場合の断熱変化は断熱圧縮なので，された仕事の分だけ内部エネルギーが増える。すなわち，温度が上がるので，グラフは**カ**である。

等温変化は温度が一定なので，グラフは**オ**である。

シャルルの法則より，定圧変化は体積と温度の比が一定になるので，傾きが一定の直線に表される。したがって，グラフは**ウ**である。

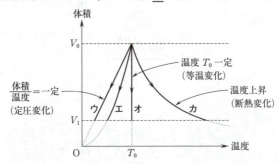

3 の答 ⑧

第6問　原子(選択問題)

問1 金の原子核も α 粒子も，ともに正に帯電しているため，互いに反発力を及ぼしあう。

金の原子核の中心近くに向けて進んでくる α 粒子 A は，金の原子核から大きな反発力を受けるため，軌道が大きく曲げられる。金の原子核の中心から離れて進んでくる α 粒子 B が受ける反発力は小さいため，軌道の曲がりが小さくなる。

③

| 1 | の答 | ③ |

問2 ラザフォードの原子模型では，電子が電磁波を放射しながら徐々に<u>エネルギー</u>ア を失い，軌道半径が連続的に小さくなってしまうという問題があった。ボーアは，電子の軌道半径は特別な値に限られると考えた。そして，電子がある軌道から別の軌道に移動するとき，そのエネルギーの差に等しいエネルギーをもつ<u>光子</u>イ が放出されると考えた。

| 2 | の答 | ④ |

問3 電子の軌道は，円周の長さ $2\pi r$ が電子の波長 $\dfrac{h}{mv}$ の自然数倍になるという条件を満たしている。

$$2\pi r = \frac{nh}{mv}$$

| 3 | の答 | ⑥ |

— 286 —

MEMO

河合出版ホームページ
https://www.kawai-publishing.jp
E-mail
kp@kawaijuku.jp

表紙デザイン　河野宗平

| 2025大学入学共通テスト
過去問レビュー
物理基礎・物理 | | |

発　行　2024年5月20日

編　者　河合出版編集部

発行者　宮本正生

発行所　**株式会社　河合出版**
　　　［東　京］〒160-0023
　　　　　　　東京都新宿区西新宿7－15－2
　　　［名古屋］〒461-0004
　　　　　　　名古屋市東区葵3－24－2

印刷所　名鉄局印刷株式会社

製本所　民由社

© 河合出版編集部
2024 Printed in Japan
・乱丁本，落丁本はお取り替えいたします。
・編集上のご質問，お問い合わせは，
　編集部までお願いいたします。
（禁無断転載）
ISBN 978-4-7772-2828-7

河合塾
SERIES

2025 大学入学

共通テスト
過去問レビュー

物理基礎・物理

● 問題編 ●

河合出版

▶問題編◀

物理基礎

2024年度	本試験	3		
2023年度	本試験	21	追試験	37
2022年度	本試験	51	追試験	69
2021年度	第1日程	83		
	第2日程	99		
2020年度	本試験	115		
2019年度	本試験	129		

物理

2024年度	本試験	145		
2023年度	本試験	169	追試験	199
2022年度	本試験	229	追試験	255
2021年度	第1日程	279		
	第2日程	305		
2020年度	本試験	331		
2019年度	本試験	357		
2018年度	本試験	391		
2017年度	本試験	425		
2016年度	本試験	457		
2015年度	本試験	485		

物理基礎

（2024年1月実施）

2科目選択 60分 50点

2024 本試験

物 理 基 礎

$\left(\text{解答番号}\boxed{1} \sim \boxed{17}\right)$

第1問 次の問い(問1～4)に答えよ。(配点 16)

問1 20℃，熱容量160 J/K の器に，80℃，160 g のスープを注いでしばらく待ったところ，全体の温度は等しくなった。その温度の値として最も適当なものを，次の①～⑥のうちから一つ選べ。ただし，スープは均質であり，その比熱(比熱容量)は4.0 J/(g·K)とする。また，蒸発の影響や，スープおよび器と外部の間の熱の出入りは無視できるものとする。 $\boxed{1}$

① 32℃   ② 50℃   ③ 56℃

④ 60℃   ⑤ 68℃   ⑥ 72℃

— 4 —

問 2 床に静止している質量 m の小物体に，大きさ F の一定の力を加え続けて，小物体を鉛直上方に運動させた。この小物体が，床からの高さ h の点を通過したときの，小物体の運動エネルギーを表す式として正しいものを，次の①〜⑥のうちから一つ選べ。ただし，重力加速度の大きさを g とし，空気抵抗は無視できるものとする。　2

① 0

② mgh

③ Fh

④ $(F - mg)h$

⑤ $(F + mg)h$

⑥ $\dfrac{1}{2}mF^2$

問 3 モバイルバッテリーを直流電流で 160 秒間充電した。充電中の電流を電流計で測ると 1.0 A で一定であった。この充電の間に電流計を通過した電気量は,電子何個分か。最も適当なものを,次の ①～⑥ のうちから一つ選べ。ただし,電子 1 個あたりの電気量の大きさは 1.6×10^{-19} C とする。 <u>3</u>

① 1.0×10^{-21} 個   ② 2.6×10^{-17} 個   ③ 1.0 個

④ 1.6×10^{2} 個   ⑤ 3.9×10^{16} 個   ⑥ 1.0×10^{21} 個

問 4 白熱電球および LED 電球のエネルギー変換について考察した次の文章中の空欄 **ア**・**イ** に入れる数値の組合せとして最も適当なものを，後の①〜⑧のうちから一つ選べ。 **4**

電球が消費する電力量のうち，光エネルギーとして放出される量が占める割合を，電球の効率と呼ぶことにする。消費電力 60 W，効率 10 % の白熱電球が 1 時間点灯する間に放出する光エネルギーは， **ア** Wh である。また，同じ時間点灯する間に，この白熱電球と同じ大きさの光エネルギーを放出する，消費電力 15 W の LED 電球の効率は， **イ** % と見積もられる。

	ア	イ
①	6.0	40
②	6.0	60
③	22	40
④	22	60
⑤	54	40
⑥	54	60
⑦	600	40
⑧	600	60

6

第2問 AさんとBさんが浮力に関する探究活動を行っている。後の問い(問1〜5)に答えよ。(配点 18)

Aさん：ばねはかりを買ったので，ジャガイモで浮力の実験をしてみよう。

Bさん：ジャガイモは水に沈むので，水より密度は大きいはずだね。

Aさん：密度と浮力の関係を確認しておこう。

問1 密度 2.0×10^3 kg/m^3，質量 1.0 kg の物体が水中に完全に沈んでいるとき，物体にはたらく浮力の大きさはいくらか。最も適当なものを，次の①〜⑥のうちから一つ選べ。ただし，水の密度を 1.0×10^3 kg/m^3，重力加速度の大きさを 9.8 m/s^2 とする。 $\boxed{5}$

① 4.9 N

② 4.9×10^3 N

③ 9.8 N

④ 9.8×10^3 N

⑤ 2.0×10^1 N

⑥ 2.0×10^4 N

— 8 —

Aさん：糸でジャガイモをばねはかりにつるし，水を入れた計量カップに徐々に沈めてみよう。

Bさん：ジャガイモの下端Pの水面からの深さと，ばねはかりの値から，浮力の変化がわかるんじゃないかな？

Aさん：そうだね。Pが水面より上にあるときは深さを負の値とすればいいね。せっかくなので計量カップの下にキッチンはかりを置いて実験してみようよ。

図1のようにAさんとBさんの二人は，水を入れた計量カップとジャガイモを用いて実験を行った。

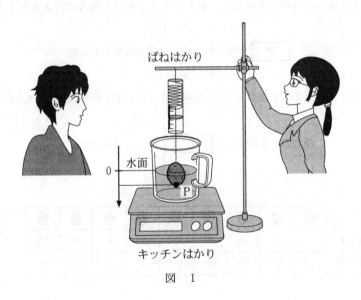

図 1

8

ＡさんとＢさんは，結果を図2の二つのグラフにまとめて議論している。

問2 次の会話文中の空欄 ア ・ イ には，それぞれ直後の ｛ ｝内の数
式および値のいずれか一つが入る。入れる数式および値を示す記号の組合せと
して最も適当なものを，後の①～⑨のうちから一つ選べ。ただし，糸の質量と
体積は無視できるものとする。 6

Ａさん：ジャガイモが計量カップの底についていないとき，ジャガイモにはた
らく力について考えてみよう。

Ｂさん：ジャガイモにはたらく力は浮力と重力と糸の張力だね。

Ａさん：浮力の大きさをF，重力の大きさをW，張力の大きさをTとする

と， ア ｛ (a) $F = T + W$ / (b) $F = T - W$ / (c) $F = W - T$ ｝ の関係があるね。

Ｂさん：図2の上のグラフから読み取るとジャガイモ全体が水に沈んだときの

浮力の大きさは，約 イ ｛ (d) 0.1 / (e) 1.0 / (f) 1.1 ｝ Ｎだね。

	①	②	③	④	⑤	⑥	⑦	⑧	⑨
ア	(a)	(a)	(a)	(b)	(b)	(b)	(c)	(c)	(c)
イ	(d)	(e)	(f)	(d)	(e)	(f)	(d)	(e)	(f)

— 10 —

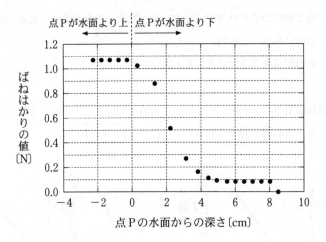

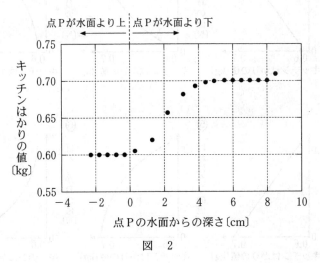

図 2

Aさん：図2の二つのグラフでは，キッチンはかりの値が大きくなるとばねはかりの値は小さくなるね。

Bさん：その関係をグラフで表してみよう。

問 3 ばねはかりの値とキッチンはかりの値の関係を表すグラフとして最も適当なものを，次の①～⑥のうちから一つ選べ。　7

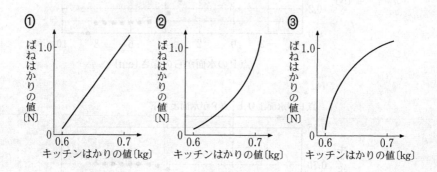

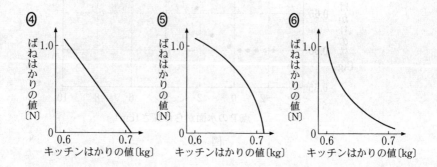

Aさん：図2の上のグラフを見ると，ジャガイモを水に沈めていく間は，ばねはかりの値の変化が直線的ではなく曲線になっているけど，なぜかな？

Bさん：横軸の目盛りが0～5 cmあたりのところだね。ジャガイモの形が関係しているのかもしれないね。

Aさん：ジャガイモの代わりに，いろいろな形の物体で確かめてみればわかるね。

問4　水より密度の大きい一様な材質でできたある形の物体をつるして，図1と同じような実験をした。すると，ばねはかりの値と点Pの水面からの深さとの関係を表すグラフが，次の図3のようになった。このとき，その物体とつるし方として最も適当なものを，後の①～④のうちから一つ選べ。　8

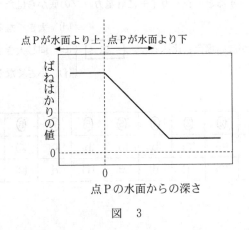

図　3

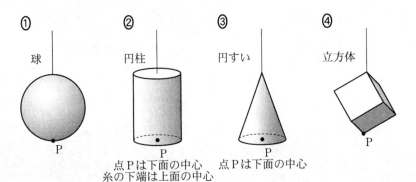

問5 次の会話文中の空欄 ウ ・ エ にはそれぞれ直後の { } 内の語句のいずれか一つが入る。入れる語句を示す記号の組合せとして最も適当なものを，後の①～⑨のうちから一つ選べ。 9

Aさん：ジャガイモが計量カップの底について糸が緩んでいるときに，ジャガイモにはたらいている力はどうなっているのかな？

Bさん：ジャガイモにはたらく力は，計量カップの底からはたらく垂直抗力と ウ { (a) 重力 / (b) 重力と浮力 / (c) 重力と張力 } だね。

Aさん：そうすると，ジャガイモに計量カップの底からはたらく垂直抗力は，水がない場合と比べると， エ { (d) 大きくなる / (e) 同じ大きさだ / (f) 小さくなる } ね。

	①	②	③	④	⑤	⑥	⑦	⑧	⑨
ウ	(a)	(a)	(a)	(b)	(b)	(b)	(c)	(c)	(c)
エ	(d)	(e)	(f)	(d)	(e)	(f)	(d)	(e)	(f)

第3問 空気中を伝わる音について，次の問い（**問1〜6**）に答えよ。ただし，風の影響は無視できるものとする。（配点 16）

問1 音の速さに関する次の文章中の空欄 　ア　・　イ　 に入れる語と文の組合せとして最も適当なものを，後の①〜⑥のうちから一つ選べ。 　10　

気温が0℃のときと30℃のときで，音の速さを比べると，30℃のときの方が 　ア　 。また，気温0℃と30℃で，同じ振動数の音の波長を比べると，　イ　 。

	ア	イ
①	大きい	30℃のときの方が長い
②	大きい	30℃のときの方が短い
③	大きい	同じ長さである
④	小さい	30℃のときの方が長い
⑤	小さい	30℃のときの方が短い
⑥	小さい	同じ長さである

— 15 —

音の速さを三つの異なる方法で測定した。

問 2 1番目の方法として，太鼓とストップウォッチを用いて，次の手順で音の速
さを測定した。

　太鼓を持った A さんと，ストップウォッチを持った B さんが，140 m 離れ
てグラウンドに立っている。B さんは，A さんが太鼓をたたくのを見てストッ
プウォッチをスタートさせ，太鼓の音が聞こえたときにストップウォッチを止
めた。このとき，ストップウォッチの表示は 0.42 s だった。この測定値から
音の速さを有効数字 2 桁で表すとき，次の式中の空欄　11　～　13　に入
れる数字として最も適当なものを，後の①～⓪のうちから一つずつ選べ。ただ
し，同じものを繰り返し選んでもよい。

$$\boxed{11}\ .\ \boxed{12}\ \times 10^{\boxed{13}}\ \text{m/s}$$

① 1　　　② 2　　　③ 3　　　④ 4　　　⑤ 5

⑥ 6　　　⑦ 7　　　⑧ 8　　　⑨ 9　　　⓪ 0

問3 問2で求めた音の速さは、教科書に書かれている式から求めた値よりも小さかった。AさんとBさんは、「その原因は測定時のストップウォッチの操作にある」と考えた。表1に示す、ストップウォッチがスタートした時間とストップした時間の組合せ(a)〜(e)から、原因として考えられるものをすべて選び、その記号の組合せとして最も適当なものを、後の①〜⓪のうちから一つ選べ。 <u>14</u>

表　1

	ストップウォッチがスタートした時間	ストップウォッチがストップした時間
(a)	太鼓をたたく前	音が届いた後
(b)	太鼓をたたくと同時	音が届く前
(c)	太鼓をたたくと同時	音が届くと同時
(d)	太鼓をたたくと同時	音が届いた後
(e)	太鼓をたたいた後	音が届く前

① (a)と(b)　　② (a)と(c)　　③ (a)と(d)　　④ (a)と(e)

⑤ (b)と(c)　　⑥ (b)と(d)　　⑦ (b)と(e)　　⑧ (c)と(d)

⑨ (c)と(e)　　⓪ (d)と(e)

問 4 2番目の方法として，「ピッ」という音を一定の間隔で1分間に300回出す装置（電子式メトロノーム）を使い，次の手順で音の速さを測定した。

まず，AさんとBさんは，それぞれメトロノームを持って集まり，その場所で二つのメトロノームから出る「ピッ」という音が同時に聞こえるようにした。次に，一つのメトロノームを持ったAさんが，もう一つのメトロノームを持ってその場にとどまっているBさんから，ゆっくりと遠ざかっていった。すると，Bさんには「ピッ」という音がずれて聞こえるようになった。やがて，AさんがBさんから70m離れたときに，再びBさんには二つのメトロノームから出る「ピッ」という音が同時に聞こえた。この結果から求められる音の速さとして最も適当なものを，次の①～⑥のうちから一つ選べ。 15

① 280 m/s   ② 300 m/s   ③ 340 m/s

④ 350 m/s   ⑤ 370 m/s   ⑥ 420 m/s

— 18 —

問 5　3番目の方法として，図1のような，水だめを上下させることでガラス管内の空気の部分（以下，これを気柱と呼ぶ）の長さを調節できる装置を用いて，次の手順で音の速さを測定した。

　まず，ガラス管の上端の近くまで水面を上げた。次に，ガラス管の上で振動数 500 Hz のおんさを鳴らし，水面を下げていき，気柱が共鳴する水面の位置を測定した。このとき，気柱がはじめて共鳴したときの水面の位置と2回目に共鳴したときの水面の位置は 34 cm 離れていた。この結果から求められる音波の波長と，音の速さの組合せとして最も適当なものを，後の ①～⑧ のうちから一つ選べ。 16

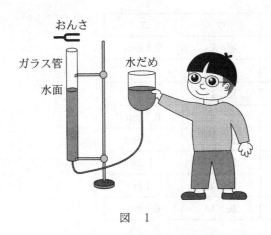

図　1

	波長〔m〕	音の速さ〔m/s〕
①	0.17	320
②	0.17	340
③	0.34	320
④	0.34	340
⑤	0.51	320
⑥	0.51	340
⑦	0.68	320
⑧	0.68	340

問 6 音波の特徴について説明した次の文章中の空欄 ウ ・ エ に入れる語と値の組合せとして最も適当なものを，後の①～⑧のうちから一つ選べ。 17

　　ヒトの聴くことのできる音の振動数は，およそ 20 Hz～20000 Hz といわれており，この範囲よりも振動数の大きい音波を超音波という。超音波の波長は，ヒトの聴くことのできる音の波長より ウ 。振動数が 34000 Hz の超音波の波長は，室温でおよそ エ である。

	ウ	エ
①	短　い	0.1 mm
②	短　い	1 cm
③	短　い	1 m
④	短　い	0.1 km
⑤	長　い	0.1 mm
⑥	長　い	1 cm
⑦	長　い	1 m
⑧	長　い	0.1 km

物理基礎

（2023年1月実施）

2科目選択 60分　50点

2023
本試験

物 理 基 礎

(解答番号 $\boxed{1}$ ～ $\boxed{16}$)

第1問 次の問い(問1～4)に答えよ。(配点 16)

問1 図1のように,なめらかな水平面上に箱A,B,Cが接触して置かれている。箱Aを水平右向きの力で押し続けたところ,箱A,B,Cは離れることなく,右向きに一定の加速度で運動を続けた。このとき,箱Aから箱Bにはたらく力をf_1,箱Cから箱Bにはたらく力をf_2とする。力f_1とf_2の大きさの関係についての説明として最も適当なものを,後の①～④のうちから一つ選べ。ただし,図中の矢印は力の向きのみを表している。$\boxed{1}$

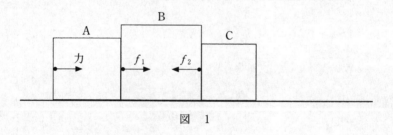

図　1

① f_1の大きさは,f_2の大きさよりも小さい。

② f_1の大きさは,f_2の大きさよりも大きい。

③ f_1とf_2の大きさは等しい。

④ f_1の大きさは,最初はf_2の大きさよりも小さいが,しだいに大きくなりf_2の大きさと等しくなる。

問 2　ばね定数の異なる軽いばね A と B がある。図 2 のように，それぞれのばねの一端を天井に取り付け，もう一方の端に質量 m のおもりを取り付けた。すると，ばね A は自然の長さから a だけ伸びたところで，ばね B は自然の長さから $2a$ だけ伸びたところで，それぞれつりあいの状態になっておもりが静止した。

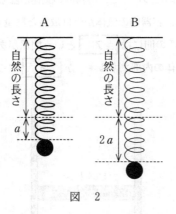

図　2

このとき，ばね B の弾性力による位置エネルギーは，ばね A の弾性力による位置エネルギーの何倍か。その値として最も適当なものを，次の ①～⑥ のうちから一つ選べ。　2　倍

① $\dfrac{1}{2}$　　　　② $\dfrac{\sqrt{2}}{2}$　　　　③ 1

④ $\sqrt{2}$　　　　⑤ 2　　　　⑥ 4

問 3 次の文章中の空欄 ア ・ イ に入れる式と語の組合せとして最も適当なものを，後の①〜④のうちから一つ選べ。 3

図3のように，なめらかに動くピストンのついた容器に気体が閉じこめられている。最初，容器内の気体と大気の温度は等しい。気圧が一定の部屋の中でこの容器の底をお湯につけると，容器内の気体が膨張し，ピストンが押し上げられた。この間に，容器内の気体が受け取った熱量 Q と容器内の気体がピストンにした仕事 W の間には ア という関係がある。$Q = W$ とならないのは，容器内の気体の内部エネルギーが イ するためである。

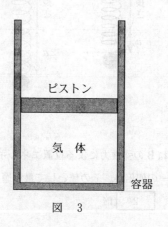

図 3

	ア	イ
①	$Q < W$	増 加
②	$Q < W$	減 少
③	$Q > W$	増 加
④	$Q > W$	減 少

問 4 次の文章中の空欄 ウ ・ エ に入れる数値と語の組合せとして最も適当なものを，後の①〜⑧のうちから一つ選べ。 4

ギターのある弦の基本振動数を 110 Hz に調律したい。ここでは，図 4 のような 4 倍振動を生じさせ，4 倍音を利用して調律を行う。

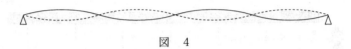

図 4

この弦の 4 倍音（以下，この音をギターの音とよぶ）を鳴らし，おんさの発生する 440 Hz の音と比べると，ギターの音の高さの方が少し低かった。また，ギターの音とおんさの音を同時に鳴らすと，1 秒あたり 2 回のうなりが聞こえた。このとき，ギターの音の振動数は ウ Hz である。

次に，1 秒あたりのうなりの回数が減っていくように弦の張力を調節する。弦の張力の大きさが大きいほど，弦を伝わる波の速さは大きくなるので，弦の張力の大きさを少しずつ エ していけばよい。うなりが聞こえなくなったとき，ギターの音とおんさの音の振動数が一致し，この弦の基本振動数は 110 Hz になる。

	ウ	エ
①	432	小さく
②	432	大きく
③	438	小さく
④	438	大きく
⑤	442	小さく
⑥	442	大きく
⑦	448	小さく
⑧	448	大きく

第2問 小球の運動についての後の問い(**問1～5**)に答えよ。ただし，空気抵抗は無視できるものとする。(配点 18)

図1は，ある初速度で水平右向きに投射された小球を，0.1 s の時間間隔で撮影した写真である。壁には目盛り間隔 0.1 m のものさしが水平な向きと鉛直な向きに固定されている。

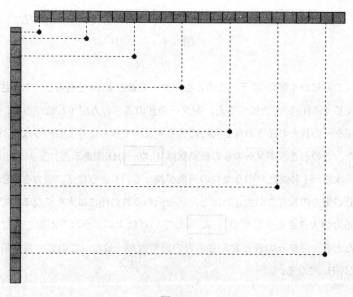

図 1

問1 水平に投射されてからの小球の水平方向の位置の測定値を，右向きを正として 0.1 s ごとに表1に記録した。表1の空欄に入れる，時刻 0.3 s における測定値として最も適当なものを，後の①～⑤のうちから一つ選べ。 5

表 1

時刻〔s〕	0	0.1	0.2	0.3	0.4	0.5
位置〔m〕	0	0.39	0.78		1.56	1.95

① 0.39 ② 0.78 ③ 0.97 ④ 1.17 ⑤ 1.37

問 2 鉛直方向の運動だけを考えよう。このとき，小球の鉛直下向きの速さ v と時刻 t の関係を表すグラフとして最も適当なものを，次の①～④のうちから一つ選べ。　6

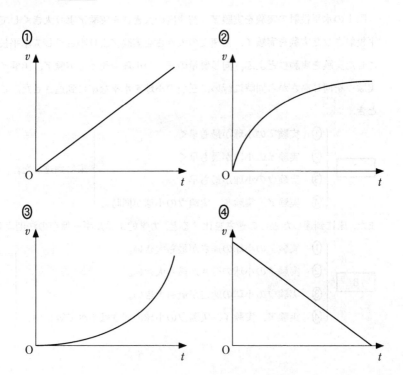

問 3 次の文章中の空欄 [7] · [8] に入れる記述として最も適当なものを，それぞれの直後の { } で囲んだ選択肢のうちから一つずつ選べ。

　図1の水平投射の実験を実験ア，初速度の大きさを実験アより大きくして水平投射させた実験を実験イ，初速度の大きさを実験アより小さくして水平投射させた実験を実験ウとよぶ。同じ質量の三つの小球を使って実験ア，実験イ，実験ウを同じ高さから同時に行い，三つの小球を水平な床に到達させた。このとき，

[7]
① 実験アの小球が最も早く
② 実験イの小球が最も早く
③ 実験ウの小球が最も早く
④ 実験ア，実験イ，実験ウの小球が同時に

床に到達した。

また，床に到達したときの速さを比べると，力学的エネルギー保存の法則より，

[8]
① 実験アの小球の速さが最も大きい。
② 実験イの小球の速さが最も大きい。
③ 実験ウの小球の速さが最も大きい。
④ 実験ア，実験イ，実験ウの小球の速さはすべて等しい。

次に，同じ質量の二つの小球 A，B を用意した。図 2 のように，水平な床を高さの基準面として，小球 A を高さ h の位置から初速度 0 で自由落下させると同時に，小球 B を床から初速度 V_0 で鉛直に投げ上げたところ，小球 A，B は同時に床に到達した。

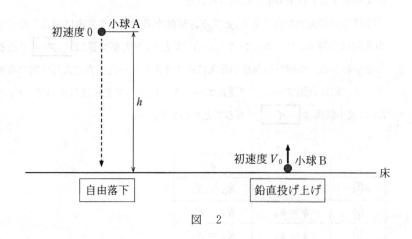

図　2

問 4　V_0 を，h と重力加速度の大きさ g を用いて表す式として正しいものを，次の ①～⑥ のうちから一つ選べ。$V_0 = \boxed{9}$

① $\sqrt{\dfrac{h}{g}}$　　　　② $\sqrt{\dfrac{g}{h}}$　　　　③ $\sqrt{gh}$

④ $\sqrt{\dfrac{h}{2g}}$　　　　⑤ $\sqrt{\dfrac{g}{2h}}$　　　　⑥ $\sqrt{\dfrac{gh}{2}}$

問 5 次の文章中の空欄 ア ・ イ に入れる式の組合せとして正しいもの
を, 後の①~⑨のうちから一つ選べ。 10

床に到達する時点での小球 A, B の運動エネルギー K_A, K_B の大小関係は,
計算をせずとも以下のように調べられる。

小球 B の最高点の高さを h_B とする。運動を開始してから床に到達するまで
の時間は小球 A, B で等しいことから, h と h_B の大小関係は ア である
ことがわかる。小球が最高点から床に達する間に失った重力による位置エネル
ギーは, 床に到達する時点で運動エネルギーにすべて変換されるので, K_A と
K_B の大小関係は イ であることがわかる。

	ア	イ
①	$h = h_B$	$K_A > K_B$
②	$h = h_B$	$K_A < K_B$
③	$h = h_B$	$K_A = K_B$
④	$h < h_B$	$K_A > K_B$
⑤	$h < h_B$	$K_A < K_B$
⑥	$h < h_B$	$K_A = K_B$
⑦	$h > h_B$	$K_A > K_B$
⑧	$h > h_B$	$K_A < K_B$
⑨	$h > h_B$	$K_A = K_B$

第3問　発電および送電についての後の問い(問1〜4)に答えよ。(配点　16)

　授業で再生可能エネルギーについて学んだ。家の近くに風力発電所(図1)があるので見学に行き，風力発電について探究活動を行った。

図　1

問1　次の文章中の空欄 | 11 | ・ | 12 | に入れる語として最も適当なものを，後の①〜⑥のうちから一つずつ選べ。ただし，同じものを繰り返し選んでもよい。

　風力発電は，空気の | 11 | エネルギーを利用して風車を回し，それに接続された発電機で電気エネルギーを得る発電である。再生可能エネルギーによる発電には，風力発電以外に，水力発電や太陽光発電などもある。太陽光発電は，太陽電池を用いて | 12 | エネルギーを直接，電気エネルギーに変換する発電である。

① 力学的　　　　② 熱　　　　　③ 電　気
④ 光　　　　　　⑤ 化　学　　　⑥ 核(原子力)

図2は，見学した風力発電機1機の出力（電力）と風速の関係を表したグラフである。

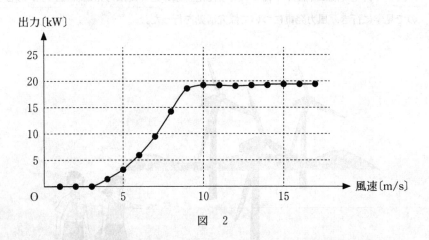

図 2

問 2 次の文章中の空欄 13 に入れる値として最も適当なものを，直後の { } で囲んだ選択肢のうちから一つ選べ。

日本の一般家庭の1日の消費電力量はおよそ 18 kWh である。常に 10 m/s～15 m/s の風が吹き続けていると仮定すると，図2の風力発電機1機が1日に発電する電力量は，日本の一般家庭の1日の消費電力量のおよそ

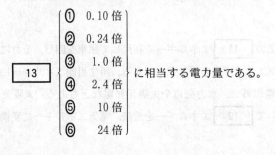

に相当する電力量である。

さらに電力やエネルギーに関心をもったため，発電所から家庭までの送電について調べたところ，図3に示すようなしくみで送電されていることがわかった。発電所から送電線に電力を送り出す際の交流電圧をV，送電線を流れる交流電流をI，送電線の抵抗をrとする。ただし，VやIは交流の電圧計や電流計が表示する電圧，電流であり，これらを使うと交流でも直流と同様に消費電力が計算できるものとする。

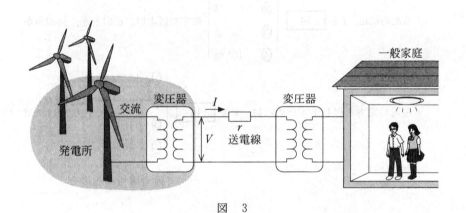

図　3

14

問 3 次の文章中の空欄 | 14 | ・ | 15 | に入れる値として最も適当なものを，
それぞれの直後の { } で囲んだ選択肢のうちから一つずつ選べ。

　発電所から電力を送り出すとき，送電線の抵抗 r によって生じる電力損失
（発熱による損失）を小さく抑えたい。たとえば，この電力損失を 10^{-6} 倍にす

るためには，I を | 14 | $\left\{\begin{array}{ll} ① & 10^{-6}\,倍 \\ ② & 10^{-3}\,倍 \\ ③ & 10^{3}\,倍 \\ ④ & 10^{6}\,倍 \end{array}\right\}$ にすればよい。このとき，発電所か

ら同じ電力を送り出すためには，V を | 15 | $\left\{\begin{array}{ll} ① & 10^{-6}\,倍 \\ ② & 10^{-3}\,倍 \\ ③ & 10^{3}\,倍 \\ ④ & 10^{6}\,倍 \end{array}\right\}$ にしなければ

ならない。

— 34 —

発電所で発電された交流の電圧は，変圧器によって異なる電圧に変換される。その電力は送電線によって遠方に送電される。図4は変圧器の基本構造の模式図である。

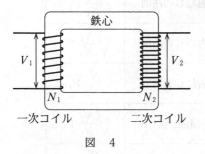

図 4

問 4 次の文章中の空欄　ア　・　イ　に入れる語句と式の組合せとして最も適当なものを，後の①〜⑧のうちから一つ選べ。　16

変圧器の一次コイルに交流電流を流すと，鉄心の中に変動する磁場(磁界)が発生し，　ア　によって二次コイルに変動する電圧が発生する。

理想的な変圧器では，変圧器への入力電圧が V_1 であるとき，変圧器からの出力電圧 V_2 は，一次コイルの巻き数を N_1，二次コイルの巻き数を N_2 とすると，$V_2 =$　イ　で表される。

	ア	イ
①	右ねじの法則	$\sqrt{\dfrac{N_2}{N_1}}\,V_1$
②	右ねじの法則	$\dfrac{N_2}{N_1}\,V_1$
③	右ねじの法則	$\sqrt{\dfrac{N_1}{N_2}}\,V_1$
④	右ねじの法則	$\dfrac{N_1}{N_2}\,V_1$
⑤	電磁誘導	$\sqrt{\dfrac{N_2}{N_1}}\,V_1$
⑥	電磁誘導	$\dfrac{N_2}{N_1}\,V_1$
⑦	電磁誘導	$\sqrt{\dfrac{N_1}{N_2}}\,V_1$
⑧	電磁誘導	$\dfrac{N_1}{N_2}\,V_1$

物理基礎

（2023年1月実施）

2科目選択 60分 50点

追試験
2023

物　理　基　礎

(解答番号　1　～　15)

第1問　次の問い(問1～4)に答えよ。(配点　16)

問1　図1のような石造りのアーチ橋の中央には，要石（かなめいし）と呼ばれる石がある。この石は，重力および隣接する石から受ける力がつりあうことによって静止している。要石にはたらいている力の矢印を表す図として最も適当なものを，後の①～④のうちから一つ選べ。 1

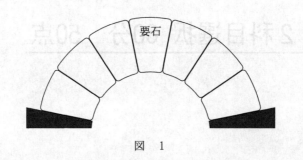

図　1

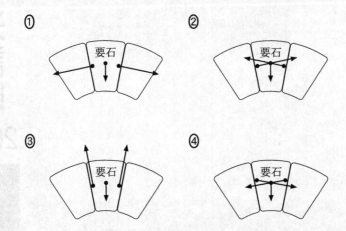

問 2 図2のように,密閉容器の中に長さ 50 cm の閉管とスピーカーを入れて,容器内を表1の中のいずれか一つの気体(0 ℃,1 気圧)で満たした。次に,スピーカーから音を出して,閉管内の気柱で共鳴が起こるかどうかを調べた。スピーカーから出す音の振動数を 500 Hz から徐々に下げたところ,480 Hz 付近で気柱に基本振動の共鳴が起こった。容器内の気体として最も適当なものを,後の ①～⑤ のうちから一つ選べ。なお,各種気体の 0 ℃,1 気圧での音速は,表1のとおりである。 2

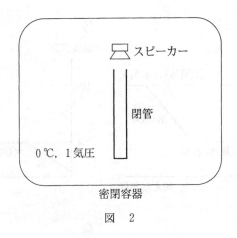

図 2

表 1

気 体	音速 [m/s]
H₂(水素)	1270
He(ヘリウム)	970
N₂(窒素)	337
Ne(ネオン)	435
Ar(アルゴン)	319

① H₂　　② He　　③ N₂　　④ Ne　　⑤ Ar

問 3 水の状態変化について考えよう。1気圧のもとで氷を加熱していくと，温度が上昇し，液体になった後に沸騰した。この状態変化について，温度と加えた熱量の関係を表す図として最も適当なものを，次の①～④のうちから一つ選べ。ただし，氷の融解熱を 3.3×10^2 J/g，氷の比熱(比熱容量)を 2.0 J/(g·K)，液体の水の比熱を 4.2 J/(g·K) とする。氷の融解熱と，水の温度を0℃から100℃まで上昇させるために必要な熱量の大小関係に注意せよ。 | 3 |

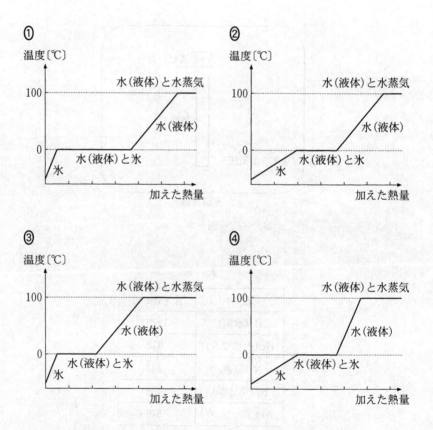

問 4 x 軸の正の向きに速さ 5.0 cm/s で伝わる振幅 3.0 cm の正弦波を考える。図3のグラフは、時刻 $t = 0$ s における変位 y と位置 x の関係を表す。位置 $x = 2.5$ cm における変位の時間変化を表す図として最も適当なものを、後の ①〜④ のうちから一つ選べ。 4

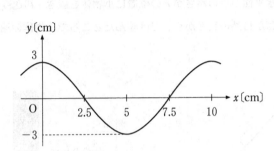

図 3

①
②
③
④

第2問 次の文章(**A**・**B**)を読み，後の問い(問1～5)に答えよ。(配点 16)

A 図1のような実験装置を用いて，小物体を，なめらかな斜面となめらかな水平面の上を滑らせ，一端が壁に固定されたばねに衝突させる。

最初に，水平面からの高さが h の位置に小物体を置き，初速度0で滑らせたところ，ばねが自然の長さから a だけ縮んだところで小物体の速度は0になった。

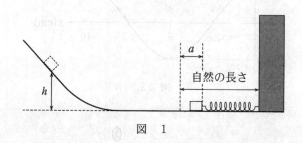

図 1

問1 図1の装置を用いて，水平面からの高さが $2h$ の位置に小物体を置き，初速度0で滑らせた。このとき，ばねが自然の長さから d だけ縮んだところで小物体の速度は0になった。d を表す式として正しいものを，次の①～④のうちから一つ選べ。$d = \boxed{5}$

① a　　　② $\sqrt{2}\,a$　　　③ $2a$　　　④ $4a$

次に，図2のような，小物体がなめらかな斜面を滑り降りたあとに，あらい水平面上を滑るような実験装置を作った。ただし，水平面上を物体が滑る間の動摩擦係数は一定である。

水平面からの高さが h の位置に小物体を置き，初速度0で滑らせたところ，小物体は水平面上を L だけ滑ったところで停止した。

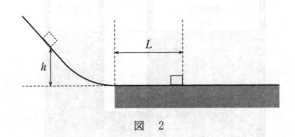

図 2

問2 あらい水平面上を滑り始めた時刻を0として，小物体の速さ v と時刻 t の関係を表すグラフとして最も適当なものを，次の①～④のうちから一つ選べ。 6

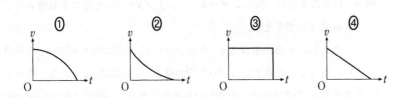

問3 図2の装置を用いて，水平面からの高さが $2h$ の位置に小物体を置き，初速度0で滑らせた。小物体が停止するまでにあらい水平面上を滑った距離を表す式として正しいものを，次の①～④のうちから一つ選べ。 7

① L ② $\sqrt{2}\,L$ ③ $2L$ ④ $4L$

B 図3のように，管によって連結された断面積 S_P のシリンダー C_P と，断面積 S_Q のシリンダー C_Q に，水が入っている。シリンダーの水面は水平に静止している。水の密度を ρ_0，大気圧を p_0，重力加速度の大きさを g とする。ただし，高さによる大気圧の違いは無視できるものとする。

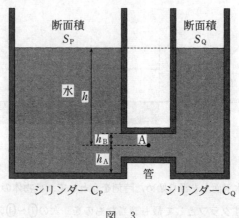

図 3

問 4 図3のように，シリンダー C_P とシリンダー C_Q を連結する管の中にある点 A について考える。

点 A は，水面から深さ h，シリンダー C_P の底面から高さ h_A の位置にあり，点 A から鉛直上方に測った管内壁までの距離は h_B である。点 A における圧力 p_A を表す式として正しいものを，次の ①〜⑥ のうちから一つ選べ。

$p_A = $ 　8　

① p_0 　　　　　　　　　② $p_0 + \rho_0 h g$

③ $p_0 + \rho_0 h_A g$ 　　　　④ $p_0 + \rho_0 h_B g$

⑤ $p_0 + \rho_0 (h + h_B) g$ 　⑥ $p_0 + \rho_0 (h + h_A + h_B) g$

問5 次に，図3の状態から，シリンダーC_P側に，密度ρ_1 ($\rho_1 < \rho_0$)の油を高さh_1となるように注いだところ，図4のようになった。シリンダーC_Q側の水面の高さとシリンダーC_P側の水と油の境界面の高さの差h_2を表す式として正しいものを，後の①〜⑤のうちから一つ選べ。$h_2 = \boxed{9}$

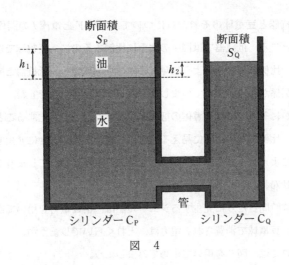

図 4

① $\dfrac{\rho_1}{\rho_0} h_1$ ② $\dfrac{\rho_0}{\rho_1} h_1$ ③ $\dfrac{\rho_1 S_P}{\rho_0 S_Q} h_1$ ④ $\dfrac{\rho_1 S_Q}{\rho_0 S_P} h_1$ ⑤ $\dfrac{\rho_0 S_Q}{\rho_1 S_P} h_1$

第3問 次の文章を読み，後の問い(**問1～4**)に答えよ。(配点 18)

AさんとBさんが，抵抗器と豆電球を用いた回路についての探究活動に取り組んでいる。

Aさん：抵抗器と豆電球のそれぞれについて，電圧 V と電流 I の関係を調べてみたところ，抵抗器では図1のように比例するのに，豆電球では図2のように，比例していないように見えます。豆電球でも，抵抗器と同じような比例関係があると思っていましたが，そうは見えないですね。

Bさん：確かにそうですね。導体の抵抗率が温度によって変化することを学びました。比例しないように見える原因は，電流を流すときに発生するジュール熱によって，豆電球のフィラメントの温度が変わってしまうことかもしれませんね。

Aさん：単位時間当たりに発生するジュール熱は，消費電力を用いて計算できますね。豆電球で消費される電力は，どれくらいでしょうか。

Bさん：それでは，図2を用いて求めてみましょう。

二人は，図2を用いて豆電球が消費する電力について考えてみた。

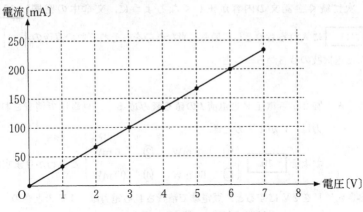

図1 抵抗器の電圧と電流の関係

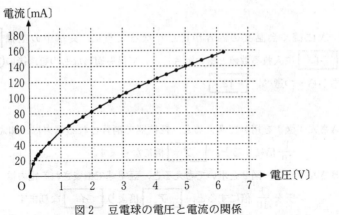

図2 豆電球の電圧と電流の関係

問1 次に続く会話文の内容が正しくなるように，文章中の空欄 10 ・ 11 に入れるものとして最も適当なものを，それぞれの直後の { } で囲んだ選択肢のうちから一つ選べ。

Aさん：図2から電圧 V と電流 I の値を読み取ると，豆電球で消費される電力は，V が1Vのとき，

およそ 10 $\left\{\begin{array}{ll} ① \quad 0.6\,\text{mW} & ② \quad 6\,\text{mW} \\ ③ \quad 60\,\text{mW} & ④ \quad 600\,\text{mW} \end{array}\right\}$ だとわかりますね。

Bさん：V を2Vにすると，豆電球で消費される電力は，1Vのときの

およそ 11 $\left\{\begin{array}{ll} ① \quad 1.4\,\text{倍} & ② \quad 2.0\,\text{倍} \\ ③ \quad 2.7\,\text{倍} & ④ \quad 4.0\,\text{倍} \end{array}\right\}$ になります。

問2 次に続く会話文の内容が正しくなるように，文章中の空欄 ア ・ イ に入れる数値と語の組合せとして最も適当なものを，後の①～④のうちから一つ選べ。 12

Aさん：図1を用いて考えると，抵抗器で消費される電力は，加える電圧を $\frac{1}{10}$ 倍にすると， ア 倍になります。

Bさん：一方，図2を用いて考えると，豆電球で消費される電力は，加える電圧を $\frac{1}{10}$ 倍にすると， ア 倍より イ なります。

	ア	イ
①	$\frac{1}{10}$	小さく
②	$\frac{1}{10}$	大きく
③	$\frac{1}{100}$	小さく
④	$\frac{1}{100}$	大きく

— 48 —

続いて，二人は，これまで使用した豆電球と同じ豆電球をもう1個用意して，2個の豆電球を並列接続，直列接続した場合について考えた。

問3 以下のAさんの発言の内容が正しくなるように，文章中の空欄 13 ・ 14 に入れるものとして最も適当なものを，それぞれの直後の｛ ｝で囲んだ選択肢のうちから一つ選べ。

Aさん：図3のように，2個の豆電球を**並列接続**して，5Vの電圧を加えたとき，電源から流れ出る電流 I_1 は

13 ｛① 35 mA ② 70 mA ③ 140 mA ④ 280 mA｝であり，2個の豆電球で消費される電力の和は

14 ｛① 175 mW ② 350 mW ③ 700 mW ④ 1400 mW｝となります。

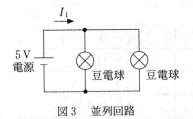

図3　並列回路

問4 次のBさんの発言の内容が正しくなるように,文章中の空欄 ウ ・ エ に入れる式の組合せとして最も適当なものを,後の①〜⑥のうちから一つ選べ。 15

Bさん:図4のように,2個の豆電球を**直列接続**して,5Vの電圧を加えたとき,それぞれの豆電球には,2.5Vずつ加わります。電源から流れ出る電流をI_2,2個の豆電球で消費される電力の和をPとすると, ウ であり, エ になります。

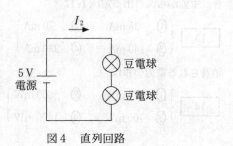

図4 直列回路

	ウ	エ
①	$I_2 = 140$ mA	$P = 175$ mW
②	$I_2 = 140$ mA	$P = 350$ mW
③	0 mA $< I_2 < 70$ mA	0 mW $< P < 175$ mW
④	0 mA $< I_2 < 70$ mA	175 mW $< P < 350$ mW
⑤	70 mA $< I_2 < 140$ mA	175 mW $< P < 350$ mW
⑥	70 mA $< I_2 < 140$ mA	350 mW $< P < 700$ mW

物理基礎

（2022年1月実施）

2科目選択 60分 50点

2022 本試験

物 理 基 礎

(解答番号 $\boxed{1}$ ~ $\boxed{17}$)

第1問 次の問い(問1〜4)に答えよ。(配点 16)

問1 次の文章中の空欄 $\boxed{ア}$・$\boxed{イ}$ に入れる数値の組合せとして最も適当なものを、次ページの①〜⑧のうちから一つ選べ。$\boxed{1}$

図1のように、隣りあって平行に敷かれた線路上を、2台の電車(電車AとB)が、反対向きに等速直線運動をしながらすれちがう。電車AとBの長さは、それぞれ、50 mと100 mであり、電車AとBの速さは、それぞれ、10 m/sと15 m/sである。電車Aに対する電車Bの相対速度の大きさは $\boxed{ア}$ m/sである。また、電車Aの先頭座席に座っている乗客の真横に、電車Bの先頭が来てから電車Bの最後尾が来るまでに要する時間は $\boxed{イ}$ sである。

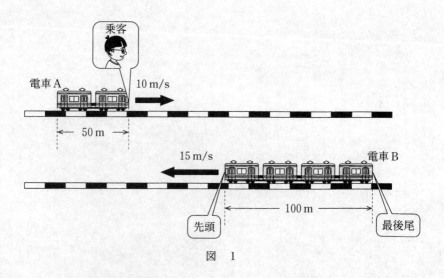

図　1

	①	②	③	④	⑤	⑥	⑦	⑧
ア	5	5	10	10	15	15	25	25
イ	20	30	10	15	6.7	10	4.0	6.0

問 2 図 2 のように，質量 m のおもりに糸を付けて手でつるした。時刻 $t = 0$ でおもりは静止していた。おもりが糸から受ける力を F とする。鉛直上向きを正として，F が図 3 のように時間変化したとき，おもりはどのような運動をするか。$0 < t < t_1$ の区間 1，$t_1 < t < t_2$ の区間 2，$t_2 < t$ の区間 3 の各区間において，運動のようすを表した次ページの文の組合せとして最も適当なものを，次ページの①～⑦のうちから一つ選べ。ただし，重力加速度の大きさを g とし，空気抵抗は無視できるものとする。 2

図 2

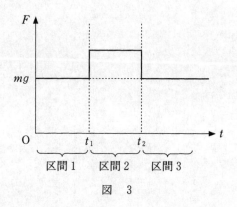

図 3

a 静止している。

b 一定の速さで鉛直方向に上昇している。

c 一定の加速度で速さが増加しながら鉛直方向に上昇している。

d 一定の加速度で速さが減少しながら鉛直方向に上昇している。

	区間 1	区間 2	区間 3
①	a	b	a
②	a	b	d
③	a	c	a
④	a	c	b
⑤	b	c	a
⑥	b	c	b
⑦	b	c	d

問 3 図4のように，鉛直上向きに y 軸をとる。小球を，$y = 0$ の位置から鉛直上向きに投げ上げた。この小球は，$y = h$ の位置まで上がったのち，$y = 0$ の位置まで戻ってきた。小球が上昇しているときおよび下降しているときの，小球の y 座標と運動エネルギーの関係は，次ページのグラフ(a)，(b)，(c)の実線のうちそれぞれどれか。その組合せとして最も適当なものを，次ページの①〜⑨のうちから一つ選べ。ただし，グラフ中の破線は $y = 0$ を基準とした重力による位置エネルギーを表している。また，空気抵抗は無視できるものとする。

3

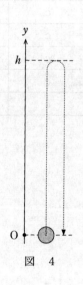

図 4

(a)
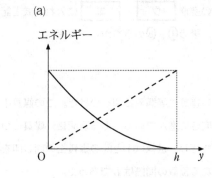

(b)
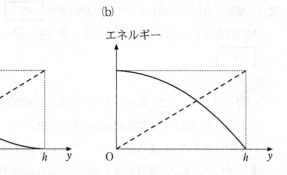

(c)
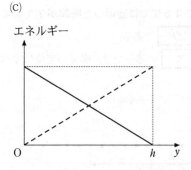

——— 運動エネルギー
- - - 位置エネルギー

	上昇中	下降中
①	(a)	(a)
②	(a)	(b)
③	(a)	(c)
④	(b)	(a)
⑤	(b)	(b)
⑥	(b)	(c)
⑦	(c)	(a)
⑧	(c)	(b)
⑨	(c)	(c)

問4 縦波について説明した次の文章中の空欄 ウ ・ エ に入れる式と記号の組合せとして最も適当なものを，後の①〜⑧のうちから一つ選べ。 4

　図5の(i)のように，振動していない媒質に等間隔に印をつけた。この媒質中を，ある振動数の連続的な縦波が右向きに進んでいる。ある瞬間に，媒質につけた印が図5の(ii)のようになった。ただし，破線は(i)と(ii)の媒質上の同じ印を結んでいる。また，媒質が最も密になる位置の間隔はLであった。

　そのあと，再び初めて(ii)のようになるまでに経過した時間がTであるならば，縦波が媒質中を伝わる速さは ウ である。

　また，(ii)の a，b，c，d のうち エ の部分では，媒質の変位はすべて左向きである。

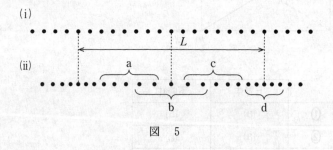

図　5

	①	②	③	④	⑤	⑥	⑦	⑧
ウ	LT	LT	LT	LT	$\dfrac{L}{T}$	$\dfrac{L}{T}$	$\dfrac{L}{T}$	$\dfrac{L}{T}$
エ	a	b	c	d	a	b	c	d

第 2 問 次の文章（**A**・**B**）を読み，後の問い（問 1 ～ 4）に答えよ。（配点 16）

A 容器に水と電熱線を入れて，水の温度を上昇させる実験をした。ただし，容器と電熱線の温度上昇に使われる熱量，撹拌による熱の発生，導線の抵抗，および，外部への熱の放出は無視できるものとする。また，電熱線の抵抗値は温度によらず，水の量も変化しないものとする。

問 1 図 1 のように，異なる 2 本の電熱線 A，B を直列に接続して，それぞれを同じ量で同じ温度の水の中に入れた。接続した電熱線の両端に電圧をかけて水をゆっくりと撹拌しながら，しばらくしてそれぞれの水の温度を測ったところ，電熱線 A を入れた水の温度の方が高かった。

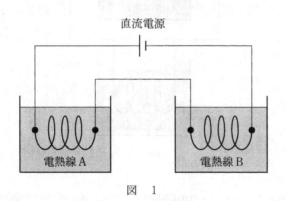

図　1

このとき，次のア～ウの記述のうち正しいものをすべて選び出した組合せとして最も適当なものを，後の ① ～ ⑧ のうちから一つ選べ。　5

ア　電熱線 A を流れる電流が電熱線 B を流れる電流より大きかった。
イ　電熱線 B の抵抗値が電熱線 A の抵抗値より大きかった。
ウ　電熱線 A にかかる電圧が電熱線 B にかかる電圧より大きかった。

① ア　　　　　　② イ　　　　　　③ ウ
④ アとイ　　　　⑤ イとウ　　　　⑥ アとウ
⑦ アとイとウ　　⑧ 正しいものはない

問 2　図2のように、別の異なる2本の電熱線C,Dを並列に接続して、それぞれを同じ量で同じ温度の水の中に入れた。接続した電熱線の両端に電圧をかけて水をゆっくりと攪拌しながら、しばらくしてそれぞれの水の温度を測ったところ、電熱線Cを入れた水の温度の方が高かった。

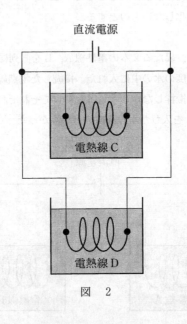

図　2

このとき、次のア～ウの記述のうち正しいものをすべて選び出した組合せとして最も適当なものを、後の①～⑧のうちから一つ選べ。　6

ア　電熱線Cを流れる電流が電熱線Dを流れる電流より大きかった。
イ　電熱線Dの抵抗値が電熱線Cの抵抗値より大きかった。
ウ　電熱線Cにかかる電圧が電熱線Dにかかる電圧より大きかった。

① ア　　　　　　② イ　　　　　　③ ウ
④ アとイ　　　　⑤ イとウ　　　　⑥ アとウ
⑦ アとイとウ　　⑧ 正しいものはない

B ドライヤーで消費される電力を考える。ドライヤーの内部には，図3のように，電熱線とモーターがあり，電熱線で加熱した空気をモーターについたファンで送り出している。ドライヤーの電熱線とモーターは，100 V の交流電源に並列に接続されている。ドライヤーを交流電源に接続してスイッチを入れると，ドライヤーからは温風が噴き出した。ただし，モーターと電熱線以外で消費される電力は無視できるものとする。

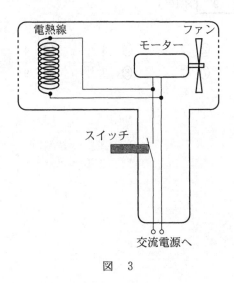

図　3

問 3 ドライヤー全体で消費されている電力 P，電熱線で消費されている電力 P_h，モーターで消費されている電力 P_m の関係を表わす式として最も適当なものを，次の①〜④のうちから一つ選べ。　7

① $P = \dfrac{P_h + P_m}{2}$ 　　　　② $P = P_h = P_m$

③ $\dfrac{1}{P} = \dfrac{1}{P_h} + \dfrac{1}{P_m}$ 　　　　④ $P = P_h + P_m$

問 4 電熱線の抵抗値が $10\,\Omega$ のドライヤーを 2 分間動かし続けるとき，電熱線で消費される電力量は何 J か。次の式中の空欄 | 8 |・| 9 | に入れる数字として最も適当なものを，次の①〜⓪のうちから一つずつ選べ。ただし，同じものを繰り返し選んでもよい。また，ドライヤーの電熱線の抵抗値は，温度によらず一定であるとする。電力量は，交流電源の電圧を $100\,\mathrm{V}$ として直流の場合と同じように計算してよい。

| 8 |．| 9 | $\times 10^5\,\mathrm{J}$

① 1　　② 2　　③ 3　　④ 4　　⑤ 5

⑥ 6　　⑦ 7　　⑧ 8　　⑨ 9　　⓪ 0

第3問 次の文章は，演劇部の公演の一場面を記述したものである。王女の発言は科学的に正しいが，細工師の発言は正しいとは限らないとして，後の問い(**問1～3**)に答えよ。(配点 18)

王女役と細工師役が，図1のスプーンAとスプーンBについての言い争いを演じている。

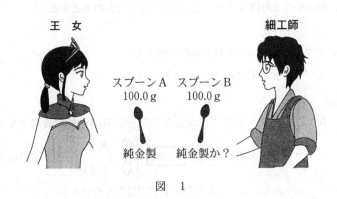

図 1

王　女：ここに純金製のスプーン(スプーンA)と，あなたが作ったスプーン(スプーンB)があります。どちらも質量は100.0 gですが，色が少し異なっているように見え，スプーンBは純金に銀が混ぜられているという噂があります。

細工師：いいえ，スプーンBは純金製です。純金製ではないという証拠を見せてください。

王女は，スプーンBが純金製か，銀が混ぜられたものかを判別するために，スプーンAとBの物理的な性質を実験で調べることにした。

問 1　次の文章中の空欄 | 10 | ～ | 12 | に入れる語句として最も適当なもの
を，それぞれの直後の ｛　｝ で囲んだ選択肢のうちから一つずつ選べ。

　　王女はスプーン A とスプーン B の比熱(比熱容量)を比較するために次の実
験を行った。スプーン A とスプーン B を温度 60.0 ℃ にして，それぞれを温
度 20.0 ℃ の水 200.0 g に入れたところ，以下の温度で熱平衡になった。ただ
し，熱のやりとりはスプーンと水の間だけで行われるとする。

・スプーン A を水に入れた場合：20.6 ℃
・スプーン B を水に入れた場合：20.7 ℃

王　女：この結果からスプーン A とスプーン B の比熱は異なっており，ス
　　　　プーン B の方が比熱が | 10 | ｛① 大きい
　　　　　　　　　　　　　　　　　　② 小さい｝ ことがわかります。
　　　　ですから，スプーン B は純金製ではありません！

細工師：いえいえ，この実験で温度の違いが 0.1 ℃ というのは，同じ温度の
　　　　ようなものです。どちらも純金製ですよ。

　　細工師の主張に対して，もしこの実験における水の量を
| 11 | ｛① 2　倍
　　　② 半　分｝ にしていれば，あるいは，水に入れる前のスプーンと

水の温度差を | 12 | ｛① 大きく
　　　　　　　　② 小さく｝ していれば，実験結果の温度の違いをよ

り大きくできたであろう。しかし，王女はそこまでは気が付かなかった。

— 64 —

問 2　次の文章中の空欄 13 ～ 15 に入れる語句として最も適当なものを，それぞれの直後の { } で囲んだ選択肢のうちから一つずつ選べ。

王　女：ならば，スプーン A とスプーン B の密度を比較すれば，スプーン B が純金製かどうかわかるはずです。

　スプーン A とスプーン B を軽くて細いひもでつなぎ，軽くてなめらかに回転できる滑車にかけると，空気中では，図 2 (i) のようにつりあって静止した。次に，このままゆっくりとスプーン A とスプーン B を水中に入れたところ，図 2 (ii) のように，スプーン A が下がり容器の底についた。ただし，空気による浮力は無視できるものとする。

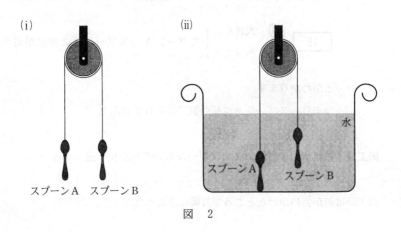

図　2

王　女：スプーンを水中に入れたとき，図2(ii)のようになった理由は，スプーンBにはたらく**重力**の大きさは，スプーンAにはたらく**重力**の大き

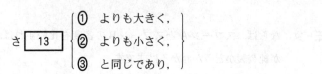

スプーンBにはたらく**浮力**の大きさは，スプーンAにはたらく**浮力**の大きさ ☐14 $\begin{cases} ① よりも大きい \\ ② よりも小さい \\ ③ と同じである \end{cases}$ ためです。

このことから，スプーンBの**体積**はスプーンAの**体積**よりも

☐15 $\begin{cases} ① 大きく， \\ ② 小さく， \end{cases}$ スプーンAとスプーンBの密度が違うこ

とがわかります。
つまり，スプーンBは純金製ではありません！

細工師：これは，スプーンAとスプーンBの形状が少し違うから…。

細工師は何か言いかけたところで言葉に詰まった。

問 3　次の文章中の空欄 16 ・ 17 に入れるものとして最も適当なものを，直後の｛　｝で囲んだ選択肢のうちから一つずつ選べ。

王　女：ならば，スプーン A とスプーン B の電気抵抗 R を測定して，さらにはっきりと判別してみせましょう。

　　　王女はスプーン A から針金 A を，スプーン B から針金 B を，形状がいずれも

　　　　断面積　$S = 2.0 \times 10^{-8} \, \text{m}^2$　　　長　さ　$l = 1.0 \, \text{m}$

となるように作製した。この針金の両端に電極をとりつけ，両端の電圧 V と流れた電流 I の関係を調べた。破線を針金 A，実線を針金 B として，その実験結果を図 3 に示す。

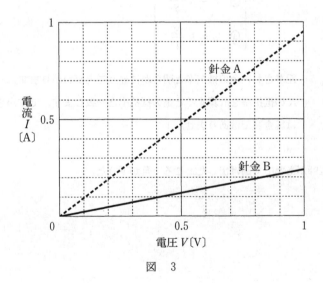

図　3

王　女：図3の結果を見てみなさい。針金Aと針金Bの電気抵抗はまっ
　　　　たく違います。この結果から，針金Bの電気抵抗Rはおよそ

$$\boxed{16}\ \begin{cases} ① & 4.1 \times 10^{-1}\ \Omega \\ ② & 2.4\ \Omega \\ ③ & 4.1\ \Omega \\ ④ & 2.4 \times 10^{1}\ \Omega \end{cases}$$ であることがわかります。また，そ

　　　　の抵抗率ρを，ρとRの間の関係式

$$\boxed{17}\ \begin{cases} ① & \rho = \dfrac{1}{R}\dfrac{l}{S} \\[2mm] ② & \rho = \dfrac{1}{R}\dfrac{S}{l} \\[2mm] ③ & \rho = R\dfrac{l}{S} \\[2mm] ④ & \rho = R\dfrac{S}{l} \end{cases}$$ を用いて求めると，その値は資料集に

　　　　記載された金の抵抗率と明らかに違うことがわかります。一方，針金
　　　　Aの抵抗率を計算すると金の抵抗率と一致します。ですから，針金B
　　　　は純金製ではありません！

　細工師があわてて逃げ出したところで幕が下りた。

物理基礎

（2022年1月実施）

2科目選択 60分 50点

追試験
2022

物 理 基 礎

（解答番号 　1　 ～ 　18　）

第1問 次の問い（**問1～4**）に答えよ。（配点 17）

問1 紙面の右向きに直線運動する物体がある。図1のア～オは0.1sごとの物体の位置を示している。図には等間隔に刻んだ目盛りを入れている。アの位置からエの位置に到達するまでは物体には力がはたらかず，エの位置に到達したとき瞬間的に物体に外から力が加わった。その後，物体は再び力を受けることなく運動を続けた。エの位置で物体に加えられた**力の向き**と，オの位置に到達してから0.1s後における物体の**位置**の組合せとして最も適当なものを，後の①～⑧のうちから一つ選べ。 　1　

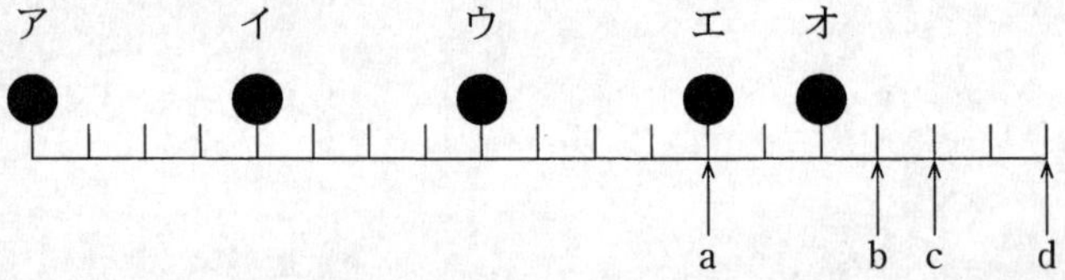

図 1

	①	②	③	④	⑤	⑥	⑦	⑧
力の向き	右	右	右	右	左	左	左	左
位 置	a	b	c	d	a	b	c	d

問 2 次の文章中の空欄 ア ・ イ に入れる記号と語の組合せとして最も適当なものを，後の①～④のうちから一つ選べ。 2

図 2 のように，机の上に置かれた室温の容器に，室温より熱いスープなどの液体を移したときの，容器と液体の温度変化について考える。ただし，熱は液体と容器の間だけで移動するものとし，液体から大気への熱の移動や，容器から机や大気への熱の移動は無視できるものとする。

図 2

室温に保たれた，それぞれ材質 A と材質 B からできた質量の等しい二つの容器に，同じ量の熱い液体を入れる。材質 A と材質 B の比熱（比熱容量）が，それぞれ，0.50 J/(g·K) と 0.80 J/(g·K) であるとき，液体と容器が熱平衡に達した後の温度が高いのは，材質 ア の容器を使った方である。

また，室温に保たれた，材質は同じで質量が異なる二つの容器に同じ量の熱い液体を移したとき，熱平衡に達した後の温度が高いのは，質量が イ 容器を使った方である。

	①	②	③	④
ア	A	A	B	B
イ	大きい	小さい	大きい	小さい

問 3 スマートフォン(スマホ)が,どのような電圧と電流で充電されているかを調べる機器(充電チェッカー)について考える。充電チェッカーは,図3のように充電器とスマホの間につないで使う。充電器の部分では,家庭用コンセントから得られる電気が交流から直流に変換される。

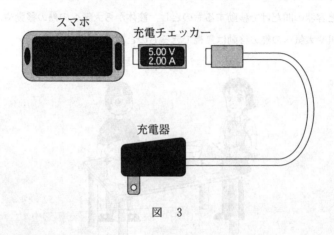

図 3

充電チェッカーの内部のしくみを簡略化して考えてみよう。充電に関係する2本の導線だけに注目するとき,充電チェッカーの内部には,どのように電流計Ⓐと電圧計Ⓥが配置されていると考えればよいだろうか。

充電チェッカーの内部のしくみを表した模式図として最も適当なものを,次ページの①〜⑤のうちから一つ選べ。　3

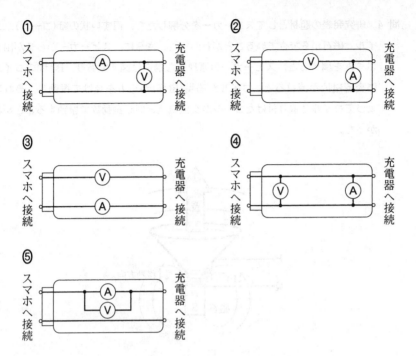

また，充電チェッカーが示す電圧，電流はそれぞれ，5.00 V，2.00 A であった。スマホに供給されている電力として最も適当なものを，次の①〜⑧のうちから一つ選べ。 4

① 0.25 W ② 0.50 W ③ 1.00 W ④ 2.50 W
⑤ 5.00 W ⑥ 10.0 W ⑦ 12.5 W ⑧ 25.0 W

問 4 研究発表の題材としてスピーカーを分解したら,円すい状の紙(コーン),コイル,磁石からできていることがわかった。さらに,スピーカーから音が出るしくみを調べると,スピーカーの原理的な構造は図4であり,PQ間のコイルに交流電流が流れると,コイルが磁場(磁界)から力を受けて振動し,それによってコイルに取り付けたコーンが交流電流と同じ振動数で振動することがわかった。

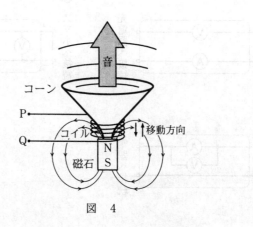

図 4

これらについて話し合った結果,次のような現象1～4が起こると予想した。実際に起こると考えられる現象の組合せとして最も適当なものを,後の①～⑥のうちから一つ選べ。 5

現象1：コイルに一定の大きさの直流電流を流し続けると,スピーカーから一定の高さの音が出る。
現象2：コイルに流れる交流電流の振動数を大きくしていくと,スピーカーから出る音の高さは高くなっていく。
現象3：コイルに流れる交流電流の振幅を変化させても,スピーカーから出る音の大きさは変化しない。
現象4：音波を当ててコーンを振動させると,PQ間に交流電圧が発生する。

① 現象1と現象2　　② 現象1と現象3　　③ 現象1と現象4
④ 現象2と現象3　　⑤ 現象2と現象4　　⑥ 現象3と現象4

第2問 次の文章を読み，後の問い（**問1～4**）に答えよ。（配点 19）

図1のように，実線で示した斜面上の高さhの点Pに小球を置く。時刻0に小球を静かに放すと，小球は初速度0ですべりはじめ，基準の高さにある斜面上の点Qまで達した。ただし，斜面と小球の間の摩擦および空気抵抗は無視でき，また，重力加速度の大きさをgとする。

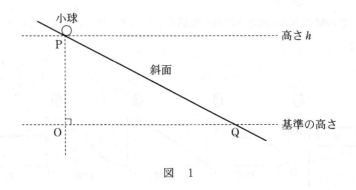

図　1

問1 次の文中の空欄　**6**　・　**7**　に入れる語句として最も適当なものを，それぞれの直後の｛　｝で囲んだ選択肢のうちから一つずつ選べ。

斜面をすべり始めたときの小球の加速度の大きさは，

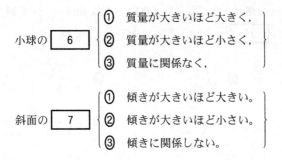

問2 次の文章中の空欄 8 ・ 9 に入れる語句と図として最も適当なものを，それぞれの直後の｛ ｝で囲んだ選択肢のうちから一つずつ選べ。

小球が斜面をすべっている間，その加速度の大きさは，

8 ｛① 増加していく。 ② 減少していく。 ③ 変化しない。｝

この間の小球の速さと時刻の関係をあらわすグラフとして最も適当なものは，

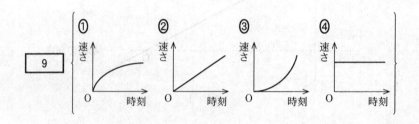

である。

問3 図1において，PQ間の距離が L であるとする。小球が初速度0で点Pから点Qまですべり落ちるのにかかる時間を表す式として正しいものを，次の①～⑥のうちから一つ選べ。ただし，角 $\angle PQO = \theta$ は $\sin\theta = \dfrac{h}{L}$ を満たすことを用いてよい。 10

① $\sqrt{\dfrac{2h}{g}}$ 　　② $\sqrt{\dfrac{h}{g}}$ 　　③ $\sqrt{\dfrac{2L}{g}}$

④ $\sqrt{\dfrac{L}{g}}$ 　　⑤ $L\sqrt{\dfrac{2}{gh}}$ 　　⑥ $L\sqrt{\dfrac{1}{gh}}$

次に，図2において実線で示したように斜面の勾配を急にして，斜面上の点Pに小球を置く。時刻0に初速度0で小球を静かに放し，基準の高さにある点Q'まですべらせた。

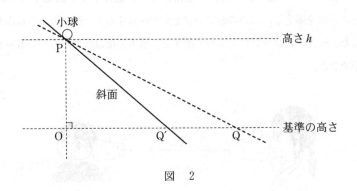

図 2

問4 次の文章中の空欄 | 11 | ・ | 12 | に入れる語句として最も適当なものを，それぞれの直後の{ }で囲んだ選択肢のうちから一つずつ選べ。

点Pに置いた小球が斜面PQをすべる場合と斜面PQ'をすべる場合を比較すると，小球が基準の高さを通過する瞬間の速さは，

| 11 |
① 斜面PQをすべる場合の方が大きい。
② 斜面PQ'をすべる場合の方が大きい。
③ どちらの斜面をすべっても同じである。
④ どちらの斜面をすべる方が大きいか決まらない。

また，点Pに置いた小球が基準の高さを通過するまでの間に垂直抗力がする仕事は，

| 12 |
① 斜面PQをすべる場合の方が大きい。
② 斜面PQ'をすべる場合の方が大きい。
③ どちらの場合も同じでありその値は0である。
④ どちらの場合も同じでありその値は0ではない。

第3問 次の文章を読み，後の問い(問1〜3)に答えよ。(配点 14)

　クラスの実験チームが，糸電話をテーマとした探究活動に取り組んでいる。まず，二つの紙コップと3mほどの糸を用意した。紙コップの底に小さな穴をあけ，糸の一端を固定し，二つの紙コップを糸で接続すると，図1のような糸電話が完成した。一方の紙コップに向かって話すと，他方の紙コップからその音声を聞くことができた。

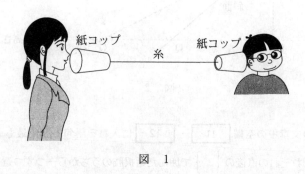

図　1

問1　生徒たちは，糸を通して音が伝わると考えて，これを確かめる実験を計画した。図2のように，糸電話を縦に設置し，質量が小さいプラスチック製の小球を紙コップ1の中と，逆さに置いた紙コップ2の上面に置いた。紙コップ1の真上にスピーカーを置き，音を発生させると，どちらの紙コップの小球も跳ねた。しかし，糸を外してスピーカーから同じ音を発生させたところ，紙コップ1の中に入れた小球は跳ねたが，紙コップ2の上面の小球は跳ねなかった。これらの現象の説明として適当なものを，次ページの①〜④のうちから二つ選べ。ただし，解答の順序は問わない。 13 ・ 14

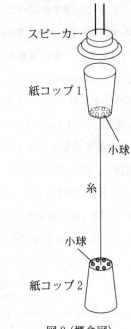

図 2（概念図）

① スピーカーから空気を伝わって紙コップ 1 に達した音は，紙コップ 1 を振動させることはできなかった。
② スピーカーから空気だけを伝わって紙コップ 2 に達した音では，小球を観察可能なほど跳ねさせることはできなかった。
③ 糸があると，紙コップ 2 の底が振動しにくくなり，代わりに小球が跳ねた。
④ スピーカーから空気を伝わって紙コップ 1 に達した音は，糸を伝わって紙コップ 2 を振動させ，小球を跳ねさせた。

糸を伝わる音について調べるために，図3のように，二つの紙コップを長さLの糸でつなぎ，一方の紙コップの中にスピーカー，他方にマイクロフォンを配置した。スピーカーには発振器をつないで，一定の振動数の音を発生させた。図4，図5は，それぞれ$L = 55$ cmと$L = 175$ cmのときの，スピーカーに加えた電圧とマイクロフォンからの電圧を同時にオシロスコープで観察した結果である。横軸が時刻t，縦軸が電圧Vであり，実線の曲線Sがスピーカーに加えた電圧の表示，点線の曲線Mがマイクロフォンの電圧の表示である。初めに$L = 55$ cmで図4の表示になるように実験配置を調整し，続いて糸の長さを長くすると，マイクロフォンの電圧変化の表示Mがしだいに右側に移動し，$L = 175$ cmのときに初めて図5の表示になった。二つの紙コップの間では，糸を介して伝わる音のみを考え，その速さは一定であったものとする。なお，1 ms = 0.001 sである。

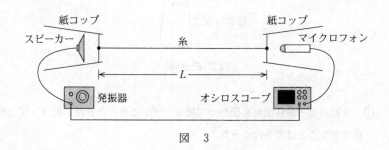

図 3

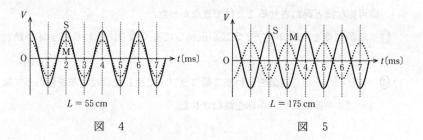

図 4　　　　　　　　　図 5

問2 次の文中の空欄 15 · 16 に入れるものとして最も適当なものを，それぞれの直後の{ }で囲んだ選択肢のうちから一つずつ選べ。

この実験で使われた音の周期は 15 {① 0.5 ms ② 1 ms ③ 2 ms ④ 4 ms} であり，

振動数は 16 {① 250 Hz ② 500 Hz ③ 1000 Hz ④ 2000 Hz} である。

問3 次の文章中の空欄 17 · 18 に入れるものとして最も適当なものを，それぞれの直後の{ }で囲んだ選択肢のうちから一つずつ選べ。

図4の曲線Mが図5で右にずれたことは，糸が長くなったことによって，図3の左側の紙コップからの音が，糸を伝わって右側の紙コップに達する時間が 17 {① 0.5 ms ② 1 ms ③ 1.5 ms ④ 2 ms} だけ長くなったことを意味している。したがって，糸を伝わる音の速さは 18 {① 340 m/s ② 600 m/s ③ 800 m/s ④ 1200 m/s ⑤ 2400 m/s} である。

MEMO

物 理 基 礎

（2021年1月実施）

2科目選択 60分　50点

2021
第1日程

物 理 基 礎

(解答番号 [1] ～ [19])

第1問 次の問い(問1～4)に答えよ。(配点 16)

問1 図1のように，床の上に直方体の木片が置かれ，その木片の上にりんごが置かれている。木片には，地球からの重力，床からの力，りんごからの力がはたらいている。木片にはたらくすべての力を表す図として最も適当なものを，次ページの①～④のうちから一つ選べ。[1]

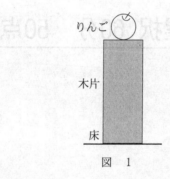

図 1

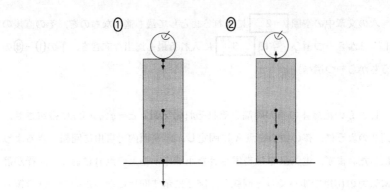
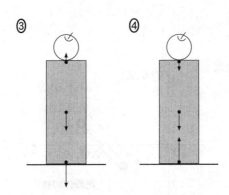

問2 次の文章中の空欄 2 に入れる語として最も適当なものを，その直後の｛　｝から一つ選び，空欄 3 に入れる最も適当な向きを，下の①〜⑧のうちから一つ選べ。

長さ L の絶縁体の棒の両端をそれぞれ電気量 q と $-q (q>0)$ に帯電させ，図2のように，棒の中心を点Aに固定し，xy 平面内で自由に回転できるようにした。まず，電気量 Q に帯電させた小球を y 軸上の点Bにおくと，棒が静電気力の作用でゆっくりと回転し，図2に示す向きになったので，Q の符号は 2 ｛① 正　② 負｝であることがわかった。次に，小球を y 軸に沿って点Cまでゆっくり移動させると，棒に描かれた矢印の向きは 3 になった。

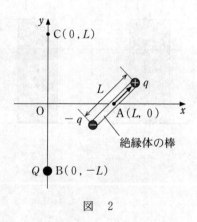

図　2

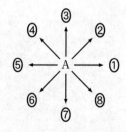

問3 次の文章中の空欄 ア ～ ウ に入れる語句の組合せとして最も適当なものを，下の①～⑥のうちから一つ選べ。 4

電磁波は電気的・磁気的な振動が波となって空間を伝わる。周波数（振動数）が小さいほうから順に，電波，赤外線，可視光線，紫外線，X線，γ線のように大まかに分類される。これらは，私たちの生活の中でそれぞれの特徴を活かして利用されている。 ア は日焼けの原因であり，また殺菌作用があるため殺菌灯に使われている。携帯電話，全地球測位システム（GPS），ラジオは イ を利用して情報を伝えている。X線はレントゲン写真に使われている。 ウ はがん細胞に照射する放射線治療に使われている。

	ア	イ	ウ
①	可視光線	γ 線	電 波
②	可視光線	電 波	γ 線
③	赤外線	γ 線	電 波
④	赤外線	電 波	γ 線
⑤	紫外線	γ 線	電 波
⑥	紫外線	電 波	γ 線

問 4 プールから帰ってきたＡさんが，同級生のＢさんと熱に関する会話を交わしている。次の会話文を読み，下線部に**誤りを含むもの**を①〜⑤のうちから**二つ**選べ。ただし，解答番号の順序は問わない。 $\boxed{5}$・$\boxed{6}$

Ａさん：プールで泳ぐのはすごくいい運動になるよね。ちょっと泳いだだけでヘトヘトだよ。水中で手足を動かすのに使ったエネルギーは，いったいどこにいってしまうんだろう？

Ｂさん：水の流れや体が進む運動エネルギーもあるし，①手足が水にした仕事で，その水の温度が少し上昇するぶんもあると思うよ。仕事は，熱エネルギーになったりもするからね。たしか，エネルギーは，②熱エネルギーになってしまうと，その一部でも仕事に変えられないんだったね。

Ａさん：物理基礎の授業で，熱が関係するような現象は不可逆変化だって習ったよ。でも，③不可逆変化のときでも熱エネルギーを含めたすべてのエネルギーの総和は保存されているんだよね。

Ｂさん：授業で，物体の温度は熱運動と関係しているっていうことも習ったよね。たとえば，④1気圧のもとで水の温度を上げていったとき，水分子の熱運動が激しくなって，やがて沸騰するわけだね。

Ａさん：それじゃ逆に温度を下げたら，熱運動は穏やかになるんだね。冷凍庫の中の温度は－20℃とか，業務用だともっと低いらしいよ。太陽から遠く離れた惑星の表面温度なんて，きっと，ものすごく低いんだろうね。

Ｂさん：そうだね，天王星とか，海王星の表面だと－200℃より低い温度らしいね。もっと遠くでは，⑤－300℃よりも低い温度になることもあるはずだよ。そんなところじゃ，宇宙服を着ないと，すぐに凍ってしまうね。

第2問 次の文章（**A・B**）を読み，下の問い（**問1～5**）に答えよ。（配点 18）

A 図1のようにクラシックギターの音の波形をオシロスコープで観察したところ，図2のような波形が観測された。図2の横軸は時間，縦軸は電気信号の電圧を表している。また，表1は音階と振動数の関係を示している。

図 1

図 2

表 1

音 階	ド	レ	ミ	ファ	ソ	ラ	シ
振動数	131 Hz	147 Hz	165 Hz	175 Hz	196 Hz	220 Hz	247 Hz
	262 Hz	294 Hz	330 Hz	349 Hz	392 Hz	440 Hz	494 Hz

問 1 図 2 の波形の音の周期は何 s か。最も適当な数値を，次の ①～④ のうちから一つ選べ。　| 7 | s

① 0.0023　　② 0.0028　　③ 0.0051　　④ 0.0076

また，表 1 をもとにして，この音の音階として最も適当なものを，次の ①～⑦ のうちから一つ選べ。　| 8 |

① ド　　　　② レ　　　　③ ミ　　　　④ ファ
⑤ ソ　　　　⑥ ラ　　　　⑦ シ

— 90 —

問 2　図2の波形には，基本音だけでなく，2倍音や3倍音などたくさんの倍音が含まれている。ここでは，図3に示す基本音と2倍音のみについて考える。基本音と2倍音の混ざった波形として最も適当なものを，次ページの①〜④のうちから一つ選べ。ただし，図3の目盛りと解答群の図の目盛りは同じとする。　9

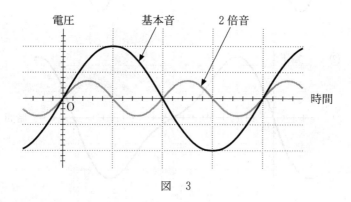

図　3

①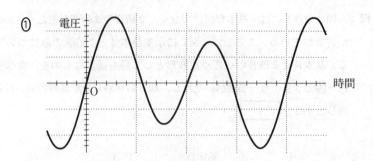

②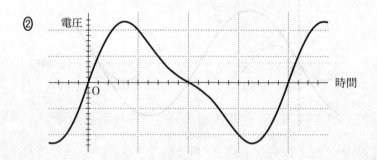

③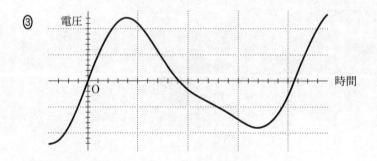

④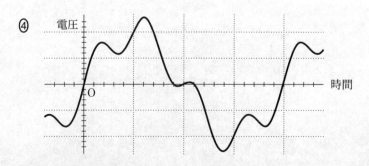

B　図4は変圧器の模式図である。その一次コイルを家庭用コンセントにつなぎ，交流電圧計で調べたところ，一次コイル側の電圧は100 V，二次コイル側の電圧は8.0 Vだった。

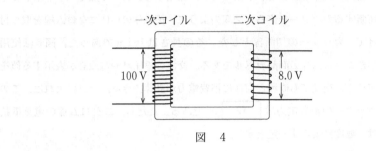

図　4

問3　次の文中の空欄　10　に入れる数値として最も適当なものを，下の①〜⑤のうちから一つ選べ。

　この変圧器の一次コイルと二次コイルの巻き数を比較すると，二次コイルの巻き数は一次コイルの　10　倍になる。

① 0.08　　② 0.8　　③ 8　　④ 12.5　　⑤ 100

問4　次の文章中の空欄　11　に入れる数値として最も適当なものを，下の①〜⑤のうちから一つ選べ。

　この変圧器の二次コイルの端子間に抵抗を接続し，一次コイルと二次コイルに流れる電流の大きさを交流電流計で比較する。変圧器内部で電力の損失がなく，一次コイル側と二次コイル側の電力が等しく保たれるものとすると，二次コイル側の電流は一次コイル側の　11　倍になる。

① 0.08　　② 0.8　　③ 8　　④ 12.5　　⑤ 100

問 5 次の文章中の空欄 | 12 | に入れる数値として最も適当なものを，下の ①～⑥のうちから一つ選べ。

この変圧器をコンセントにつなぎ，発生するジュール熱でペットボトルを切断するカッターを作る。図 5 のように，絶縁体の枠にニクロム線を取り付けて，カッターの切断部とした。その長さは 16 cm であった。図 6 は使用したニクロム線の商品ラベルである。交流の電圧計や電流計が表示する値を使うと，交流でも直流と同様に消費電力が計算できる。それによれば，このカッターの消費電力は | 12 | W である。ただし，ニクロム線の電気抵抗は，温度によらず一定とする。

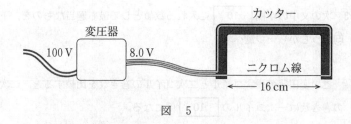

図 5

品　名　ニクロム線（ニッケルクロム）
直　径　0.4 mm　全体の長さ　1 m
最高使用温度　1100 ℃
長さ 1 m あたりの抵抗値　8.0 Ω

図 6

※実際の商品ラベルをもとに作成。数値を一部変更した。

① 0.5　　　　② 1.3　　　　③ 8
④ 50　　　　⑤ 82　　　　⑥ 800

第3問 次の文章を読み，下の問い(**問1〜5**)に答えよ。(配点 16)

　水平な実験台の上で，台車の加速度運動を調べる実験を，2通りの方法で行った。

　まず，記録タイマーを使った方法では，図1のように，台車に記録タイマーに通した記録テープを取りつけ，反対側に軽くて伸びないひもを取りつけて，軽くてなめらかに回転できる滑車を通しておもりをつり下げた。このおもりを落下させ，台車を加速させた。ただし，記録テープも記録タイマーも台車の運動には影響しないものとする。

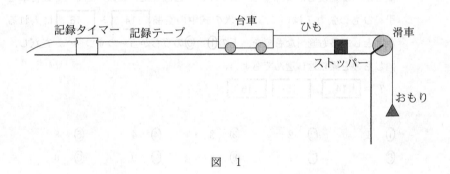

図 1

　図2のように，得られた記録テープの上に定規を重ねて置いた。この記録タイマーは毎秒60回打点する。記録テープには6打点ごとの点の位置に線が引いてある。

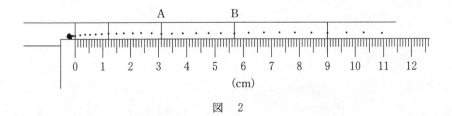

図 2

14

問 1 図 2 の線 A から線 B までの台車の平均の速さ $\bar{v}_{AB}$ はいくらか。次の式の空欄 13 に入れる数値として最も適当なものを，下の①〜⑥のうちから一つ選べ。

$$\bar{v}_{AB} = \boxed{13}\ \text{m/s}$$

① 0.017　　② 0.026　　③ 0.17

④ 0.26　　⑤ 1.7　　⑥ 2.6

問 2 速度と時間のグラフ（$v\text{-}t$ グラフ）を作ると，傾きが一定になっていた。この傾きから加速度を計算すると，$0.72\ \text{m/s}^2$ となった。質量が $0.50\ \text{kg}$ の台車を引くひもの張力 T はいくらか。次の式中の空欄 14 〜 16 に入れる数字として最も適当なものを，下の①〜⓪のうちから一つずつ選べ。ただし，同じものを繰り返し選んでもよい。

$$T = \boxed{14}\ .\ \boxed{15}\ \boxed{16}\ \text{N}$$

① 1　　② 2　　③ 3　　④ 4　　⑤ 5

⑥ 6　　⑦ 7　　⑧ 8　　⑨ 9　　⓪ 0

次に，台車から記録テープを取りはずし，図3のように加速度測定機能のついたスマートフォンを台車に固定し，加速度を測定した。

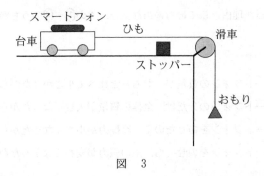

図　3

　測定を開始してからおもりを落下させ，台車がストッパーによって停止したことを確認して測定を終了した。

　スマートフォンには図4のような画面が表示された。図4は縦軸が加速度，横軸が時間である。ただし，スマートフォンは台車の進む向きを正とした加速度を測定している。また，台車が停止する直前の加速度はグラフの表示範囲を超えていた。

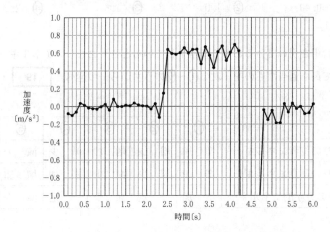

図　4

問3 測定したデータにはわずかな乱れが含まれているが，走行中の台車は等加速度運動をしているものとする。測定結果を見ると，加速度は記録テープによる測定値 $0.72\,\mathrm{m/s^2}$ より小さい $0.60\,\mathrm{m/s^2}$ であることがわかった。加速度が小さくなった理由として最も適当な文を，次の①～④のうちから一つ選べ。

  17

① スマートフォンの質量が，おもりと比べて小さかったから。

② スマートフォンの分だけ，全体の質量が大きくなったから。

③ スマートフォンをのせたので，摩擦力が小さくなったから。

④ スマートフォンをのせても，糸の張力が変わらなかったから。

問4 図4から等加速度運動をしている時間を読み取り，加速度の値 $0.60\,\mathrm{m/s^2}$ を用いると，台車がストッパーに接触する直前の速さ v_1 を求めることができる。v_1 はいくらか。次の式の空欄 18 に入れる数値として最も適当なものを，下の①～④のうちから一つ選べ。

$v_1 = $ 18 $\mathrm{m/s}$

① 0.40　　　② 1.0　　　③ 1.6　　　④ 2.2

問5 台車を引いているおもりが落下しているとき，おもりのエネルギーの変化として最も適当なものを，次の①～⑥のうちから一つ選べ。 19

	①	②	③	④	⑤	⑥
おもりの位置エネルギー	増 加	増 加	増 加	減 少	減 少	減 少
おもりの運動エネルギー	増 加	減 少	減 少	増 加	増 加	減 少
おもりの力学的エネルギー	増 加	一 定	減 少	一 定	減 少	減 少

物 理 基 礎

（2021年1月実施）

2科目選択 60分　50点

2021
第2日程

物 理 基 礎

$\left(\text{解答番号}\ \boxed{1}\ \sim\ \boxed{15}\ \right)$

第1問 次の問い（**問1～4**）に答えよ。（配点　16）

問1 次の文章中の空欄 $\boxed{1}$ に入れる指数として最も適当な数字を，下の①～
⑤のうちから一つ選べ。

　　水圧は水面からの深さによって変化する。水深 1.0 m の場所の水圧と，水
深 2.0 m の場所の水圧を比べた場合，水圧は $9.8 \times 10^{\boxed{1}}$ Pa だけ異なる。た
だし，水の密度を 1.0×10^3 kg/m^3，重力加速度の大きさを 9.8 m/s^2 とす
る。また，1 Pa = 1 N/m^2 である。

① 1　　　　② 2　　　　③ 3　　　　④ 4　　　　⑤ 5

問 2 円柱状の金属導線を流れる電流の大きさは導線の断面を単位時間に通過する自由電子の電気量の大きさである。図1は，断面積 S の導線の一部分であり，自由電子がすべて同じ速さ u で同じ向きに進んでいる様子を模式的に表している。同様に表1の図のA～Fは，導線の断面積が $2S$，$\frac{S}{2}$ の2通り，自由電子の速さが $2u$，u，$\frac{u}{2}$ の3通りからなる6通りの組合せを示している。図1と表1の図の導線内の単位体積あたりの自由電子の個数がすべて同じであるとして，電流の大きさが図1と同じになるものの組合せを，下の①～⑤のうちから一つ選べ。 2

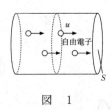

図　1

表　1

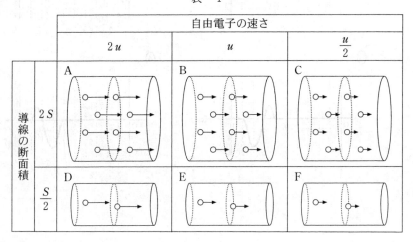

① AとF　　　② BとE　　　③ CとD
④ すべて　　　⑤ なし

問 3　図 2 は，x 軸上を正の向きに速度 2 cm/s で進むパルス波の変位 y を表している。$x = 10$ cm の位置で，パルス波は固定端反射する。このパルス波の，図 2 の状態から 5 s 後の波形として最も適当なものを，下の ①〜④ のうちから一つ選べ。　3

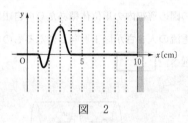

図　2

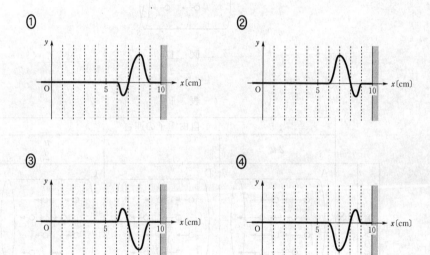

問 4 次の文章中の空欄 ア ・ イ に入れる語句および数値の組合せとして最も適当なものを，下の①〜⑥のうちから一つ選べ。 4

アルミニウムの比熱(比熱容量)が $0.90\,\mathrm{J/(g\cdot K)}$ であることを確認する実験をしたい。図3(a)のように，温度 $T_1 = 42.0\,\mathrm{℃}$，質量 $100\,\mathrm{g}$ のアルミニウム球を，温度 $T_2 = 20.0\,\mathrm{℃}$，質量 M の水の中に入れ，図3(b)のように，アルミニウム球と水が同じ温度になったとき，水の温度 T_3 を測定する。水の質量 M が ア なるほど，温度上昇 $T_3 - T_2$ が小さくなる。

温度上昇 $T_3 - T_2$ が $1.0\,\mathrm{℃}$ になるようにするためには，$M =$ イ g としなければならない。ただし，水の比熱は $4.2\,\mathrm{J/(g\cdot K)}$ であり，熱はアルミニウム球と水の間だけで移動し，水およびアルミニウムの比熱は温度によらず一定とする。

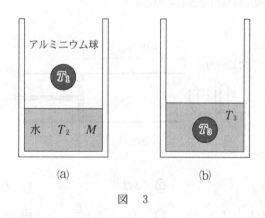

図 3

	①	②	③	④	⑤	⑥
ア	大きく	大きく	大きく	小さく	小さく	小さく
イ	450	500	630	450	500	630

第2問 次の文章(**A**・**B**)を読み，下の問い(問1～5)に答えよ。(配点 19)

A 気体の共鳴と音速について考える。

問1 次の文章中の空欄 **5** に入れる式として正しいものを，下の①～⑥のうちから一つ選べ。

実験室内に，図1のような一端がピストンで閉じられ，気柱の長さが自由に変えられる管がある。管の開口部でスピーカーから振動数 f の音を出し，ピストンを開口端から徐々に動かして，最初に共鳴が起こるときの長さを測定すると L_1 であった。さらにピストンを動かし，次に共鳴する長さを測定したところ L_2 であった。これより音速は **5** と求められる。ただし，開口端補正は無視できるものとする。

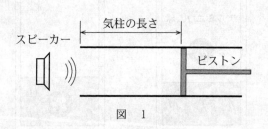

図 1

① fL_2 ② $2fL_2$ ③ $f(L_2 - L_1)$

④ $2f(L_2 - L_1)$ ⑤ $f(L_2 - L_1)\dfrac{L_2}{L_1}$ ⑥ $f(L_2 - L_1)\dfrac{L_1}{L_2}$

問 2 次の文章中の空欄 6 ・ 7 に入れる語句として最も適当なものを，それぞれの直後の｛ ｝で囲んだ選択肢のうちから一つずつ選べ。

気柱の長さを L_2 に保ったまま，共鳴が起こらなくなるまで実験室の気温を徐々に下げた。共鳴が起こらなくなったのは，管内の空気の温度が下がったため，

管内の 6 ｛① 音の波長が長くなった
② 音の波長が短くなった
③ 音の振動数が大きくなった
④ 音の振動数が小さくなった
⑤ 音が縦波から横波になった｝ からである。

このあと，ピストンの位置を左に動かしていったところ，管の開口端に達するまでに共鳴は 7 ｛① 1回
② 2回
③ 3回
④ 0回｝ 起こった。

B オームの法則を確かめるために図2のような回路で抵抗に電圧を加え，流れる電流を電流計で測定した。

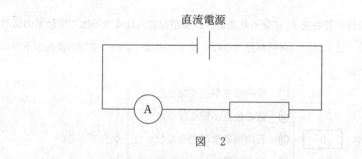

図 2

問 3 電流計の端子に図3のように導線を接続して，図2の回路の抵抗にある電圧を加えたところ，電流計の針が振れて図4の位置で静止した。最小目盛りの $\frac{1}{10}$ まで読み取るとして，電流計の読み取り値として最も適当なものを，次ページの①〜⑨のうちから一つ選べ。 8

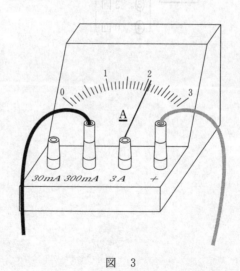

図 3

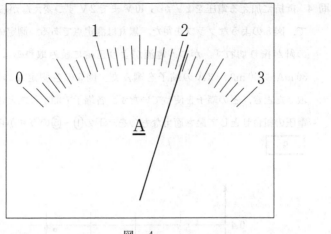

図 4

① 0.02 A　　② 0.2 A　　③ 2 A
④ 0.021 A　　⑤ 0.21 A　　⑥ 2.1 A
⑦ 0.0207 A　　⑧ 0.207 A　　⑨ 2.07 A

問 4 抵抗に加える電圧を 2 V から 40 V まで 2 V ずつ変えながら電流を測定して，図 5 のようなグラフを得た。黒丸は測定点である。測定のとき，電流計の針が振り切れず，かつ，電流がより正確に読み取れるように電流計の 30 mA，300 mA，3 A の端子を選んだ。図 5 の各測定点の電流値を読み取ったとき，どの端子を使っていたか。各端子で測定したときに加えていた電圧の組合せとして最も適当なものを，下の ①〜⑥ のうちから一つ選べ。

9

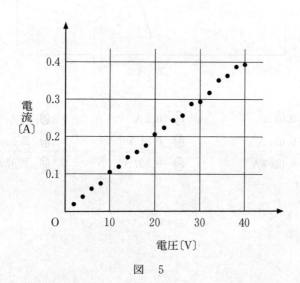

図 5

	30 mA 端子	300 mA 端子	3 A 端子
①	2 V	4〜30 V	32〜40 V
②	2 V	4〜18 V	20〜40 V
③	2〜8 V	10〜40 V	使わない
④	2〜8 V	10〜30 V	32〜40 V
⑤	2〜8 V	10〜18 V	20〜40 V
⑥	使わない	2〜30 V	32〜40 V

問 5 図 5 のように，測定された電流は加えた電圧にほぼ比例するのでオームの法則が成り立っていることがわかる。この抵抗値をより正確に決定するためにどのデータを使えばよいか。最も適当なものを，次の①～④のうちから一つ選べ。 10

① 最大の電圧 40 V とそのときの測定電流

② 中央の電圧 20 V とそのときの測定電流

③ 中央の電圧 20 V と最大の電圧 40 V の測定点 2 点を通る直線の傾き

④ 図 5 でなるべく多くの測定点の近くを通るように引いた直線の傾き

また，得られる抵抗値として最も適当なものを，次の①～⑤のうちから一つ選べ。 11

① 0.01 Ω　　② 0.1 Ω　　③ 1 Ω　　④ 10 Ω　　⑤ 100 Ω

第3問　次の問い(問1〜4)に答えよ。(配点 15)

　電車の運転席には様々な計器がある。電車がA駅を出発してからB駅に到着するまで，電車の速さv，電車の駆動用モーターに流れた電流I，モーターに加わった電圧Vを2sごとに記録したデータがある。図1はvと時刻tの関係を，図2はIとtの関係をグラフにしたものである。電流が負の値を示しているのは，電車のモーターを発電機にして運動エネルギーを電気エネルギーに変換しているためである。A駅とB駅の間の線路は，地図上では直線である。車両全体の質量は3.0×10^4 kgであり，重力加速度の大きさを9.8 m/s^{2}とする。

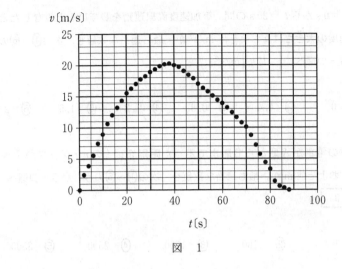

図 1

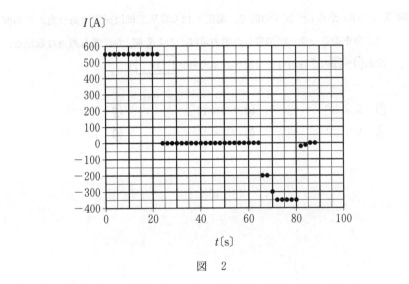

図 2

問 1 $t = 0$ s から $t = 20$ s の間，等加速度直線運動をしているとみなしたとき，加速度の大きさは，およそ何 m/s^2 か。最も適当な数値を，次の①～⑥のうちから一つ選べ。　$\boxed{12}$　m/s^2

① 0　　② 0.4　　③ 0.8　　④ 1.2　　⑤ 1.6　　⑥ 2.0

問 2 この電車が A 駅から B 駅まで走った距離を図1の v–t グラフから求めると，およそ何 m か。最も適当な数値を，次の①～⑤のうちから一つ選べ。
$\boxed{13}$　m

① 600　　　② 1100　　　③ 1700　　　④ 2500　　　⑤ 3500

問 3 $t = 0$ s から $t = 20$ s の間で，電圧 V は 600 V でほぼ一定であった。この間の，電車のモーターが消費した電力量は，およそ何 J か。最も適当な数値を，次の①～⑥のうちから一つ選べ。電力量＝$\boxed{14}$　J

① 3×10^5　　　　② 5×10^5　　　　③ 7×10^5

④ 3×10^6　　　　⑤ 5×10^6　　　　⑥ 7×10^6

問 4 $t = 40\,\mathrm{s}$ から $t = 60\,\mathrm{s}$ の区間で，電車は勾配のある線路上を運動していた。摩擦や空気抵抗の影響を無視し，力学的エネルギーが保存されるものとすると，この区間の高低差はおよそ何 m か。最も適当な数値を，次の①〜⑤のうちから一つ選べ。 | 15 | m

① 1 　　② 5 　　③ 10 　　④ 20 　　⑤ 30

MEMO

物 理 基 礎

（2020年1月実施）

2 科目選択　60分　50点

2020

本試験

物理基礎

(解答番号 1 ～ 13)

第1問 次の問い(問1～5)に答えよ。(配点 20)

問1 図1のように,自然の長さが同じでばね定数が k の3本の軽いばねを水平な天井に等間隔に固定し,ばねの下端に軽い棒を水平に取り付けた。この棒の中央から質量 m の物体を軽い糸でつるすと,3本のばねはそれぞれ自然の長さから ℓ だけ伸びて静止した。伸び ℓ を表す式として正しいものを,下の①～⑤のうちから一つ選べ。ただし,3本のばねは同一鉛直面内にあり,棒は変形しないものとし,重力加速度の大きさを g とする。$\ell =$ ☐1

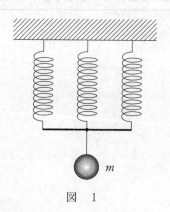

図 1

① $\dfrac{mg}{3k}$ ② $\dfrac{mg}{2k}$ ③ $\dfrac{mg}{k}$ ④ $\dfrac{2mg}{k}$ ⑤ $\dfrac{3mg}{k}$

問 2 図2のように,静止している質量 m の小物体を,同じ大きさの力 F で引いて三つの異なる向きに動かした。鉛直上向きに引いた場合を A,傾き 45° の斜面に沿って上向きに引いた場合を B,水平方向に引いた場合を C とする。それぞれの場合に 1 秒間引いた直後の小物体の運動エネルギーを K_A, K_B, K_C とし,それらの大小関係を表す式として正しいものを,下の ①〜⑥ のうちから一つ選べ。ただし,斜面と水平面はなめらかであり,空気の抵抗は無視できるものとする。また,重力加速度の大きさを g とし,$F > mg$ が満たされているものとする。 2

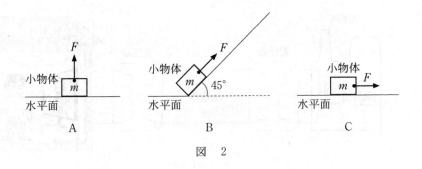

図 2

① $K_A = K_B = K_C$ ② $K_A = K_B > K_C$ ③ $K_A > K_B > K_C$

④ $K_C > K_A = K_B$ ⑤ $K_C > K_A > K_B$ ⑥ $K_C > K_B > K_A$

問 3 次の文章中の空欄 　ア　 ～ 　ウ　 に入れる語の組合せとして最も適当なものを，下の①～⑧のうちから一つ選べ。　3　

図3は送電の仕組みを模式的に示している。発電所から一定の電力を送り出す場合，送電線で発生するジュール熱によって失われる電力を小さくするには，送電電圧を 　ア　 することで，送電線を流れる電流を 　イ　 するとよい。そのため，発電所で発電された電気は，何度か変圧されたのちに家庭へ送られている。送電に 　ウ　 を用いると，このような変圧を容易に行える。

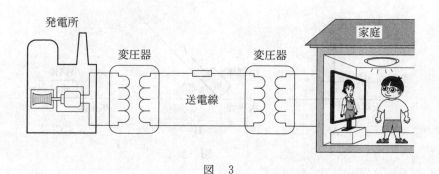

図 3

	①	②	③	④	⑤	⑥	⑦	⑧
ア	高く	高く	高く	高く	低く	低く	低く	低く
イ	大きく	大きく	小さく	小さく	大きく	大きく	小さく	小さく
ウ	直流	交流	直流	交流	直流	交流	直流	交流

2020年度　本試験　物理基礎　5

問 4　次の文章中の空欄　エ　・　オ　に入れる数値の組合せとして最も適当なものを，下の①〜⑥のうちから一つ選べ。　4

　　振動数 445 Hz のおんさ A と振動数 440 Hz のおんさ B を同時に鳴らすと，うなりが生じた。1 秒あたりのうなりの回数から，うなりが 1 回生じる時間（うなりの周期）T が求められ，$T =$　エ　s である。この T の間におんさ A と B が振動する回数の差（おんさ A と B から出た波の数の差）は　オ　である。

	エ	オ
①	0.1	1
②	0.1	2
③	0.2	1
④	0.2	2
⑤	0.4	1
⑥	0.4	2

— 119 —

6

問 5 熱に関する記述として最も適当なものを，次の①〜⑤のうちから一つ選べ。

5

① 1気圧での水の沸点を絶対温度で表すと273 K である。

② 融点で物質が固体から液体に変化する際に物質に吸収される熱は，潜熱である。

③ 気体の内部エネルギーの変化は，外部から気体に加えられた熱量と気体にされた仕事の和より常に大きい。

④ 高温の物体と低温の物体を接触させたとき，物体間の温度差が増大する向きに熱は移動する。

⑤ あらい面上を動く物体が摩擦熱を発生し静止する現象は，物体に力を加えて元の速度に戻すことができるので可逆変化である。

第2問 次の文章(A・B)を読み，下の問い(問1～4)に答えよ。(配点 15)

A x軸上を同じ速さで互いに逆向きに進んでいる二つの波(a), (b)を考える。図1は，時刻 $t = 0$ s および 0.50 s における波形を表す。また，二つの波の進む向きをそれぞれ矢印で示している。

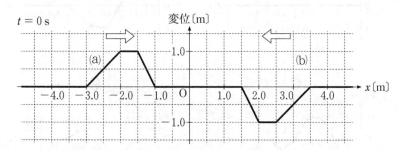

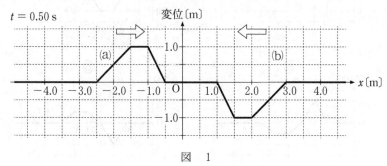

図 1

問1 波(a), (b)の速さは何 m/s か。最も適当な数値を，次の①～⑥のうちから一つ選べ。 6 m/s

① 0.25 ② 0.50 ③ 1.0
④ 2.5   ⑤ 5.0   ⑥ 10

問 2 x 軸の原点 ($x = 0$) における変位の時間変化を表したグラフとして最も適当なものを，次の①〜⑥のうちから一つ選べ。 ７

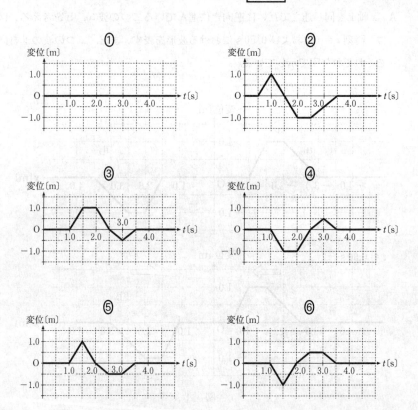

B 図2のように,抵抗値10Ωの三つの抵抗,電圧2.0Vの直流電源,スイッチで回路をつくった。ただし,これら三つの抵抗以外の電気抵抗は無視できるものとする。

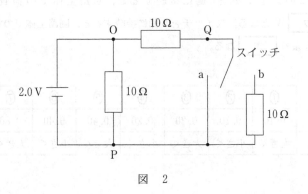

図 2

問 3 次の文中の空欄 ア ・ イ に入れる数値の組合せとして最も適当なものを,下の①~⑨のうちから一つ選べ。 8

スイッチがa側にもb側にも接続されていないとき,OP間の電圧は ア Vであり,OQ間の電圧は イ Vである。

	①	②	③	④	⑤	⑥	⑦	⑧	⑨
ア	0	0	0	1.0	1.0	1.0	2.0	2.0	2.0
イ	0	1.0	2.0	0	1.0	2.0	0	1.0	2.0

10

問 4 次の文章中の空欄 ウ ・ エ に入れる数値と語の組合せとして最も適当なものを，下の①～⑧のうちから一つ選べ。 9

　　図2のスイッチをa側に接続すると，回路全体での消費電力P_1は ウ Wとなる。スイッチをb側に接続すると，回路全体での消費電力P_2はP_1より エ なる。

	①	②	③	④	⑤	⑥	⑦	⑧
ウ	0.10	0.10	0.20	0.20	0.40	0.40	0.80	0.80
エ	大きく	小さく	大きく	小さく	大きく	小さく	大きく	小さく

— 124 —

第3問 次の文章（**A**・**B**）を読み，下の問い（**問1 ～ 4**）に答えよ。（配点　15）

A 図1のように，自然の長さ ℓ のゴムひもの一端を天井の点 A に固定し，他端に質量 m の小球をつけた。この小球を点 A まで持ち上げ，その点から静かに放すと自由落下を始めた。ゴムひもの弾性力は，ゴムひもが自然の長さ ℓ から伸びた場合にのみはたらくものとする。この弾性力の大きさは自然の長さ ℓ からの伸びに比例するものとし，その比例定数を k とする。ただし，空気の抵抗やゴムひもの質量は無視できるものとし，重力加速度の大きさを g とする。

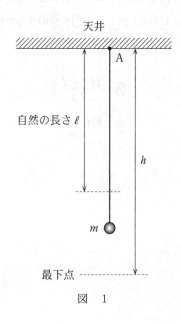

図　1

問1 小球を静かに放してから，小球が点 A から自然の長さ ℓ だけ下の位置を最初に通過するまでの時間 t を表す式として正しいものを，次の①～⑥のうちから一つ選べ。$t = \boxed{10}$

①　$\dfrac{1}{2}\sqrt{\dfrac{\ell}{g}}$　　　②　$\sqrt{\dfrac{\ell}{g}}$　　　③　$\sqrt{\dfrac{\ell}{2g}}$

④　$\sqrt{\dfrac{3\ell}{2g}}$　　　⑤　$\sqrt{\dfrac{2\ell}{g}}$　　　⑥　$2\sqrt{\dfrac{\ell}{g}}$

問2 小球が最下点に達したとき，ゴムひもの長さは h であった。小球の質量 m を表す式として正しいものを，次の①～⑥のうちから一つ選べ。

$m = \boxed{11}$

①　$\dfrac{kh}{2g}$　　　②　$\dfrac{k(h-\ell)}{2g}$　　　③　$\dfrac{k(h+\ell)}{2g}$

④　$\dfrac{k\ell^2}{2gh}$　　　⑤　$\dfrac{k(h-\ell)^2}{2gh}$　　　⑥　$\dfrac{k(h+\ell)^2}{2gh}$

B 図2のように,水平から60°の斜め上方に小球を発射する装置がある。小球を点Pから速さvで鉛直な壁面に向かって打ち出した。小球は,高さが最高点に達したとき,点Qで壁面に垂直に衝突した。壁は点Pから水平方向にℓだけ離れており,点Qは点Pよりhだけ高い位置にあった。ただし,小球は壁と垂直な鉛直面内を運動し,空気の抵抗は無視できるものとする。また,重力加速度の大きさをgとする。

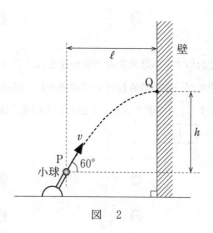

図 2

14

問 3 発射直後において，小球の水平方向の速さは $\dfrac{v}{2}$ である。発射から壁に衝突するまで，小球は水平方向には速度が一定の運動をする。発射直後から小球が壁に到達するまでの時間 t を表す式として正しいものを，次の①～⑥のうちから一つ選べ。$t =$ ⬛ 12

①　$\dfrac{v}{2\,\ell}$　　　　　②　$\dfrac{v}{\ell}$　　　　　③　$\dfrac{2\,v}{\ell}$

④　$\dfrac{\ell}{2\,v}$　　　　　⑤　$\dfrac{\ell}{v}$　　　　　⑥　$\dfrac{2\,\ell}{v}$

問 4 発射直後において，小球の鉛直方向の速さは $\dfrac{\sqrt{3}}{2}\,v$ である。小球は鉛直方向には加速度が一定の鉛直投げ上げ運動をし，点 Q で鉛直投げ上げ運動の最高点に達する。h を表す式として正しいものを，次の①～⑥のうちから一つ選べ。$h =$ ⬛ 13

①　$\dfrac{v^2}{8\,g}$　　　　　②　$\dfrac{v^2}{4\,g}$　　　　　③　$\dfrac{3\,v^2}{8\,g}$

④　$\dfrac{v^2}{2\,g}$　　　　　⑤　$\dfrac{5\,v^2}{8\,g}$　　　　　⑥　$\dfrac{3\,v^2}{4\,g}$

— 128 —

物 理 基 礎

（2019年 1 月実施）

2 科目選択 60分　50点

2019 本試験

物 理 基 礎

(解答番号 $\boxed{1}$ ~ $\boxed{14}$)

第1問 次の問い(問1～5)に答えよ。(配点 20)

問1 図1のように,水平な床の上に置かれた質量 m の物体に,ばね定数 k の軽いばねが取り付けられている。手でばねの一端を鉛直上向きに,ゆっくりと引き上げる。ばねが自然の長さから x だけ伸びたとき,物体は床から離れた。伸び x を表す式として正しいものを,下の①～④のうちから一つ選べ。ただし,重力加速度の大きさを g とする。$x = \boxed{1}$

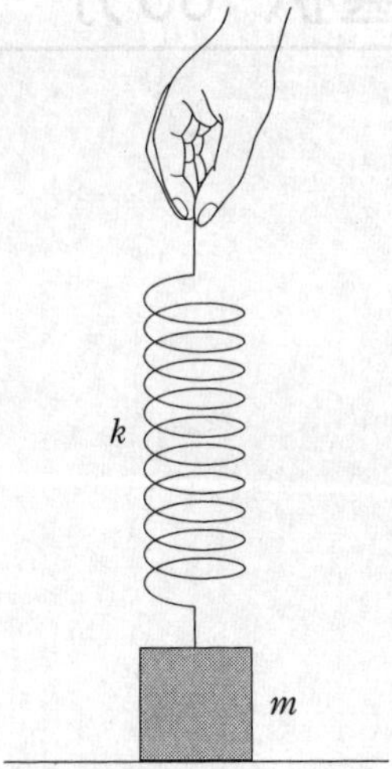

図 1

① $\sqrt{\dfrac{2mg}{k}}$ ② $\dfrac{mg}{k}$ ③ $\dfrac{2mg}{k}$ ④ $\dfrac{k}{mg}$

問 2 図 2 のように水平な床があり，点 A と点 B の間はあらい面に，それ以外はなめらかな面になっている。左側のなめらかな面の上を等速度ですべってきた小物体が，時刻 $t = 0$ s で点 A を通過し，その後，時刻 t_B〔s〕で点 B を通過した。小物体の速度 v〔m/s〕と時刻 t〔s〕の関係を表すグラフとして最も適当なものを，下の①〜④のうちから一つ選べ。ただし，図 2 の右向きを速度の正の向きとし，あらい面と小物体との間の動摩擦係数は一定であるとする。 2

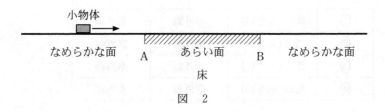

図 2

①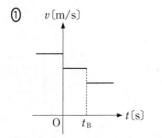

②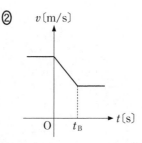

③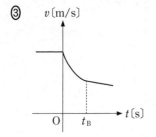

④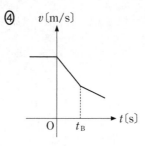

問 3 次の文中の空欄 | ア | ～ | ウ | に入れる語の組合せとして最も適当なものを，下の①～④のうちから一つ選べ。| 3 |

電磁波は，周波数（振動数）の | ア | 方から順に，電波，| イ |，可視光線，| ウ |，X 線，γ 線に大きく分類される。

	ア	イ	ウ
①	高い（大きい）	赤外線	紫外線
②	高い（大きい）	紫外線	赤外線
③	低い（小さい）	赤外線	紫外線
④	低い（小さい）	紫外線	赤外線

問 4 原子と放射線に関する記述として最も適当なものを，次の①～⑤のうちから一つ選べ。 4

① 原子の種類(元素)は，原子核内に存在する中性子の数によって決まり，その数を原子番号という。

② 放射線には α 線，β 線，γ 線などがあるが，その透過力や電離作用は放射線の種類によらずほぼ等しい。

③ 私たちは日常生活の中で，食物や空気および大地や宇宙からの自然放射線を浴びている。

④ X 線は電場(電界)と磁場(磁界)が進行方向に対して垂直に振動する縦波であり，胸の X 線検診では，X 線が縦波である性質を利用して，人体組織の疎密を調べている。

⑤ 原子力発電では，核分裂の連鎖反応が継続しないように原子炉を制御しながら，核エネルギーを取り出している。

問 5 消費電力が 1.4×10^3 W のヒーターをもつ湯沸器で，15 ℃の水 500 g を 95 ℃まで加熱するのに要する時間は何秒か。最も適当なものを，次の①〜⑥のうちから一つ選べ。ただし，水の比熱を 4.2 J/(g·K) とする。また，ヒーターによって発生する熱量はすべて水の温度上昇に使われるものとする。

　　 5 　秒

①　1.2×10　　　　　②　2.4×10　　　　　③　7.0×10

④　1.2×10^2　　　　⑤　2.4×10^2　　　　⑥　7.0×10^2

第2問　次の文章(A・B)を読み，下の問い(問1～4)に答えよ。(配点　15)

A　気柱の共鳴について考える。ただし，空気中の音速を340 m/sとし，ガラス管の開口端補正は無視できるものとする。

問1　次の文章中の空欄　ア　・　イ　に入れる数値と記号の組合せとして最も適当なものを，次ページの①～⑧のうちから一つ選べ。　6

太さが一様で長さが50 cmのガラス管が2本ある。一方は両端が開いた開管A，他方は一端が閉じた閉管Bである。図1のように，空気中で2本のガラス管の開口端の近くに発振器につながれたスピーカーを置き，同じ周波数の音波を二つのスピーカーから発生させる。この音波の周波数を，0 Hzからゆっくり増加させていく。

最初の共鳴は閉管Bで生じた。このとき，音波の周波数は$f_1 =$　ア　Hzである。次に2度目の共鳴が片方のガラス管で生じ，そのあと3度目の共鳴が　イ　のガラス管で生じた。

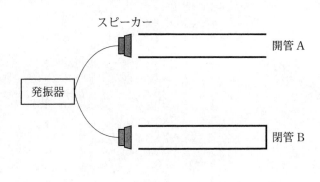

図　1

	ア	イ
①	170	A
②	170	B
③	340	A
④	340	B
⑤	510	A
⑥	510	B
⑦	680	A
⑧	680	B

問 2 次の文章中の空欄 ウ ・ エ に入れる数値の組合せとして最も適当なものを，次ページの①～⑨のうちから一つ選べ。 7

次に，図2のようにヘリウムガスを満たした箱の中における気柱の共鳴を考える。ヘリウムガス中の音速は，空気中の音速の3倍であるとする。**問 1**で用いた閉管Bを箱の中に入れ，発振器につないだスピーカーを開口端付近に置いて音波を発生させる。この音波の周波数を，0 Hzからゆっくり増加させていく。

最初の共鳴が生じたときの音波の周波数f_2は，**問 1**におけるf_1を用いて，$f_2 = $ ウ f_1となる。この共鳴が生じているとき，定常波の節の数は エ 個である。

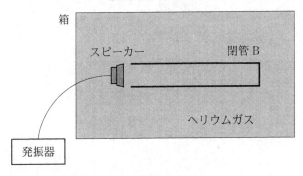

図 2

	ウ	エ
①	$\dfrac{1}{3}$	1
②	$\dfrac{1}{3}$	2
③	$\dfrac{1}{3}$	3
④	2	1
⑤	2	2
⑥	2	3
⑦	3	1
⑧	3	2
⑨	3	3

B 二つの抵抗と直流電源からなる回路について考える。

問3 図3のように，20Ωの抵抗Aと30Ωの抵抗Bを，6.0Vの直流電源につないだ。図中の点Pを流れる電流は何Aか。最も適当なものを，下の①～⑤のうちから一つ選べ。｜ 8 ｜A

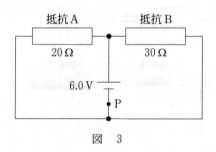

図 3

① 0.12　② 0.20　③ 0.30　④ 0.50　⑤ 0.60

問4 次の文章中の空欄　オ　・　カ　に入れる数値の組合せとして最も適当なものを，下の①～⑦のうちから一つ選べ。　9

同じ材質でできた円柱状の抵抗C，Dがあり，Dの直径と長さはCの直径と長さのそれぞれ2倍である。このとき，Dの抵抗値はCの抵抗値の　オ　倍である。図4のように回路をつくったとき，Dの消費電力はCの消費電力の　カ　倍となる。

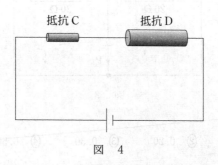

図　4

	オ	カ
①	$\frac{1}{4}$	$\frac{1}{4}$
②	$\frac{1}{4}$	4
③	$\frac{1}{2}$	$\frac{1}{2}$
④	$\frac{1}{2}$	2
⑤	1	1
⑥	2	$\frac{1}{2}$
⑦	2	2

第3問 次の文章(A・B)を読み，下の問い(問1〜4)に答えよ。(配点 15)

A 乾電池により一定の加速度で走行できる機関車の模型がある。図1のように，この機関車に質量 M の客車 A と質量 m の客車 B を軽くて伸びないひも1，2で水平につないだ。機関車と客車 A，B は，水平でまっすぐな線路上を，一定の加速度で右向きに走り出した。ひも1が客車 A を引く力の大きさを F とし，ひも2が客車 B を引く力の大きさを f とする。ただし，客車 A，B は線路上をなめらかに動き，車輪の質量および空気抵抗は無視できるものとする。

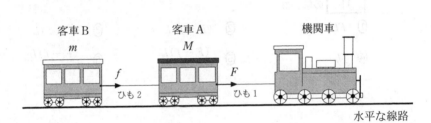

図 1

問1 ひも2が客車 B を引く力の大きさ f を表す式として正しいものを，次の①〜⑥のうちから一つ選べ。$f = \boxed{10}$

① $\dfrac{F}{2}$ ② F

③ $\dfrac{mF}{M}$ ④ $\dfrac{MF}{m}$

⑤ $\dfrac{mF}{M+m}$ ⑥ $\dfrac{MF}{M+m}$

問 2 次の文章中の空欄 | 11 | ・ | 12 | に入れる式および語句として最も適当なものを，下のそれぞれの解答群から一つずつ選べ。 | 11 | | 12 |

一定の加速度で距離 L だけ走らせたとき，客車 A の運動エネルギーの増加量は | 11 | である。客車 A，B の運動エネルギーの増加量は，機関車で使用されている乾電池の | 12 | の一部が変換されたものである。

| 11 | の解答群

① FL ② $(F-f)L$ ③ $(F+f)L$

④ fL ⑤ $\dfrac{(F-f)L}{2}$ ⑥ $\dfrac{(F+f)L}{2}$

| 12 | の解答群

① 光エネルギー   ② 熱エネルギー

③ 化学エネルギー   ④ 力学的エネルギー

B 図2のように，なめらかな斜面をもつすべり台A，Bが水平な床に固定されている。すべり台Aの傾きは，すべり台Bの傾きより小さい。すべり台A，Bの同じ高さの位置から，それぞれ小物体1，2を静かに放すと，二つの小物体は斜面をすべり落ちた。ただし，二つの小物体の質量は等しいものとする。

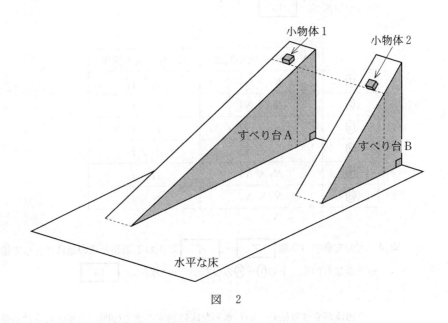

図　2

問3 二つの小物体が斜面上をすべり落ちている間，小物体１，２が斜面から受ける垂直抗力の大きさを，それぞれ N_1，N_2 とする。また，小物体１，２が斜面上をすべり始めてから水平な床に達するまでの時間を，それぞれ t_1，t_2 とする。それらの大小関係の組合せとして正しいものを，次の①～⑥のうちから一つ選べ。 13

	N_1，N_2 の大小関係	t_1，t_2 の大小関係
①	$N_1 > N_2$	$t_1 > t_2$
②	$N_1 > N_2$	$t_1 = t_2$
③	$N_1 > N_2$	$t_1 < t_2$
④	$N_1 < N_2$	$t_1 > t_2$
⑤	$N_1 < N_2$	$t_1 = t_2$
⑥	$N_1 < N_2$	$t_1 < t_2$

問4 次の文章中の空欄 ア ・ イ に入れる語句と式の組合せとして最も適当なものを，下の①～⑥のうちから一つ選べ。 14

小物体がすべり始めてから水平な床に達するまでの間，斜面から受ける垂直抗力は小物体に ア 。この間に，重力が小物体１，２にする仕事をそれぞれ W_1，W_2 とすると，その大小関係は イ となる。

	ア	イ
①	仕事をする	$W_1 > W_2$
②	仕事をする	$W_1 = W_2$
③	仕事をする	$W_1 < W_2$
④	仕事をしない	$W_1 > W_2$
⑤	仕事をしない	$W_1 = W_2$
⑥	仕事をしない	$W_1 < W_2$

物　理

（2024年1月実施）

60分　100点

2024 本試験

物理

(解答番号 $\boxed{1}$ ~ $\boxed{22}$)

第1問 次の問い(問1～5)に答えよ。(配点 25)

問1 図1のように、直角二等辺三角形の一様な薄い板を水平な床に対して垂直に立てる。板の頂点をA，B，Cとし、板が壁と垂直になるように、頂点Aを壁に接触させる。$AC = BC = L$とする。板の重心は辺BCから$\frac{L}{3}$の距離のところにある。この三角形を含む鉛直面内で、点Bに水平右向きに大きさFの力を加えるとき、板が点Aのまわりに回転しないようなFの最大値を表す式として正しいものを、後の①～⑥のうちから一つ選べ。ただし、板の質量をMとし、重力加速度の大きさをgとする。 $\boxed{1}$

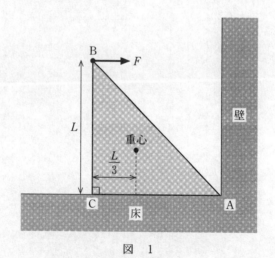

図 1

① $\dfrac{Mg}{3\sqrt{2}}$ ② $\dfrac{Mg}{3}$ ③ $\dfrac{Mg}{2}$

④ $\dfrac{\sqrt{2}\,Mg}{3}$ ⑤ $\dfrac{2\,Mg}{3}$ ⑥ Mg

問 2 次の文章中の空欄 | 2 |・| 3 | に入れる数値として最も適当なものを，それぞれの直後の { } で囲んだ選択肢のうちから一つずつ選べ。

太陽の中心部の温度は約 1500 万 K であり，そこには水素原子核やヘリウム原子核が電子と結びつかずに存在している。その状態を，単原子分子理想気体とみなすとき，太陽の中心部にあるヘリウム原子核 1 個あたりの運動エネルギーの平均値は，温度 300 K の空気中に，単原子分子理想気体として存在するヘリウム原子 1 個あたりの運動エネルギーの平均値の

約 | 2 |  倍となる。

また，太陽の中心部で，水素原子核 1 個あたりの運動エネルギーの平均値は，ヘリウム原子核 1 個あたりの運動エネルギーの平均値の

| 3 | ① $\frac{1}{4}$ ② $\frac{1}{2}$ ③ 1 ④ 2 ⑤ 4 倍である。

問3 次の文章中の空欄 ア ・ イ に入れる語句と式の組合せとして最も適当なものを、後の①〜⑨のうちから一つ選べ。 4

図2には、水、厚さ一定のガラス、空気の層を、光が屈折しながら進む様子が描かれている。水、ガラス、空気の屈折率をそれぞれ n, n', n'' ($n' > n > n''$, $n'' = 1$)とすると、水とガラスの境界面での屈折では $n \sin\theta = n' \sin\theta'$ の関係が成り立ち、ガラスと空気の境界面でも同様の関係が成り立つ。図2の角度 θ がある角度 θ_C を超えると、光は空気中に出てこなくなる。このとき、光は ア の境界面で全反射しており、θ_C は $\sin\theta_C =$ イ で与えられる。

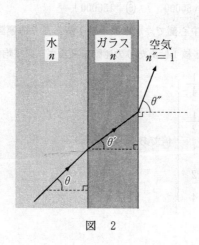

図　2

	ア	イ
①	水とガラス	$\dfrac{1}{n}$
②	水とガラス	$\dfrac{1}{n'}$
③	水とガラス	$\dfrac{n'}{n}$
④	ガラスと空気	$\dfrac{1}{n}$
⑤	ガラスと空気	$\dfrac{1}{n'}$
⑥	ガラスと空気	$\dfrac{n'}{n}$
⑦	水とガラス，および，ガラスと空気の両方	$\dfrac{1}{n}$
⑧	水とガラス，および，ガラスと空気の両方	$\dfrac{1}{n'}$
⑨	水とガラス，および，ガラスと空気の両方	$\dfrac{n'}{n}$

問 4 次の文章中の空欄 | ウ | ・ | エ | に入れる語の組合せとして最も適当な
ものを，後の①～⑨のうちから一つ選べ。ただし，重力は無視できるものとす
る。 | 5 |

　一様な磁場(磁界)中の荷電粒子の運動について，互いに直交する三つの座標
軸として x 軸，y 軸，z 軸を定めて考える。荷電粒子が xy 平面内で円運動して
いるときは，磁場の方向は | ウ | に平行である。また，荷電粒子が x 軸に平
行に直線運動しているときは，磁場の方向は | エ | に平行である。

	ウ	エ
①	x 軸	x 軸
②	x 軸	y 軸
③	x 軸	z 軸
④	y 軸	x 軸
⑤	y 軸	y 軸
⑥	y 軸	z 軸
⑦	z 軸	x 軸
⑧	z 軸	y 軸
⑨	z 軸	z 軸

問 5 次の文章中の空欄 **オ** ・ **カ** に入れるものの組合せとして最も適当なものを，後の①~⑨のうちから一つ選べ。 **6**

陽子($^1_1$H)を炭素の原子核 $^{12}_6$C に衝突させたところ，原子核反応により原子核 $^{13}_7$N が生成された。表1に示す統一原子質量単位 u で表した原子核の質量から考えると，この反応で核エネルギーが **オ** ことがわかる。

原子核 $^{13}_7$N は，やがて原子核 $^{13}_6$C に崩壊する。崩壊によって，原子核 $^{13}_7$N の個数が 40 分間で $\frac{1}{16}$ になったとすると，原子核 $^{13}_7$N の半減期は約 **カ** となる。

表 1

元　素	原子核	原子核の質量〔u〕
水　素	$^1_1$H	1.0073
炭　素	$^{12}_6$C	11.9967
	$^{13}_6$C	13.0000
窒　素	$^{13}_7$N	13.0019

	オ	カ
①	放出されなかった	10 分
②	放出されなかった	20 分
③	放出されなかった	40 分
④	放出されたかどうかは，反応前の陽子の運動エネルギーによる	10 分
⑤	放出されたかどうかは，反応前の陽子の運動エネルギーによる	20 分
⑥	放出されたかどうかは，反応前の陽子の運動エネルギーによる	40 分
⑦	放出された	10 分
⑧	放出された	20 分
⑨	放出された	40 分

第2問 ペットボトルロケットに関する探究の過程についての次の文章を読み，後の問い(**問1〜5**)に答えよ。(配点 25)

　図1は，ペットボトルロケットの模式図である。ペットボトルの飲み口には栓のついた細い管(ノズル)が取り付けられていて，内部には水と圧縮空気がとじこめられている。ノズルの栓を開くとその先端から下向きに水が噴出する。ペットボトルとノズルはそれぞれ断面積 S_0，s の円筒形とする。考えやすくするために，以下の計算では，水の運動による摩擦(粘性)，空気抵抗，大気圧，重力の影響は無視する。

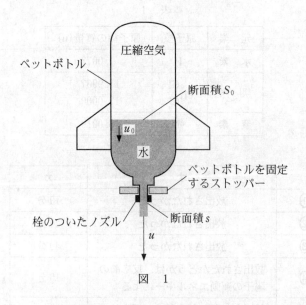

図　1

2024年度　本試験　物理　9

まず，図1のように，ペットボトルがストッパーで固定されている場合を考える。

問 1 次の文章中の空欄　ア・イ　に入れる式の組合せとして最も適当なものを，後の①～⑧のうちから一つ選べ。　7

ノズルから噴出する水の速さを u とするとき，短い時間 Δt の間に噴出する水の体積 ΔV は $\Delta V =$ ア と表される。また，ΔV は，ペットボトル内で下降する水面の速さ u_0 を用いて表すこともできるから，ΔV を消去して u_0 を求めると，$u_0 =$ イ が得られる。したがって，u の値が同じであれば，ノズルを細くすればするほど，u_0 は小さくなる。

	ア	イ
①	su	$\sqrt{\dfrac{s}{S_0}}\,u$
②	su	$\dfrac{s}{S_0}\,u$
③	su^2	$\sqrt{\dfrac{s}{S_0}}\,u$
④	su^2	$\dfrac{s}{S_0}\,u$
⑤	$su\Delta t$	$\sqrt{\dfrac{s}{S_0}}\,u$
⑥	$su\Delta t$	$\dfrac{s}{S_0}\,u$
⑦	$su^2\Delta t$	$\sqrt{\dfrac{s}{S_0}}\,u$
⑧	$su^2\Delta t$	$\dfrac{s}{S_0}\,u$

— 153 —

引き続き，ペットボトルが固定されている場合を考える。栓を開けた後，図2(a)のような状態にあったところ，時刻 $t = 0$ から $t = \Delta t$ までの間に質量 Δm，体積 ΔV の水が噴出し，図2(b)のような状態になった。このとき，Δt は小さいので，$t = 0$ から $t = \Delta t$ までの間，圧縮空気の圧力 p や，噴出した水の速さ u は一定とみなせるものとする。また，ペットボトルやノズルの中にあるときの水の運動エネルギーは考えなくてよい。水の密度を ρ_0 とする。なお，以下の図で，$t < 0$ で噴出した水は省略されている。

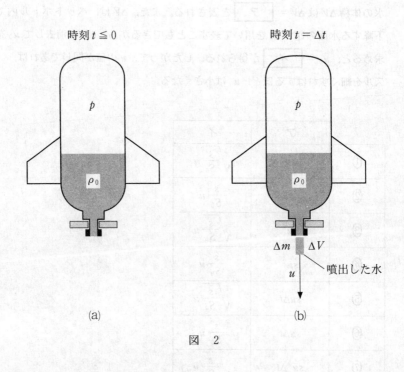

図 2

問2 時刻 $t = 0$ から $t = \Delta t$ までの間に噴出した水の質量 Δm と，同じ時間の間に圧縮空気がした仕事 W' を表す式として正しいものを，それぞれの選択肢のうちから一つずつ選べ。

$\Delta m = \boxed{8}$

$W' = \boxed{9}$

2024年度　本試験　物理　11

$\boxed{8}$ の選択肢

① $p\Delta V$　　② $\rho_0 \Delta V$　　③ $u\Delta V$　　④ $p\rho_0 \Delta V$

⑤ $\dfrac{\Delta V}{p}$　　⑥ $\dfrac{\Delta V}{\rho_0}$　　⑦ $\dfrac{\Delta V}{u}$　　⑧ $\dfrac{\Delta V}{p\rho_0}$

$\boxed{9}$ の選択肢

① $p\Delta V$　　② $\rho_0 \Delta V$　　③ $p\rho_0 \Delta V$　　④ $p\rho_0(\Delta V)^2$

⑤ $-p\Delta V$　　⑥ $-\rho_0 \Delta V$　　⑦ $-p\rho_0 \Delta V$　　⑧ $-p\rho_0(\Delta V)^2$

問 3 次の文章中の空欄 $\boxed{\text{ウ}}$・$\boxed{\text{エ}}$ には，それぞれの直後の $\{\ \}$ 内の語句および数式のいずれか一つが入る。入れる語句および数式を示す記号の組合せとして最も適当なものを，後の①~⑨のうちから一つ選べ。$\boxed{10}$

時刻 $t = 0$ から $t = \Delta t$ までの間に噴出した水の，$t = \Delta t$ での

$\boxed{\text{ウ}}$ $\left\{\begin{array}{l}\text{(a)}\ \ 運動量 \\ \text{(b)}\ \ 内部エネルギー \\ \text{(c)}\ \ 運動エネルギー\end{array}\right\}$ が，この間に圧縮空気がした仕事 W' に等し

いとき，

$u = \boxed{\text{エ}} \left\{\begin{array}{l}\text{(d)}\ \ \dfrac{2W'}{\Delta m} \\[2mm] \text{(e)}\ \ \dfrac{2W'}{p\Delta m} \\[2mm] \text{(f)}\ \ \sqrt{\dfrac{2W'}{\Delta m}}\end{array}\right\}$ となる。この式と前問の結果から，p と ρ_0 を用

いて u を表すことができる。

	①	②	③	④	⑤	⑥	⑦	⑧	⑨
ウ	(a)	(a)	(a)	(b)	(b)	(b)	(c)	(c)	(c)
エ	(d)	(e)	(f)	(d)	(e)	(f)	(d)	(e)	(f)

— 155 —

今度は，ペットボトルロケットが静止した状態から飛び出す状況を考える。時刻 $t < 0$ では，図2(a)と同じ状態であり，$t = 0$ にストッパーを外して動けるようになったとする（図3(a)）。$t = \Delta t$ では，水を噴出したロケットは上向きに動いている（図3(b)）。$t = 0$ での，ペットボトルと内部の水やノズルを含むロケット全体の質量を M，速さを0とする。また，$t = \Delta t$ での，ロケット全体の質量を M'，速さを Δv，Δt の間に噴出した水の速さを u' とする。Δt が小さいときには，Δm と Δv も小さいので，M' を M に，u' を u に等しいとみなせるものとする。ペットボトル内部の水の流れの影響は考えなくてよいものとする。

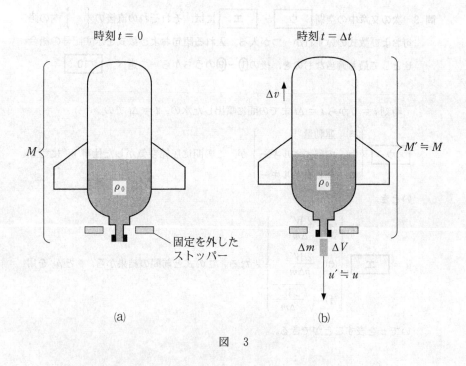

図　3

問 4 時刻 $t = \Delta t$ でのロケットの運動量と噴出した水の運動量の和は，$t = 0$ での
ロケットの運動量に等しいと考えられる。その関係を表す式として最も適当な
ものを，次の①～⑧のうちから一つ選べ。 11

① $\Delta m \Delta v + Mu = 0$　　　　② $\Delta m \Delta v - Mu = 0$

③ $M \Delta v + \Delta m u = 0$　　　　④ $M \Delta v - \Delta m u = 0$

⑤ $\dfrac{1}{2} M (\Delta v)^2 + \dfrac{1}{2} \Delta m u^2 = 0$　　　　⑥ $\dfrac{1}{2} M (\Delta v)^2 - \dfrac{1}{2} \Delta m u^2 = 0$

⑦ $\dfrac{1}{2} \Delta m (\Delta v)^2 + \dfrac{1}{2} Mu^2 = 0$　　　　⑧ $\dfrac{1}{2} \Delta m (\Delta v)^2 - \dfrac{1}{2} Mu^2 = 0$

問 5 Δt の間に増加した速さ Δv から，噴出する水がロケットに及ぼす力（推進力）
を求めることができる。この推進力の大きさが，ロケットにはたらく重力の大
きさ Mg よりも大きくなる条件を表す不等式として最も適当なものを，次の
①～⑥のうちから一つ選べ。ここで，g は重力加速度の大きさである。
12

① $\Delta v > g$　　　　② $\Delta v > 2g$　　　　③ $\Delta m \Delta v > Mg$

④ $\Delta v > g \Delta t$　　　　⑤ $\Delta v > 2g \Delta t$　　　　⑥ $\Delta m \Delta v > Mg \Delta t$

第3問 次の文章を読み，後の問い(問1〜5)に答えよ。(配点 25)

　図1の装置を用いて，弦の固有振動に関する探究活動を行った。均一な太さの一本の金属線の左端を台の左端に固定し，間隔Lで置かれた二つのこまにかける。金属線の右端には滑車を介しておもりをぶら下げ，金属線を大きさSの一定の力で引く。金属線は交流電源に接続されており，交流の電流を流すことができる。以下では，二つのこまの間の金属線を弦と呼ぶ。弦に平行にx軸をとる。弦の中央部分にはy軸方向に，U字型磁石による一定の磁場(磁界)がかけられており，弦には電流に応じた力がはたらく。交流電源の周波数を調節すると弦が共振し，弦にできた横波の定在波(定常波)を観察できる。

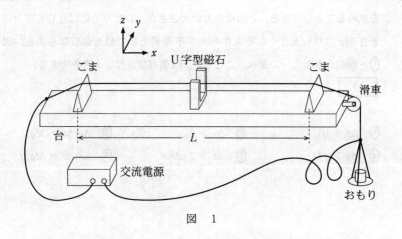

図　1

問 1 次の文章中の空欄 **ア** ・ **イ** に入れる語の組合せとして最も適当な
ものを，後の①～⑥のうちから一つ選べ。 13

金属線に交流電流が流れると，弦の中央部分は図1の **ア** に平行な力を
受ける。弦が振動して横波の定在波ができたとき，弦の中央部分は **イ** と
なる。

	①	②	③	④	⑤	⑥
ア	x軸	x軸	y軸	y軸	z軸	z軸
イ	腹	節	腹	節	腹	節

問 2 弦に3個の腹をもつ横波の定在波ができたとき，この定在波の波長を表す式
として最も適当なものを，次の①～⑤のうちから一つ選べ。 14

① $2L$　　② L　　③ $\dfrac{2L}{3}$　　④ $\dfrac{L}{3}$　　⑤ $\dfrac{L}{2}$

定在波の腹が n 個生じているときの交流電源の周波数を弦の固有振動数 f_n として記録し、縦軸を f_n、横軸を n としてグラフを描くと図 2 が得られた。

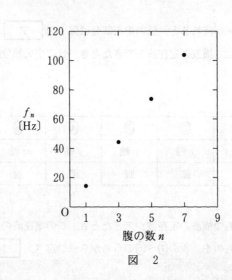

図　2

問 3　図 2 で、原点とグラフ中のすべての点を通る直線を引くことができた。この直線の傾きに比例する物理量として最も適当なものを、次の①〜④のうちから一つ選べ。　15

① 弦を伝わる波の位相　　② 弦を伝わる波の速さ
③ 弦を伝わる波の振幅　　④ 弦を流れる電流の実効値

問4 次の文章中の空欄 16 に入れる式として最も適当なものを，後の①〜⑥のうちから一つ選べ。

おもりの質量を変えることで，金属線を引く力の大きさ S を 5 通りに変化させ，$n=3$ の固有振動数 f_3 を測定した。f_3 と S の間の関係を調べるために，縦軸を f_3 とし，横軸を S, $\dfrac{1}{S}$, S^2, $\sqrt{S}$ として描いたグラフを図3に示す。これらのグラフから，f_3 は 16 に比例することが推定される。

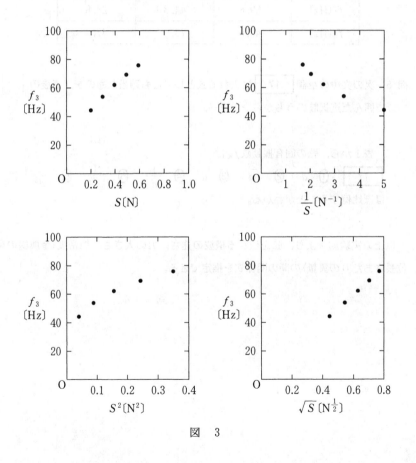

図 3

① S　　② $\sqrt{S}$　　③ S^2　　④ $\dfrac{1}{S}$　　⑤ $\dfrac{1}{\sqrt{S}}$　　⑥ $\dfrac{1}{S^2}$

次に，おもりの質量を変えずに，直径 $d = 0.1\,\mathrm{mm}$，$0.2\,\mathrm{mm}$，$0.3\,\mathrm{mm}$ の，同じ材質の金属線を用いて実験を行った。表1に，得られた固有振動数 f_1, f_3, f_5 を示す。

表 1

	$d = 0.1\,\mathrm{mm}$	$d = 0.2\,\mathrm{mm}$	$d = 0.3\,\mathrm{mm}$
f_1〔Hz〕	29.4	14.9	9.5
f_3〔Hz〕	89.8	44.3	28.8
f_5〔Hz〕	146.5	73.9	47.4

問 5 次の文中の空欄 | 17 | に入れる式として最も適当なものを，直後の $\{\ \}$ で囲んだ選択肢のうちから一つ選べ。

表1から，弦の固有振動数 f_n は

| 17 | $\left\{ \text{①}\ d\quad \text{②}\ \sqrt{d}\quad \text{③}\ d^2\quad \text{④}\ \dfrac{1}{d}\quad \text{⑤}\ \dfrac{1}{\sqrt{d}}\quad \text{⑥}\ \dfrac{1}{d^2} \right\}$ に，

ほぼ比例することがわかる。

以上の実験結果より，弦を伝わる横波の速さ，力の大きさ，線密度（金属線の単位長さあたりの質量）の間の関係式を推定できる。

第4問 次の文章を読み，後の問い（問1～5）に答えよ。（配点 25）

真空中の，大きさが同じで符号が逆の二つの点電荷が作る電位の様子を調べよう。

問1 電荷を含む平面上の等電位線の模式図として最も適当なものを，次の①～⑥のうちから一つ選べ。ただし，図中の実線は一定の電位差ごとに描いた等電位線を示す。　18

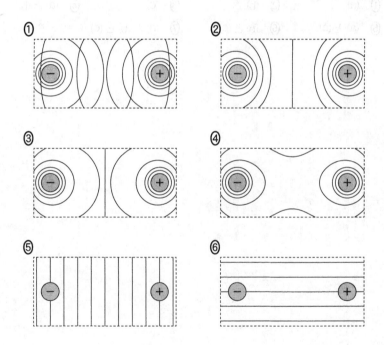

問 2 等電位線と電気力線について述べた次の文 (a)～(c) から，正しいものをすべて選んだ組合せとして最も適当なものを，後の ①～⑦ のうちから一つ選べ。

19

(a) 電気力線は，電場 (電界) が強いところほど密である。

(b) すべての隣り合う等電位線の間の距離は等しい。

(c) 等電位線と電気力線は直交する。

① (a)   ② (b)   ③ (c)   ④ (a) と (b)

⑤ (a) と (c)   ⑥ (b) と (c)   ⑦ (a) と (b) と (c)

続いて，図1のように，長方形の一様な導体紙(導電紙)に電流を流し，導体紙上の電位を測定すると，図2のような等電位線が描けた。ただし，点P, Qを通る直線上に，負の電極(点Q)から正の電極(点P)の向きに x 軸をとり，電極間の中央の位置を原点 $O(x=0)$ にとる。また，原点での電位を $0\,\mathrm{mV}$ にとる。図2の太枠は導体紙の辺を示す。

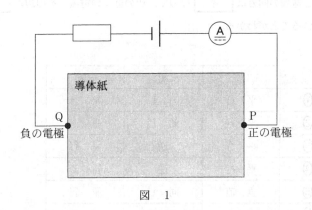

図　1

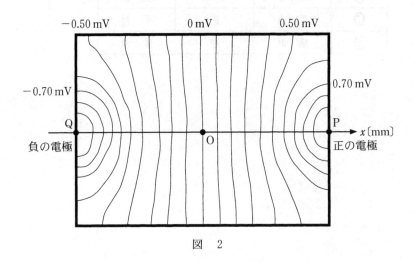

図　2

問 3 次の文章中の空欄 ｜ ア ｜〜｜ ウ ｜に入れる語の組合せとして最も適当なものを，後の①〜⑧のうちから一つ選べ。 20

　図2において，導体紙の辺の近くで，等電位線は辺に対して垂直になっている。このことから，辺の近くの電場はその辺に｜ ア ｜であることがわかる。電流と電場の向きは｜ イ ｜なので，辺の近くの電流はその辺に｜ ウ ｜に流れていることがわかる。

	ア	イ	ウ
①	平　行	同　じ	平　行
②	平　行	同　じ	垂　直
③	平　行	逆	平　行
④	平　行	逆	垂　直
⑤	垂　直	同　じ	平　行
⑥	垂　直	同　じ	垂　直
⑦	垂　直	逆	平　行
⑧	垂　直	逆	垂　直

直線PQ上で位置x[mm]と電位V[mV]の関係を調べたところ，図3が得られた。

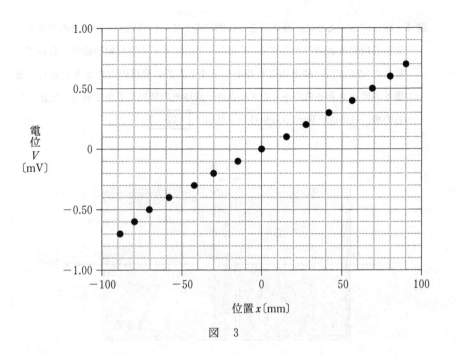

図　3

問4　$x = 0$ mm の位置における電場の大きさに最も近い値を，次の①〜⑥のうちから一つ選べ。　21

① 1×10^{-4} V/m　　② 4×10^{-4} V/m　　③ 7×10^{-4} V/m

④ 1×10^{-3} V/m　　⑤ 4×10^{-3} V/m　　⑥ 7×10^{-3} V/m

最後に，**問**4で求めた電場の大きさを用いて，導体紙の抵抗率を求めることを試みた。

問 5 図4に示すように，導体紙を立体的に考えて，導体紙のx軸に垂直で$x=0$を通る断面の面積をSとする。$x=0$を中心とする小さい幅の範囲において，電場の大きさは一様とみなせるものとする。この電場の大きさをEとし，面積Sの断面を通る電流をIとするとき，導体紙の抵抗率を表す式として正しいものを，後の①〜⑥のうちから一つ選べ。　22

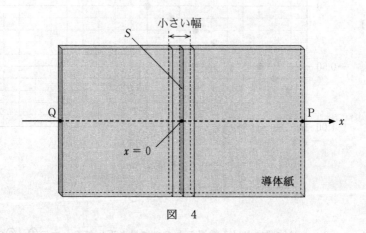

図 4

① $\dfrac{SE}{I}$　② $\dfrac{IS}{E}$　③ $\dfrac{IE}{S}$　④ $\dfrac{S}{IE}$　⑤ $\dfrac{E}{IS}$　⑥ $\dfrac{I}{SE}$

物　理

（2023年1月実施）

60分　100点

2023 本試験

物理

(解答番号 1 ～ 26)

第1問 次の問い(問1～5)に答えよ。(配点 25)

問1 変形しない長い板を用意し，板の両端の下面に細い角材を取り付けた。水平な床の上に，二つの体重計 a，b を離して置き，それぞれの体重計が正しく重さを計測できるように板をのせた。

図1のように，体重計ではかると 60 kg の人が，板の全長を 2：1 に内分する位置(体重計 a から遠く，体重計 b に近い)に，片足立ちでのって静止した。このとき，体重計 a と b の表示は，それぞれ何 kg を示すか。数値の組合せとして最も適当なものを，後の①～⑥のうちから一つ選べ。ただし，板と角材の重さは考えなくてよいものとする。　1

図 1

	体重計 a	体重計 b
①	30	30
②	60	60
③	20	40
④	40	20
⑤	40	80
⑥	80	40

問 2 次の文章中の空欄 2 に入れる語句として最も適当なものを，直後の { } で囲んだ選択肢のうちから一つ選べ。また，文章中の空欄 ア ・ イ に入れる語の組合せとして最も適当なものを，後の①〜⑨のうちから一つ選べ。 3

図2のような理想気体の状態変化のサイクルA→B→C→Aを考える。

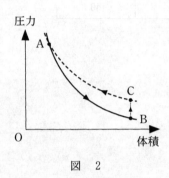

図 2

A→B：熱の出入りがないようにして，膨張させる。
B→C：熱の出入りができるようにして，定積変化で圧力を上げる。
C→A：熱の出入りができるようにして，等温変化で圧縮してもとの状態に戻す。

サイクルを一周する間，気体の内部エネルギーは

2 { ① 増加する。　　　　　　② 一定の値を保つ。
　　③ 変化するがもとの値に戻る。　④ 減少する。 }

この間に気体がされた仕事の総和は ア であり，気体が吸収した熱量の総和は イ である。

3 の選択肢

	①	②	③	④	⑤	⑥	⑦	⑧	⑨
ア	正	正	正	0	0	0	負	負	負
イ	正	0	負	正	0	負	正	0	負

問 3 図3のように，池一面に張った水平な氷の上で，そりが岸に接している。そりの上面は水平で，岸と同じ高さである。また，そりと氷の間には摩擦力ははたらかない。岸の上を水平左向きに滑ってきたブロックがそりに移り，その上を滑った。そりに対してブロックが動いている間，ブロックとそりの間には摩擦力がはたらき，その後，ブロックはそりに対して静止した。

ブロックがそりの上を滑り始めてからそりの上で静止するまでの間の，運動量と力学的エネルギーについて述べた次の文章中の空欄 | 4 | ・| 5 | に入れる文として最も適当なものを，後の①〜④のうちから一つずつ選べ。ただし，同じものを繰り返し選んでもよい。

そりが岸に固定されていて動けない場合は，| 4 |。そりが固定されておらず，氷の上を左に動くことができる場合は，| 5 |。

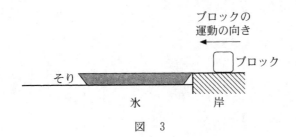

図 3

6

  4 ・ 5 の選択肢

① ブロックとそりの運動量の総和も，ブロックとそりの力学的エネルギーの
  総和も保存する

② ブロックとそりの運動量の総和は保存するが，ブロックとそりの力学的エ
  ネルギーの総和は保存しない

③ ブロックとそりの運動量の総和は保存しないが，ブロックとそりの力学的
  エネルギーの総和は保存する

④ ブロックとそりの運動量の総和も，ブロックとそりの力学的エネルギーの
  総和も保存しない

問 4　紙面に垂直で表から裏に向かう一様な磁場(磁界)中において，同じ大きさの電気量をもつ正と負の荷電粒子が，磁場に対して垂直に同じ速さで運動している。ここで正の荷電粒子は負の荷電粒子より，質量が大きいものとする。その運動の様子を描いた模式図として最も適当なものを，次の①〜④のうちから一つ選べ。ただし，図の矢印は荷電粒子の運動の向きを表す。また，荷電粒子間にはたらく力や重力の影響は無視できるものとする。　6

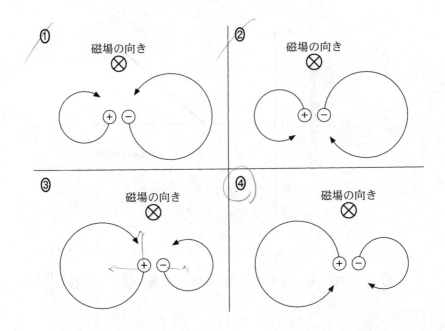

問 5 金属に光を照射すると電子が金属外部に飛び出す現象を，光電効果という。図4は飛び出してくる電子の運動エネルギーの最大値 K_0 と光の振動数 ν の関係を示したグラフである。実線は実験から得られるデータ，破線は実線を $\nu=0$ まで延長したものである。プランク定数 h を，図4に示す W と ν_0 を用いて表す式として正しいものを，後の ① ~ ⑤ のうちから一つ選べ。

$h = \boxed{7}$

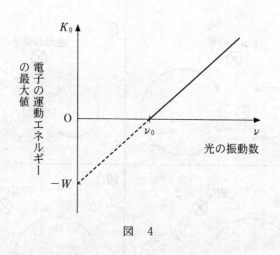

図 4

① $\nu_0 - W$ ② $\nu_0 + W$ ③ $\nu_0 W$ ④ $\dfrac{\nu_0}{W}$ ⑤ $\dfrac{W}{\nu_0}$

第2問 空気中での落下運動に関する探究について，次の問い（**問1～5**）に答え
よ。（配点　25）

問1　次の発言の内容が正しくなるように，空欄　**ア**　～　**ウ**　に入れる語句
の組合せとして最も適当なものを，後の①～⑧のうちから一つ選べ。　**8**

先生：物体が空気中を運動すると，物体は運動の向きと　**ア**　の抵抗力を空
気から受けます。初速度0で物体を落下させると，はじめのうち抵抗力
の大きさは　**イ**　し，加速度の大きさは　**ウ**　します。やがて，物
体にはたらく抵抗力が重力とつりあうと，物体は一定の速度で落下する
ようになります。このときの速度を終端速度とよびます。

	ア	イ	ウ
①	同じ向き	増　加	増　加
②	同じ向き	増　加	減　少
③	同じ向き	減　少	増　加
④	同じ向き	減　少	減　少
⑤	逆向き	増　加	増　加
⑥	逆向き	増　加	減　少
⑦	逆向き	減　少	増　加
⑧	逆向き	減　少	減　少

先生：それでは，授業でやったことを復習してください。

生徒：抵抗力の大きさ R が速さ v に比例すると仮定すると，正の比例定数 k を用いて

$$R = kv$$

と書けます。物体の質量を m，重力加速度の大きさを g とすると，$R = mg$ となる v が終端速度の大きさ v_f なので，

$$v_f = \frac{mg}{k}$$

と表されます。実験をして v_f と m の関係を確かめてみたいです。

先生：いいですね。図1のようなお弁当のおかずを入れるアルミカップは，何枚か重ねることによって質量の異なる物体にすることができるので，落下させてその関係を調べることができますね。その物体の形は枚数によらずほぼ同じなので，k は変わらないとみなしましょう。物体の質量 m はアルミカップの枚数 n に比例します。

生徒：そうすると，v_f が n に比例することが予想できますね。

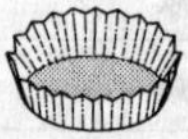

図 1

n枚重ねたアルミカップを落下させて動画を撮影した。図2のように，アルミカップが落下していく途中で，20 cm ごとに落下するのに要する時間を10回測定して平均した。この実験を $n = 1，2，3，4，5$ の場合について行った。その結果を表1にまとめた。

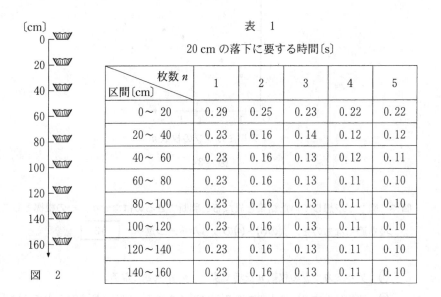

表　1

20 cm の落下に要する時間〔s〕

枚数 n 区間〔cm〕	1	2	3	4	5
0～20	0.29	0.25	0.23	0.22	0.22
20～40	0.23	0.16	0.14	0.12	0.12
40～60	0.23	0.16	0.13	0.12	0.11
60～80	0.23	0.16	0.13	0.11	0.10
80～100	0.23	0.16	0.13	0.11	0.10
100～120	0.23	0.16	0.13	0.11	0.10
120～140	0.23	0.16	0.13	0.11	0.10
140～160	0.23	0.16	0.13	0.11	0.10

図　2

問 2 表1の測定結果から，アルミカップを3枚重ねたとき（$n = 3$ のとき）の v_f を有効数字2桁で求めるとどうなるか。次の式中の空欄 ┃9┃ ～ ┃11┃ に入れる数字として最も適当なものを，後の①～⓪のうちから一つずつ選べ。ただし，同じものを繰り返し選んでもよい。

$$v_\mathrm{f} = \boxed{9} . \boxed{10} \times 10^{\boxed{11}} \text{ m/s}$$

① 1　　② 2　　③ 3　　④ 4　　⑤ 5
⑥ 6　　⑦ 7　　⑧ 8　　⑨ 9　　⓪ 0

生徒：アルミカップの枚数 n と v_f の測定値を図3に点で描き込みましたが，$v_f = \dfrac{mg}{k}$ に基づく予想と少し違いますね。

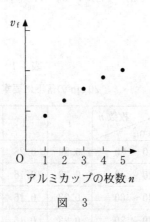

図 3

問 3 図3が予想していた結果と異なると判断できるのはなぜか。その根拠として最も適当なものを，次の①〜④のうちから一つ選べ。| 12 |

① アルミカップの枚数 n を増やすと，v_f が大きくなる。
② 測定値のすべての点のできるだけ近くを通る直線が，原点から大きくはずれる。
③ v_f がアルミカップの枚数 n に反比例している。
④ 測定値がとびとびにしか得られていない。

先生：実は，物体の形状や速さによっては，空気による抵抗力の大きさ R は，速さに比例するとは限らないのです。

生徒：そうなんですか。授業で習った v_f の式は，いつも使えるわけではないのですね。

先生：はい。ここでは，R が v^2 に比例するとみなせる場合も考えてみましょう。正の比例定数 k' を用いて R を

$$R = k' v^2$$

と書くと，先ほどと同様に，$R = mg$ となる v が終端速度の大きさ v_f なので，

$$v_f = \sqrt{\frac{mg}{k'}}$$

と書くことができます。比例定数 k と同様に，k' は n によって変化しないものとみなしましょう。m は n に比例するので，v_f と n の関係を調べると，$R = kv$ と $R = k' v^2$ のどちらが測定値によく合うかわかります。

生徒：わかりました。縦軸と横軸をうまく選んでグラフを描けば，原点を通る直線になってわかりやすくなりますね。

先生：それでは，そのグラフを描いてみましょう。

問 4 速さの2乗に比例する抵抗力のみがはたらく場合に，グラフが原点を通る直線になるような縦軸・横軸の選び方の組合せとして最も適当なものを，次の①～⑨のうちから二つ選べ。ただし，解答の順序は問わない。

| 13 | ・ | 14 |

	①	②	③	④	⑤	⑥	⑦	⑧	⑨
縦 軸	$\sqrt{v_f}$	$\sqrt{v_f}$	$\sqrt{v_f}$	v_f	v_f	v_f	v_f^2	v_f^2	v_f^2
横 軸	$\sqrt{n}$	n	n^2	$\sqrt{n}$	n	n^2	$\sqrt{n}$	n	n^2

先生：抵抗力の大きさ R と速さ v の関係を明らかにするために，ここまでは終端速度の大きさと質量の関係を調べましたが，落下途中の速さが変化していく過程で，R と v の関係を調べることもできます。鉛直下向きに y 軸をとり，アルミカップを原点から初速度 0 で落下させます。アルミカップの位置 y を $\Delta t = 0.05$ s ごとに記録したところ，図 4 のような y–t グラフが得られました。この y–t グラフをもとにして，R と v の関係を調べる手順を考えてみましょう。

問 5　この手順を説明する文章中の空欄 には，それぞれの直後の { } 内の記述および数式のいずれか一つが入る。入れる記述および数式を示す記号の組合せとして最も適当なものを，後の ①〜⑨ のうちから一つ選べ。 15

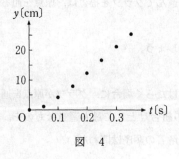

図 4

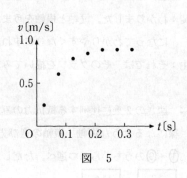

図 5

まず，図 4 の y–t グラフより，$\Delta t = 0.05$ s ごとの平均の速さ v を求め，図 5 の v–t グラフをつくる。次に，加速度の大きさ a を調べるために，

エ　｛
(a) v–t グラフのすべての点のできるだけ近くを通る一本の直線を引き，その傾きを求めることによって a を求める。
(b) v–t グラフから終端速度を求めることによって a を求める。
(c) v–t グラフから Δt ごとの速度の変化を求めることによって a–t グラフをつくる。
｝

こうして求めた a から，アルミカップにはたらく抵抗力の大きさ R は，

$$R = \boxed{\quad \text{オ} \quad} \begin{cases} \text{(a)} & m(g+a) \\ \text{(b)} & ma \\ \text{(c)} & m(g-a) \end{cases} \quad \text{と求められる。}$$

以上の結果をもとに，R と v の関係を示すグラフを描くことができる。

	エ	オ
①	(a)	(a)
②	(a)	(b)
③	(a)	(c)
④	(b)	(a)
⑤	(b)	(b)
⑥	(b)	(c)
⑦	(c)	(a)
⑧	(c)	(b)
⑨	(c)	(c)

— 183 —

第3問 次の文章を読み，後の問い(問1〜5)に答えよ。(配点 25)

　全方向に等しく音を出す小球状の音源が，図1のように，点Oを中心として半径 r，速さ v で時計回りに等速円運動をしている。音源は一定の振動数 f_0 の音を出しており，音源の円軌道を含む平面上で静止している観測者が，届いた音波の振動数 f を測定する。

　音源と観測者の位置をそれぞれ点P，Qとする。点Qから円に引いた2本の接線の接点のうち，音源が観測者に近づきながら通過する方を点A，遠ざかりながら通過する方を点Bとする。また，直線OQが円と交わる2点のうち観測者に近い方を点C，遠い方を点Dとする。v は音速 V より小さく，風は吹いていない。

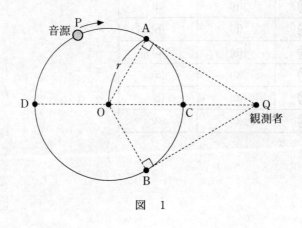

図　1

問 1 音源にはたらいている向心力の大きさと，音源が円軌道を点 C から点 D まで半周する間に向心力がする仕事を表す式の組合せとして正しいものを，次の①～⑤のうちから一つ選べ。ただし，音源の質量を m とする。　16

	①	②	③	④	⑤
向心力の大きさ	mrv^2	mrv^2	0	$\dfrac{mv^2}{r}$	$\dfrac{mv^2}{r}$
仕　事	$\pi\,mr^2v^2$	0	0	$\pi\,mv^2$	0

問 2　次の文章中の空欄　17　に入れる語句として最も適当なものを，直後の｛ ｝で囲んだ選択肢のうちから一つ選べ。

音源の等速円運動にともなって f は周期的に変化する。これは，音源の速度の直線PQ方向の成分によるドップラー効果が起こるからである（図2）。このことから，f が f_0 と等しくなるのは，音源が

17 ｛① A　② B　③ C　④ D　⑤ AとB　⑥ CとD　⑦ A，B，C，D｝ を通過したときに出した音を測定した場合であることがわかる。

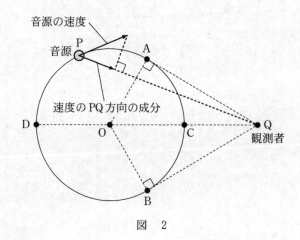

図　2

問 3 音源が点A，点Bを通過したときに出した音を観測者が測定したところ，振動数はそれぞれf_A，f_Bであった。f_Aと音源の速さvを表す式の組合せとして正しいものを，次の①～⑥のうちから一つ選べ。 18

	①	②	③	④	⑤	⑥
f_A	f_0	f_0	$\dfrac{V+v}{V}f_0$	$\dfrac{V+v}{V}f_0$	$\dfrac{V}{V-v}f_0$	$\dfrac{V}{V-v}f_0$
v	$\dfrac{f_B}{f_A}V$	$\dfrac{f_A-f_B}{f_A+f_B}V$	$\dfrac{f_B}{f_A}V$	$\dfrac{f_A-f_B}{f_A+f_B}V$	$\dfrac{f_B}{f_A}V$	$\dfrac{f_A-f_B}{f_A+f_B}V$

— 187 —

次に，音源と観測者を入れかえた場合を考える。図3に示すように，音源を点Qの位置に固定し，観測者が点Oを中心に時計回りに等速円運動をする。

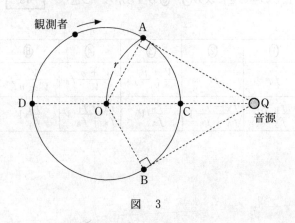

図 3

問4 このとき，等速円運動をする観測者が測定する音の振動数についての記述として最も適当なものを，次の①〜⑤のうちから一つ選べ。 19

① 点Aにおいて最も大きく，点Bにおいて最も小さい。
② 点Bにおいて最も大きく，点Aにおいて最も小さい。
③ 点Cにおいて最も大きく，点Dにおいて最も小さい。
④ 点Dにおいて最も大きく，点Cにおいて最も小さい。
⑤ 観測の位置によらず，常に等しい。

音源が等速円運動している場合(図1)と観測者が等速円運動している場合(図3)の音の速さや波長について考える。

問5 次の文章(a)〜(d)のうち，正しいものの組合せを，後の①〜⑥のうちから一つ選べ。| 20 |

(a) 図1の場合，観測者から見ると，点Aを通過したときに出した音の速さの方が，点Bを通過したときに出した音の速さより大きい。

(b) 図1の場合，原点Oを通過する音波の波長は，音源の位置によらずすべて等しい。

(c) 図3の場合，音源から見た音の速さは，音が進む向きによらずすべて等しい。

(d) 図3の場合，点Cを通過する音波の波長は，点Dを通過する音波の波長より長い。

① (a)と(b)　　② (a)と(c)　　③ (a)と(d)
④ (b)と(c)　　⑤ (b)と(d)　　⑥ (c)と(d)

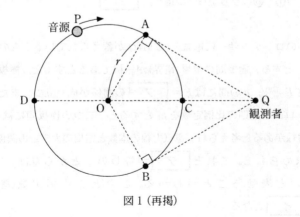

図1（再掲）

第4問 次の文章を読み,後の問い(問1～5)に答えよ。(配点 25)

物理の授業でコンデンサーの電気容量を測定する実験を行った。まず,コンデンサーの基本的性質を復習するため,図1のような真空中に置かれた平行平板コンデンサーを考える。極板の面積をS,極板間隔をdとする。

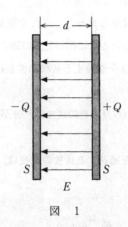

図 1

問1 次の文章中の空欄 ア ・ イ に入れる式の組合せとして正しいものを,後の①～⑧のうちから一つ選べ。 21

図1のコンデンサーに電気量(電荷)Qが蓄えられているときの極板間の電圧をVとする。極板間の電場(電界)が一様であるとすると,極板間の電場の大きさEとV,dの間には$E=$ ア の関係が成り立つ。また,真空中でのクーロンの法則の比例定数をk_0とすると,二つの極板間には$4\pi k_0 Q$本の電気力線があると考えられ,電気力線の本数と電場の大きさの関係を用いるとEが求められる。これと ア が等しいことからQはVに比例して$Q=CV$と表せることがわかる。このとき比例定数(電気容量)は$C=$ イ となる。

	①	②	③	④	⑤	⑥	⑦	⑧
ア	Vd	Vd	Vd	Vd	$\dfrac{V}{d}$	$\dfrac{V}{d}$	$\dfrac{V}{d}$	$\dfrac{V}{d}$
イ	$4\pi k_0 dS$	$\dfrac{dS}{4\pi k_0}$	$\dfrac{4\pi k_0 S}{d}$	$\dfrac{S}{4\pi k_0 d}$	$4\pi k_0 dS$	$\dfrac{dS}{4\pi k_0}$	$\dfrac{4\pi k_0 S}{d}$	$\dfrac{S}{4\pi k_0 d}$

図2のように，直流電源，コンデンサー，抵抗，電圧計，電流計，スイッチを導線でつないだ。スイッチを閉じて十分に時間が経過してからスイッチを開いた。図3のグラフは，スイッチを開いてから時間 t だけ経過したときの，電流計が示す電流 I を表す。ただし，スイッチを開く直前に電圧計は 5.0 V を示していた。

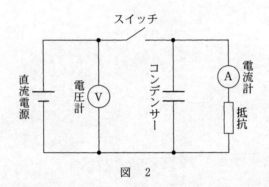

図　2

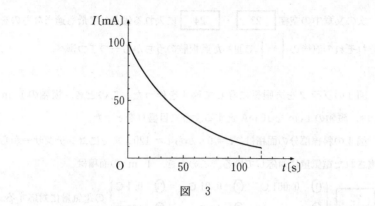

図 3

問 2 図3のグラフから，この実験で用いた抵抗の値を求めると何Ωになるか。その値として最も適当なものを，次の①〜⑧のうちから一つ選べ。ただし，電流計の内部抵抗は無視できるものとする。 22 Ω

① 0.02　　② 2　　③ 20　　④ 200
⑤ 0.05　　⑥ 5　　⑦ 50　　⑧ 500

問 3 次の文章中の空欄 23 ・ 24 に入れる値として最も適当なものを，それぞれの直後の｛ ｝で囲んだ選択肢のうちから一つずつ選べ。

図3のグラフを方眼紙に写して図4を作った。このとき，横軸の1cmを10s，縦軸の1cmを10mAとするように目盛りをとった。

図4の斜線部分の面積は，$t=0$ s から $t=120$ s までにコンデンサーから放電された電気量に対応している。このとき，1 cm² の面積は

23 ｛① 0.001 C　② 0.01 C　③ 0.1 C　④ 1 C　⑤ 10 C　⑥ 100 C｝の電気量に対応する。

この斜線部分の面積を，ます目を数えることで求めると 45 cm² であった。$t=120$ s 以降に放電された電気量を無視すると，コンデンサーの電気容量は

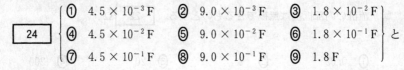

24 ｛① 4.5×10^{-3} F　② 9.0×10^{-3} F　③ 1.8×10^{-2} F　④ 4.5×10^{-2} F　⑤ 9.0×10^{-2} F　⑥ 1.8×10^{-1} F　⑦ 4.5×10^{-1} F　⑧ 9.0×10^{-1} F　⑨ 1.8 F｝と求められた。

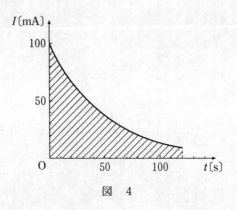

図 4

問3の方法では，t = 120 s のときにコンデンサーに残っている電気量を無視していた。この点について，授業で討論が行われた。

問 4　次の会話文の内容が正しくなるように，空欄　25　に入れる数値として最も適当なものを，後の①〜⑧のうちから一つ選べ。

Aさん：コンデンサーに蓄えられていた電荷が全部放電されるまで実験をすると，どれくらい時間がかかるんだろう。

Bさん：コンデンサーを 5.0 V で充電したときの実験で，電流の値が $t = 0$ s での電流 $I_0 = 100$ mA の $\frac{1}{2}$ 倍，$\frac{1}{4}$ 倍，$\frac{1}{8}$ 倍になるまでの時間を調べてみると，図5のように35 s間隔になっています。なかなか0にならないですね。

Cさん：電流の大きさが十分小さくなる目安として最初の $\frac{1}{1000}$ の 0.1 mA 程度になるまで実験をするとしたら，　25　s くらいの時間，測定することになりますね。それくらいの時間なら，実験できますね。

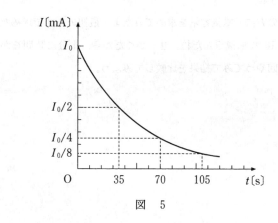

図　5

① 140　　　② 210　　　③ 280　　　④ 350
⑤ 420　　　⑥ 490　　　⑦ 560　　　⑧ 630

問 5 次の会話文の内容が正しくなるように，空欄 ウ ・ エ に入れる式
と語句の組合せとして最も適当なものを，後の①～⑧のうちから一つ選べ。
26

先　生：時間をかけずに電気容量を正確に求める他の方法は考えられますか。

Ａさん：この回路では，コンデンサーに蓄えられた電荷が抵抗を流れるときの
電流はコンデンサーの電圧に比例します。一方で，コンデンサーに
残っている電気量もコンデンサーの電圧に比例します。この両者を組
み合わせることで，この実験での電流と電気量の関係がわかりそうで
す。

Ｂさん：なるほど。電流の値が $t = 0$ での値 I_0 の半分になる時刻 t_1 に注目し
てみよう。グラフの面積を用いて $t = 0$ から $t = t_1$ までに放電された
電気量 Q_1 を求めれば，$t = 0$ にコンデンサーに蓄えられていた電気
量が $Q_0 =$ ウ とわかるから，より正確に電気容量を求められる
よ。最初の方法で私たちが求めた電気容量は正しい値より エ の
ですね。

Ｃさん：この方法で電気容量を求めてみたよ。最初の方法で求めた値と比べる
と 10 ％ も違うんだね。せっかくだから，十分に時間をかける実験を
1 回やってみて結果を比較してみよう。

— 196 —

2023年度　本試験　物理　29

	ウ	エ
①	$\dfrac{Q_1}{4}$	小さかった
②	$\dfrac{Q_1}{4}$	大きかった
③	$\dfrac{Q_1}{2}$	小さかった
④	$\dfrac{Q_1}{2}$	大きかった
⑤	$2Q_1$	小さかった
⑥	$2Q_1$	大きかった
⑦	$4Q_1$	小さかった
⑧	$4Q_1$	大きかった

MEMO

物　理

（2023年1月実施）

60分　100点

追試験
2023

物 理

(解答番号 $\boxed{1}$ ~ $\boxed{20}$)

第1問 次の問い(問1〜5)に答えよ。(配点 25)

問1 次の文章中の空欄 $\boxed{\text{ア}}$・$\boxed{\text{イ}}$ に入れる文字列と式の組合せとして最も適当なものを，後の①〜⑥のうちから一つ選べ。$\boxed{1}$

太陽から見たときの彗星(すいせい)の運動について考える。彗星が図1のような軌道を描いて運動している。軌道上の点Aと点Cは太陽から同じ距離にあり，点Bでは太陽からの距離が最小である。

A, B, Cの各点における，太陽による万有引力が彗星に対してする単位時間あたりの仕事(力の大きさ×速度の力方向の成分)は正，負，0のいずれかになる。点A, B, Cのそれぞれの場合について，正，負，0のうち該当するものを，左から順に並べると $\boxed{\text{ア}}$ となる。

A, B, Cの各点での彗星の速さを v_A, v_B, v_C とするとき，$\boxed{\text{イ}}$ が成り立つ。

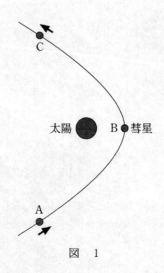

図 1

2023年度　追試験　物理　33

	ア	イ
①	負，0，正	$v_A = v_C > v_B$
②	負，0，正	$v_A = v_C < v_B$
③	負，0，正	$v_A < v_B < v_C$
④	正，0，負	$v_A = v_C > v_B$
⑤	正，0，負	$v_A = v_C < v_B$
⑥	正，0，負	$v_A < v_B < v_C$

問 2 次の文章中の空欄 | ウ | ・ | エ | に入れる語句の組合せとして最も適当なものを，後の①～⑨のうちから一つ選べ。ただし，振り子は鉛直面内で振動し，振幅は十分小さいものとする。 | 2 |

　軽くて伸びないひもと小球で長さ L の振り子をつくり，ひもの一端を自動車の内部の天井に固定した。自動車が静止しているとき，振り子をある鉛直面内で小さく振らせると，その周期 T は重力加速度の大きさを g として $T = 2\pi\sqrt{\dfrac{L}{g}}$ となる。

　この自動車を静止状態から一定の加速度 a で水平方向に加速した。重力と慣性力の合力を考えると，このとき自動車の中で観測される振り子の周期は | ウ | 。

　自動車の速さが v に達した後，しばらく自動車を等速直線運動させた。このとき自動車の中で観測される振り子の周期は | エ | 。

	ウ	エ
①	T より長い	T より長い
②	T より長い	T に等しい
③	T より長い	T より短い
④	T に等しい	T より長い
⑤	T に等しい	T に等しい
⑥	T に等しい	T より短い
⑦	T より短い	T より長い
⑧	T より短い	T に等しい
⑨	T より短い	T より短い

問3 次の文章中の空欄 オ ・ カ に入れる式と数値の組合せとして最も適当なものを，後の①〜⑧のうちから一つ選べ。 3

なめらかに動くピストンのついたシリンダーに，気体を閉じ込めた熱機関がある。図2は，この熱機関の1サイクルA→B→C→Aにおける，気体の圧力pと体積Vの変化の様子を表す。A→B，B→C，C→Aの各過程における気体の内部エネルギーの変化と気体がする仕事は表1のとおりである。この表を利用して，過程A→Bにおいて気体が吸収する熱量を計算すると オ となる。また，過程B→Cと過程C→Aにおいて，気体は熱を放出することがわかる。これらのことをもとにし，この熱機関の熱効率を計算すると カ となる。

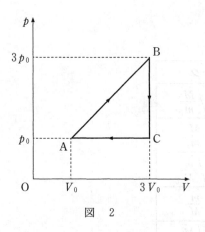

図 2

表 1

	気体の内部エネルギーの変化	気体がする仕事
A→B	$20 p_0 V_0$	$4 p_0 V_0$
B→C	$-15 p_0 V_0$	0
C→A	$-5 p_0 V_0$	$-2 p_0 V_0$

	①	②	③	④	⑤	⑥	⑦	⑧
オ	$16 p_0 V_0$	$16 p_0 V_0$	$16 p_0 V_0$	$16 p_0 V_0$	$24 p_0 V_0$	$24 p_0 V_0$	$24 p_0 V_0$	$24 p_0 V_0$
カ	$\dfrac{1}{8}$	$\dfrac{1}{4}$	4	8	$\dfrac{1}{12}$	$\dfrac{1}{6}$	6	12

問 4 次の文章中の空欄 キ ・ ク に入れる式の組合せとして最も適当なものを，後の①~⑧のうちから一つ選べ。 4

　　ミクロな世界の粒子は，粒子としての性質と波動としての性質をあわせもっている。大きさ p の運動量をもつ粒子の物質波としての波長(ド・ブロイ波長)は，h をプランク定数として キ で表される。

　　質量 m の電子と質量 M の陽子をそれぞれ同じ大きさの電圧で加速すると，同じ大きさの運動エネルギーをもつ。このとき，電子のド・ブロイ波長 $\lambda_{電子}$ と陽子のド・ブロイ波長 $\lambda_{陽子}$ の比は

$$\frac{\lambda_{電子}}{\lambda_{陽子}} = \boxed{ク}$$

である。

	キ	ク
①	$\dfrac{p}{h}$	$\sqrt{\dfrac{M}{m}}$
②	$\dfrac{p}{h}$	$\dfrac{M}{m}$
③	$\dfrac{p}{h}$	$\sqrt{\dfrac{m}{M}}$
④	$\dfrac{p}{h}$	$\dfrac{m}{M}$
⑤	$\dfrac{h}{p}$	$\sqrt{\dfrac{M}{m}}$
⑥	$\dfrac{h}{p}$	$\dfrac{M}{m}$
⑦	$\dfrac{h}{p}$	$\sqrt{\dfrac{m}{M}}$
⑧	$\dfrac{h}{p}$	$\dfrac{m}{M}$

問5 次の文章中の空欄 ケ ～ サ に入れるものの組合せとして最も適当なものを，後の①～⑧のうちから一つ選べ。 5

深さ h の水の底に落ちているコインを真上から見る。ここではコインの見かけの深さを考察しよう。水の空気に対する屈折率を $n(n > 1)$ とする。図3のように，点Aから出て目に入る光は，鉛直線に対し角 θ の方向に進み，水面の点Pで鉛直線に対し角 θ' の方向に屈折し，Bの方向に進んだ光である。点Aを通る鉛直線と点Pとの距離を d，直線BPが鉛直線と交わる点をQとする。角 θ, θ' がきわめて小さいとして考えると，$\sin\theta \fallingdotseq \tan\theta$, $\sin\theta' \fallingdotseq \tan\theta'$ と近似できるので，点Qの水面からの深さ h' は， ケ と表される。このように，h' は コ によらず，点Aから θ の小さい方向に進む光はどれも， サ から出ているように見え，コインの位置は実際より浅く見える。

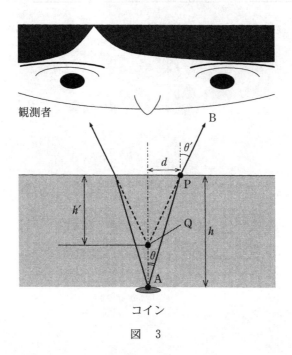

図 3

	ケ	コ	サ
①	$\dfrac{n}{h}$	d	点 P
②	$\dfrac{n}{h}$	d	点 Q
③	$\dfrac{h}{n}$	d	点 P
④	$\dfrac{h}{n}$	d	点 Q
⑤	$\dfrac{n}{d}$	h	点 P
⑥	$\dfrac{n}{d}$	h	点 Q
⑦	$\dfrac{d}{n}$	h	点 P
⑧	$\dfrac{d}{n}$	h	点 Q

第2問 AさんとBさんがスマートフォン(スマホ)の無線充電器の仕組みについて話をしている。次の会話文を読んで、後の問い(**問1~3**)に答えよ。(配点 25)

Aさん:最近のスマホって、充電器の上に置くだけで充電できるらしいけど、どういう仕組みか知ってる?

Bさん:コイルを利用して、充電器からスマホに電力を送っているらしいよ。

Aさん:なるほど。それでは、どのように電力を送っているのか、実験で確かめてみよう。

二人は、図1のように、コイルの中心軸が一致するようにコイル1とコイル2を配置した。コイル1には交流電源と交流電流計を、コイル2には抵抗とオシロスコープをそれぞれ図1のように接続し、オシロスコープで抵抗の両端の電圧を測定した。

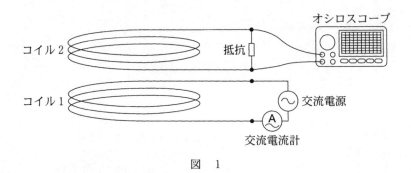

図 1

Aさん:交流電源のスイッチを入れると、オシロスコープに交流電圧の波形が現れたよ。

Bさん:起電力が生じているから抵抗に電流が流れている、つまり、コイル1から離れたコイル2へ電力を送ることができている証拠だね。これは、コイル1で生じた変動する磁場(磁界)がコイル2も貫くことによって起こる電磁誘導(相互誘導)によって説明できるよ。では、それが実験条件によってどのように変わるか見てみよう。

Bさんは，図1の状態から，図2のようにコイル2を上に持ち上げて，二つのコイルを離した。

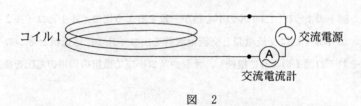

図　2

問 1 次の会話文の内容が正しくなるように，空欄 ア ・ イ および ウ ・ エ に入れる語句の組合せとして最も適当なものを，後のそれぞれの①～⑨のうちから一つずつ選べ。 6 ・ 7

Bさん：図2の実験で，オシロスコープに現れた波形はどうなりましたか？

Aさん：波形の振幅は， ア 。

Bさん：山と山の間隔はどうですか？

Aさん：間隔は イ 。

Bさん：次に，図2の配置のままで，交流電流計で読み取る値，つまり実効値が一定になるように交流電源の電圧を調整しながら，交流電源の周波数を高くしてみましょう。波形はどうなりましたか？

Aさん：波形の振幅は， ウ 。

Bさん：山と山の間隔はどうですか？

Aさん：間隔は エ 。

42

6 の選択肢

	ア	イ
①	大きくなりました	広がりました
②	大きくなりました	狭くなりました
③	大きくなりました	変わりません
④	小さくなりました	広がりました
⑤	小さくなりました	狭くなりました
⑥	小さくなりました	変わりません
⑦	変わりません	広がりました
⑧	変わりません	狭くなりました
⑨	変わりません	変わりません

7 の選択肢

	ウ	エ
①	大きくなりました	広がりました
②	大きくなりました	狭くなりました
③	大きくなりました	変わりません
④	小さくなりました	広がりました
⑤	小さくなりました	狭くなりました
⑥	小さくなりました	変わりません
⑦	変わりません	広がりました
⑧	変わりません	狭くなりました
⑨	変わりません	変わりません

離れたコイルへ電力を送る仕組みについて学んだ二人は，次に充電について考えることにした。

Aさん：相互誘導で電力を送ることができるんだね。これで充電できるのかな？
Bさん：いや，実際にはダイオードを用いた回路がコイル2につながれているようだよ。
Aさん：ダイオードってどんなはたらきをするの？
Bさん：ダイオードには，電流を一方向にしか流さない性質があるんだ。図3のように，電流が流れる向きを順方向，その反対の向きを逆方向というんだ。ダイオードを用いた回路のはたらきを調べてみよう。

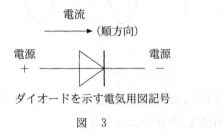

図 3

　二人は，コイル2を再びコイル1に近づけ，図1の回路のコイル2と抵抗の間にダイオードを直列に入れた図4のような回路を作成し，オシロスコープで端子ab間，および端子cd間の電圧を同時に測定した。ただし，オシロスコープは図の矢印の向きに電流を流そうとする起電力を正の電圧として表示する。

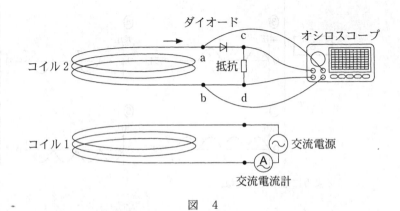

図 4

問 2 次の会話文の内容が正しくなるように，空欄 8 に入れる図として最も適当なものを，直後の { } で囲んだ選択肢のうちから一つ選べ。

Aさん：端子 ab 間の電圧波形は，図 5 のようになったよ。

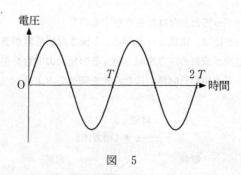

図 5

Bさん：コイル 2 に交流電圧が発生しているのが確認できるね。では，端子 cd 間はどうなっているだろう？
Aさん：端子 cd 間の電圧波形は，

8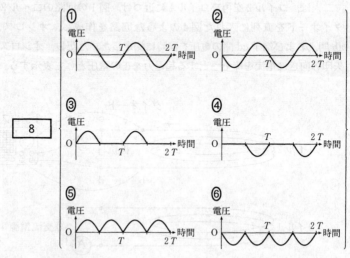

のようになっているね。

問 3　次の会話文の内容が正しくなるように，空欄 ┃ 9 ┃・┃ 10 ┃ に入れる語句または図として最も適当なものを，それぞれの直後の｛　｝で囲んだ選択肢のうちから一つずつ選べ。

Aさん：複数個のダイオードを使った図 6 のような回路もあるみたいだね。複雑だけど，電流はどのように流れているの？

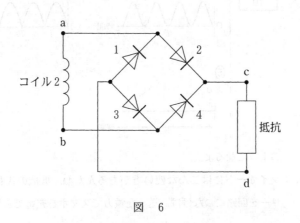

図　6

Bさん：例えば，コイル 2 に誘導起電力が生じ，点 b からダイオードに向かって電流が流れる場合を考えよう。このとき，電流は点 b から

┃ 9 ┃ ｛ ① ダイオード 4，点 c，点 d，ダイオード 3
　　　② ダイオード 4，点 c，点 d，ダイオード 1，点 a，コイル 2
　　　③ ダイオード 3，点 d，点 c，ダイオード 4
　　　④ ダイオード 3，点 d，点 c，ダイオード 2，点 a，コイル 2 ｝

を順に通って点 b に戻ってくるんだ。点 a の電位が高い場合についても，同じように考えればいいんだ。

Aさん：それでは，抵抗で消費される電力はどうなっているんだろう？

Bさん：点 ab 間の電圧波形が図 5 となるとき，抵抗で消費される電力の時間変化は

— 213 —

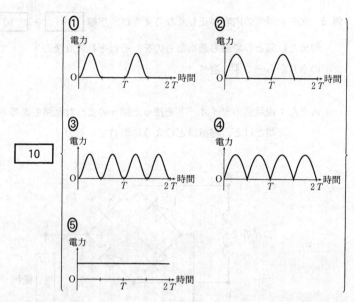

のようになるよ。

Aさん：ダイオードにはこんな使い方があるんだね。抵抗の代わりにバッテリーを回路につなげば，送った電力でスマホを充電できそうだね。

第3問　次の文章を読み，後の問い（問1〜4）に答えよ。（配点　20）

　図1のように，薄いものさしを両手の人差し指の上にのせて，同じ高さのまま水平に保ち，左右の指の間隔をゆっくりと縮める。左右の指は交互に滑り，ものさしの重心付近でたがいに接する。

図　1

　この現象を段階を踏んで物理的に考察してみよう。
　図2には，左右の指の間隔をゆっくりと縮めるときに，ものさしにはたらく力の向きを矢印で，作用点を黒丸で示している。左指からものさしにはたらく垂直抗力と摩擦力の大きさをそれぞれ N_L, f_L，右指からものさしにはたらく垂直抗力と摩擦力の大きさをそれぞれ N_R, f_R，ものさしの重心から左指までの距離を x_L，右指までの距離を x_R，ものさしの質量を m，重力加速度の大きさを g とする。指とものさしの間の静止摩擦係数 μ や動摩擦係数 μ' ($\mu > \mu'$) は，それぞれ左指と右指で等しいものとする。
　また，指の間隔を縮めるとき左指は動かさず，右指を左指に近づけるようにする。

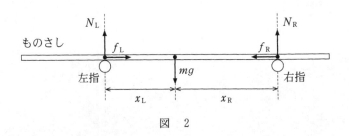

図　2

問 1 次の文章中の空欄 $\boxed{\text{ア}}$・$\boxed{\text{イ}}$ に入れる式の組合せとして最も適当なものを，後の①～⑥のうちから一つ選べ。$\boxed{11}$

最初に，ものさしにはたらく鉛直方向の力の関係を考えよう。ものさしは同じ高さのまま水平に保たれるので，x_L と x_R の大小関係にかかわらず，垂直抗力と重力の間には $\boxed{\text{ア}}$ が成り立ち，重心から指までの距離と垂直抗力の間には $\boxed{\text{イ}}$ が成り立つ。

	ア	イ
①	$N_\mathrm{L} + N_\mathrm{R} = mg$	$N_\mathrm{L} x_\mathrm{L} = N_\mathrm{R} x_\mathrm{R}$
②	$N_\mathrm{L} + N_\mathrm{R} = mg$	$N_\mathrm{L} x_\mathrm{R} = N_\mathrm{R} x_\mathrm{L}$
③	$N_\mathrm{L} = N_\mathrm{R} = mg$	$N_\mathrm{L} x_\mathrm{L} = N_\mathrm{R} x_\mathrm{R}$
④	$N_\mathrm{L} = N_\mathrm{R} = mg$	$N_\mathrm{L} x_\mathrm{R} = N_\mathrm{R} x_\mathrm{L}$
⑤	$N_\mathrm{L} = N_\mathrm{R} = \dfrac{mg}{2}$	$N_\mathrm{L} x_\mathrm{L} = N_\mathrm{R} x_\mathrm{R}$
⑥	$N_\mathrm{L} = N_\mathrm{R} = \dfrac{mg}{2}$	$N_\mathrm{L} x_\mathrm{R} = N_\mathrm{R} x_\mathrm{L}$

次に，ものさしに指からはたらく摩擦力と水平方向の運動について**段階1**から**段階4**に分けて考えてみよう。指の間隔を縮める前は $x_L < x_R$ とする。

問 2 次の文章中の空欄　ウ　・　エ　に入れる式の組合せとして最も適当なものを，後の①〜⑥のうちから一つ選べ。　12

段階1　図3に示すように，左右の指の間隔を縮めようと力を加えるが，この段階では指とものさしは静止している。このとき，ものさしにはたらく摩擦力は静止摩擦力であり，f_L と f_R の関係は　ウ　である。左指および右指からものさしにはたらく最大摩擦力の大きさには　エ　の関係があるので，さらに力を加えると，右指から滑り始める。

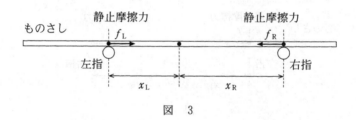

図 3

	ウ	エ
①	$f_L > f_R$	$\mu N_L > \mu N_R$
②	$f_L > f_R$	$\mu N_L < \mu N_R$
③	$f_L = f_R$	$\mu N_L > \mu N_R$
④	$f_L = f_R$	$\mu N_L < \mu N_R$
⑤	$f_L < f_R$	$\mu N_L > \mu N_R$
⑥	$f_L < f_R$	$\mu N_L < \mu N_R$

問 3 次の文章中の空欄 **オ** ・ **カ** に入れる語と式の組合せとして最も適当なものを，後の①～④のうちから一つ選べ。 13

段階2 図4のように右指が滑り始めてからは，右指から動摩擦力，左指から静止摩擦力がものさしにはたらく。この段階ではx_Rが小さくなるにつれ，N_Rは **オ** なり，f_Rも変化する。f_Rと左指からものさしにはたらく最大摩擦力の大きさとが等しくなるまで右指だけが滑り，ものさしの重心に近づく。f_Rと左指での最大摩擦力の大きさとが等しくなったときのN_LをN_{L2}，N_RをN_{R2}とすると，$\dfrac{N_{L2}}{N_{R2}} =$ **カ** となる。したがって，このとき$x_L > x_R$であることがわかる。f_Rと左指での最大摩擦力の大きさが等しくなると，今度は左指が滑り始める。

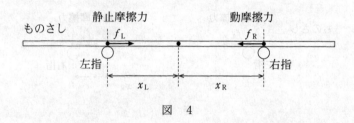

図 4

	①	②	③	④
オ	小さく	小さく	大きく	大きく
カ	$\dfrac{\mu}{\mu'}$	$\dfrac{\mu'}{\mu}$	$\dfrac{\mu}{\mu'}$	$\dfrac{\mu'}{\mu}$

問4 次の文章中の空欄　キ　・　ク　に入れる語句の組合せとして最も適当なものを，後の①～④のうちから一つ選べ。　14

段階3　左指が滑り始めた直後は図5のように，ものさしにはたらく摩擦力は動摩擦力となる。この段階では，f_R は f_L より　キ　ため，ものさしは　ク　に加速され，ものさしの速度が右指の速度に等しくなると右指の滑りが止まる。

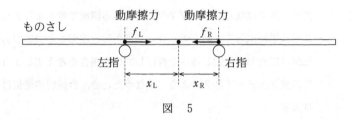

図　5

	①	②	③	④
キ	小さい	小さい	大きい	大きい
ク	右向き	左向き	右向き	左向き

段階4　この段階では，左指が滑るが，右指は滑らない。つまり，**段階2**から**段階3**で考察した現象の左右が逆転し，しばらくは左指が滑る。これらの現象が交互に繰り返され，最後には左右の指がものさしの重心の近くで接することになる。

第 4 問 授業中の外部の騒音に困ったPさんとQさんは「音を使って音を消すことはできないのかな？」と考え，先生に相談した。次の問い(**問 1 ～ 5**)に答えよ。ただし，会話文の内容は正しいものとする。(配点 30)

問 1 次の会話文中の空欄 ア ・ イ にはそれぞれの直後の{ }内の語句および図のいずれか一つが入る。入れるものを示す記号の組合せとして最も適当なものを，後の①～⑧のうちから一つ選べ。 15

先　生：まずは音ではなくウェーブマシンを伝わる横波で考えましょうか。ここでは単純化して，図1のように，三角形の波形をもつ二つの波が，たがいに逆向きに同じ速さで進行している場合を考えましょう。これらの波が出あって図2のように重なったとき，合成波の変位は0になります。

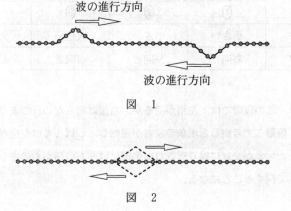

図 1

図 2

Pさん：この状態では波がなくなってしまっているから，これ以降も波は完全に消えてしまうのかな？

Qさん：それはよくある間違いだよ。もし完全に消えてしまったら，最初に波のもっていた力学的エネルギーがなくなってしまうことになり，その保存則に反することになるね。実際には，

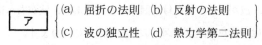

からわかるように，図2の状態になった後

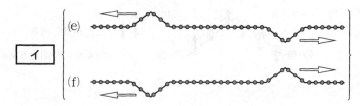

のようになるから波は消えてしまわないよね。

15 の選択肢

	①	②	③	④	⑤	⑥	⑦	⑧
ア	(a)	(a)	(b)	(b)	(c)	(c)	(d)	(d)
イ	(e)	(f)	(e)	(f)	(e)	(f)	(e)	(f)

問2 次の会話文中の空欄 ウ ・ エ にはそれぞれ直後の｛ ｝内の図のいずれか一つが入る。入れる図を示す記号の組合せとして最も適当なものを，後の①〜⑥のうちから一つ選べ。 16

先　生：図2の状態の後でも波が消えない理由をもう少し考えてみましょうか。波が出あう前には，図1の左側にある，波が右へ進んでいる部分では，各点の速度は図3の矢印の向きになります。

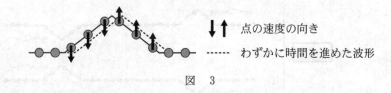

図　3

同じように考えると，図1の右側にある，波が左へ進んでいる部分では，各点の速度はどちらを向くかわかりますか？

Qさん： ウ ｛(g) (h)｝ のようになりますね。

先　生：すると，合成波について，各点の速度の向きはどうなりますか？波の重ね合わせの原理はすべての時刻で成り立つから，変位の時間に対する変化率である各点の速度についても重ね合わせの原理が使えると思ってよいです。

Qさん：図2のように，二つの波が重なって合成波の変位が0になっているとき，重なっている部分での各点の速度の向きは

エ 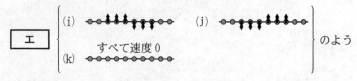 のようになりますね。

Pさん：なるほど，こう考えると波が消えない理由がわかりますね。

16 の選択肢

	①	②	③	④	⑤	⑥
ウ	(g)	(g)	(g)	(h)	(h)	(h)
エ	(i)	(j)	(k)	(i)	(j)	(k)

先　生：広がる波の場合，重ね合わせによって波が消える条件も複雑になります。次は平面上を伝わる横波を考えましょう。平面上の波源Aと波源Bから円形の波面をもつ波が広がっていくと，二つの波が重なり合って，ある時刻では図4のようになります。ただし，変位は平面に垂直で，二つの波源は同位相で振動しているとします。

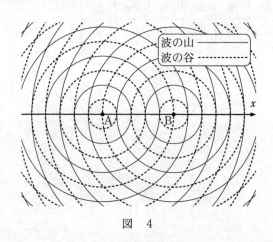

図　4

Pさん：波の波長をλとすると，この二つの波源の間の距離は$\frac{5\lambda}{2}$ですね。

Qさん：そうですね。図4のA，Bを通る直線上にできる波だけを，Aを原点にしてx軸の正の向きをA→Bの向きにとってグラフを描くと図5のようになりました。ただし，波源から離れることで波の振幅が小さくなることは無視しています。

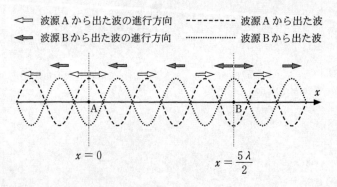

図　5

Pさん：この瞬間はA，Bを通る直線上では合成波が消えているんだね。でもずっと消えたままかどうかは，じっくり考えないと。

先　生：時間が経過すると変位はどう変わるでしょうか。どちらの波も，波源より左側では左向き，波源より右側では右向きに進行するので，少し時間がたった後のグラフは図6のようになることに注意して考えていきましょう。

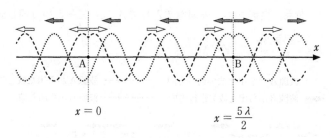

図　6

問3　図5に示した状態より $\frac{1}{4}$ 周期後の合成波の図として最も適当なものを，次の①〜⑧のうちから一つ選べ。 17

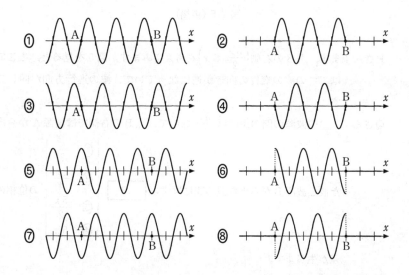

問 4 次の会話文の空欄 18 ・ 19 に入れる式として最も適当なものを，それぞれの直後の { } で囲んだ選択肢のうちから一つずつ選べ。

先　生：問 3 で求めた図において合成波の変位が 0 の位置で，時間によらずその変位が 0 になるかどうかを数式で確認してみましょう。

　　　　図 5 が $t=0$ の瞬間だと考えると，時刻 t における波源 A から出た波(----)の点 A での変位も，波源 B から出た波(……)の点 B での変位も，振幅を A_0，周期を T として $A_0 \cos \dfrac{2\pi t}{T}$ という同じ式で表現されます。

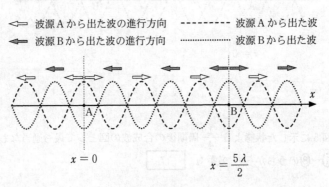

図　5（再掲）

P さん：まず，点 B の右側 $\left(\dfrac{5\lambda}{2} \leqq x\right)$ を考えてみます。図 5 を見ると，ここでは二つの波の変位の向きが逆になっていて，波の進行方向が同じです。

Q さん：二つの波源の間の距離は $\dfrac{5\lambda}{2}$ なので，点 B の右側では波源 A から出た波と波源 B から出た波の間には常に 18 $\left\{\begin{array}{ll}① & \dfrac{\pi}{2} \\ ② & \dfrac{5\pi}{4} \\ ③ & \dfrac{5\pi}{2} \\ ④ & 5\pi\end{array}\right.$ の位相の差が生じます。

先　生：点Bの右側では，二つの波は常に逆位相になっているので，打ち消しあうことが確認できました。この打ち消しあいは点Aの左側でも同じですね。

　　　　次に，点Aと点Bの間$\left(0 < x < \dfrac{5\lambda}{2}\right)$の範囲を考えてみましょう。時刻$t$，座標$x$の点における波源Aから出た波の変位は，

$$y_A = A_0 \cos \frac{2\pi}{T}\left(t - \frac{x}{v}\right)$$と表されます。

Qさん：波源Bから出た波も同様に考えることができます。点Bから座標xまでの距離を考えれば，時刻t，座標xの点における波源Bから出た波の変位は，

$$y_B = \boxed{19}\quad
\begin{cases}
\text{①}\quad A_0 \cos \dfrac{2\pi}{T}\left\{t - \dfrac{1}{v}\left(x - \dfrac{5\lambda}{2}\right)\right\} \\[2mm]
\text{②}\quad A_0 \cos \dfrac{2\pi}{T}\left\{t - \dfrac{1}{v}\left(x + \dfrac{5\lambda}{2}\right)\right\} \\[2mm]
\text{③}\quad A_0 \cos \dfrac{2\pi}{T}\left\{t + \dfrac{1}{v}\left(x - \dfrac{5\lambda}{2}\right)\right\} \\[2mm]
\text{④}\quad A_0 \cos \dfrac{2\pi}{T}\left\{t + \dfrac{1}{v}\left(x + \dfrac{5\lambda}{2}\right)\right\}
\end{cases}\quad$$と表されます。

先　生：波が打ち消しあう位置では，波源Aから出た波と波源Bから出た波の位相が常に逆になっています。合成波の変位$y_A + y_B$の式に，**問3**で求めた合成波の図において変位が0の座標xを代入すると，時間によらずその位置の変位が0となることが確認できるでしょう。

問5 次の会話文の空欄 20 に入れる語句として最も適当なものを，直後の｛ ｝で囲んだ選択肢から一つ選べ。

先　生：それでは次に線分 AB 以外の平面上に範囲をひろげて考えてみましょう。図7は，図4に点 P_1～点 P_3 を加えたものです。

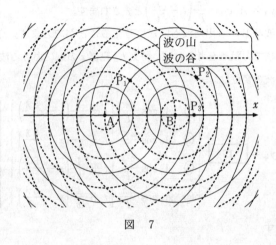

図　7

Qさん：点 P_1～点 P_3 の内で，常に波が弱めあう点をすべて選ぶと，

その組合せは 20 ｛① P_1　② P_2　③ P_3　④ P_1, P_2　⑤ P_1, P_3　⑥ P_2, P_3　⑦ P_1, P_2, P_3｝です。

Pさん：あらゆる場所で音を消すのは難しいみたいですね。しかし，ある振動数の音に対して特定の場所に限れば音で音を消すことができそうだということがわかりました。

先　生：実際に空気中を伝わる音波は縦波ですが，同様の議論が成り立ちます。また，ここでは波源から出る二つの波を同位相として考察しましたが，逆位相の波によって音を消すこともできます。この原理を応用したものにアクティブ・ノイズキャンセリング・ヘッドフォンがあります。

物　理

（2022年1月実施）

60分　100点

物理

(解答番号 1 ～ 25)

第1問 次の問い(問1～5)に答えよ。(配点 25)

問 1 次の文章中の空欄 1 に入れる式として正しいものを、後の①～④のうちから一つ選べ。

図1のように、2個の小球を水面上の点S_1, S_2に置いて、鉛直方向に同一周期、同一振幅、**逆位相**で単振動させると、S_1, S_2を中心に水面上に円形波が発生した。図1に描かれた実線は山の波面を、破線は谷の波面を表す。水面上の点PとS_1, S_2の距離をそれぞれl_1, l_2, 水面波の波長をλとし、$m = 0, 1, 2, \cdots$とすると、Pで水面波が互いに強めあう条件は、$|l_1 - l_2| = $ 1 と表される。ただし、S_1とS_2の間の距離は波長の数倍以上大きいとする。

① $m\lambda$ ② $\left(m + \dfrac{1}{2}\right)\lambda$ ③ $2m\lambda$ ④ $(2m+1)\lambda$

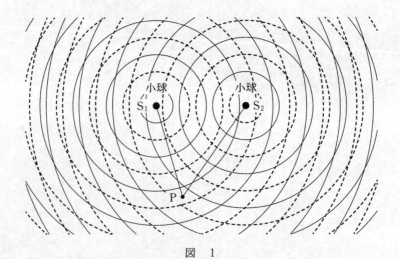

図 1

問 2 次の文章中の空欄 2 に入れる選択肢として最も適当なものを，次ページの①〜④のうちから一つ，空欄 3 に入れる語句として，最も適当なものを，直後の ｛ ｝ で囲んだ選択肢のうちから一つ選べ。

図 2 (a)のように，垂直に矢印を組み合わせた形の光源とスクリーンを，凸レンズの光軸上に配置したところ，スクリーン上に光源の実像ができた。スクリーンは光軸と垂直であり，F，F′はレンズの焦点である。スクリーンと光軸の交点を座標の原点にして，スクリーンの水平方向に x 軸をとり，レンズ側から見て右向きを正とし，鉛直方向に y 軸をとり上向きを正とする。光源の太い矢印は y 軸方向正の向き，細い矢印は x 軸方向正の向きを向いている。このとき，観測者がレンズ側から見ると，スクリーン上の像は 2 である。

次に図 2 (b)のように，光を通さない板でレンズの中心より上半分を通る光を完全に遮った。スクリーン上の像を観測すると，

3

① 像の $y > 0$ の部分が見えなくなった。
② 像の $y < 0$ の部分が見えなくなった。
③ 像の全体が暗くなった。
④ 像にはなにも変化がなかった。

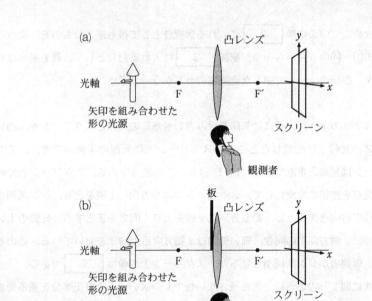

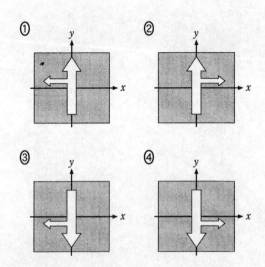

問 3 質量が M で密度と厚さが均一な薄い円板がある。この円板を，外周の点 P に糸を付けてつるした。次に，円板の中心の点 O から直線 OP と垂直な方向に距離 d だけ離れた点 Q に，質量 m の物体を軽い糸で取り付けたところ，図 3 のようになって静止した。直線 OQ 上で点 P の鉛直下方にある点を C としたとき，線分 OC の長さ x を表す式として正しいものを，後の①〜④のうちから一つ選べ。$x = \boxed{4}$

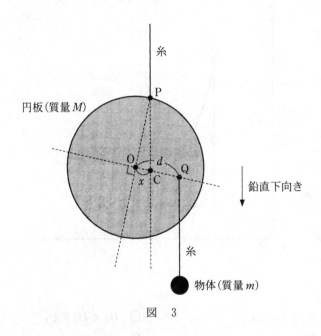

図 3

① $\dfrac{m}{M-m}d$ ② $\dfrac{m}{M+m}d$ ③ $\dfrac{M}{M-m}d$ ④ $\dfrac{M}{M+m}d$

問 4 理想気体が容器内に閉じ込められている。図4は，この気体の圧力 p と体積 V の変化を表している。はじめに状態 A にあった気体を定積変化させ状態 B にした。次に状態 B から断熱変化させ状態 C にした。さらに状態 C から定圧変化させ状態 A に戻した。状態 A，B，C の内部エネルギー U_A, U_B, U_C の関係を表す式として正しいものを，後の ①〜⑧ のうちから一つ選べ。　5

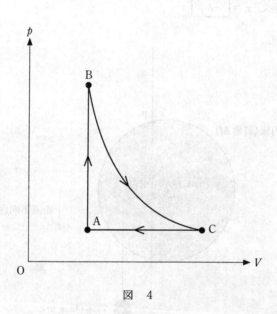

図　4

① $U_A < U_B < U_C$
② $U_A < U_C < U_B$
③ $U_B < U_A < U_C$
④ $U_B < U_C < U_A$
⑤ $U_C < U_A < U_B$
⑥ $U_C < U_B < U_A$
⑦ $U_B = U_C < U_A$
⑧ $U_A < U_B = U_C$

問 5 次の文章中の空欄 ア ～ ウ に入れる記号と式の組合せとして最も適当なものを，次ページの①～⑧のうちから一つ選べ。 6

図5のように，空気中に十分に長い2本の平行導線（導線1，導線2）を xy 平面に対して垂直に置き，同じ向き（図5の上向き）に電流を流す。それぞれの電流の大きさは I_1 と I_2，導線の間隔は r である。このとき，導線1の電流が導線2の位置につくる磁場の向きは ア である。また，この磁場から導線2を流れる電流が受ける力の向きは イ であり，導線2の長さ l の部分が受ける力の大きさは ウ である。ただし，空気の透磁率は真空の透磁率 μ_0 と同じとする。

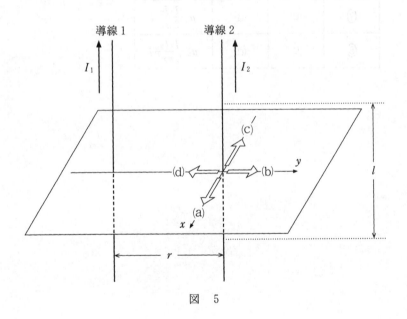

図 5

	ア	イ	ウ
①	(a)	(b)	$\mu_0 \dfrac{I_1 I_2}{2\pi r} l$
②	(a)	(b)	$\mu_0 \dfrac{I_1 I_2}{2\pi r^2} l$
③	(a)	(d)	$\mu_0 \dfrac{I_1 I_2}{2\pi r} l$
④	(a)	(d)	$\mu_0 \dfrac{I_1 I_2}{2\pi r^2} l$
⑤	(c)	(b)	$\mu_0 \dfrac{I_1 I_2}{2\pi r} l$
⑥	(c)	(b)	$\mu_0 \dfrac{I_1 I_2}{2\pi r^2} l$
⑦	(c)	(d)	$\mu_0 \dfrac{I_1 I_2}{2\pi r} l$
⑧	(c)	(d)	$\mu_0 \dfrac{I_1 I_2}{2\pi r^2} l$

第2問 物体の運動に関する探究の過程について，後の問い(**問 1 ~ 6**)に答えよ。
(配点 30)

Aさんは，買い物でショッピングカートを押したり引いたりしたときの経験から，「物体の速さは物体にはたらく力と物体の質量のみによって決まり，(a)ある時刻の物体の速さ v は，その時刻に物体が受けている力の大きさ F に比例し，物体の質量 m に反比例する」という仮説を立てた。Aさんの仮説を聞いたBさんは，この仮説は誤った思い込みだと思ったが，科学的に反論するためには実験を行って確かめることが必要であると考えた。

問 1 下線部(a)の内容を v, F, m の関係として表したグラフとして最も適当なものを，次の①~④のうちから一つ選べ。 | 7 |

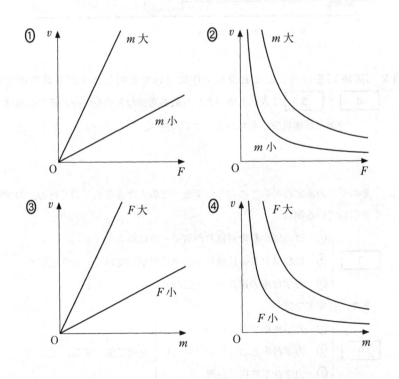

Bさんは，水平な実験机上をなめらかに動く力学台車と，ばねばかり，おもり，記録タイマー，記録テープからなる図1のような装置を準備した。そして，物体に一定の力を加えた際の，力の大きさや質量と物体の速さの関係を調べるために，次の2通りの実験を考えた。

【実験1】 いろいろな大きさの力で力学台車を引く測定を繰り返し行い，力の大きさと速さの関係を調べる実験。

【実験2】 いろいろな質量のおもりを用いる測定を繰り返し行い，物体の質量と速さの関係を調べる実験。

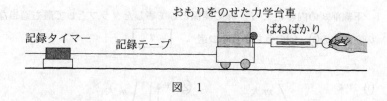

図 1

問2 【実験1】を行うときに必要な条件について説明した次の文章中の空欄 8 ・ 9 に入れる語句として最も適当なものを，それぞれの直後の { } で囲んだ選択肢のうちから一つずつ選べ。

それぞれの測定においては力学台車を一定の大きさの力で引くため，力学台車を引いている間は，

8 { ① ばねばかりの目盛りが常に一定になる
② ばねばかりの目盛りが次第に増加していく
③ 力学台車の速さが一定になる } ようにする。

また，各測定では，

9 { ① 力学台車を引く時間
② 力学台車とおもりの質量の和
③ 力学台車を引く距離 } を同じ値にする。

— 238 —

【実験2】として，力学台車とおもりの質量の合計が

$$\text{ア}:3.18\,\text{kg} \quad \text{イ}:1.54\,\text{kg} \quad \text{ウ}:1.01\,\text{kg}$$

の3通りの場合を考え，各測定とも台車を同じ大きさの一定の力で引くことにした。

この実験で得られた記録テープから，台車の速さ v と時刻 t の関係を表す図2のグラフを描いた。ただし，台車を引く力が一定となった時刻をグラフの $t=0$ としている。

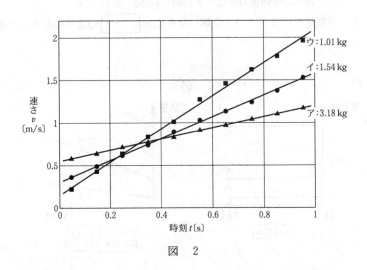

図　2

問 3 図2の実験結果からAさんの仮説が誤りであると判断する根拠として，最も適当なものを，次の①～④のうちから一つ選べ。　10

① 質量が大きいほど速さが大きくなっている。
② 質量が2倍になると，速さは $\dfrac{1}{4}$ 倍になっている。
③ 質量による運動への影響は見いだせない。
④ ある質量の物体に一定の力を加えても，速さは一定にならない。

Aさんの仮説には，実験で確かめた誤り以外にも，見落としている点がある。物体の速さを考えるときには，その時刻に物体が受けている力だけでなく，それまでに物体がどのように力を受けてきたかについても考えなければならない。

速さの代わりに質量と速度で決まる運動量を用いると，物体が受けてきた力による力積を使って，物体の運動状態の変化を議論することができる。

問4 次の文章中の空欄 | 11 | に入れるグラフとして最も適当なものを，後の ①〜④のうちから一つ選べ。

図2を運動量と時刻のグラフに描き直したときの概形は，
　　　　物体の運動量の変化＝その間に物体が受けた力積
という関係を使うことで，計算しなくても | 11 | のようになると予想できる。

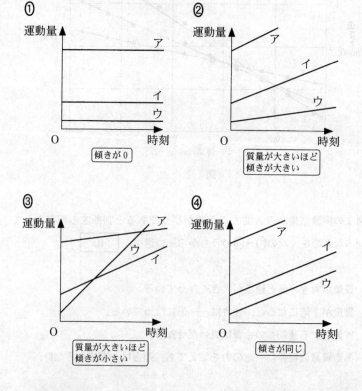

さらに，Bさんは，一定の速さで運動をしている物体の質量を途中で変えるとどうなるだろうかという疑問を持ち，次の2通りの実験を行った。

問 5 小球を発射できる装置がついた質量 M_1 の台車と，質量 m_1 の小球を用意した。この装置は，台車の水平な上面に対して垂直上向きに，この小球を速さ v_1 で発射できる。図3のように，水平右向きに速度 V で等速直線運動する台車から小球を打ち上げた。このとき，小球の打ち上げの前後で，台車と小球の運動量の水平成分の和は保存する。小球を打ち上げる直前の速度 V と，小球を打ち上げた直後の台車の速度 V_1 の関係式として正しいものを，後の①～⑥のうちから一つ選べ。 12

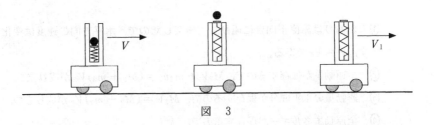

図 3

① $V = V_1$

② $(M_1 + m_1)V = M_1 V_1$

③ $M_1 V = (M_1 + m_1)V_1$

④ $M_1 V = m_1 V_1$

⑤ $\dfrac{1}{2}(M_1 + m_1)V^2 = \dfrac{1}{2}M_1 V_1^2$

⑥ $\dfrac{1}{2}(M_1 + m_1)V^2 = \dfrac{1}{2}M_1 V_1^2 + \dfrac{1}{2}m_1 v_1^2$

問 6　次に，図4のように，水平右向きに速度 V で等速直線運動する質量 M_2 の台車に質量 m_2 のおもりを落としたところ，台車とおもりが一体となって速度 V と同じ向きに，速度 V_2 で等速直線運動した。ただし，おもりは鉛直下向きに落下して速さ v_2 で台車に衝突したとする。V と V_2 が満たす関係式を説明する文として最も適当なものを，後の①〜⑤のうちから一つ選べ。　13

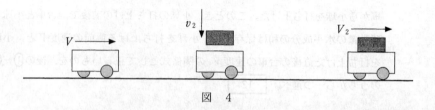

図　4

① おもりは鉛直下向きに運動して衝突したので，水平方向の速度は変化せず，$V = V_2$ である。

② 全運動量が保存するので，$M_2 V + m_2 v_2 = (M_2 + m_2) V_2$ が成り立つ。

③ 運動量の水平成分が保存するので，$M_2 V = (M_2 + m_2) V_2$ が成り立つ。

④ 全運動エネルギーが保存するので，
$\frac{1}{2} M_2 V^2 + \frac{1}{2} m_2 v_2^2 = \frac{1}{2} (M_2 + m_2) V_2^2$ が成り立つ。

⑤ 運動エネルギーの水平成分が保存するので，
$\frac{1}{2} M_2 V^2 = \frac{1}{2} (M_2 + m_2) V_2^2$ が成り立つ。

第 3 問　次の文章を読み，後の問い(問 1 ～ 5)に答えよ。(配点　25)

　図 1 のように，二つのコイルをオシロスコープにつなぎ，平面板をコイルの中を通るように水平に設置した。台車に初速を与えてこの板の上で走らせる。台車に固定した細長い棒の先に，台車の進行方向に N 極が向くように軽い棒磁石が取り付けられている。二つのコイルの中心間の距離は 0.20 m である。ただし，コイル間の相互インダクタンスの影響は無視でき，また，台車は平面板の上をなめらかに動く。

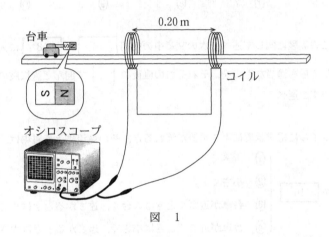

図　1

　台車が運動することにより，コイルには誘導起電力が発生する。オシロスコープにより電圧を測定すると，台車が動き始めてからの電圧は，図 2 のようになった。

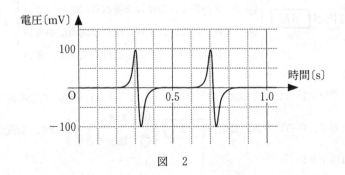

図　2

問1 このコイルとオシロスコープの組合せを，スピードメーターとして使うことができる。この台車の運動を等速直線運動と仮定したとき，図2から読み取れる台車の速さを，有効数字1桁で求めるとどうなるか。次の式中の空欄 14 ・ 15 に入れる数字として最も適当なものを，後の①~⓪のうちから一つずつ選べ。ただし，同じものを繰り返し選んでもよい。

$$\boxed{14} \times 10^{-\boxed{15}} \text{ m/s}$$

① 1 ② 2 ③ 3 ④ 4 ⑤ 5
⑥ 6 ⑦ 7 ⑧ 8 ⑨ 9 ⓪ 0

問2 この実験に関して述べた次の文章中の空欄 16 ~ 18 に入れる語句として最も適当なものを，それぞれの直後の { } で囲んだ選択肢のうちから一つずつ選べ。

コイルに電磁誘導による電流が流れると，その電流による磁場は，台車の速さを 16
{
① 大きく
② 小さく
③ 台車が近づくときは大きく，遠ざかるときは小さく
④ 台車が近づくときは小さく，遠ざかるときは大きく
} する

力を及ぼす。しかし，実際の実験ではこの力は小さいので，台車の運動はほぼ等速直線運動とみなしてよかった。力が小さい理由は，オシロスコープの内部抵抗が 17
{
① 小さいので，コイルを流れる電流が小さい
② 小さいので，コイルを流れる電流が大きい
③ 大きいので，コイルを流れる電流が小さい
④ 大きいので，コイルを流れる電流が大きい
} からである。

空気抵抗も台車の加速度に影響を与えると考えられるが，この実験では台車が遅く，さらに台車の質量が 18
{
① 大きい
② 無視できる
} ので，空気抵抗の影響は小さい。

問 3　Aさんが，条件を少し変えて実験してみたところ，結果は図3のように変わった。

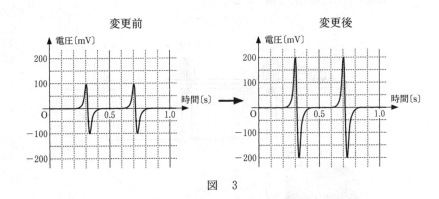

図　3

Aさんが加えた変更として最も適当なものを，次の①〜⑤のうちから一つ選べ。ただし，選択肢に記述されている以外の変更は行わなかったものとする。また，磁石を追加した場合は，もとの磁石と同じものを使用したものとする。

| 19 |

① 台車の速さを $\sqrt{2}$ 倍にした。

② 台車の速さを2倍にした。

③ 台車につける磁石を ［S］［N］［S］［N］ のように2個つなげたものに交換した。

④ 台車につける磁石を ［N/S］／［S/N］ のように2個たばねたものに交換した。

⑤ 台車につける磁石を ［S/N］／［S/N］ のように2個たばねたものに交換した。

Aさんは次に図4のようにコイルを三つに増やして実験をした。ただし，コイルの巻き数はすべて等しく，コイルは等間隔に設置されている。また，台車に取り付けた磁石は1個である。

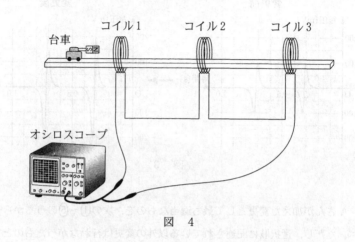

図　4

実験結果は，図5のようになった。

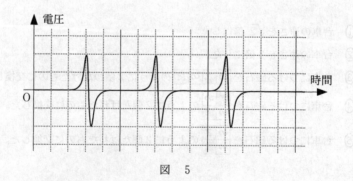

図　5

問4 BさんがAさんと同じような装置を作り，三つのコイルを用いて実験をしたところ，図6のように，Aさんの図5と違う結果になった。

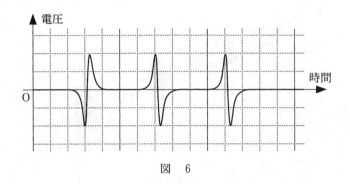

図 6

Bさんの実験装置はAさんの実験装置とどのように違っていたか。最も適当なものを，次の①〜⑤のうちから一つ選べ。ただし，選択肢に記述されている以外の違いはなかったものとする。 20

① コイル1の巻数が半分であった。
② コイル2，コイル3の巻数が半分であった。
③ コイル1の巻き方が逆であった。
④ コイル2，コイル3の巻き方が逆であった。
⑤ オシロスコープのプラスマイナスのつなぎ方が逆であった。

問 5 Aさんが図7のように実験装置を傾けて板の上に台車を静かに置くと，台車は板を外れることなくすべり降りた。

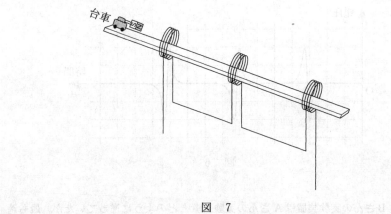

図 7

このとき，オシロスコープで測定される電圧の時間変化を表すグラフの概形として最も適当なものを，次ページの①〜⑤のうちから一つ選べ。 21

①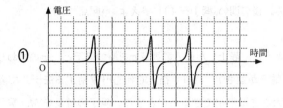

②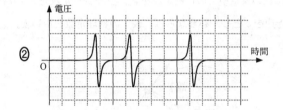

③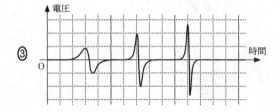

④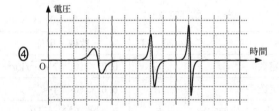

⑤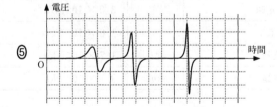

第4問 次の文章を読み，後の問い(問1～4)に答えよ。(配点 20)

　水素原子を，図1のように，静止した正の電気量 e を持つ陽子と，そのまわりを負の電気量 $-e$ を持つ電子が速さ v，軌道半径 r で等速円運動するモデルで考える。陽子および電子の大きさは無視できるものとする。陽子の質量を M，電子の質量を m，クーロンの法則の真空中での比例定数を k_0，プランク定数を h，万有引力定数を G，真空中の光速を c とし，必要ならば，表1の物理定数を用いよ。

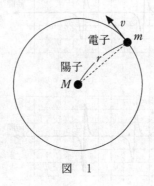

図　1

表1　物理定数

名　称	記号	数値・単位
万有引力定数	G	6.7×10^{-11} N·m²/kg²
プランク定数	h	6.6×10^{-34} J·s
クーロンの法則の真空中での比例定数	k_0	9.0×10^{9} N·m²/C²
真空中の光速	c	3.0×10^{8} m/s
電気素量	e	1.6×10^{-19} C
陽子の質量	M	1.7×10^{-27} kg
電子の質量	m	9.1×10^{-31} kg

問 1 次の文章中の空欄 ア ・ イ に入れる式の組合せとして最も適当なものを，後の①〜⑥のうちから一つ選べ。 22

図2(a)のように，半径 r の円軌道上を一定の速さ v で運動する電子の角速度 ω は ア で与えられる。時刻 t での速度 $\vec{v_1}$ と微小な時間 Δt だけ経過した後の時刻 $t + \Delta t$ での速度 $\vec{v_2}$ との差の大きさは イ である。

ただし，図2(b)は $\vec{v_2}$ の始点を $\vec{v_1}$ の始点まで平行移動した図であり，$\omega \Delta t$ は $\vec{v_1}$ と $\vec{v_2}$ とがなす角である。また，微小角 $\omega \Delta t$ を中心角とする弧(図2(b)の破線)と弦(図2(b)の実線)の長さは等しいとしてよい。

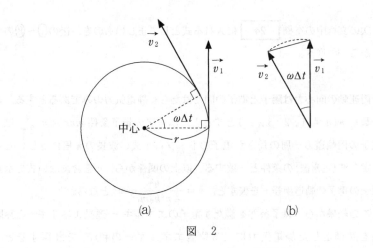

図 2

	①	②	③	④	⑤	⑥
ア	rv	rv	rv	$\dfrac{v}{r}$	$\dfrac{v}{r}$	$\dfrac{v}{r}$
イ	0	$rv^2 \Delta t$	$\dfrac{v^2}{r}\Delta t$	0	$rv^2 \Delta t$	$\dfrac{v^2}{r}\Delta t$

問 2 次の文章中の空欄 23 に入れる数値として最も適当なものを，後の①～⑥のうちから一つ選べ。

水素原子中の電子と陽子の間にはたらくニュートンの万有引力と静電気力の大きさを比較すると，万有引力は静電気力のおよそ $10^{-\boxed{23}}$ 倍であることがわかる。万有引力はこのように小さいので，電子の運動を考える際には，万有引力は無視してよい。

① 10   ② 20   ③ 30   ④ 40   ⑤ 50   ⑥ 60

問 3 次の文章中の空欄 24 に入れる式として正しいものを，後の①～⑧のうちから一つ選べ。

円運動の向心力は陽子と電子の間にはたらく静電気力のみであるとする。量子数を n（$n = 1, 2, 3, \cdots$）とすると，ボーアの量子条件 $mvr = n\dfrac{h}{2\pi}$ は，電子の円軌道の一周の長さが電子のド・ブロイ波の波長の n 倍に等しいとする定在波（定常波）の条件と一致する。以上の関係から，v を含まない式で水素原子の電子の軌道半径 r を表すと，$r = \dfrac{h^2}{4\pi^2 k_0 m e^2} n^2$ となる。

この結果から，量子条件を満たす電子のエネルギー（運動エネルギーと無限遠を基準とした静電気力による位置エネルギーの和）E_n を計算すると，$E_n = -2\pi^2 k_0^2 \times \boxed{24}$ と求められる。この E_n を量子数 n に対応する電子のエネルギー準位という。

① $\dfrac{me}{nh}$ ② $\dfrac{m^2 e}{n^2 h}$ ③ $\dfrac{me^2}{nh^2}$ ④ $\dfrac{me^4}{n^2 h^2}$

⑤ $\dfrac{nh}{me}$ ⑥ $\dfrac{n^2 h}{m^2 e}$ ⑦ $\dfrac{nh^2}{me^2}$ ⑧ $\dfrac{n^2 h^2}{me^4}$

問4 次の文中の空欄 | 25 | に入れる式として正しいものを，後の①～④のうちから一つ選べ。

　水素原子中の電子が，量子数 n のエネルギー準位 E から量子数 n' のより低いエネルギー準位 E' へ移るとき，放出される光子の振動数 ν は，$\nu =$ | 25 | である。

① $\dfrac{E' - E}{h}$　　② $\dfrac{E - E'}{h}$　　③ $\dfrac{h}{E' - E}$　　④ $\dfrac{h}{E - E'}$

MEMO

物　理

（2022年1月実施）

60分　100点

追試験
2022

物　　　　　理

$$\left(\text{解答番号}\ \boxed{1}\ \sim\ \boxed{21}\ \right)$$

第 1 問　次の問い（問 1 ～ 5）に答えよ。（配点　30）

問 1　図 1 のように，水平面内の直線上をなめらかに運動する質量 m_A の台車 A
を，同じ直線上をなめらかに運動する質量 m_B の台車 B に追突させる。台車 A
にはばねが取り付けてある。図 2 は，このときの台車 A，B の衝突前後の速度
v と時間 t の関係を表す v–t グラフであり，速度の正の向きは図 1 の右向きで
ある。次の文中の空欄　$\boxed{1}$　に入れる語句として最も適当なものを，直後の
$\left\{\right\}$ で囲んだ選択肢のうちから一つ選べ。ただし，台車 A，B の車輪とばね
の質量は，無視できるものとする。

台車 A の質量と台車 B の質量の比 $\dfrac{m_A}{m_B}$ は，

$\boxed{1}$
$\left\{\begin{array}{l}
\text{①}\quad 0.5\ \text{である。} \\[4pt]
\text{②}\quad 1.0\ \text{である。} \\[4pt]
\text{③}\quad 1.5\ \text{である。} \\[4pt]
\text{④}\quad 2.0\ \text{である。} \\[4pt]
\text{⑤}\quad \text{これだけでは定まらない。}
\end{array}\right.$

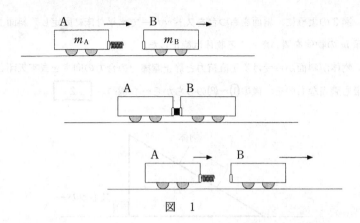

図 1

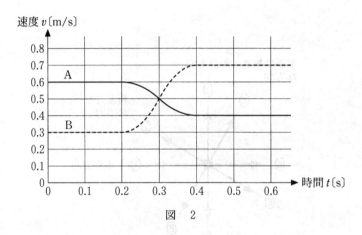

図 2

問 2 図3のように,斜面をもつ台をストッパーで水平な床に固定し,斜面上に質量 m の物体を置いたところ物体は静止した。

物体が斜面から受ける垂直抗力と静止摩擦力の合力の向きを表す矢印として最も適当なものを,後の①~⑧のうちから一つ選べ。　2

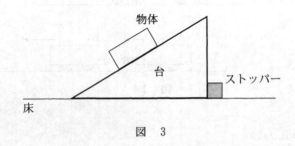

図 3

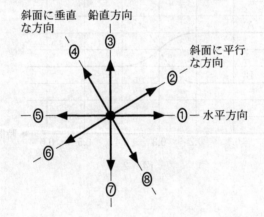

次に，斜面上に観測者を立たせてストッパーを外した後に，台を図4のように，右向きに大きさ a の加速度で動かしたところ，物体は斜面上をすべることなく台と一体となって運動した。次の文章の空欄 ア ・ イ に入れる語句の組合せとして最も適当なものを，後の ①～④ のうちから一つ選べ。 3

台とともに運動する観測者には，物体に水平方向 ア 向きに大きさ ma の慣性力がはたらいているように見える。また，物体が斜面から受ける静止摩擦力の大きさは，台が固定されていたときと比較して イ 。

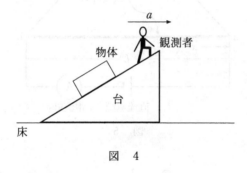

図 4

	①	②	③	④
ア	左	左	右	右
イ	増える	減る	増える	減る

問 3 図 5 のように，長さが L で太さが一様な抵抗線 ab，抵抗値が R_1 の抵抗 1，抵抗値が R_2 の抵抗 2，検流計 G，直流電源，電流計を接続する。接点 c は，ab 上を自由に移動できる。ここで，点 c を ab 上で動かし，検流計 G に電流が流れない点を見つけた。このときの ac 間の距離を x とした場合，$\dfrac{R_1}{R_2}$ を表す式として正しいものを，後の①〜⑥のうちから一つ選べ。$\dfrac{R_1}{R_2} = \boxed{4}$

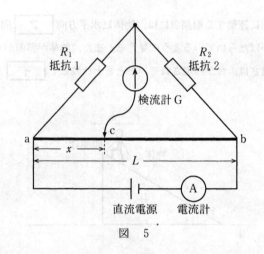

図 5

① $\dfrac{x}{L}$ 　　② $\dfrac{x}{L-x}$ 　　③ $\dfrac{x}{L+x}$

④ $\dfrac{L}{x}$ 　　⑤ $\dfrac{L-x}{x}$ 　　⑥ $\dfrac{L+x}{x}$

問 4 真空中で，図6のように，xy 平面内の二つの灰色の領域に，磁束密度の大きさが B の一様な磁場(磁界)が，xy 平面に垂直に，紙面の裏から表の向きにかけられている。質量 m，電気量 $Q(Q>0)$ の粒子が，中間の無色の領域から右の灰色の領域に垂直に入射すると，粒子は半円の軌跡を描いて右の灰色の領域を出て，中間の領域を直進して左の灰色の領域に垂直に入り，左側の磁場中でも半円を描く。中間の領域では粒子を加速するように電場(電界)をかける。これを繰り返し，粒子の速さが大きくなるにつれて，半円の半径 R と半円を描くのに要する時間 T はどのように変化するか。変化の組合せとして最も適当なものを，後の ① ~ ⑨ のうちから一つ選べ。ただし，粒子は xy 平面内のみを光速より十分小さい速さで運動し，重力の影響と電磁波の放射は無視できるものとする。また，灰色の領域は，中間の領域を除いて無限に広がっているものとする。 5

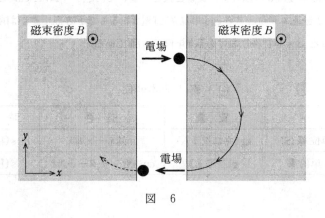

図 6

	①	②	③	④	⑤	⑥	⑦	⑧	⑨
R の変化	減少	減少	減少	増加	増加	増加	一定	一定	一定
T の変化	減少	増加	一定	減少	増加	一定	減少	増加	一定

34

問 5 次の文章中の空欄 **6** に入れる数値として正しいものを，次ページの
①〜⓪のうちから一つ選べ。

物理量は単なる数値ではなく，(数値)×(単位)である。たとえば，速度 v を
表すとき「$v = 36$」の表記は誤りで，「$v = 36\ \text{km/h}$」などの表記が正しい。同じ
量を表すとき，単位が違えば

$$36\ \text{km/h} = \frac{36 \times 1\ \text{km}}{1\ \text{h}} = \frac{36 \times 1000\ \text{m}}{3600\ \text{s}} = \frac{36000 \times 1\ \text{m}}{3600 \times 1\ \text{s}} = 10\ \text{m/s}$$

のように数値は変わる。一方，初速度を v_0，加速度を a，時間を t としたとき
の等加速度直線運動における速度の式 $v = v_0 + at$ は，長さと時間の単位に何
を使っても変わらない。

国際単位系(SI)以外に，質量と長さについて，g(グラム)と cm(センチメー
トル)を基本単位とする cgs 単位系と呼ばれるものがある。表1は国際単位系
(SI)と cgs 単位系における基本単位の一部である。

表 1　基本単位

	質　量	長　さ	時　間
国際単位系(SI)	kg(キログラム)	m(メートル)	s(秒)
cgs 単位系	g(グラム)	cm(センチメートル)	s(秒)

— 262 —

以下では運動量の単位について考える。表1の二つの単位系では，運動量の大きさ p は

国際単位系（SI）　　　　　cgs 単位系

$$p = \boxed{\text{数値（SI）}} \times \frac{\text{kg} \cdot \text{m}}{\text{s}} = \boxed{\text{数値（cgs）}} \times \frac{\text{g} \cdot \text{cm}}{\text{s}}$$

のように表現される。

$$1 \frac{\text{kg} \cdot \text{m}}{\text{s}} = \boxed{6} \times 1 \frac{\text{g} \cdot \text{cm}}{\text{s}}$$

であることから

$$\boxed{\text{数値（SI）}} \times \boxed{6} = \boxed{\text{数値（cgs）}}$$

が成り立つ。

① 10^1　　　② 10^2　　　③ 10^3　　　④ 10^4　　　⑤ 10^5

⑥ 10^{-1}　　⑦ 10^{-2}　　⑧ 10^{-3}　　⑨ 10^{-4}　　⓪ 10^{-5}

第2問　次の文章を読み，後の問い(問1〜5)に答えよ。(配点　25)

　振動数 f_0 の十分大きな音を出す音源を用意する。密閉された箱内部に質量 m の物体が糸でつるされている装置に，この音源またはマイクロフォン(マイク)を取り付けて，図1のように，上空から初速度0で鉛直下方に落下させる。装置は図の姿勢を保ったまま落下するものとし，装置の落下の向きを正とする。また，重力加速度の大きさを g，物体を含む装置全体の質量を M，音速を V と表す。ただし，風などの影響はないものとする。

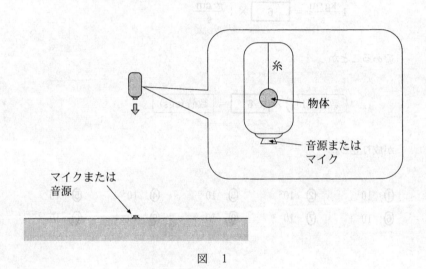

図　1

問 1 十分な高さからこの装置を落下させると，その運動に空気の抵抗力の影響が次第に現れてくる。この抵抗力 F_R は装置の落下速度 v に比例し，比例定数 $k(k > 0)$ を用いて，

$$F_R = - kv$$

であるとして考えよう。さて，落下開始後しばらくすると，装置の落下速度は大きさ v' の終端速度に達し，一定となる。この v' を表す式として正しいものを，次の①～⑧のうちから一つ選べ。$v' = \boxed{7}$

① $\dfrac{Mg}{k}$　　　② $\dfrac{Mk}{g}$　　　③ $\dfrac{k}{Mg}$　　　④ Mgk

⑤ $\dfrac{2Mg}{k}$　　　⑥ $\dfrac{2Mk}{g}$　　　⑦ $\dfrac{2k}{Mg}$　　　⑧ $2Mgk$

問 2 落下中の糸の張力の大きさを記述する文として最も適当なものを，次の①～⑤のうちから一つ選べ。$\boxed{8}$

① 常に mg である。

② 落下前は mg であるが，落下を開始すると徐々に小さくなり，終端速度に達すると 0 になる。

③ 落下前は mg であるが，落下を開始すると徐々に小さくなるがまた増加し，終端速度に達すると mg に戻る。

④ 落下前は mg であるが，落下を開始すると同時に 0 になり，その値を保つ。

⑤ 落下前は mg であるが，落下を開始すると同時に 0 になり，その後徐々に増加し，終端速度に達すると mg に戻る。

問 3 装置に音源を，地上にマイクを設置した場合，落下開始後しばらくして装置が終端速度（大きさ v'）に達した。その後に音源を出た音がマイクに届いたときの振動数 f_1 を表す式として正しいものを，次の ①～⑥ のうちから一つ選べ。$f_1 =$ ⬚ 9 ⬚

① $\dfrac{V + v'}{V} f_0$　　　② $\dfrac{V}{V + v'} f_0$　　　③ $\dfrac{V + v'}{V - v'} f_0$

④ $\dfrac{V - v'}{V} f_0$　　　⑤ $\dfrac{V}{V - v'} f_0$　　　⑥ $\dfrac{V - v'}{V + v'} f_0$

問 4 逆に，装置にマイクを，地上に音源を設置して落下させた。落下開始後しばらくして装置が終端速度（大きさ v'）に達した後，マイクに届いた音の振動数 f_2 を表す式として正しいものを，次の ①～⑥ のうちから一つ選べ。

$f_2 =$ ⬚ 10 ⬚

① $\dfrac{V + v'}{V} f_0$　　　② $\dfrac{V}{V + v'} f_0$　　　③ $\dfrac{V + v'}{V - v'} f_0$

④ $\dfrac{V - v'}{V} f_0$　　　⑤ $\dfrac{V}{V - v'} f_0$　　　⑥ $\dfrac{V - v'}{V + v'} f_0$

問 5 **問 4**のようにマイクがついた装置を時刻 $t = 0$ に落下させる場合，装置の速度は徐々に変化して終端速度に達する。マイクに届いた音の振動数 f と f_0 の差の絶対値 $|f - f_0|$ を，時刻 t を横軸にとって表したグラフの概形として最も適当なものを，次の①〜④のうちから一つ選べ。 $\boxed{11}$

第3問 ゴムの物理現象について，これまで学習した熱力学の法則を応用して考えることができる。次の文章を読み，後の問い（**問1〜4**）に答えよ。（配点 25）

ゴムひもを引っ張ったときの，ゴムひもの長さと張力の変化を測定したところ，図1と図2の結果が得られた。図1の実験では，ゴムひもをゆっくり時間をかけて引っ張りながら測定を行ったが，図2の実験では，すばやく引っ張って測定を行った。

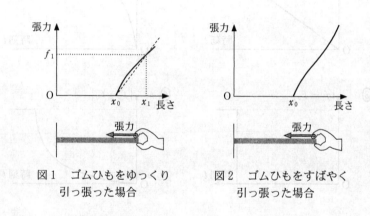

図1　ゴムひもをゆっくり引っ張った場合

図2　ゴムひもをすばやく引っ張った場合

問1 図1の実験結果から，この実験で用いたゴムひもは，ゆっくり引っ張って自然の長さ x_0 より長くなっているときは，自然の長さからの伸びと力がほぼ比例するという，図1の破線で示したような，ばねの性質と似た関係がおおまかに成り立つことがわかる。このように，ゴムひもをばねと見なした場合の，ばね定数の式として最も適当なものを，次の①〜⑥のうちから一つ選べ。
| 12 |

① $\dfrac{f_1}{x_0}$　　② $\dfrac{f_1}{x_1}$　　③ $\dfrac{f_1}{x_1 - x_0}$

④ $\dfrac{x_0}{f_1}$　　⑤ $\dfrac{x_1}{f_1}$　　⑥ $\dfrac{x_1 - x_0}{f_1}$

ゴムの温度が常に室温と等しくなるようにゆっくり伸び縮みさせたときは，ゴムが等温変化していると考えることができる。また，ゴムひもをすばやく伸ばしたときは，ゴムと周囲との間に熱が移動する時間がないため断熱変化だと考えることができ，気体を断熱圧縮したときに温度が上がるように，ゴムの温度が上がる。このようにゴムの伸び・縮みを，気体の圧縮・膨張に対応させることができる。気体は理想気体であるものとして，熱力学の法則を応用してゴムの伸び・縮みを考えていこう。

問2　気体の膨張について復習しよう。図3と図4は，それぞれ，シリンダーとなめらかに動くピストンで閉じ込められた気体の等温変化と断熱変化における体積と圧力の変化のグラフである。なお，図中の矢印は，気体がピストンを押す力を示す。

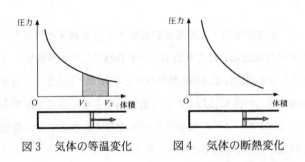

図3　気体の等温変化　　図4　気体の断熱変化

図3のグラフの灰色に塗った部分の面積は，次の(イ)〜(ニ)のうちどれに対応するか。正しいものをすべて選び出した組合せとして最も適当なものを，後の①〜⑨のうちから一つ選べ。　13

(イ)　気体の体積が V_1 から V_2 へと変化する間に気体がする仕事
(ロ)　気体の体積が V_1 から V_2 へと変化する間に気体がされる仕事
(ハ)　気体の体積が V_1 から V_2 へと変化する間に気体が放出する熱量
(ニ)　気体の体積が V_1 から V_2 へと変化する間に気体が吸収する熱量

① (イ)　　　　　　② (ロ)　　　　　　③ (ハ)
④ (ニ)　　　　　　⑤ (イ)と(ハ)　　　⑥ (イ)と(ニ)
⑦ (ロ)と(ハ)　　　⑧ (ロ)と(ニ)　　　⑨ 該当なし

問 3 気体を2種類の方法で圧縮するグラフを描くと，以下の図のようになる。

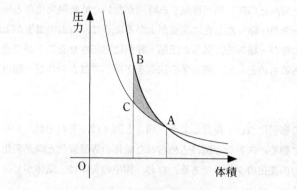

図5　気体の状態の変化

図5で，温度が室温である最初の状態 A から断熱変化させたのが状態 B，状態 A から等温変化させて状態 B と同じ体積にしたのが状態 C である。状態 B でピストンを固定して周囲と熱のやりとりができるようにすると，気体の温度が室温と同じ状態 C になるという定積過程を考えることができる。三つの過程（A→B，B→C，A→C）における気体の内部エネルギーの変化，気体が吸収する熱量，気体がされる仕事を，表1のように表すことにしよう。

2022年度　追試験　物理　43

表1

	A→B	B→C	A→C
気体の内部エネルギーの変化	ΔU_{AB}	ΔU_{BC}	ΔU_{AC}
気体が吸収する熱量	Q_{AB}	Q_{BC}	Q_{AC}
気体がされる仕事	W_{AB}	W_{BC}	W_{AC}

表1には9個の量が書いてあるが，0になる量を「0」に書き直し，それ以外を空欄としたとき，最も適当なものを，次の①〜⑥のうちから一つ選べ。

14

①

A→B	B→C	A→C
0		
	0	
		0

②

A→B	B→C	A→C
0		
		0
		0

③

A→B	B→C	A→C
	0	
0		
		0

④

A→B	B→C	A→C
		0
0		
		0

⑤

A→B	B→C	A→C
	0	
		0
0		

⑥

A→B	B→C	A→C
		0
		0
0		

— 271 —

問4 次の文章内の空欄 15 ・ 16 にあてはまるものとして，最も適当なものを，それぞれの直後の { } で囲んだ選択肢のうちから一つずつ選べ。

ゴムひもの長さと張力の関係について，グラフを描くと図6のようになる。

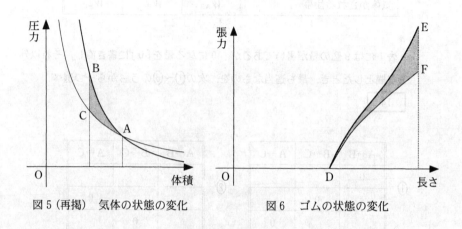

図5（再掲） 気体の状態の変化　　　図6　ゴムの状態の変化

図6には，ゴムの最初の状態D，状態Dから状態Eまですばやく伸ばした結果のグラフ，状態Dから状態Fまでゆっくり伸ばした結果のグラフが描かれている。すばやく伸ばしたD→Eが断熱変化に，ゆっくり伸ばしたD→Fが等温変化に対応する。

図5のA→B(または図6のD→E)の断熱変化と，A→C(または図6のD→F)の等温変化を比べると，どちらも気体やゴムが外から正の仕事をされるが，

15 { ① 気体もゴムも断熱変化の方が
② 気体は断熱変化の方が，ゴムは等温変化の方が
③ 気体は等温変化の方が，ゴムは断熱変化の方が
④ 気体もゴムも等温変化の方が } 強い力が必要

で，外からされる仕事も大きくなる。

A→C(またはD→F)の逆の変化C→A(またはF→D)を考えると,A→B→C→A(またはD→E→F→D)のようなサイクルを作ることができる。サイクルを一周する間に気体やゴムがされる仕事の総和は,

16
① 気体の場合は正，ゴムの場合も正
② 気体の場合は正，ゴムの場合は負
③ 気体の場合は負，ゴムの場合は正
④ 気体の場合は負，ゴムの場合も負

になる。

第4問 次の文章(**A**・**B**)を読み,後の問い(**問1～4**)に答えよ。(配点 20)

A 結晶の規則正しく配列した原子配列面(格子面)にX線を入射させると,X線は何層にもわたる格子面の原子によって散乱される。このとき,X線の波長がある条件を満たせば,散乱されたX線が互いに干渉し強め合う。まず一つの格子面を構成する多くの原子で散乱されるX線に注目すると,反射の法則を満たす方向に進むX線どうしは,強め合う。これを反射X線という。また,隣り合う格子面における反射X線が同位相であれば,それぞれの格子面で反射されるX線は強め合う。図1は,間隔 d の隣り合う格子面に角度 θ で入射した波長 λ のX線が,格子面上の原子によって同じ角度 θ の方向に反射された場合を示している。

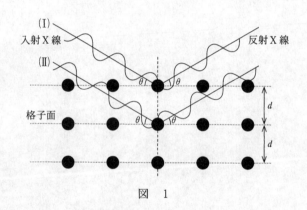

図 1

問1 次の文章中の空欄 | 17 |・| 18 | に入れる数式として正しいものを,それぞれの直後の { } で囲んだ選択肢のうちから一つずつ選べ。

　　図1の2層目の格子面で反射される(Ⅱ)のX線は,1層目の格子面で反射される(Ⅰ)のX線より

| 17 | { ① $d\sin\theta$　② $2d\sin\theta$　③ $d\cos\theta$　④ $2d\cos\theta$ } だけ経路が長い。この経路差が

| 18 | { ① $\dfrac{\lambda}{4}$　② $\dfrac{\lambda}{2}$　③ $\dfrac{3\lambda}{4}$　④ λ　⑤ $\dfrac{5\lambda}{4}$　⑥ $\dfrac{3\lambda}{2}$ } の整数倍のときに常に強め合う。

B 図2のようにX線管のフィラメント(陰極)・陽極間に高電圧を加え、陰極で発生した電子を陽極の金属に衝突させるとX線が発生する。図3は、陽極にモリブデンを用いた場合の、各電圧ごとに発生したX線の強度と波長の関係(X線スペクトル)を示している。たとえば、両極間の電圧が 35 kV の場合には、図のC点を最短波長とする連続スペクトルが得られた。また、連続的なスペクトルの中に鋭い二つのピーク(a)、(b)も観測され、このピークの波長は電圧によらない。

図3の結果を見たPさんとQさんが会話を始めた。ここで、プランク定数を h、光速を c とする。ただし、PさんとQさんの会話の内容は間違っていない。

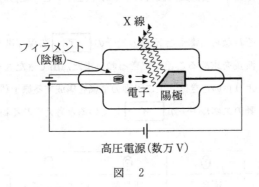

図 2

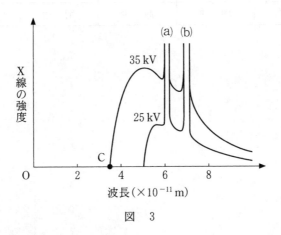

図 3

問 2 空欄 　ア　・　イ　 に入れる語の組合せとして最も適当なものを，後
の①〜④のうちから一つ選べ。　19

Ｐさん：図 3 を見ると，両極間の電圧が 35 kV の場合，X 線のスペクトルは
C 点の波長 3.5×10^{-11} m から始まっているね。陰極から出た電子
を電圧 V で加速すると，電気量 $-e$ の電子は陽極に達したときに
eV の大きさの運動エネルギーを得る。この電子が陽極の金属と衝
突し，運動エネルギーのすべてが 1 個の X 線の光子のエネルギー
に変わると，最短波長の X 線が発生すると考えられるよ。

Ｑさん：それなら，電子と X 線の光子の 　ア　 の保存則から X 線の最短
波長を求めることができるね。また，出てきた X 線の波長がそれ
より長いときは，主に陽極の金属を構成する原子(陽極原子)の熱運
動のエネルギーが 　イ　 していると考えられるね。

	①	②	③	④
ア	運動量	運動量	エネルギー	エネルギー
イ	増 加	減 少	増 加	減 少

問3 空欄 ウ ・ エ に入れる式と語の組合せとして最も適当なものを，後の①～⑥のうちから一つ選べ。 20

Pさん：X線の最短波長は ウ と求められる。両極間の電圧を50 kVにすると，X線の最短波長はC点の波長より エ なるね。

	①	②	③	④	⑤	⑥
ウ	$\dfrac{eV}{hc}$	$\dfrac{eV}{hc}$	$\dfrac{hc}{eV}$	$\dfrac{hc}{eV}$	$\dfrac{h}{cV}$	$\dfrac{h}{cV}$
エ	長く	短く	長く	短く	長く	短く

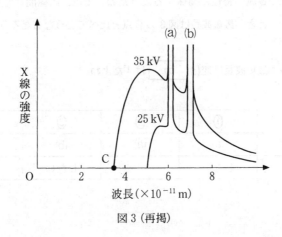

図3（再掲）

問4 空欄 **オ** ・ **カ** に入れる記号と語の組合せとして最も適当なものを, 後の①～④のうちから一つ選べ。 21

Qさん：図3を見ると, 二つの鋭いピークの波長は, 電圧を変えてもまったく変化していない。二つのピーク(a), (b)のうち, X線の光子のエネルギーが小さいのは **オ** の方だね。これらの二つのピークが現れるのは何に関係しているんだろう。

Pさん：陽極金属の種類を変えてみよう。そのとき, X線のピークの波長は変化することがわかっている。つまり, このX線のピークは陽極金属の特性に関係するようだね。では, 両極間の電圧が35 kVのとき, 最短波長は図3のC点と比べてどうなるだろうか。

Qさん：最短波長は変化 **カ** はずだよね。

	①	②	③	④
オ	(a)	(a)	(b)	(b)
カ	しない	する	しない	する

物　理

（2021年 1 月実施）

60分　100点

2021
第 1 日程

物　　　　理

(解答番号　1　～　28)

第1問　次の問い(問1～5)に答えよ。(配点　25)

問1　図1のように，台車の上面に水と少量の空気を入れて密閉した透明な水そうが固定されており，その上におもりが糸でつり下げられている。台車を一定の力で右向きに押し続けたところ，おもりと水そう内の水面の傾きは一定となった。このとき，おもりと水面の傾きを表す図として最も適当なものを，下の①～④のうちから一つ選べ。ただし，空気の抵抗は無視できるものとする。
　1

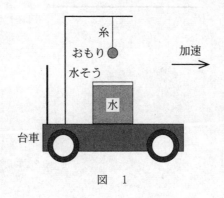

図　1

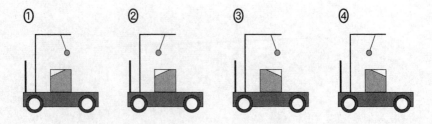

問 2 次の文章中の空欄 | 2 | に入れる数値として最も適当なものを，下の①〜⑥のうちから一つ選べ。

なめらかに回転する定滑車と動滑車を組合せた装置を用いて，質量 50 kg の荷物を，質量 10 kg の板にのせて床から持ち上げたい。質量 60 kg の人が，図 2 のように板に乗って鉛直下向きにロープを引いた。ロープを引く力を徐々に強めていったところ，引く力が | 2 | N より大きくなると，初めて荷物，板および自分自身を一緒に持ち上げることができた。ただし，動滑車をつるしているロープは常に鉛直であり，板は水平を保っていた。滑車およびロープの質量は無視できるものとする。また，重力加速度の大きさを 9.8 m/s^2 とする。

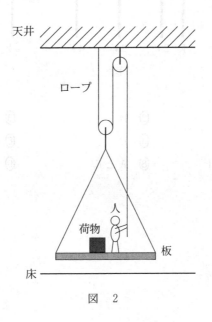

図 2

① 2.0×10^1 ② 4.0×10^1 ③ 6.0×10^1
④ 2.0×10^2 ⑤ 3.9×10^2 ⑥ 5.9×10^2

問3 図3のように互いに平行な極板が，L，$2L$，$3L$の3通りの間隔で置かれており，左端の極板の電位は0で，極板の電位は順に一定値$V(>0)$ずつ高くなっている。隣り合う極板間の中央の点A～Fのいずれかに点電荷を1つ置くとき，点電荷にはたらく静電気力の大きさが最も大きくなる点または点の組合せとして最も適当なものを，下の①～⑨のうちから一つ選べ。ただし，点電荷が作る電場(電界)は考えなくてよい。 | 3 |

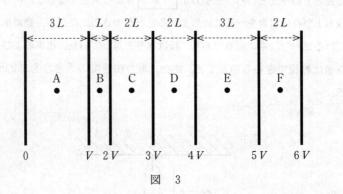

図 3

① A ② B ③ C
④ D ⑤ E ⑥ F
⑦ CとDとF ⑧ AとE ⑨ すべて

問 4 次の文章中の空欄 ア ～ ウ に当てはまる語句の組合せとして最も適当なものを，下の①～⑥のうちから一つ選べ。 4

図 4 のように，A さんが静かな室内で壁を背にして，壁と B さんの間を振動数 f の十分大きな音を発するおんさを鳴らしながら，静止している B さんに向かって一定の速さで歩いてくる。このとき，B さんは 1 秒間に n 回のうなりを聞いた。これは B さんが，直接 B さんに向かってくる，振動数が f より ア 音波と，壁で反射して B さんに向かってくる，振動数が f より イ 音波の重ね合わせを聞いた結果である。A さんがさらに速く歩いたとき，B さんが聞く 1 秒あたりのうなりの回数は ウ 。ただし，A さんの移動方向は壁と垂直であり，A さんの背後の壁以外の壁，天井，床で反射した音は，無視できるものとする。

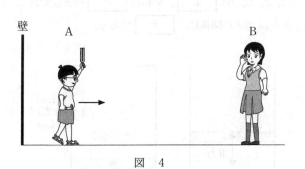

図 4

	ア	イ	ウ
①	大きい	小さい	多くなる
②	大きい	小さい	変化しない
③	大きい	小さい	少なくなる
④	小さい	大きい	多くなる
⑤	小さい	大きい	変化しない
⑥	小さい	大きい	少なくなる

問 5 次の文章中の空欄 エ ～ カ に入れる語と式の組合せとして最も適当なものを，次ページの①～④のうちから一つ選べ。 5

なめらかに動くピストンのついた円筒容器中に理想気体が閉じ込められている。図5(a)のように，この容器は鉛直に立てられており，ピストンは重力と容器内外の圧力差から生じる力がつり合って静止していた。つぎに，ピストンを外から支えながら円筒容器の上下を逆さにして，図5(b)のように外からの支えがなくても静止するところまでピストンをゆっくり移動させた。容器内の気体の状態変化が等温変化であった場合，静止したピストンの容器の底からの距離は $L_{等温}$ であった。また，容器内の気体の状態変化が断熱変化であった場合には $L_{断熱}$ であった。

図6は，容器内の理想気体の圧力 p と体積 V の関係（p-V グラフ）を示している。ここで，実線は エ ，破線は オ を表しており，これを用いると $L_{等温}$ と $L_{断熱}$ の大小関係は， カ である。

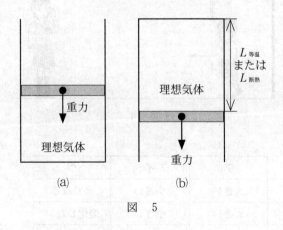

図 5

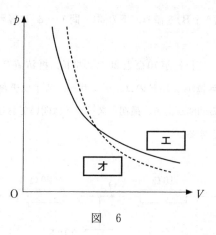

図 6

	エ	オ	カ
①	等温変化	断熱変化	$L_{等温} < L_{断熱}$
②	等温変化	断熱変化	$L_{等温} > L_{断熱}$
③	断熱変化	等温変化	$L_{等温} < L_{断熱}$
④	断熱変化	等温変化	$L_{等温} > L_{断熱}$

第 2 問　次の文章(**A・B**)を読み，下の問い(**問 1 ～ 6**)に答えよ。(配点　25)

A　図 1 のように，抵抗値が 10 Ω と 20 Ω の抵抗，抵抗値 R を自由に変えられる可変抵抗，電気容量が 0.10 F のコンデンサー，スイッチおよび電圧が 6.0 V の直流電源からなる回路がある。最初，スイッチは開いており，コンデンサーは充電されていないとする。

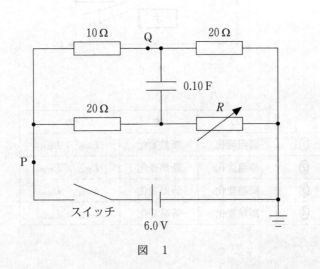

図　1

問 1　次の文章中の空欄 6 に入れる選択肢として最も適当なものを，下の ①〜④ のうちから一つ，空欄 7 〜 9 に入れる数字として最も適当なものを，下の ①〜⓪ のうちから一つずつ選べ。ただし， 7 〜 9 には同じものを繰り返し選んでもよい。

可変抵抗の抵抗値を $R = 10\,\Omega$ に設定する。スイッチを閉じた瞬間はコンデンサーに電荷は蓄えられていないので，コンデンサーの両端の電位差は $0\,\mathrm{V}$ である。スイッチを閉じた瞬間の回路は 6 と同じ回路とみなせ，スイッチを閉じた瞬間に点 Q を流れる電流の大きさを有効数字 2 桁で表すと 7 . 8 $\times 10^{-\boxed{9}}$ A である。

6 の解答群

①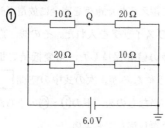

②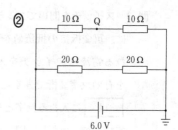

③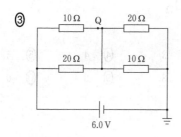

④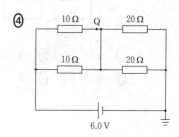

7 〜 9 の解答群

① 1　② 2　③ 3　④ 4　⑤ 5
⑥ 6　⑦ 7　⑧ 8　⑨ 9　⓪ 0

問 2 次の文章中の空欄 | 10 | ・ | 11 | に入れる数値として最も適当なものを，下の①～⓪のうちから一つずつ選べ。ただし，同じものを繰り返し選んでもよい。

可変抵抗の抵抗値は $R = 10\,\Omega$ にしたまま，スイッチを閉じて十分時間が経過すると，コンデンサーに流れ込む電流は 0 となる。このとき，図 1 の点 P を流れる電流の大きさは | 10 | A で，コンデンサーに蓄えられた電気量は | 11 | C であった。

① 0.10   ② 0.20   ③ 0.30   ④ 0.40   ⑤ 0.50

⑥ 0.60   ⑦ 0.70   ⑧ 0.80   ⑨ 0.90   ⓪ 0

問 3 スイッチを開いてコンデンサーに蓄えられた電荷を完全に放電させた。次に，可変抵抗の抵抗値を変え，再びスイッチを入れた。その後，点 P を流れる電流はスイッチを入れた直後の値を保持した。可変抵抗の抵抗値 R を有効数字 2 桁で表すと，どのようになるか。次の式中の空欄 | 12 | ～ | 14 | に入れる数字として最も適当なものを，下の①～⓪のうちから一つずつ選べ。ただし，同じものを繰り返し選んでもよい。

$$R = \boxed{12} . \boxed{13} \times 10^{\boxed{14}}\,\Omega$$

① 1   ② 2   ③ 3   ④ 4   ⑤ 5

⑥ 6   ⑦ 7   ⑧ 8   ⑨ 9   ⓪ 0

B 図2のように,鉛直上向きで磁束密度の大きさ B の一様な磁場(磁界)中に,十分に長い2本の金属レールが水平面内に間隔 d で平行に固定されている。その上に導体棒a,bをのせ,静止させた。導体棒a,bの質量は等しく,単位長さあたりの抵抗値は r である。導体棒はレールと垂直を保ったまま,レール上を摩擦なく動くものとする。また,自己誘導の影響とレールの電気抵抗は無視できる。

時刻 $t = 0$ に導体棒aにのみ,右向きの初速度 v_0 を与えた。

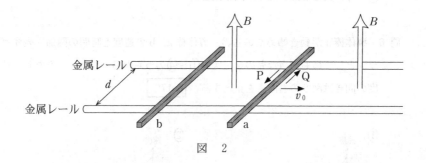

図 2

問4 導体棒aに流れる誘導電流に関して,下の文章中の空欄 ア ・ イ に入れる記号と式の組合せとして最も適当なものを,下の①~④のうちから一つ選べ。 15

導体棒aが動き出した直後に,導体棒aに流れる誘導電流は図の ア の矢印の向きであり,その大きさは イ である。

	①	②	③	④
ア	P	P	Q	Q
イ	$\dfrac{Bdv_0}{2r}$	$\dfrac{Bv_0}{2r}$	$\dfrac{Bdv_0}{2r}$	$\dfrac{Bv_0}{2r}$

問 5 導体棒 a が動き始めると，導体棒 b も動き始めた。このとき，導体棒 a と b が磁場から受ける力に関する文として最も適当なものを，次の①〜④のうちから一つ選べ。 16

① 力の大きさは等しく，向きは同じである。
② 力の大きさは異なり，向きは同じである。
③ 力の大きさは等しく，向きは反対である。
④ 力の大きさは異なり，向きは反対である。

問 6 導体棒 a が動き始めたのちの，導体棒 a, b の速度と時間の関係を表すグラフとして最も適当なものを，次の①〜④のうちから一つ選べ。ただし，速度の向きは図 2 の右向きを正とする。 17

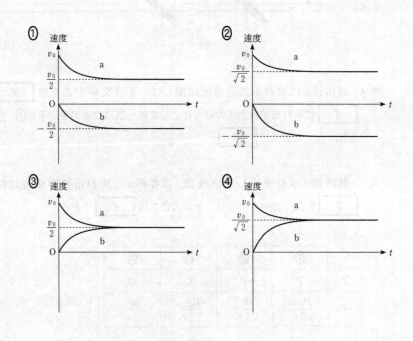

第 3 問 次の文章（**A・B**）を読み，下の問い（**問 1 ～ 6**）に答えよ。（配点　30）

A 図 1 のような装飾用にカット（研磨成形）したダイヤモンドは，さまざまな色で明るく輝く。その理由を考えよう。

図　1

問 1 次の文章中の空欄　ア　～　ウ　に入れる語句の組合せとして最も適当なものを，次ページの①～④のうちから一つ選べ。　18

　ダイヤモンドがさまざまな色で輝くのは光の分散によるものである。断面を図 2 のようにカットしたダイヤモンドに白色光が DE 面から入り，AC 面と BC 面で反射したのち，EB 面から出て行く場合を考える。

— 291 —

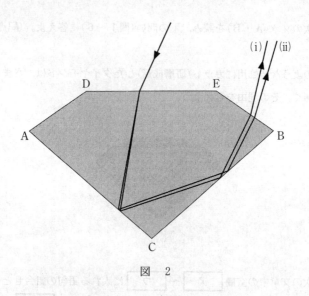

図 2

真空中では光速は振動数によらず一定である。ある振動数の光が媒質中に入射したとき，　ア　は変化しないで，　イ　が変化する。

$$\frac{媒質中の　イ　}{真空中の　イ　}$$

が光の色によって違うので分散が起こる。波長が異なる二つの光が同じ光路を通ってダイヤモンドに入射すると，図2のように(i)と(ii)の二つの光路に分かれた。ダイヤモンドでは波長の短い光ほど屈折率が大きくなることから，波長の短い方が図2の　ウ　の経路をとる。

	ア	イ	ウ
①	振動数	波　長	(i)
②	振動数	波　長	(ii)
③	波　長	振動数	(i)
④	波　長	振動数	(ii)

問 2 次の文章中の空欄 エ ・ オ に入れる式の組合せとして最も適当なものを，次ページの①〜④のうちから一つ選べ。 19

次に，図3のように，DE面のある点Pでダイヤモンドに入射し，AC面に達する単色光を考える。この単色光でのダイヤモンドの絶対屈折率を n，外側の空気の絶対屈折率を1として，入射角 i と屈折角 r の関係は エ で与えられる。AC面での入射角 θ_{AC} が大きくなって臨界角 θ_c を超えると全反射する。この臨界角 θ_c は オ から求められる。

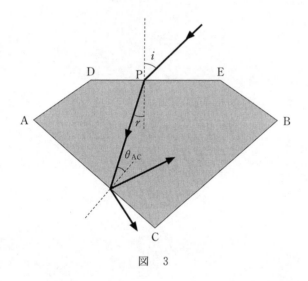

図 3

	エ	オ
①	$\sin i = n \sin r$	$\sin \theta_c = n$
②	$\sin i = n \sin r$	$\sin \theta_c = \dfrac{1}{n}$
③	$\sin i = \dfrac{1}{n} \sin r$	$\sin \theta_c = n$
④	$\sin i = \dfrac{1}{n} \sin r$	$\sin \theta_c = \dfrac{1}{n}$

問 3 つづいて，ダイヤモンドが明るく輝く理由を考えよう。

図 4 は，DE 面上のある点 P から入射した単色光の光路の一部を示している。この光の DE 面への入射角を i，AC 面への入射角を θ_{AC}，BC 面への入射角を θ_{BC} とする。

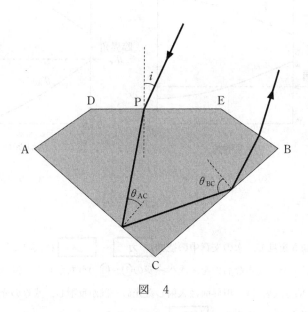

図 4

図5は入射角iに対するθ_{AC}とθ_{BC}の変化を示す。(a)はダイヤモンドの場合を示す。(b)は同じ形にカットしたガラスの場合を示し，記号に′をつけて区別する。入射角が$i = i_c$のとき，θ_{AC}はダイヤモンドの臨界角と等しい。

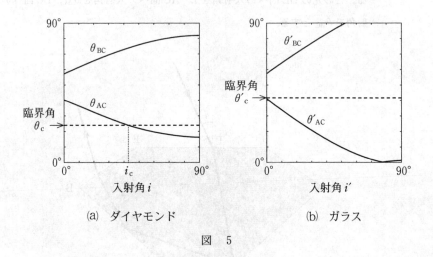

(a) ダイヤモンド　　　　　　(b) ガラス

図 5

図5を見て，次の文章中の空欄　カ　～　ク　に入れる語句の組合せとして最も適当なものを，次ページの①～⑧のうちから一つ選べ。解答群中の「部分反射」は，境界面に入射した光の一部が反射し，残りの光は境界面を透過することを表す。　20

光は，ダイヤモンドでは，$0° < i < i_c$のとき面ACで　カ　し，$i_c < i < 90°$のとき面ACで　キ　する。ガラスでは，$0° < i' < 90°$のとき面ACで　ク　する。ダイヤモンドでは，$0° < i < 90°$のとき面BCで全反射する。ガラスでは，面BCに達した光は全反射する。

	カ	キ	ク
①	全反射	全反射	全反射
②	全反射	全反射	部分反射
③	全反射	部分反射	全反射
④	全反射	部分反射	部分反射
⑤	部分反射	全反射	全反射
⑥	部分反射	全反射	部分反射
⑦	部分反射	部分反射	全反射
⑧	部分反射	部分反射	部分反射

図5の考察をもとに，次の文章中の空欄 ケ ・ コ に入れる語句の組合せとして最も適当なものを，下の①～④のうちから一つ選べ。 21

ダイヤモンドがガラスより明るく輝くのは，ダイヤモンドはガラスより屈折率が ケ ため臨界角が小さく，入射角の広い範囲で二度 コ し，観察者のいる上方へ進む光が多いからである。

	ケ	コ
①	大きい	全反射
②	大きい	部分反射
③	小さい	全反射
④	小さい	部分反射

B 蛍光灯が光る原理について考えてみる。

図6は蛍光灯の原理を考えるための簡単な模式図である。ガラス管内のフィラメントを加熱して熱電子(電子)を放出させ，電圧 V で加速させる。

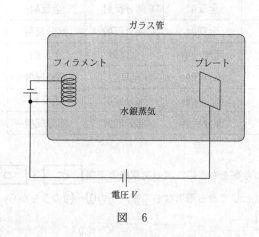

図 6

問 4 電子が電圧 V によって加速され，管内で水銀原子と一度も衝突せずにプレートに到達したとき，電子が得る運動エネルギーを表す式として正しいものを，次の①〜⑥のうちから一つ選べ。ただし，電気素量を e とする。
　22

① $\dfrac{1}{2}eV$　　　　② eV　　　　③ $\dfrac{3}{2}eV$

④ $\dfrac{1}{2}eV^2$　　　　⑤ eV^2　　　　⑥ $\dfrac{3}{2}eV^2$

加速された電子が水銀原子に衝突した場合には，図7のような二つの過程(a), (b)が考えられる。図に示したように，水銀原子が動いた向きをy軸の負の向きとし，衝突はxy平面内で起こったものとする。

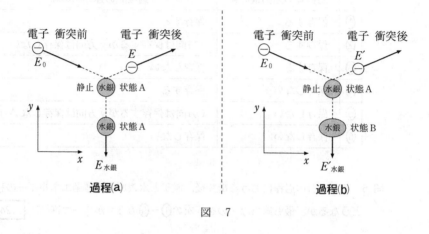

図　7

過程(a)　運動エネルギーE_0の電子と状態Aで静止している水銀原子が衝突し，電子の運動エネルギーはEとなる。水銀原子は状態Aのまま，運動エネルギー$E_{水銀}$をもって運動する。

過程(b)　運動エネルギーE_0の電子と状態Aで静止している水銀原子が衝突し，電子の運動エネルギーはE'となる。水銀原子は状態Aよりエネルギーが高い状態Bに変化して，運動エネルギー$E'_{水銀}$をもって運動する。

　状態Bの水銀原子は，やがてエネルギーの低い状態Aに戻り，そのとき紫外線を放出する。その後，この紫外線が蛍光灯管内の蛍光物質にあたって，可視光線が生じる。

問 5　それぞれの過程における衝突の前後で，電子と水銀原子の運動量の和はどうなるか。最も適当なものを，次の①～⑥のうちから一つ選べ。　23

	過程(a)の運動量の和	過程(b)の運動量の和
①	保存する	保存する
②	保存する	x 方向は保存するが y 方向は保存しない
③	保存する	保存しない
④	保存しない	保存する
⑤	保存しない	x 方向は保存するが y 方向は保存しない
⑥	保存しない	保存しない

問 6　それぞれの過程における衝突後，電子と水銀原子の運動エネルギーの和はどうなるか。最も適当なものを，次の①～⑨のうちから一つ選べ。　24

	過程(a)の運動エネルギーの和	過程(b)の運動エネルギーの和
①	増える	増える
②	増える	変化しない
③	増える	減る
④	変化しない	増える
⑤	変化しない	変化しない
⑥	変化しない	減る
⑦	減る	増える
⑧	減る	変化しない
⑨	減る	減る

第4問　次の問い(問1～4)に答えよ。(配点　20)

　Aさんは固定した台座の上に立っていて，Bさんは水平な氷上に静止したそりの上に立っている。図1のように，Aさんが質量 m のボールを速さ v_A，水平面となす角 θ_A で斜め上方に投げたとき，ボールは速さ v_B，水平面となす角 θ_B で，Bさんに届いた。そりとBさんを合わせた質量は M であった。ただし，そりと氷との間に摩擦力ははたらかないものとする。空気抵抗は無視できるものとし，重力加速度の大きさを g とする。

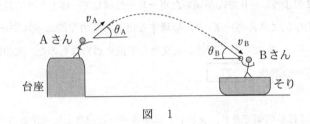

図　1

問1　Aさんが投げた瞬間のボールの高さと，Bさんに届く直前のボールの高さが等しい場合には，$v_A = v_B$，$\theta_A = \theta_B$ である。図1のように，Aさんが投げた瞬間のボールの高さの方が，Bさんに届く直前のボールの高さより高いとき，v_A，v_B，θ_A，θ_B の大小関係を表す式として正しいものを，次の①～④のうちから一つ選べ。　25

① $v_A > v_B$，$\theta_A > \theta_B$
② $v_A > v_B$，$\theta_A < \theta_B$
③ $v_A < v_B$，$\theta_A > \theta_B$
④ $v_A < v_B$，$\theta_A < \theta_B$

問2 Bさんが届いたボールを捕球して，そりとBさんとボールが一体となって氷上をすべり出す場合を考える。捕球した後，そりとBさんの速さが一定値 V になった。V を表す式として正しいものを，次の①～④のうちから一つ選べ。$V =$ 26

① $\dfrac{(m + M)v_B \cos\theta_B}{M}$

② $\dfrac{(m + M)v_B \sin\theta_B}{M}$

③ $\dfrac{mv_B \cos\theta_B}{m + M}$

④ $\dfrac{mv_B \sin\theta_B}{m + M}$

問3 問2のように，Bさんが届いたボールを捕球して一体となって運動するときの全力学的エネルギー E_2 と，捕球する直前の全力学的エネルギー E_1 との差 $\Delta E = E_2 - E_1$ について記述した文として最も適当なものを，次の①～④のうちから一つ選べ。 27

① ΔE は負の値であり，失われたエネルギーは熱などに変換される。

② ΔE は正の値であり，重力のする仕事の分だけエネルギーが増加する。

③ ΔE はゼロであり，エネルギーは常に保存する。

④ ΔE の正負は，m と M の大小関係によって変化する。

問 4 図2のように，Bさんが届いたボールを捕球できず，ボールがそり上面に衝突し跳ね返る場合を考える。このとき，衝突前に静止していたそりは，衝突後も静止したままであった。ただし，そり上面は水平となっており，そり上面とボールの間には摩擦力ははたらかないものとする。

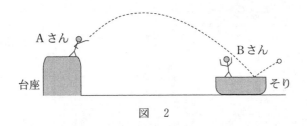

図 2

以下のAさんとBさんの会話の内容が正しくなるように，次の文章中の空欄　ア　・　イ　に入れる語句の組合せとして最も適当なものを，下の①～④のうちから一つ選べ。　28

Aさん：あれ？そりはつるつるの氷の上にあるのに，全然動かなかったのは，どうしてなんだろう？
Bさん：全然動かなかったということは，ボールからそりに　ア　と言えるわけだね。
Aさん：こうなるときには，ボールとそりは必ず弾性衝突しているんだろうか？
Bさん：　イ　と思うよ。

	ア	イ
①	与えられた力積がゼロ	そうだね，エネルギー保存の法則から必ず弾性衝突になる
②	与えられた力積がゼロ	いいえ，鉛直方向の運動によっては弾性衝突とは限らない
③	はたらいた力の水平方向の成分がゼロ	そうだね，エネルギー保存の法則から必ず弾性衝突になる
④	はたらいた力の水平方向の成分がゼロ	いいえ，鉛直方向の運動によっては弾性衝突とは限らない

MEMO

物　理

（2021年1月実施）

60分　100点

2021
第2日程

物　　理

(解答番号 １ ～ ２７)

第１問 次の問い(問１～５)に答えよ。(配点　25)

問１ 2個の同じ角材(角材1と角材2)，および質量が無視できて変形しない薄い板を，図1のように貼りあわせて水平な床に置いた。図2の(ア)～(エ)のように薄い板の長さが異なるとき，倒れることなく床の上に立つものをすべて選び出した組合せとして最も適当なものを，次ページの①～④のうちから一つ選べ。ただし，図2は図1を矢印の向きから見たものであり，G_1とG_2はそれぞれ角材1と角材2の重心，CはG_1とG_2の中点である。　１

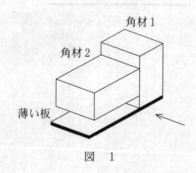

図　１

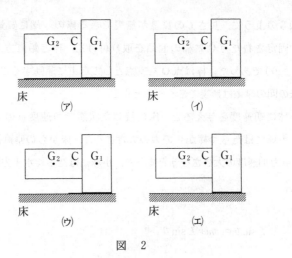

図　2

① (ア)
② (ア), (イ)
③ (ア), (イ), (ウ)
④ (ア), (イ), (ウ), (エ)

問2 図3のように，長さ L の質量が無視できる棒の一端に質量 m の小球を付け，固定された点Oに棒の他端を取り付けた。棒と鉛直方向のなす角度は $\theta\,(\theta > 0)$ であった。棒は点Oを支点として自由に運動することができ，小球と床の間の摩擦は無視できるものとする。

小球に初速度を与えると，床に接した状態で角速度 ω の等速円運動をした。小球にはたらく棒からの力の大きさを T，床からの垂直抗力の大きさを N，重力加速度の大きさを g とすると，小球にはたらく水平方向の力については，

$$T \sin\theta = m\omega^2 L \sin\theta$$

が成り立つ。また，小球にはたらく鉛直方向の力については，

$$T \cos\theta + N = mg$$

が成り立つ。

小球に大きな初速度を与えると，小球は床から離れる。小球が床から離れずに等速円運動する ω の最大値 ω_0 を表す式として正しいものを，次ページの①～⑦のうちから一つ選べ。$\omega_0 =$ 　2　

— 308 —

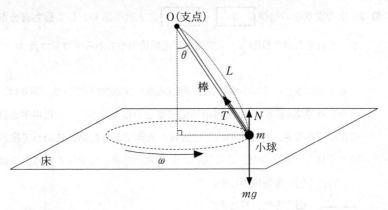

図 3

① $\sqrt{\dfrac{g}{L\cos\theta}}$　　② $\sqrt{\dfrac{g}{L\sin\theta}}$

③ $\sqrt{\dfrac{g}{L\tan\theta}}$　　④ $\sqrt{\dfrac{g\cos\theta}{L}}$

⑤ $\sqrt{\dfrac{g\sin\theta}{L}}$　　⑥ $\sqrt{\dfrac{g\tan\theta}{L}}$

⑦ $\sqrt{\dfrac{g}{L}}$

問 3 次の文章中の空欄 | 3 | ・| 4 | に入れる語句として最も適当なものを，それぞれの直後の { } で囲んだ選択肢のうちから一つずつ選べ。

電気量の等しい 2 つの負電荷が平面（紙面）に固定されている。図 4 は，それらが作る電場（電界）の紙面内の等電位線を示している。この電場中の位置 A に正電荷を置き，外力を加えて位置 B へ矢印で示した経路に沿って紙面内をゆっくりと移動させた。この間に，正電荷が電場から受ける静電気力は常に

| 3 | { ① 等電位線に平行
② 等電位線に垂直
③ 移動方向に平行
④ 移動方向に垂直 } である。

また，位置 A から位置 B まで移動する間に外力が正電荷にした仕事の総和は

| 4 | { ① 正である。
② 0 である。
③ 負である。
④ これだけでは定まらない。}

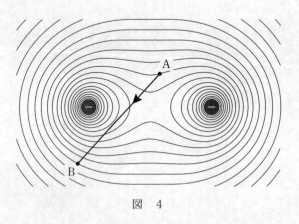

図 4

問4 次の文章中の空欄 5 · 6 に入れる式と語句として最も適当なものを，それぞれの直後の｛ ｝で囲んだ選択肢のうちから一つずつ選べ。

図5のように，x軸上を正の向きに大きさpの運動量を持った粒子が，静止している電子に衝突し，x軸と直角の方向に大きさp'の運動量を持って進んだ。電子がはね跳ばされた向きとx軸がなす角をθとするとき，運動量保存の法則から，

$\tan\theta =$ 5 $\left\{\begin{array}{lll} ① \ \dfrac{p}{p'} & ② \ \dfrac{p'}{p} & ③ \ \dfrac{p}{\sqrt{p^2+(p')^2}} \\ ④ \ \dfrac{p'}{\sqrt{p^2+(p')^2}} & ⑤ \ \dfrac{\sqrt{p^2+(p')^2}}{p} & ⑥ \ \dfrac{\sqrt{p^2+(p')^2}}{p'} \end{array}\right\}$

となる。この粒子がX線光子である場合には，そのエネルギーは，振動数をν，プランク定数をhとして$h\nu$で与えられる。衝突後，X線光子の振動数は

6 $\left\{\begin{array}{l} ① \ 衝突前に比べて大きくなる。\\ ② \ 衝突前に比べて小さくなる。\\ ③ \ 周期的に変動する。\\ ④ \ 不規則な変化をする。\\ ⑤ \ 変化しない。 \end{array}\right\}$

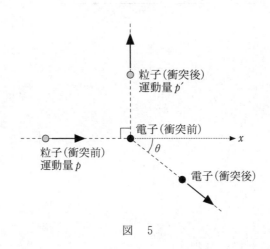

図 5

問5 気体の比熱に関する次の文章中の空欄 ア ・ イ に入れる式の組合せとして最も適当なものを，下の①～④のうちから一つ選べ。ただし，物質量の単位はモルであり，気体定数を R とする。 7

　物質量 n の単原子分子理想気体が容器中に閉じ込められており，圧力は p，体積は V，温度は T になっている。この気体の体積を一定に保って温度を T から ΔT だけ上昇させると，気体の内部エネルギーは ΔU だけ増加し，定積モル比熱 C_V は $\dfrac{\Delta U}{n\Delta T}$ で与えられる。

　一方，この気体の圧力を一定に保って温度を T から ΔT だけ上昇させると，体積は ΔV だけ増加する。このとき，気体に与えられた熱量は ア であり，気体が外部にした仕事は $nR\Delta T$ で与えられる。これより，定圧モル比熱 C_p を求めると $C_p - C_V =$ イ であることがわかる。

	ア	イ
①	$\Delta U - p\Delta V$	nR
②	$\Delta U - p\Delta V$	R
③	$\Delta U + p\Delta V$	nR
④	$\Delta U + p\Delta V$	R

第2問 次の文章(A・B)を読み，下の問い(問1〜5)に答えよ。(配点 25)

A 指針で値を示すタイプの電流計と電圧計はよく似た構造をしている。どちらも図1のような永久磁石にはさまれたコイルからなる主要部を持ち，電流 I が端子 a から入り端子 b から出るとき，コイルが回転して指針が正に振れる。

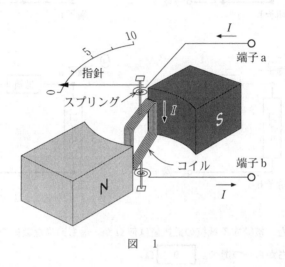

図 1

問1 この主要部はそれだけで電流計として機能し，コイルに電流を 10 mA 流したとき指針が最大目盛 10 を示した。このコイルの端子 a から端子 b までの抵抗値は 2 Ω であった。

このコイルに，ある抵抗値の抵抗を接続することで，最大目盛が 10 V を示す電圧計にすることができる。コイルと抵抗の接続と，電圧計として使うときの ＋ 端子，－ 端子の選択を示した図として最も適当なものを，次ページの①〜④のうちから一つ選べ。│ 8 │

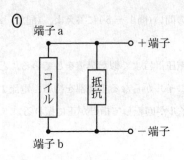
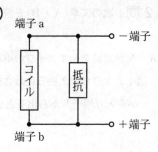
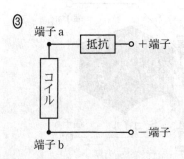
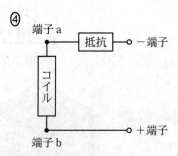

また，接続する抵抗の抵抗値は何Ωか。最も適当な数値を，次の①〜⑦のうちから一つ選べ。 9 Ω

① 0.2 ② 8 ③ 18 ④ 98
⑤ 198 ⑥ 998 ⑦ 1998

2021年度　第2日程　物理　37

問 2 次の文章中の空欄 ア ～ ウ に入れる語句の組合せとして最も適
当なものを，下の①～⑧のうちから一つ選べ。 10

　通常，電圧を測定するときは，測定したいところに電圧計を ア に接
続する。電圧計を接続することによる影響（測定したい2点間の電圧の変化）
が小さくなるように，電圧計全体の内部抵抗の値を イ し，電圧計
ウ を小さくしている。

	ア	イ	ウ
①	直 列	大きく	を流れる電流
②	直 列	大きく	にかかる電圧
③	直 列	小さく	を流れる電流
④	直 列	小さく	にかかる電圧
⑤	並 列	大きく	を流れる電流
⑥	並 列	大きく	にかかる電圧
⑦	並 列	小さく	を流れる電流
⑧	並 列	小さく	にかかる電圧

— 315 —

B 2018年11月に国際単位系(SI)が改定され,質量の単位は,キログラム原器(質量1 kgの分銅)によらない定義になった。図2は,分銅を使わず,電流が磁場(磁界)から受ける力(電磁力)を用いて質量を求める天秤の原理を示す。天秤の左右の腕の長さは等しく,左の腕には物体をのせる皿,右の腕には変形しない一巻きコイルがつるされている。図2に示した幅 L の灰色の領域には,磁束密度の大きさ B の一様な磁場が紙面の裏から表の向きにかかっている。皿に何ものせず,コイルに電流が流れていないとき,天秤はつりあいの位置で静止する。紙面はある鉛直平面に一致し,天秤が揺れてもコイル面と天秤の腕は紙面内にあり,コイルの下辺は常に水平である。ただし,装置は真空中に置かれており,重力加速度の大きさを g とする。

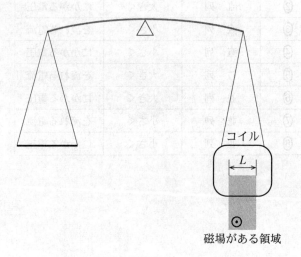

図 2

問 3　図3のように，質量 m の物体を皿にのせ，一巻きコイルに直流電源をつないで，大きさ I の直流電流を流したとき天秤はつりあった。このときのつりあいの式から

$$mg = IBL \tag{1}$$

である。コイルの下辺にかかる電磁力の向きと電流の向きの組合せとして正しいものを，下の①～④のうちから一つ選べ。ただし，直流電源をつなぐために開けたコイルの隙間は狭く，コイルにつないだ導線は軽く柔らかいので，測定には影響しないものとする。　11

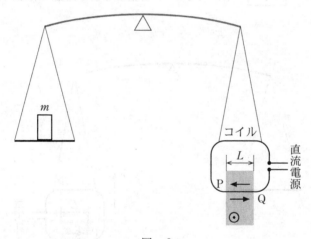

図　3

	電磁力の向き	電流の向き
①	鉛直上向き	P
②	鉛直上向き	Q
③	鉛直下向き	P
④	鉛直下向き	Q

問4 次の文章中の空欄 エ ・ オ に入れる記号と式の組合せとして最も適当なものを，下の①～⑥のうちから一つ選べ。 12

問3の式(1)に含まれる磁束密度を正確に測定することは難しい。そこで，磁束密度を含まない関係式を導くために，磁場は変えずに，図3の直流電源を電圧計に取り替えて，別の実験を行った。

天秤の腕を上下に揺らすと，コイルも上下に揺れる。図4のようにコイルがつりあいの位置を鉛直上向きに速さ v で通過したとき，コイル全体で大きさ V の起電力が発生し，誘導電流が エ の向きに流れた。この実験結果から B と V の関係式が得られる。これを使って式(1)から B を消去した式 $mgv =$ オ が導かれたので，質量 m をより正確に求めることができる。

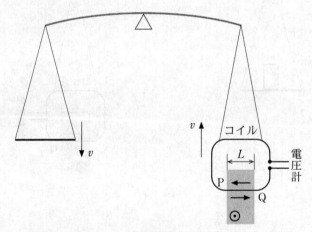

図 4

	①	②	③	④	⑤	⑥
エ	P	P	P	Q	Q	Q
オ	IVL	IV	$\dfrac{IV}{L}$	IVL	IV	$\dfrac{IV}{L}$

問 5 **問 4** で得られた式の左辺 mgv が表す物理量の意味と，SI での単位の記号の組合せとして最も適当なものを，次の①〜⑨のうちから一つ選べ。 13

	物理量の意味	記　号
①	重力による位置エネルギー	J
②	重力による位置エネルギー	W
③	重力による位置エネルギー	N・s
④	重力のする仕事の仕事率	J
⑤	重力のする仕事の仕事率	W
⑥	重力のする仕事の仕事率	N・s
⑦	物体の運動量	J
⑧	物体の運動量	W
⑨	物体の運動量	N・s

第3問 次の文章(**A**・**B**)を読み，下の問い(**問1～7**)に答えよ。(配点 25)

A 図1のような装置を使って，弦の定常波(定在波)の実験をした。金属製の弦の一端を板の左端に固定し，弦の他端におもりを取り付け，板の右端にある定滑車を通しておもりをつり下げた。そして，こま1とこま2を使って，弦を板から浮かした。さらに，こま1とこま2の中央にU型磁石を置き，弦に垂直で水平な磁場がかかるようにした。そして，弦に交流電流を流した。電源の交流周波数は自由に変えることができる。こま1とこま2の間隔を L とする。ただし，電源をつないだことによる弦の張力への影響はないものとする。

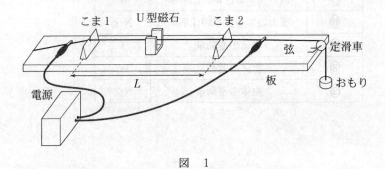

図 1

弦に交流電流を流して，腹1個の定常波が生じたときの交流周波数 f を測定した。これは，交流周波数と弦の基本振動数が一致して共振を起こした結果である。U型磁石が常に中央にあるように，こま1とこま2の間隔 L を変えながら実験を行い，縦軸に基本振動数 f，横軸に $\dfrac{1}{L}$ を取って，図2のようなグラフを作成した。下の問いに答えよ。

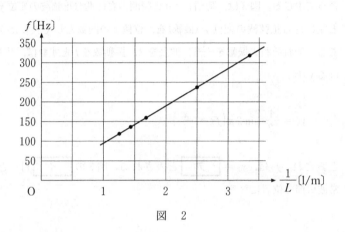

図　2

問1　$L = 0.50\,\mathrm{m}$ の弦の基本振動数は何 Hz か。最も適当な数値を，次の①～⑥のうちから一つ選べ。　| 14 |　Hz

① 50　　　　② 90　　　　③ 1.7×10^2
④ 1.9×10^2　　⑤ 2.7×10^2　　⑥ 3.1×10^2

問2　弦を伝わる波の速さは何 m/s か。次の空欄 | 15 | ～ | 17 | に入れる数字として最も適当なものを，下の①～⓪のうちから一つずつ選べ。ただし，同じものを繰り返し選んでもよい。

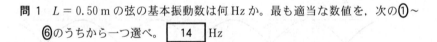

① 1　　② 2　　③ 3　　④ 4　　⑤ 5
⑥ 6　　⑦ 7　　⑧ 8　　⑨ 9　　⓪ 0

問 3 定常波について述べた次の文章中の空欄 ア ・ イ に入れる式と記号の組合せとして最も適当なものを，次ページの①〜⑧のうちから一つ選べ。 18

一般に，定常波は波長も振幅も等しい逆向きに進む 2 つの正弦波が重なり合って生じる。図 3 は，時刻 $t=0$ の瞬間の右に進む正弦波の変位 y_1（実線）と左に進む正弦波の変位 y_2（破線）を，位置 x の関数として表したグラフである。それぞれの振幅を $\dfrac{A_0}{2}$，波長を λ，振動数を f とすれば，時刻 t における y_1 は，

$$y_1 = \frac{A_0}{2}\sin 2\pi\left(ft - \frac{x}{\lambda}\right)$$

と表され，y_2 は，$y_2 =$ ア と表される。図 3 の イ は，ともに定常波の節の位置になる。

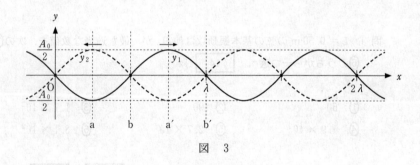

図 3

	ア	イ
①	$\dfrac{A_0}{2}\cos 2\pi\left(ft + \dfrac{x}{\lambda}\right)$	a, a′
②	$\dfrac{A_0}{2}\cos 2\pi\left(ft + \dfrac{x}{\lambda}\right)$	b, b′
③	$-\dfrac{A_0}{2}\cos 2\pi\left(ft + \dfrac{x}{\lambda}\right)$	a, a′
④	$-\dfrac{A_0}{2}\cos 2\pi\left(ft + \dfrac{x}{\lambda}\right)$	b, b′
⑤	$\dfrac{A_0}{2}\sin 2\pi\left(ft + \dfrac{x}{\lambda}\right)$	a, a′
⑥	$\dfrac{A_0}{2}\sin 2\pi\left(ft + \dfrac{x}{\lambda}\right)$	b, b′
⑦	$-\dfrac{A_0}{2}\sin 2\pi\left(ft + \dfrac{x}{\lambda}\right)$	a, a′
⑧	$-\dfrac{A_0}{2}\sin 2\pi\left(ft + \dfrac{x}{\lambda}\right)$	b, b′

B 金属箔の厚さをできる限り正確に(有効数字の桁数をより多く)測定したい。図4のように，2枚の平面ガラスを重ねて，ガラスが接している点 O から距離 L の位置に厚さ D の金属箔をはさんだ。真上から波長 λ の単色光を当てて上から見ると，明暗の縞模様が見えた。このとき，隣り合う暗線の間隔 Δx を測定すると，金属箔の厚さ D を求めることができる。点 O からの距離 x の位置において，平面ガラス間の空気層の厚さを d とすると，上のガラスの下面で反射する光と下のガラスの上面で反射する光の経路差は $2d$ となる。ただし，空気の屈折率を1とする。

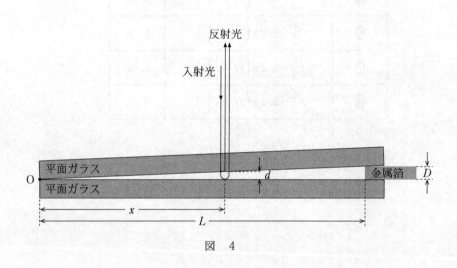

図 4

問 4 金属箔の厚さ D を表す式として正しいものを，次の①〜⑥のうちから一つ選べ。$D = \boxed{19}$

① $\dfrac{L\Delta x}{2\lambda}$ ② $\dfrac{L\Delta x}{\lambda}$ ③ $\dfrac{2L\Delta x}{\lambda}$

④ $\dfrac{L\lambda}{2\Delta x}$ ⑤ $\dfrac{L\lambda}{\Delta x}$ ⑥ $\dfrac{2L\lambda}{\Delta x}$

問 5 次の文章中の空欄 　ウ　・　エ　 に入れる式と語句の組合せとして最も適当なものを，下の①〜⑥のうちから一つ選べ。　 20

　できる限り正確に金属箔の厚さを求めるためには，隣り合う暗線の間隔 Δx をできる限り正確に測定する必要がある。この実験では，測定物の長さによらず，長さを $0.1\,\text{mm}$ まで読み取ることができる器具を用いて測定する。N 個の暗線をまとめて $N\Delta x$ を測定できるならば，Δx を 　ウ　 mm まで決めることができる。したがって，金属箔の厚さをより正確に測定するためには，N を 　エ　 するとよい。

	①	②	③	④	⑤	⑥
ウ	$0.1\,N$	$0.1\,N$	$\dfrac{0.1}{\sqrt{N}}$	$\dfrac{0.1}{\sqrt{N}}$	$\dfrac{0.1}{N}$	$\dfrac{0.1}{N}$
エ	大きく	小さく	大きく	小さく	大きく	小さく

問 6 次の文章中の空欄 　オ　・　カ　 に入れる語句の組合せとして最も適当なものを，下の①〜⑤のうちから一つ選べ。　 21

　空気層に屈折率 $n\,(1 < n < 1.5)$ の液体を満たしたところ，隣り合う暗線の間隔 Δx が 　オ　 。それは，単色光の波長が液体中で 　カ　 からである。

	オ	カ
①	狭くなった	短くなった
②	狭くなった	長くなった
③	広くなった	短くなった
④	広くなった	長くなった
⑤	変わらなかった	変わらなかった

問 7 平面ガラスの間に入れた液体を取り除いて，空気層に戻し，単色光の代わりに白色光を当てたところ，虹色の縞模様が見えた。その理由として最も適当なものを，次の①〜④のうちから一つ選べ。 | 22 |

① 白色光の波長が非常に短いため
② 波長によって光の速さが異なるため
③ 波長によって偏光の方向が異なるため
④ 波長によって明線の間隔が異なるため

第4問 次の文章を読んで下の(問1〜5)に答えよ。(配点 25)

無重力の宇宙船内では重力を利用した体重計を使うことができないが，ばねに付けた物体の振動からその物体の質量を測定することができる。

地球上の摩擦のない水平面上に，ばね定数が異なり質量の無視できる二つのばねと，物体を組合わせた実験装置を作った。はじめ，図1(a)のように，ばね定数k_AのばねAと，ばね定数k_BのばねBは，自然の長さからそれぞれ$L_A (L_A > 0)$と$L_B (L_B > 0)$だけ伸びた状態であり，物体はばねから受ける力がつり合って静止している。このつり合いの位置をx軸の原点Oとし，図1の右向きをx軸の正の向きに定めた。次に，図1(b)のように，物体を$x = x_0 (x_0 > 0)$まで移動させてから静かに放したところ，単振動した。その後の物体の位置をxとする。ただし，空気抵抗の影響は無視できるものとする。

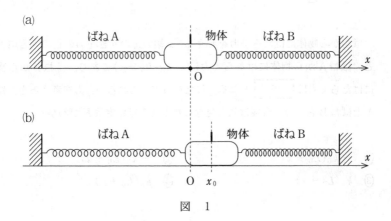

図 1

問1 k_A，k_B，L_A，L_Bの間に成り立つ式として正しいものを，次の①〜④のうちから一つ選べ。 23

① $k_A L_A - k_B L_B = 0$
② $k_A L_B - k_B L_A = 0$
③ $\dfrac{1}{2} k_A L_A{}^2 - \dfrac{1}{2} k_B L_B{}^2 = 0$
④ $\dfrac{1}{2} k_A L_B{}^2 - \dfrac{1}{2} k_B L_A{}^2 = 0$

問 2 この実験では，どちらかのばねが自然の長さよりも縮むと，ばねが曲がってしまうことがある。これを避けるため，実験を計画するときには，どちらのばねも常に自然の長さよりも伸びた状態にする必要がある。そのために L_A，L_B が満たすべき条件として最も適当なものを，次の①～④のうちから一つ選べ。
$\boxed{24}$

① $(L_A + L_B) > x_0$

② $|L_A - L_B| > x_0$

③ $L_A > x_0$ かつ $L_B > x_0$

④ $L_A > x_0$ または $L_B > x_0$

問 3 次の文章中の空欄 $\boxed{25}$ に入れる式として正しいものを，下の①～④のうちから一つ選べ。

ばねから物体にはたらく力を考える。x 軸の正の向きを力の正の向きにとると，ばね A から物体にはたらく力は $-k_A(L_A + x)$ であり，ばね B から物体にはたらく力は $\boxed{25}$ となる。したがって，これらの合力を考えると，ばね A とばね B を一つの合成ばねと見なしたときのばね定数 K がわかる。

① $-k_B(L_B - x)$ ② $-k_B(L_B + x)$

③ $k_B(L_B - x)$ ④ $k_B(L_B + x)$

問 4 $x_0 = 0.14$ m として，時刻 $t = 0$ s で物体を静かに放してから，0.1 s ごとに時刻 t における物体の位置 x を測定したところ，図 2 に示す x-t グラフを得た。図 2 から読み取れる周期 T と物体の速さの最大値 $v_{\max}$ の組合せとして最も適当なものを，下の①～④のうちから一つ選べ。 26

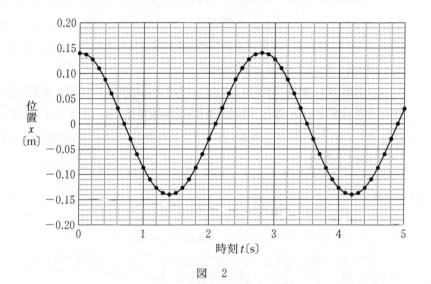

図　2

① $T = 1.4$ s, $v_{\max} = 0.3$ m/s　　② $T = 1.4$ s, $v_{\max} = 0.6$ m/s

③ $T = 2.8$ s, $v_{\max} = 0.3$ m/s　　④ $T = 2.8$ s, $v_{\max} = 0.6$ m/s

問 5 次の文章中の空欄　ア　・　イ　に入れる式と語句の組合せとして最も適当なものを，下の①～④のうちから一つ選べ。　27

　　合成ばねの単振動の周期 T を測定して，物体の質量を求めるためには，ばね定数 K，質量 m の物体の単振動の周期が $T = 2\pi\sqrt{\dfrac{m}{K}}$ であることを利用すればよい。一方，v_{max} を測定して，物体の質量を求めることもできる。力学的エネルギーが保存することから質量を求めると，x_0 と v_{max} を用いて $m = $　ア　と表すことができる。

　　実験では，物体と水平面上との間にわずかに摩擦がはたらく。摩擦のない理想的な場合と比べると，摩擦のある場合の振動では v_{max} は変化する。そのため，上述のように v_{max} を用いて計算された物体の質量は，真の質量よりわずかに　イ　。

	ア	イ
①	$\dfrac{K x_0^2}{v_{max}^2}$	大きい
②	$\dfrac{K x_0^2}{v_{max}^2}$	小さい
③	$\dfrac{v_{max}^2}{K x_0^2}$	大きい
④	$\dfrac{v_{max}^2}{K x_0^2}$	小さい

物　理

（2020年1月実施）

60分　100点

2020
本試験

物　理

問　題	選　択　方　法
第 1 問	必　　答
第 2 問	必　　答
第 3 問	必　　答
第 4 問	必　　答
第 5 問	いずれか 1 問を選択し，解答しなさい。
第 6 問	

(注) この科目には，選択問題があります。(2ページ参照。)

第1問　(必答問題)

次の問い(問1～5)に答えよ。
〔解答番号　1　～　5　〕(配点　25)

問1　図1のように，質量が M で長さが 3ℓ の一様な棒の端点 A に軽い糸で物体をつなぎ，端点 A から ℓ だけ離れた点 O で棒をつるすと，棒は水平に静止した。このとき，物体の質量 m を表す式として正しいものを，下の①～⑤のうちから一つ選べ。$m =$ 　1　

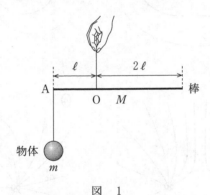

図　1

① $2M$　　② M　　③ $\dfrac{1}{2}M$　　④ $\dfrac{1}{3}M$　　⑤ $\dfrac{1}{4}M$

問 2 紙面に垂直で十分に長い直線導線A, Bに, 紙面の表から裏に向かって同じ大きさの電流を流した。紙面内での磁力線の様子を表す図として最も適当なものを, 次の①~④のうちから一つ選べ。ただし, 磁力線の向きを表す矢印は省略してある。 ▢ 2 ▢

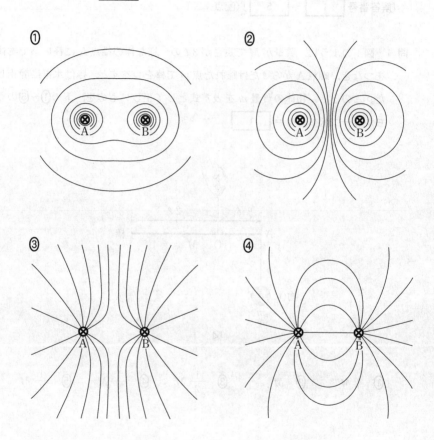

問 3 図2のように，入口Aから音を入れ，経路ABCを通った音と経路ADCを通った音が干渉した音を出口Cで聞く装置(クインケ管)がある。経路ADCの長さは管Dを出し入れして変化させることができる。はじめに，Aから一定の振動数の音を入れながら管Dの位置を調整して，Cで聞く音が最小となるようにした。その状態から管Dをゆっくりと引き出すと，Cで聞く音は大きくなったのち小さくなり，管Dをはじめに調整した位置から長さLだけ引き出したとき再び最小となった。ただし，管DをLだけ引き出すと，経路ADCの長さは引き出す前より2Lだけ長くなる。音の波長λを表す式として最も適当なものを，下の①〜⑤のうちから一つ選べ。λ = ┃ 3 ┃

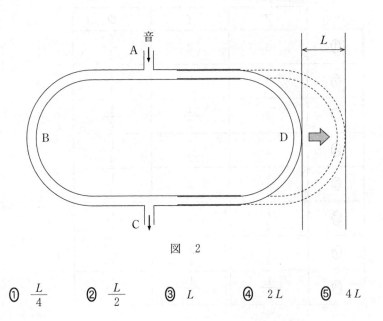

図 2

① $\dfrac{L}{4}$ ② $\dfrac{L}{2}$ ③ L ④ $2L$ ⑤ $4L$

問 4 次の文章中の空欄 **ア** ～ **ウ** に入れる数値の組合せとして最も適当なものを，下の①～⑧のうちから一つ選べ。 **4**

ピストンのついたシリンダー内に単原子分子の理想気体が閉じ込められている。この気体の絶対温度を一定に保って体積を **ア** 倍にすると，圧力は $\frac{1}{2}$ 倍になる。

一方，この気体の圧力を一定に保って絶対温度を $\frac{1}{2}$ 倍にすると，体積は **イ** 倍になり，気体の内部エネルギーは **ウ** 倍になる。

	ア	イ	ウ
①	2	2	$\frac{1}{2}$
②	2	2	$\frac{1}{4}$
③	2	$\frac{1}{2}$	$\frac{1}{2}$
④	2	$\frac{1}{2}$	$\frac{1}{4}$
⑤	$\frac{1}{2}$	2	$\frac{1}{2}$
⑥	$\frac{1}{2}$	2	$\frac{1}{4}$
⑦	$\frac{1}{2}$	$\frac{1}{2}$	$\frac{1}{2}$
⑧	$\frac{1}{2}$	$\frac{1}{2}$	$\frac{1}{4}$

問 5 図3のように，なめらかな水平面上を右向きに速さvで運動する質量$2m$の小球Aが，小球Aと逆向きに速さ$2v$で運動する質量mの小球Bと点Oで衝突した。衝突後，小球Aの速度の向きは水平面内で45°変化した。衝突後の小球Bの速度の向きとして最も適当なものを，下の①〜⑧のうちから一つ選べ。ただし，①〜⑧の矢印は水平面上にあり，⑤の左の破線は衝突前の小球Aの軌跡を示している。 | 5 |

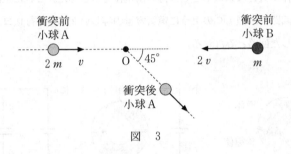

図 3

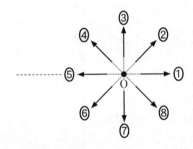

第2問 (必答問題)

次の文章(**A**・**B**)を読み，下の問い(**問1〜4**)に答えよ。
〔解答番号 1 〜 4 〕(配点 20)

A 図1(a)のように，円筒形の導体を中心軸を含む平面で二つに切り離し，これら二つの導体で大きな誘電率をもつ薄い誘電体をはさんだ。これに電池をつないだ図1(b)の回路は，図1(c)のように電気容量の等しい2個の平行板コンデンサーを並列接続した回路とみなせる。

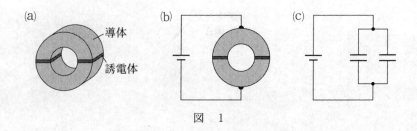

図 1

問 1　次に，導体を加工して，等しい形状の導体 P，Q，R，S に切り離し，図 1(a)と同じ誘電体をはさんだ。図 2 のように導体 P，R 間に電池をつないだ回路は，図 1(c)の平行板コンデンサーを 4 個接続した回路とみなせる。この回路として最も適当なものを，下の①～⑥のうちから一つ選べ。　1

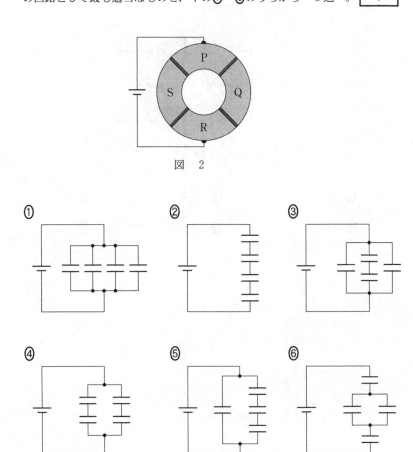

図　2

問 2 図2の回路から電池をはずした後，すべての電荷を放電させた。その後，図3のように，導体P，S間に電池をつないだ。十分に時間が経過した後の導体Q，R間の電圧は電池の電圧の何倍か。最も適当なものを，下の①～⑥のうちから一つ選べ。 2 倍

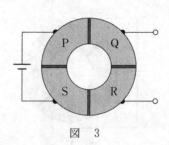

図 3

① 0 ② $\dfrac{1}{3}$ ③ $\dfrac{1}{2}$
④ 1 ⑤ 2 ⑥ 3

B 図4のように，互いに平行な板状の電極P，Qが紙面に垂直に置かれている。質量 m，電気量 $q(q>0)$ の荷電粒子Aが電極P，Qの穴を通過した後，面Sに達した。Qに対するPの電位は V であり，電極P，Qの穴を通過したときの粒子の進行方向は，それぞれの電極の面に垂直であった。電極Qと面Sの間の灰色の領域では，紙面に垂直に裏から表の向きへ一様な磁場(磁界)がかけられており，電場(電界)はないとする。ただし，装置はすべて真空中に置かれており，重力の影響は無視できるものとする。

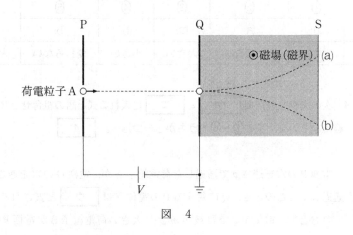

図 4

問 3 次の文章中の空欄 ア ・ イ に入れる記号と語句の組合せとして最も適当なものを，下の①~⑥のうちから一つ選べ。 3

荷電粒子Aは，一様な磁場から力を受けて図4の ア の軌道を描いて面Sに達した。面Sに達する直前の荷電粒子Aの運動エネルギーは，電極Qの穴を通過したときの運動エネルギーと比べて イ 。

	①	②	③	④	⑤	⑥
ア	(a)	(a)	(a)	(b)	(b)	(b)
イ	小さい	変わらない	大きい	小さい	変わらない	大きい

問 4 次の文章中の空欄 ウ ・ エ に入れる式と語の組合せとして最も適当なものを，下の①~⑥のうちから一つ選べ。 4

電極Pの穴を速さvで通過した荷電粒子Aが，電極Qの穴を速さ$2v$で通過した。このとき，Qに対するPの電位Vは ウ と表される。このVのもとで，電気量qで質量がmより大きい荷電粒子Bが電極Pの穴を速さvで通過した。この荷電粒子Bが電極Qの穴を通過したときの速さは$2v$よりも エ 。

	①	②	③	④	⑤	⑥
ウ	$\dfrac{mv^2}{2q}$	$\dfrac{mv^2}{2q}$	$\dfrac{3mv^2}{2q}$	$\dfrac{3mv^2}{2q}$	$\dfrac{5mv^2}{2q}$	$\dfrac{5mv^2}{2q}$
エ	小さい	大きい	小さい	大きい	小さい	大きい

2020年度　本試験　物理　13

第3問　(必答問題)

次の文章(**A・B**)を読み，下の問い(**問1～4**)に答えよ。

〔解答番号　| 1 |　～　| 4 |　〕(配点　20)

A　水面波のドップラー効果について考える。x軸方向に十分長く，水の流れがない直線状の水路がある。原点Oから十分遠方の$x<0$の位置に波源を設置して，周期Tで振動させると，この水路の水面にx軸の正の向きに速さVで進む波が発生する。ただし，波は進行方向に正弦波として伝わるものとする。

問1　次の文章中の空欄　| ア |・| イ |　に入れる式の組合せとして正しいものを，次ページの①～⑥のうちから一つ選べ。　| 1 |

はじめに，波源の位置を固定し，波を発生させた。このとき，波の隣り合う山と山は　| ア |　だけ離れている。観測者は，図1のように，水路に沿ってx軸の正の向きへ速さ$v_0(v_0<V)$で移動しながら，観測者と同じx座標における水面の変位を観測する。観測者が図1(a)のように最初の山を観測してから，図1(b)のように次の山を観測するまでにかかる時間T_1は　| イ |　となり，観測者が観測する波の振動数は$\dfrac{1}{T_1}$となる。

— 343 —

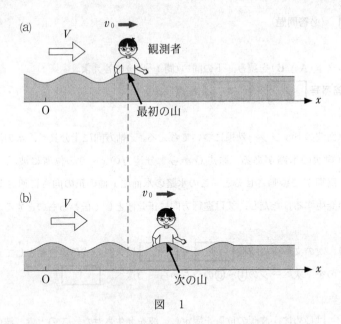

図 1

	ア	イ
①	$\dfrac{V}{2}T$	$\dfrac{V}{2(V-v_0)}T$
②	$\dfrac{V}{2}T$	$\dfrac{V}{2(V+v_0)}T$
③	VT	$\dfrac{V}{V-v_0}T$
④	VT	$\dfrac{V}{V+v_0}T$
⑤	$2VT$	$\dfrac{2V}{V-v_0}T$
⑥	$2VT$	$\dfrac{2V}{V+v_0}T$

問 2 次に，波源の位置を最初は固定し，ある時刻から動かすことを考える。時刻 $t=0$ から波を発生させた。$t=2T$ までは波源の位置を固定し，$t=2T$ からは x 軸の正の向きへ波源を一定の速さ $\dfrac{V}{4}$ で移動させた。波源の位置で $t=2T$ に発生した波が，原点 O に到達したときの波形を図2に示す。波源の位置で $t=4T$ に発生した波が，原点 O に到達したときの波形を表す図として最も適当なものを，下の ①～④ のうちから一つ選べ。ただし，図では $x \geqq 0$ の領域の波形を示した。 2

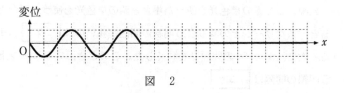

図　2

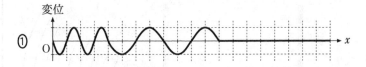

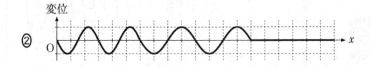

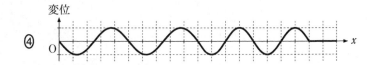

B 光の干渉について考える。

問 3 次の文章中の空欄 ウ ・ エ に入れる語句の組合せとして最も適当なものを，次ページの①～⑥のうちから一つ選べ。 3

　図3のように，光源から出た単色光が単スリットS_0に入射すると，その回折光は複スリットS_1, S_2を通り，スクリーンに明暗のしま模様が観測された。

　光源として赤の単色光を使った場合と紫の単色光を使った場合とを比較すると，スクリーン上の隣り合う明線の間隔が狭いのは ウ の単色光である。次に，S_1とS_2の間隔dを狭くした。このとき，スクリーン上の隣り合う明線の間隔は エ 。

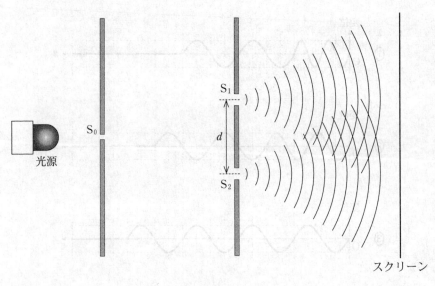

図 3

	ウ	エ
①	赤	狭くなる
②	赤	変わらない
③	赤	広くなる
④	紫	狭くなる
⑤	紫	変わらない
⑥	紫	広くなる

問 4 次の文章中の空欄 オ ・ カ に入れる式と語句の組合せとして最も適当なものを，次ページの①〜⑨のうちから一つ選べ。 4

一方が平面で他方が半径 R の球面になっている平凸レンズを，図 4 のように，球面を下にして平面ガラスにのせて，真上から平面ガラスに垂直に波長 λ の単色光を当てる。その反射光を上から見ると，暗環と明環が交互に並ぶ同心円状のしま模様が観測された。ただし，空気の屈折率を 1 とし，平凸レンズと平面ガラスは屈折率 n ($n > 1$) の媒質でできているとする。

図 4 のように，平面ガラス上のある点 P における鉛直方向の空気層の厚さを d とすると，平凸レンズの下面で反射した光と，平面ガラスの上面で反射した光が強め合う条件は，m を 0 以上の整数として $\dfrac{2d}{\lambda} =$ オ となる。ただし，d は R に比べて十分小さい。

次に，平凸レンズと平面ガラスの間の空気層を，屈折率 n' ($1 < n' < n$) の透明な液体で満たす。このとき，最も内側の明環の半径は，液体で満たす前と比べて カ 。ただし，平凸レンズ上面からの反射光の影響は無視できるとする。

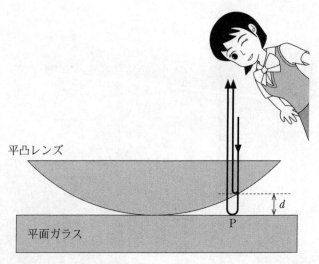

図 4

	オ	カ
①	m	小さくなる
②	m	変化しない
③	m	大きくなる
④	$m + \dfrac{1}{4}$	小さくなる
⑤	$m + \dfrac{1}{4}$	変化しない
⑥	$m + \dfrac{1}{4}$	大きくなる
⑦	$m + \dfrac{1}{2}$	小さくなる
⑧	$m + \dfrac{1}{2}$	変化しない
⑨	$m + \dfrac{1}{2}$	大きくなる

第4問 (必答問題)

次の文章(**A**・**B**)を読み,下の問い(**問1～4**)に答えよ。
〔解答番号　1　～　4　〕(配点　20)

A 図1のように,水平でなめらかな床面上で,質量m,速さvの小物体Aを点Oで静止していた質量$3m$の小物体Bに衝突させた。衝突後,小物体Aは小物体Bと合体して質量$4m$の小物体Cとなり,速さはVとなった。その後,小物体Cは半径rのなめらかな円筒の内面に沿って運動した。ただし,小物体A,B,Cはすべて同じ鉛直面内で運動し,円筒の中心軸はこの鉛直面に垂直であるとする。また,点Pは円筒の内面の最高点を表し,重力加速度の大きさをgとする。

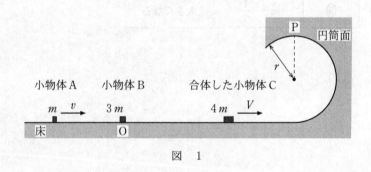

図　1

問1 合体直後の小物体Cの速さVを表す式として正しいものを,次の①～⑤のうちから一つ選べ。$V = $　1

① $\dfrac{1}{4}v$　　② $\dfrac{1}{2}v$　　③ v　　④ $2v$　　⑤ $4v$

問2 小物体Cが円筒の内面に沿って点Pを通過するために必要なVの最小値を表す式として正しいものを,次の①～⑤のうちから一つ選べ。　2

① $\sqrt{3gr}$　　② $\sqrt{4gr}$　　③ $\sqrt{5gr}$　　④ $\sqrt{6gr}$　　⑤ $\sqrt{7gr}$

B 図2のように，質量 m の小球1，2をばね定数 k の軽いばねでつなぎ，軽い糸を小球1に取り付けて，全体をつり下げ静止させた。ただし，重力加速度の大きさを g とする。

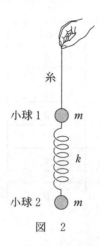

図 2

問 3　この状態で，ばねは自然の長さより s だけ伸びており，糸が小球1を引く張力の大きさは T である。s と T を表す式の組合せとして正しいものを，次の①～⑥のうちから一つ選べ。　3

	s	T
①	$\dfrac{mg}{2k}$	mg
②	$\dfrac{mg}{2k}$	$2mg$
③	$\dfrac{mg}{k}$	mg
④	$\dfrac{mg}{k}$	$2mg$
⑤	$\dfrac{2mg}{k}$	mg
⑥	$\dfrac{2mg}{k}$	$2mg$

問 4 その後，糸を静かに放す。放した直後の，小球 1，2 それぞれの加速度の大きさ a_1，a_2 を表す式の組合せとして正しいものを，次の①〜⑥のうちから一つ選べ。 4

	a_1	a_2
①	g	0
②	g	$\dfrac{g}{2}$
③	g	g
④	$2g$	0
⑤	$2g$	$\dfrac{g}{2}$
⑥	$2g$	g

第5問・第6問は，いずれか1問を選択し，解答しなさい。

第5問 （選択問題）

次の文章を読み，下の問い（**問1～3**）に答えよ。

〔解答番号 $\boxed{1}$ ～ $\boxed{3}$ 〕（配点 15）

水槽に入れた水温が T_1（絶対温度）の水に，理想気体を閉じ込めた円筒容器を浮かべる。図1のように，容器は上面が閉じ，下面が開いており，側面に小さな孔がある。容器の質量は m，断面積は S であり，その厚さは無視できる。容器内の気体の圧力が p_1 であり，容器内の水位が水槽の水面から ℓ_1 だけ下がったところにあるとき，容器の上面が水面と接するように浮いた。ただし，大気圧を p_0 とし，容器内の気体の質量は無視でき，その温度は常に水温と同じであるとする。また，水の密度 ρ は変化せず，水の蒸発の影響は無視できるものとする。重力加速度の大きさを g とする。

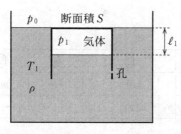

図 1

問1 図1のように容器が浮いているとき，ℓ_1 を表す式として正しいものを，次の①～④のうちから一つ選べ。$\ell_1 = \boxed{1}$

① $\dfrac{m}{\rho S}$ ② $\dfrac{\rho S}{m}$ ③ $\dfrac{mS}{\rho}$ ④ $\dfrac{m}{m+\rho S}$

問2 次に，水温を T_1 から下げると，容器は水槽の底まで沈んだ。その後，水温を上げて T_1 に戻しても容器は上昇しなかったが，さらに水温を上げると容器は上昇を始めた。上昇を始めたとき，図2のように，容器内の気体の圧力は p_2，容器内の水位は水槽の水面から ℓ_2 だけ下がったところにあった。このとき，容器が水槽の底面から受ける垂直抗力の大きさ N と，容器内の気体の圧力 p_2 を表す式の組合せとして正しいものを，下の①～⑥のうちから一つ選べ。ただし，容器が水槽の底に沈んだ状態であっても，容器側面の孔を通して水は出入りできる。 2

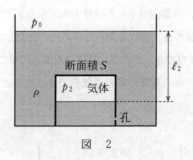

図 2

	①	②	③	④	⑤	⑥
N	0	0	0	mg	mg	mg
p_2	$p_0 + \rho \ell_1 g$	$p_0 + \rho \ell_2 g$	$p_0 + \rho(\ell_2 - \ell_1)g$	$p_0 + \rho \ell_1 g$	$p_0 + \rho \ell_2 g$	$p_0 + \rho(\ell_2 - \ell_1)g$

問3 図2のように水槽に沈んでいる容器の中の気体の体積が，図1の場合より大きくなると，容器は上昇を始める。容器が上昇を始める直前の水温を表す式として正しいものを，次の①～⑤のうちから一つ選べ。 3

① $\dfrac{p_1 + p_2}{p_2 - p_1} T_1$　　② $\dfrac{p_1}{p_2 - p_1} T_1$　　③ $\dfrac{p_2}{p_1} T_1$

④ $\dfrac{p_1 + p_2}{p_1} T_1$　　⑤ $\dfrac{p_2 - p_1}{p_1 + p_2} T_1$

2020年度　本試験　物理　25

第5問・第6問は，いずれか1問を選択し，解答しなさい。

第6問　（選択問題）

原子核と放射線に関する次の問い（問1～3）に答えよ。

〔解答番号　| 1 | ～ | 3 | 〕（配点　15）

問1　次の文章中の空欄　| ア | ・ | イ | に入れる式と数値の組合せとして最も適当なものを，下の①～⑨のうちから一つ選べ。| 1 |

ニホニウム(Nh)は原子番号113の元素で，2015年に日本の研究グループが命名権を獲得した新元素である。命名権獲得のきっかけとなった実験では，

$$\boxed{\text{ア}} + {}^{209}_{83}\text{Bi} \longrightarrow {}^{278}_{113}\text{Nh} + {}^{1}_{0}\text{n}$$

という反応によりニホニウムを生成した。生成された ${}^{278}_{113}\text{Nh}$ は | イ | 回の α 崩壊をして，${}^{254}_{101}\text{Md}$（メンデレビウム）原子核になったことが確認された。

	①	②	③	④	⑤	⑥	⑦	⑧	⑨
ア	${}^{69}_{29}\text{Cu}$	${}^{69}_{29}\text{Cu}$	${}^{69}_{29}\text{Cu}$	${}^{69}_{30}\text{Zn}$	${}^{69}_{30}\text{Zn}$	${}^{69}_{30}\text{Zn}$	${}^{70}_{30}\text{Zn}$	${}^{70}_{30}\text{Zn}$	${}^{70}_{30}\text{Zn}$
イ	3	6	12	3	6	12	3	6	12

問2　原子核の結合エネルギーは，質量欠損から求めることができる。${}^{4}_{2}\text{He}$ 原子核の結合エネルギーは何Jか。最も適当なものを，次の①～⑥のうちから一つ選べ。ただし，陽子の質量は 1.673×10^{-27} kg，中性子の質量は 1.675×10^{-27} kg，${}^{4}_{2}\text{He}$ 原子核の質量は 6.645×10^{-27} kg，真空中の光の速さは 3.0×10^{8} m/s とする。| 2 | J

① 5.2×10^{-29}　　　② 3.3×10^{-27}　　　③ 1.6×10^{-20}

④ 9.9×10^{-19}　　　⑤ 4.6×10^{-12}　　　⑥ 3.0×10^{-10}

— 355 —

問 3 穴の開いた鉛容器に放射性物質を入れて、鉛直上向きに α 線, β 線（電子），γ 線を放出させる。水平方向に電場（電界）をかけると，3種類の放射線は異なる進み方をする。電場の向きとこれらの放射線の軌道を表す図として最も適当なものを，次の ①〜⑥ のうちから一つ選べ。　3

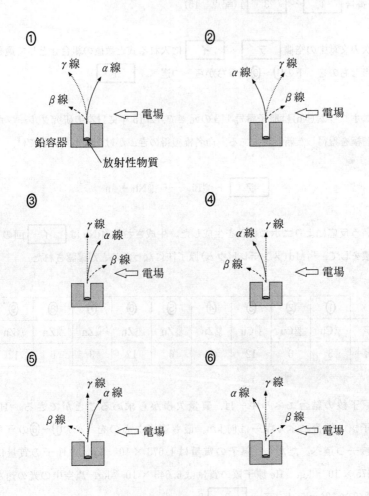

物　理

（2019年1月実施）

60分　100点

2019 本試験

物　理

問　題	選　択　方　法
第 1 問	必　　答
第 2 問	必　　答
第 3 問	必　　答
第 4 問	必　　答
第 5 問	いずれか 1 問を選択し，解答しなさい。
第 6 問	

2019年度　本試験　物理　3

〔注〕この科目には，選択問題があります。(2 ページ参照。)

第 1 問　(必答問題)

次の問い(問 1 ~ 5)に答えよ。

〔解答番号　| 1 |　~　| 5 |〕(配点　25)

問 1　運動エネルギーと運動量について述べた文として最も適当なものを，次の
①~④のうちから一つ選べ。　| 1 |

①　運動エネルギーは大きさと向きをもつベクトルである。

②　二つの小球が非弾性衝突をする場合，運動量の和は保存されるが運動エネ
ルギーの和は保存されない。

③　力を受けて物体の速度が変化したとき，運動エネルギーの変化は物体が受
けた力積に等しい。

④　等速円運動する物体の運動量は一定である。

— 359 —

問2 図1のように,x軸上の原点Oに電気量Qの点電荷,x = dの位置に電気量qの点電荷がそれぞれ固定されている。x = 2dの位置の電場(電界)の大きさが0のとき,Qを表す式として正しいものを,下の①〜⑥のうちから一つ選べ。Q = | 2 |

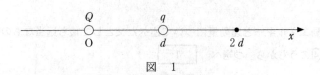

図 1

① $4q$ ② $2q$ ③ q
④ $-q$ ⑤ $-2q$ ⑥ $-4q$

問3 次の文章中の空欄　ア　・　イ　に入れる数値と記号の組合せとして最も適当なものを，次ページの①〜⑥のうちから一つ選べ。　3

　図2のように，直線OO′に垂直に，物体（文字板）と半透明のスクリーンを1.0 m離して設置した。凸レンズの光軸を直線OO′と一致させたまま，物体とスクリーンの間でレンズの位置を調整したところ，スクリーン上に倍率1.0の明瞭な像ができた。このことから，レンズの焦点距離は　ア　mであることがわかる。また，スクリーン上の像をO′側から観察すると，図3の　イ　のように見える。

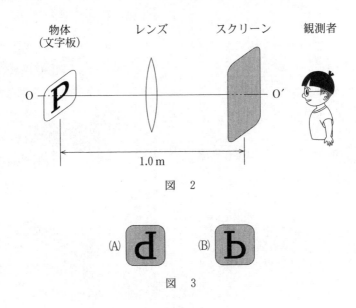

	ア	イ
①	0.25	(A)
②	0.25	(B)
③	0.50	(A)
④	0.50	(B)
⑤	1.0	(A)
⑥	1.0	(B)

問 4 図4のように，断面積 S のシリンダーを鉛直に立て，質量 m のなめらかに動くピストンを取り付ける。シリンダー内には物質量 n の理想気体が閉じ込められている。ピストンが静止したとき，理想気体の温度（絶対温度）は外気温と同じ T であった。大気圧が p_0 のとき，シリンダー内の底面からピストン下面までの高さ h を表す式として正しいものを，下の①～⑥のうちから一つ選べ。ただし，重力加速度の大きさを g，気体定数を R とする。$h = \boxed{4}$

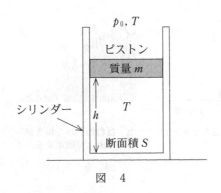

図 4

① $\dfrac{p_0 S}{nRT}$　　② $\dfrac{p_0 S + mg}{nRT}$　　③ $\dfrac{p_0 S - mg}{nRT}$

④ $\dfrac{nRT}{p_0 S}$　　⑤ $\dfrac{nRT}{p_0 S + mg}$　　⑥ $\dfrac{nRT}{p_0 S - mg}$

問 5 図5(a)～(c)のように，ばね定数 k の軽いばねの一端に質量 m の小球を取り付け，ばねの伸縮方向に単振動させる。(a)～(c)の場合の単振動の周期を，それぞれ T_a, T_b, T_c とする。T_a, T_b, T_c の大小関係として正しいものを，下の ①～⑥ のうちから一つ選べ。ただし，(a)の水平面，(b)の斜面はなめらかであるとする。 5

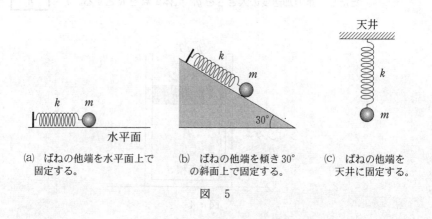

(a) ばねの他端を水平面上で固定する。

(b) ばねの他端を傾き30°の斜面上で固定する。

(c) ばねの他端を天井に固定する。

図 5

① $T_a > T_b > T_c$　　② $T_c > T_b > T_a$　　③ $T_b = T_c > T_a$

④ $T_a = T_b = T_c$　　⑤ $T_a = T_c > T_b$　　⑥ $T_b > T_a = T_c$

第2問 （必答問題）

次の文章（**A**・**B**）を読み，下の問い（**問1～4**）に答えよ。
〔解答番号　1　～　4　〕（配点　20）

A　図1のように，二つの異なる半導体A，Bを接合したダイオードと抵抗，直流電源からなる回路がある。この回路では，ダイオードの両端の電位差により，それぞれの半導体A，B内の電流の担い手（キャリア）は接合面に移動して，接合面付近で結合することで半導体Aから半導体Bへ電流が流れる。直流電源を逆向きにすると，電流は流れない。

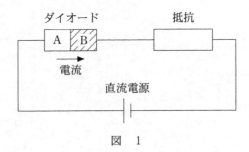

図　1

問 1　半導体 A と半導体 B の電流の担い手の組合せとして最も適当なものを，次の①～⑥のうちから一つ選べ。　| 1 |

	半導体 A	半導体 B
①	電　子	ホール（正孔）
②	電　子	イオン
③	ホール（正孔）	電　子
④	ホール（正孔）	イオン
⑤	イオン	電　子
⑥	イオン	ホール（正孔）

問 2　図1の回路の直流電源を周期 T の交流電源に交換し，同じ抵抗値の抵抗を図2のように並列に付け加えた。点 a に対する点 b の電位の時間変化を図3に示す。点 P を流れる電流の時間変化を表すグラフとして最も適当なものを，次ページの ①〜⑥ のうちから一つ選べ。ただし，図2中の矢印の向きを電流の正の向きとする。また，ダイオードに A から B の向きに電流が流れるとき，ダイオードでの電圧降下は無視できるものとする。　2

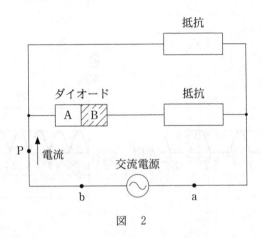

図　2

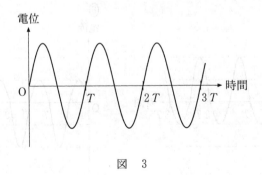

図　3

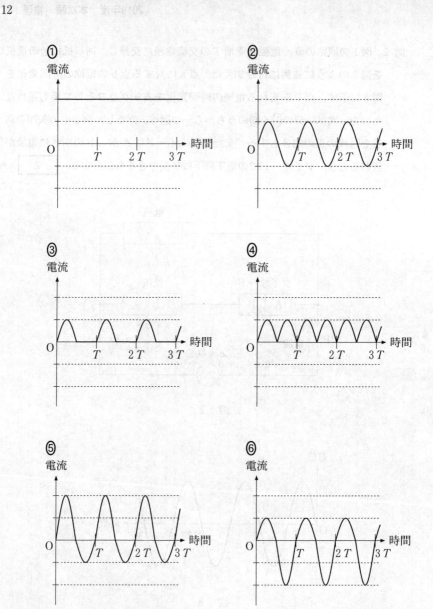

B 図4のように，鉛直下向きの一様な磁束密度 B の磁場(磁界)中に，十分に長い2本の細い金属レールが，水平面内に間隔 ℓ で平行に置かれている。レールには電圧 V の直流電源，抵抗値 r，R の二つの抵抗，およびスイッチSが接続されている。レール上には導体棒がレールに対して垂直に置かれている。はじめ，導体棒は静止しており，Sは開いている。ただし，レールと導体棒およびそれらの間の電気抵抗は無視できるものとし，導体棒はレールと垂直を保ちながら，なめらかに動くことができるものとする。また，回路を流れる電流がつくる磁場は B に比べて十分小さいものとする。

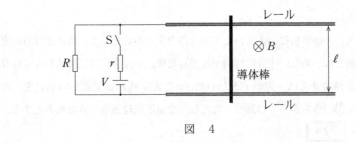

図 4

問 3 Sを閉じると，導体棒は右向きの力を受ける。このとき，導体棒が動かな
いように左向きに力を加えた。加えた力の大きさとして正しいものを，次の
①〜⑤のうちから一つ選べ。 3

① $VB\ell$ ② $\dfrac{VB\ell}{r}$ ③ $\dfrac{VB\ell}{R}$

④ $\dfrac{VB\ell}{(r+R)}$ ⑤ $\dfrac{(r+R)VB\ell}{rR}$

問 4 次に，導体棒に加えていた左向きの力をとりのぞくと，導体棒は右向きに
運動をはじめた。十分に時間が経過した後，導体棒に電流は流れなくなり，
導体棒の速さは一定値 v となった。v を表す式として正しいものを，次の
①〜⑥のうちから一つ選べ。ただし，空気抵抗は無視できるものとする。
$v =$ 4

① $\dfrac{V}{B\ell}$ ② $\dfrac{R}{B\ell}$ ③ $\dfrac{r}{B\ell}$

④ $\dfrac{V}{B\ell(r+R)}$ ⑤ $\dfrac{VR}{B\ell(r+R)}$ ⑥ $\dfrac{Vr}{B\ell(r+R)}$

第3問 （必答問題）

次の文章（**A・B**）を読み，下の問い（**問1～4**）に答えよ。
〔解答番号 $\boxed{1}$ ～ $\boxed{6}$ 〕（配点 20）

A 光の屈折について考える。

問1 次の文章中の空欄 $\boxed{1}$・$\boxed{2}$ に入れる式として最も適当なものを，次ページのそれぞれの解答群から一つずつ選べ。 $\boxed{1}$ $\boxed{2}$

図1のように，空気中を進む平行光線が，ガラス板の上に作られた一様な厚さの薄膜に入射している。経路1を進む光は点A，D，Fを経由して観測者へ届く。一方，経路2を進む光は点Fで反射して観測者へ届く。これらの光は点A，Eにおいて同位相であった。線分AEとCFは空気中での光の経路に対して垂直であり，線分BFは薄膜中での光の経路に対して垂直である。また，薄膜とガラスの空気に対する屈折率は，それぞれ n と n' であり，$1 < n < n'$ である。

このとき，n を図中の線分の長さを用いて表すと $n = \boxed{1}$ となる。平行光線の空気中での波長 λ と屈折率 n の間に，正の整数 m を用いて $\boxed{2}$ という関係が成り立つとき，観測者に届く光は強め合う。

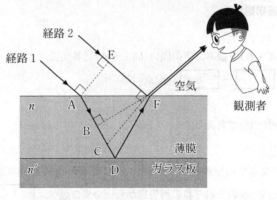

図 1

1 の解答群

① $\dfrac{EF}{AB}$ ② $\dfrac{EF}{AC}$ ③ $\dfrac{EF}{AD}$

④ $\dfrac{AB}{EF}$ ⑤ $\dfrac{AC}{EF}$ ⑥ $\dfrac{AD}{EF}$

2 の解答群

① $n(AD + DF) = m\lambda$ ② $n(AD + DF) = \left(m - \dfrac{1}{2}\right)\lambda$

③ $n(BD + DF) = m\lambda$ ④ $n(BD + DF) = \left(m - \dfrac{1}{2}\right)\lambda$

⑤ $n(CD + DF) = m\lambda$ ⑥ $n(CD + DF) = \left(m - \dfrac{1}{2}\right)\lambda$

問 2　次の文章中の空欄　ア　に入れる記号として最も適当なものを，次ページの　3　の解答群から一つ選べ。また，空欄　イ　・　ウ　に入れる語句の組合せとして最も適当なものを，次ページの　4　の解答群から一つ選べ。　3　　4

　図 2 のように，透明な板の下面にある点 P から観測者へ向かう光は，空気と板の境界面で実線のように屈折して進むため，空気中にいる観測者から点 P を見ると，矢印 1 の向きではなく，矢印 2 の向きに見える。

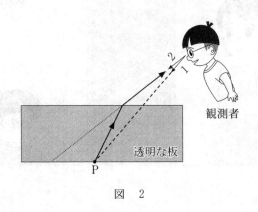

図　2

　図 3(a)のように，水平面に直方体の壁が置かれており，姉と弟がこの壁の両側に立っている。壁は透明で，その屈折率は空気よりも大きい。

　図 2 を参考に光の経路を作図すると，姉の目から弟の目へ向かう光は壁の中を図 3(b)の　ア　の経路に沿って進む。したがって，弟から見た姉の目の位置は，壁のないとき(図 3(a)の破線)と比べて　イ　見えることがわかる。また，姉から見た弟の目の位置は，壁のないとき(図 3(a)の破線)と比べて　ウ　見えることがわかる。ただし，直線 BE は図 3(a)の破線と同一であり，姉の目の位置は弟の目の位置より高い。

— 373 —

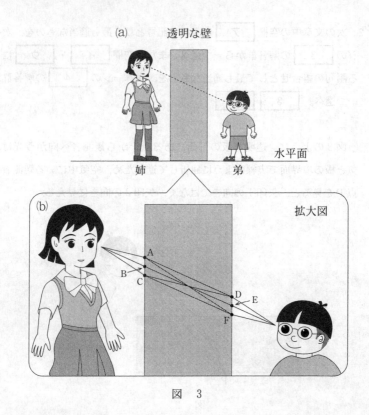

図 3

3 の解答群

	①	②	③	④	⑤
ア	A→D	A→F	B→E	C→D	C→F

4 の解答群

	①	②	③	④	⑤
イ	上にずれて	上にずれて	同じに	下にずれて	下にずれて
ウ	上にずれて	下にずれて	同じに	上にずれて	下にずれて

B 一定の振動数の音を出す音源を用いて,ドップラー効果について考える。図4のように,この音源にばねを取り付け,x 軸上で振幅 a,周期 T の単振動をさせた。音源の位置 x と時間 t の関係は,その振動の中心を $x=0$ として,図5のように表される。観測者は音源から十分離れた x 軸上の正の位置に静止している。

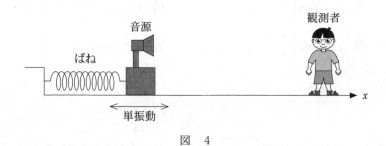

図 4

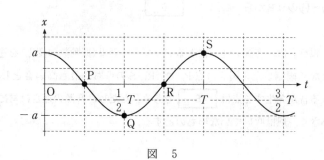

図 5

問3 図5に表された音源の位置 x と時間 t の関係を表す式として正しいものを，次の ① ～ ⑥ のうちから一つ選べ。 ⬜5⬜

① $x = a \sin\left(\dfrac{t}{T}\right)$ ② $x = a \sin\left(\dfrac{2\pi t}{T}\right)$

③ $x = a \sin\left(\dfrac{t}{T} + \dfrac{\pi}{2}\right)$ ④ $x = a \sin\left(\dfrac{2\pi t}{T} + \dfrac{\pi}{2}\right)$

⑤ $x = a \sin\left(\dfrac{t}{T} - \dfrac{\pi}{2}\right)$ ⑥ $x = a \sin\left(\dfrac{2\pi t}{T} - \dfrac{\pi}{2}\right)$

問4 次の文章中の空欄 ⬜6⬜ に入れる記号として最も適当なものを，下の ① ～ ④ のうちから一つ選べ。 ⬜6⬜

   観測者は，音源の運動によるドップラー効果（振動数の変化）を途切れることなく観測した。図5の点P, Q, R, Sのうち，最も高い音として観測される音が発生する点は ⬜6⬜ である。ただし，音源の速さは常に音速より小さく，風は吹いていないものとする。

① P   ② Q   ③ R   ④ S

第4問 （必答問題）

次の文章（**A**・**B**）を読み，下の問い（**問1～4**）に答えよ。
〔解答番号 1 ～ 4 〕（配点 20）

A 図1のように，直線の水平なレール上を動いている電車が大きさ a の一定の加速度で減速している。天井からおもりをつるした軽いひもを電車内で見ると，ひもは鉛直に対して角度 θ だけ傾いて静止していた。

電車内の少年が床面の点Oから高さ h のところでボールを静かに放すと，電車が減速している間にボールは床に落下した。ただし，重力加速度の大きさを g とする。

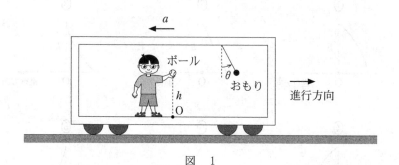

図　1

問 1　$\tan\theta$ を表す式として正しいものを，次の①〜⑥のうちから一つ選べ。
$\tan\theta =$ 1

① $\dfrac{a}{\sqrt{a^2+g^2}}$ 　　② $\dfrac{g}{\sqrt{a^2+g^2}}$

③ $\dfrac{a}{g}$ 　　④ $\dfrac{g}{a}$

⑤ $\dfrac{\sqrt{a^2+g^2}}{a}$ 　　⑥ $\dfrac{\sqrt{a^2+g^2}}{g}$

問 2　電車内で観測したとき，ボールの軌道を表す図として最も適当なものを，次の①〜⑦のうちから一つ選べ。 2

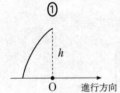

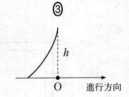
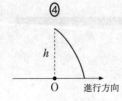
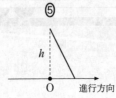
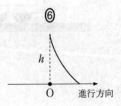
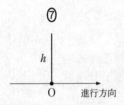

B 図2のように長さ ℓ の軽くて伸びない糸の一端を点Oに固定し，他端に質量 m の小球を取り付けて，糸がたるまず水平になる点Pで小球を静かに放す。点Oから鉛直下方に距離 a だけ離れた点Qに細い釘があり，小球が最下点Rを通る瞬間に糸が釘にかかり，小球は点Qを中心とする円運動を始める。糸が釘にかかるまで，糸と水平方向OPのなす角度を α とする。また，糸が釘にかかったのち，点Qから小球までの間の糸と鉛直方向QRのなす角度を β と表す。ただし，重力加速度の大きさを g とする。

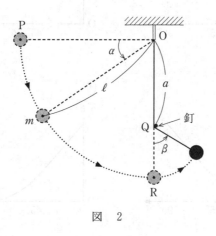

図 2

問 3 糸が釘にかかるまでの小球の運動エネルギー K と角度 α の関係を表すグラフとして最も適当なものを,次の①~⑥のうちから一つ選べ。　3

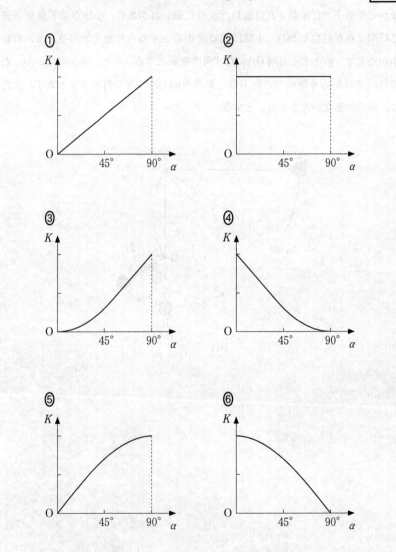

問 4 小球が点 R を通過後 $\beta = 90°$ となったとき，糸の張力の大きさを表す式として正しいものを，次の①～⑥のうちから一つ選べ。　4

① $\dfrac{(\ell - a)mg}{2a}$ 　　② $\dfrac{(\ell - a)mg}{a}$ 　　③ $\dfrac{2(\ell - a)mg}{a}$

④ $\dfrac{amg}{2(\ell - a)}$ 　　⑤ $\dfrac{amg}{\ell - a}$ 　　⑥ $\dfrac{2amg}{\ell - a}$

第5問・第6問は，いずれか1問を選択し，解答しなさい。

第5問　(選択問題)

次の文章を読み，下の問い(**問1〜3**)に答えよ。

〔解答番号 1 〜 3 〕(配点　15)

ピストンのついた容器に単原子分子の理想気体を閉じ込め，体積 V_0，圧力 p_0 の状態Aにした後，図1のA→B→C→D→Aのように気体の状態をゆっくり変化させた。過程A→Bと過程C→Dは定積変化，過程B→Cと過程D→Aは定圧変化であった。

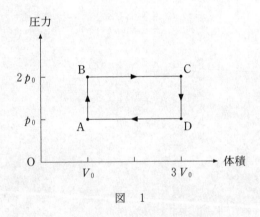

図1

問 1 次の文中の空欄 ア ・ イ に入れる語句の組合せとして最も適当なものを，下の①〜⑥のうちから一つ選べ。 1

　　過程 A→B では，気体が熱を ア ，気体の内部エネルギーは イ 。

	ア	イ
①	外部から吸収し	増加する
②	外部から吸収し	変化しない
③	外部から吸収し	減少する
④	外部に放出し	増加する
⑤	外部に放出し	変化しない
⑥	外部に放出し	減少する

問 2 過程 A→B→C→D→A の間に，気体が外部にした仕事の総和として正しいものを，次の①〜⑥のうちから一つ選べ。 2

① 0　　　　　　　② $p_0 V_0$　　　　　　③ $2 p_0 V_0$

④ $3 p_0 V_0$　　　　　⑤ $4 p_0 V_0$　　　　　⑥ $6 p_0 V_0$

問 3 過程 A→B→C→D→A の温度と圧力の関係を表すグラフとして最も適当なものを,次の①~⑥のうちから一つ選べ。 3

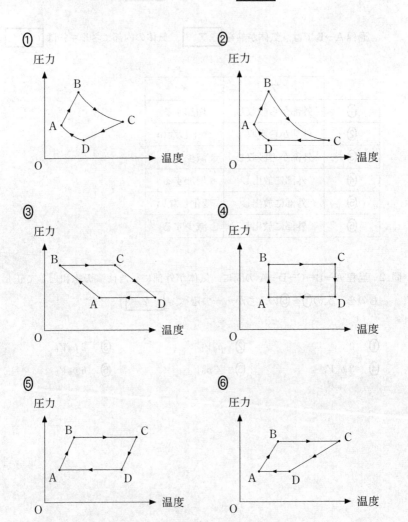

第5問・第6問は，いずれか1問を選択し，解答しなさい。

第6問 （選択問題）

X線に関する次の文章を読み，下の問い（**問1〜3**）に答えよ。
〔解答番号　1　〜　3　〕（配点　15）

図1のようなX線発生装置を用いて発生させたX線の強度と波長の関係（スペクトル）を調べたところ，図2のようなスペクトルが得られた。以下では，電気素量をe，静止している電子の質量をm，プランク定数をh，真空中の光速をcとする。また，陽極と陰極の間の加速電圧をVとする。

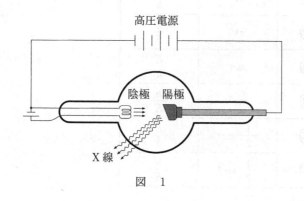

図　1

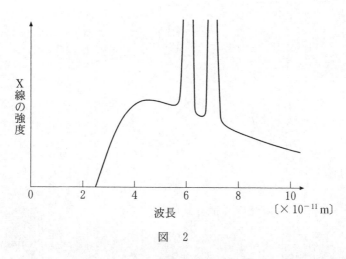

図　2

問 1 次の文章中の空欄 **ア** ・ **イ** に入れる式の組合せとして正しいもの
を，下の①〜⑥のうちから一つ選べ。 $\boxed{1}$

　　陰極から飛び出した電子は，電圧 V で加速され陽極に衝突する。この電子
が衝突直前に持っている運動エネルギーは，$E = \boxed{\text{ア}}$ であるから，陽極か
ら出る X 線の振動数の最大値 ν_0 は，$\nu_0 = \boxed{\text{イ}}$ である。ただし，陰極から
飛び出した電子の初速度の大きさは十分小さいとする。

	ア	イ
①	eV	$\dfrac{E}{h}$
②	eV	$\dfrac{h}{E}$
③	mc^2	$\dfrac{E}{h}$
④	mc^2	$\dfrac{h}{E}$
⑤	$\dfrac{1}{2}mc^2$	$\dfrac{E}{h}$
⑥	$\dfrac{1}{2}mc^2$	$\dfrac{h}{E}$

問 2 次の文章中の空欄 ウ ・ エ に入れる語と式の組合せとして最も適当なものを，次ページの①〜⑧のうちから一つ選べ。 2

図2に観測される鋭いピーク部分のX線を ウ と呼ぶ。この ウ は次のような仕組みで発生する。

はじめに，図3(a)のように高電圧で加速された電子が陽極の金属原子と衝突して，エネルギー準位 E_0 をもつ内側の軌道の電子がたたき出される。次に，図3(b)のようにエネルギー準位 E_1 をもつ外側の軌道にある電子が内側の空いた軌道へ落ち込み，X線が放出される。放出されるX線のエネルギーは $E_X = $ エ となる。このX線の放出現象は，ボーアによって説明された水素原子からの光の放出と同じ現象である。

原子核のまわりを運動する電子のエネルギー準位は，原子番号によって異なるので，E_X は元素ごとに違う値になる。

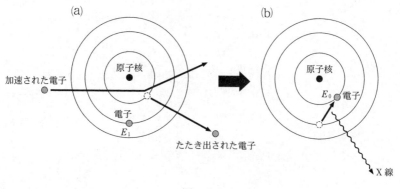

図 3

	ウ	エ
①	特性(固有)X線	E_1
②	特性(固有)X線	$E_1 - E_0$
③	特性(固有)X線	$E_1 + eV$
④	特性(固有)X線	$E_1 - E_0 + eV$
⑤	連続X線	E_1
⑥	連続X線	$E_1 - E_0$
⑦	連続X線	$E_1 + eV$
⑧	連続X線	$E_1 - E_0 + eV$

問 3 次の文章中の空欄 オ ・ カ に入れる語句の組合せとして最も適当なものを，下の①〜⑥のうちから一つ選べ。 3

陽極金属の種類や加速電圧 V を変えて，X 線を測定したところ，図 4 のような三つの X 線スペクトル(A)，(B)，(C)が得られた。

同じ加速電圧を用いて得られたスペクトルの組合せは オ であり，同じ陽極金属を用いて得られたスペクトルの組合せは カ である。

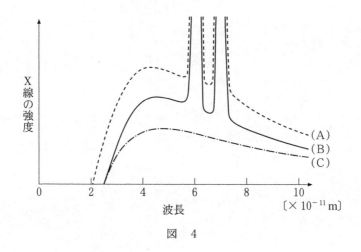

図 4

	オ	カ
①	(A)と(B)	(A)と(C)
②	(A)と(B)	(B)と(C)
③	(A)と(C)	(A)と(B)
④	(A)と(C)	(B)と(C)
⑤	(B)と(C)	(A)と(B)
⑥	(B)と(C)	(A)と(C)

MEMO

物　理

（2018年1月実施）

60分　100点

2018 本試験

物　理

問　題	選　択　方　法
第 1 問	必　　答
第 2 問	必　　答
第 3 問	必　　答
第 4 問	必　　答
第 5 問	いずれか 1 問を選択し，解答しなさい。
第 6 問	

(**注**) この科目には，選択問題があります。（2ページ参照。）

第1問　（必答問題）

次の問い（**問 1 ～ 5**）に答えよ。
〔解答番号　1　～　5　〕（配点　25）

問 1　図 1 (a)のように，速さ v で進む質量 m の小物体が，質量 M の静止していた物体と衝突し，図 1 (b)のように二つの物体は一体となり動き始めた。一体となった物体の運動エネルギーとして正しいものを，下の①～⑨のうちから一つ選べ。ただし，床は水平でなめらかであるとする。　1

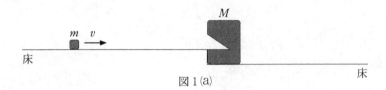

図 1 (a)

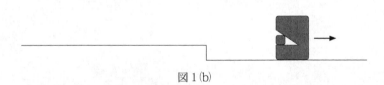

図 1 (b)

① $\dfrac{Mv^2}{2}$　　　② $\dfrac{mv^2}{2}$　　　③ $\dfrac{(M+m)v^2}{2}$

④ $\dfrac{M^2v^2}{2(M+m)}$　　⑤ $\dfrac{m^2v^2}{2(M+m)}$　　⑥ $\dfrac{Mmv^2}{2(M+m)}$

⑦ $\dfrac{M^2v^2}{M+m}$　　⑧ $\dfrac{m^2v^2}{M+m}$　　⑨ $\dfrac{Mmv^2}{M+m}$

問 2　空気中を伝わる音に関する記述として最も適当なものを，次の①～⑤のうち
から一つ選べ。　□2□

①　音の速さは，振動数に比例して増加する。

②　音を1オクターブ高くすると，波長は2倍になる。

③　音が障害物の背後にまわりこむ現象は，回折と呼ばれる。

④　振動数が等しく，振幅が少し異なる二つの波が重なると，うなりが生じ
る。

⑤　音源が観測者に近づく速さが大きいほど，観測者が聞く音の振動数は小さ
くなる。

問 3 図 2 のように，正方形 ABCD の頂点に電気量 ± $Q(Q>0)$ の点電荷を固定する。点 P での電場(電界)の向きを表す矢印として最も適当なものを，下の ①〜⑧ のうちから一つ選べ。ただし，点 P は正方形と同じ面内にあり，辺 BC の垂直二等分線(破線)上で，辺 BC より右側にある。　3

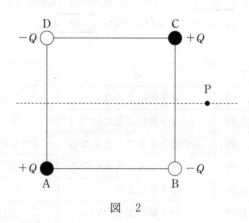

図 2

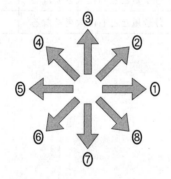

問 4 次の文章中の空欄 　ア　 ～ 　ウ　 に入れる語句の組合せとして最も適当なものを，下の①～⑧のうちから一つ選べ。 4

　　単原子分子理想気体では，気体分子の平均運動エネルギーは絶対温度に 　ア　 し，　イ　 。分子の平均の速さの目安となる 2 乗平均速度は，同じ温度のヘリウム (He) とネオン (Ne) では，　ウ　 。

	ア	イ	ウ
①	比　例	分子量によらない	ヘリウムの方が大きい
②	比　例	分子量によらない	同じになる
③	比　例	分子量とともに大きくなる	ネオンの方が大きい
④	比　例	分子量とともに大きくなる	同じになる
⑤	反比例	分子量によらない	ヘリウムの方が大きい
⑥	反比例	分子量によらない	同じになる
⑦	反比例	分子量とともに大きくなる	ネオンの方が大きい
⑧	反比例	分子量とともに大きくなる	同じになる

問 5 点 O を中心とする半径 3.0 cm の一様な厚さの円板がある。図 3 のように，点 O′ を中心とし，その円板に内接する半径 2.0 cm の円板 A を切り取った。残った物体 B（灰色の部分）の重心を G とする。直線 O′O 上にある重心 G の位置と，OG 間の距離の組合せとして最も適当なものを，下の ①〜⑧ のうちから一つ選べ。 5

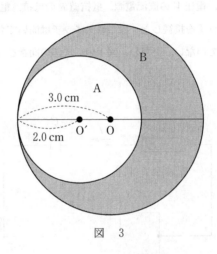

図 3

	重心 G の位置	OG 間の距離〔cm〕
①	点 O の右側	0.4
②	点 O の右側	0.8
③	点 O の右側	1.2
④	点 O の右側	2.2
⑤	点 O の左側	0.4
⑥	点 O の左側	0.8
⑦	点 O の左側	1.2
⑧	点 O の左側	2.2

第 2 問　(必答問題)

次の文章(**A**・**B**)を読み，下の問い(**問 1 ～ 4**)に答えよ。
〔解答番号　1　～　4　〕(配点　20)

A　図 1 のように，電圧 V の直流電源，抵抗値 R の抵抗，電気容量 C のコンデンサーおよびスイッチを接続した。はじめスイッチは開いており，コンデンサーに電荷は蓄えられていない。ただし，図 1 中の矢印の向きを電流 I の正の向きとする。

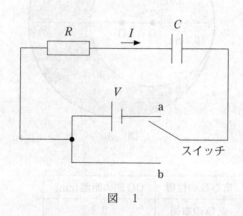

図　1

問 1　時刻 $t = 0$ にスイッチを a 側に入れた。電流 I と時刻 t の関係を表すグラフとして最も適当なものを，次ページの ①～⑧ のうちから一つ選べ。
　　1

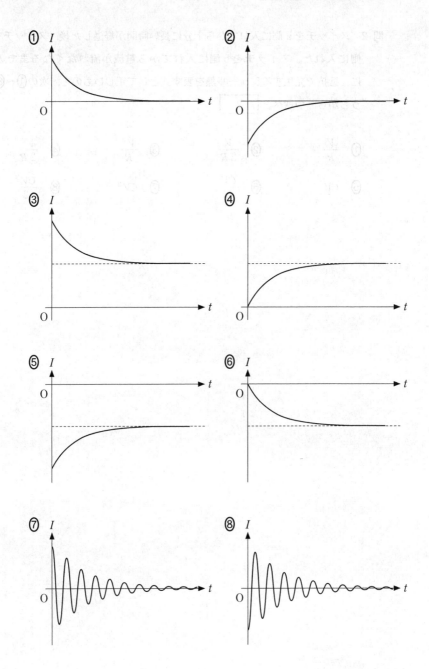

問 2 スイッチを a 側に入れてから十分に長い時間が経過した後，スイッチを b 側に入れた。スイッチを b 側に入れてから電流が流れなくなるまでの間に，抵抗で発生するジュール熱を表す式として正しいものを，次の①～⑧のうちから一つ選べ。 $\boxed{2}$

① $\dfrac{V}{R}$　　② $\dfrac{V}{2R}$　　③ $\dfrac{V^2}{R}$　　④ $\dfrac{V^2}{2R}$

⑤ CV　　⑥ $\dfrac{CV}{2}$　　⑦ CV^2　　⑧ $\dfrac{CV^2}{2}$

B 図2のように，鉛直上向きにy軸をとり，$y \leqq 0$の領域に，磁束密度の大きさBの一様な磁場(磁界)を紙面に垂直に裏から表の向きにかけた。この磁場領域の鉛直上方から，細い金属線でできた1巻きの長方形コイルabcdを，辺abを水平にして落下させる。コイルの質量はm，抵抗値はR，辺の長さはwとℓである。

コイルをある高さから落とすと，辺abが$y = 0$に到達してから辺cdが$y = 0$に到達するまでの間，一定の速さで落下した。ただし，コイルは回転も変形もせず，コイルの面は常に紙面に平行とし，空気の抵抗および自己誘導の影響は無視できるものとする。

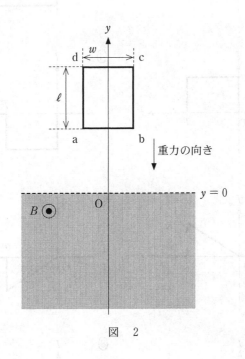

図　2

問 3 コイルに流れる電流 I と時刻 t の関係を表すグラフとして最も適当なものを，次の①〜⑧のうちから一つ選べ。ただし，コイルの辺 ab が $y = 0$ に到達する時刻を $t = 0$, 辺 cd が $y = 0$ に到達する時刻を $t = T$ とし，abcda の向きを電流の正の向きとする。 3

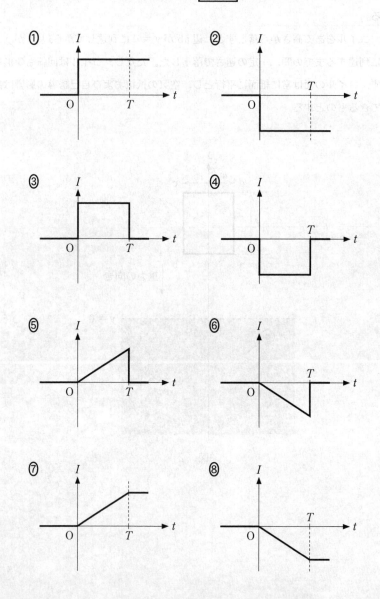

問 4 時刻 $t = 0$ と $t = T$ の間で，コイルが落下する一定の速さ v を表す式として正しいものを，次の①〜⑧のうちから一つ選べ。ただし，重力加速度の大きさを g とする。$v = \boxed{}$

① $\dfrac{mgR}{B^2 w}$　　② $\dfrac{mgR}{B^2 \ell^2}$　　③ $\dfrac{mgR}{B^2 \ell w}$　　④ $\dfrac{mgR}{B^2 w^2}$

⑤ $\dfrac{mgR}{Bw}$　　⑥ $\dfrac{mgR}{B\ell^2}$　　⑦ $\dfrac{mgR}{B\ell w}$　　⑧ $\dfrac{mgR}{Bw^2}$

第3問 (必答問題)

次の文章(**A**・**B**)を読み,下の問い(**問1~5**)に答えよ。
〔解答番号 1 ~ 6 〕(配点 20)

A 正弦波とその重ね合わせについて考える。

問1 x 軸の正の向きに正弦波が進行している。図1は,時刻 t [s] が 0 s と 0.1 s のときの,位置 x [m] と媒質の変位 y [m] の関係を表している。時刻 $t(t \geq 0)$ における $x = 0$ m での媒質の変位が

$$y = 0.1 \sin\left(2\pi \frac{t}{T} + a\right)$$

と表されるとき,T [s] と a [rad] の数値の組合せとして最も適当なものを,下の①~⑧のうちから一つ選べ。 1

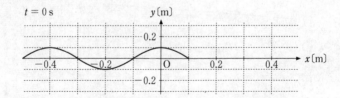

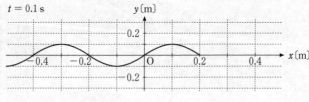

図 1

	①	②	③	④	⑤	⑥	⑦	⑧
T	0.2	0.2	0.2	0.2	0.4	0.4	0.4	0.4
a	0	$\dfrac{\pi}{2}$	π	$\dfrac{3\pi}{2}$	0	$\dfrac{\pi}{2}$	π	$\dfrac{3\pi}{2}$

問 2 次の文章中の空欄 ア ・ イ に入れる数値と語の組合せとして最も適当なものを，下の①〜⑥のうちから一つ選べ。 2

x 軸の正の向きに進行してきた波（入射波）は，$x = 1.0\,\mathrm{m}$ の位置で反射して逆向きに進み，入射波と反射波の合成波は定常波となる。図2は，ある時刻における入射波の波形を実線で，反射波の波形を破線で表している。$-0.2\,\mathrm{m} \leq x \leq 0.2\,\mathrm{m}$ における定常波の節の位置をすべて表すと，$x =$ ア m である。また，入射波は $x = 1.0\,\mathrm{m}$ の位置で イ 反射している。

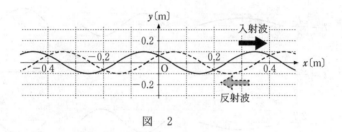

図 2

	ア	イ
①	$-0.1,\ 0.1$	固定端
②	$-0.1,\ 0.1$	自由端
③	$-0.2,\ 0,\ 0.2$	固定端
④	$-0.2,\ 0,\ 0.2$	自由端
⑤	$-0.2,\ -0.1,\ 0,\ 0.1,\ 0.2$	固定端
⑥	$-0.2,\ -0.1,\ 0,\ 0.1,\ 0.2$	自由端

問 3　両端を固定した弦の振動を考える。基本振動の周期は T であり，図 3 には時刻 $t=0$ から $t=\dfrac{4T}{8}$ までの基本振動，2倍振動，およびそれらの合成波の様子を，$\dfrac{T}{8}$ ごとに示している。時刻 $t=\dfrac{5T}{8}$ でのそれぞれの波形を表す図 4 の記号(a)〜(f)の組合せとして最も適当なものを，次ページの①〜⑧のうちから一つ選べ。ただし，図 3 と図 4 の破線と破線の間隔は，すべて等しい。　3

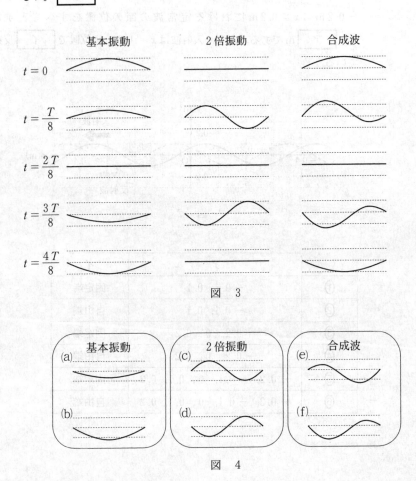

図　3

図　4

	基本振動	2倍振動	合成波
①	(a)	(c)	(e)
②	(a)	(c)	(f)
③	(a)	(d)	(e)
④	(a)	(d)	(f)
⑤	(b)	(c)	(e)
⑥	(b)	(c)	(f)
⑦	(b)	(d)	(e)
⑧	(b)	(d)	(f)

B 図5のように,真空中で2枚の平面ガラス板A,Bの向かい合う面A_1と面B_1を平行に配置した。ガラス板Aの左側からレーザー光を面A_1と面B_1に垂直に入射させた。このとき,ガラス板AとBを直接透過する光と,面B_1と面A_1で1回ずつ反射した後ガラス板Bを透過する光とが干渉する。ただし,ガラスの屈折率は1より大きいとする。また,面A_1と面B_1以外での反射は考えないものとする。

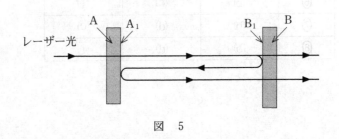

図 5

問4 次の文章中の空欄 ウ ・ エ に入れる語句の組合せとして最も適当なものを,次ページの①〜⑥のうちから一つ選べ。 4

真空中を進んできた光がガラス面で1回反射するとき,位相は ウ 。レーザー光の波長をλに固定し,図5の面A_1と面B_1の間隔をdにすると,ガラス板Bの右側で二つの透過光は干渉し強めあった。次に,干渉した光の強度を測定しながら,間隔をdから$d+\dfrac{\lambda}{2}$に徐々に変化させると,二つの透過光は エ 。

	ウ	エ
①	変化しない	一度弱めあった後強めあう
②	変化しない	しだいに弱めあう
③	変化しない	強めあったまま変化しない
④	πだけ変化(反転)する	一度弱めあった後強めあう
⑤	πだけ変化(反転)する	しだいに弱めあう
⑥	πだけ変化(反転)する	強めあったまま変化しない

問 5 次の文章中の空欄 | 5 | ・ | 6 | に入れる式および数値として最も適当なものを，下のそれぞれの解答群から一つずつ選べ。 | 5 | | 6 |

面 A_1 と面 B_1 の間隔を $d = 0.10\,\text{m}$ に固定して，振動数 f のレーザー光を入射すると，ガラス板 B の右側で二つの透過光が干渉して強めあった。このとき，真空中の光の速さ c と正の整数 m を用いて $f =$ | 5 | が成り立つ。次に，レーザー光の振動数を f から $f + \Delta f$ まで徐々に大きくしたところ，二つの透過光は一度弱めあったのち再び強めあった。このとき，$\Delta f =$ | 6 | Hz である。ただし，$c = 3.0 \times 10^8\,\text{m/s}$ とする。

| 5 | の解答群

① $m\dfrac{c}{4d}$　　　　　　　　② $\left(m + \dfrac{1}{2}\right)\dfrac{c}{4d}$

③ $m\dfrac{c}{2d}$　　　　　　　　④ $\left(m + \dfrac{1}{2}\right)\dfrac{c}{2d}$

| 6 | の解答群

① 7.5×10^7　　　　② 7.5×10^8　　　　③ 7.5×10^9

④ 1.5×10^7　　　　⑤ 1.5×10^8　　　　⑥ 1.5×10^9

第4問 （必答問題）

次の文章（**A・B**）を読み，下の問い（**問1〜5**）に答えよ。
〔解答番号　1　〜　5　〕（配点　20）

A ばね定数 k の軽いばねの一端に質量 m の小物体を取り付け，あらい水平面上に置き，ばねの他端を壁に取り付けた。図1のように x 軸をとり，ばねが自然の長さのときの小物体の位置を原点 O とする。ただし，重力加速度の大きさを g，小物体と水平面の間の静止摩擦係数を μ，動摩擦係数を μ' とする。また，小物体は x 軸方向にのみ運動するものとする。

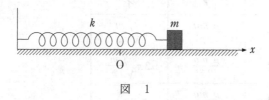

図　1

問1 小物体を位置 x で静かに放したとき，小物体が静止したままであるような，位置 x の最大値 x_M を表す式として正しいものを，次の①〜⑦のうちから一つ選べ。$x_M = $　1

① $\dfrac{\mu mg}{2k}$　　② $\dfrac{\mu mg}{k}$　　③ $\dfrac{2\mu mg}{k}$　　④ 0

⑤ $\dfrac{\mu' mg}{2k}$　　⑥ $\dfrac{\mu' mg}{k}$　　⑦ $\dfrac{2\mu' mg}{k}$

問 2 次の文章中の空欄 ア ・ イ に入れる式の組合せとして正しいも
のを，下の①〜⑧のうちから一つ選べ。 2

問1の x_M より右側で小物体を静かに放すと，小物体は動き始め，次
に速度が 0 となったのは時間 t_1 が経過したときであった。この間に，
小物体にはたらく力の水平成分 F は，小物体の位置を x とすると
$F = -k\left(x - \boxed{\text{ア}}\right)$ と表される。この力は，小物体に位置 ア を中
心とする単振動を生じさせる力と同じである。このことから，時間 t_1 は
イ とわかる。

	ア	イ
①	$\dfrac{\mu' mg}{2k}$	$\pi\sqrt{\dfrac{m}{k}}$
②	$\dfrac{\mu' mg}{2k}$	$2\pi\sqrt{\dfrac{m}{k}}$
③	$\dfrac{\mu' mg}{2k}$	$\pi\sqrt{\dfrac{k}{m}}$
④	$\dfrac{\mu' mg}{2k}$	$2\pi\sqrt{\dfrac{k}{m}}$
⑤	$\dfrac{\mu' mg}{k}$	$\pi\sqrt{\dfrac{m}{k}}$
⑥	$\dfrac{\mu' mg}{k}$	$2\pi\sqrt{\dfrac{m}{k}}$
⑦	$\dfrac{\mu' mg}{k}$	$\pi\sqrt{\dfrac{k}{m}}$
⑧	$\dfrac{\mu' mg}{k}$	$2\pi\sqrt{\dfrac{k}{m}}$

B 図2(a)のように，熱をよく伝える材料でできたシリンダーの端に断面積Sのなめらかに動くピストンがあり，ばね定数kのばねが自然の長さで接続されている。ピストンの右側は常に真空になっている。次に栓を開いて，シリンダー内部に物質量nの単原子分子理想気体を入れて再び密閉したところ，図2(b)のように，気体の圧力がp_0，体積がV_0，温度(絶対温度)が外の温度と同じT_0になった。ただし，気体定数をRとする。

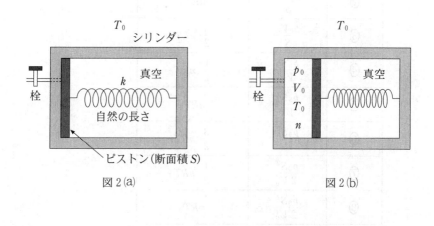

図2(a)　　　　　　図2(b)

問 3 図 2 (b)の状態で，ばね定数 k とばねに蓄えられたエネルギーを表す式の組合せとして正しいものを，次の①～⑨のうちから一つ選べ。 $\boxed{3}$

	k	ばねのエネルギー
①	$\dfrac{p_0 V_0}{S}$	$\dfrac{1}{2} nRT_0$
②	$\dfrac{p_0 V_0}{S}$	nRT_0
③	$\dfrac{p_0 V_0}{S}$	$\dfrac{3}{2} nRT_0$
④	$\dfrac{p_0 S^2}{V_0}$	$\dfrac{1}{2} nRT_0$
⑤	$\dfrac{p_0 S^2}{V_0}$	nRT_0
⑥	$\dfrac{p_0 S^2}{V_0}$	$\dfrac{3}{2} nRT_0$
⑦	$\dfrac{p_0 S^2}{2 V_0}$	$\dfrac{1}{2} nRT_0$
⑧	$\dfrac{p_0 S^2}{2 V_0}$	nRT_0
⑨	$\dfrac{p_0 S^2}{2 V_0}$	$\dfrac{3}{2} nRT_0$

問 4 次に，図3のように，外の温度を T まで上昇させると，気体の圧力は p，体積は V，温度は T になった。このとき，気体の内部エネルギーの増加分 ΔU を表す式として正しいものを，下の①～⑨のうちから一つ選べ。

$\Delta U =$ ┃ 4 ┃

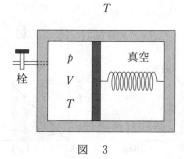

図 3

① $\dfrac{1}{2}nRT$ ② nRT ③ $\dfrac{3}{2}nRT$

④ $\dfrac{1}{2}nRT_0$ ⑤ nRT_0 ⑥ $\dfrac{3}{2}nRT_0$

⑦ $\dfrac{1}{2}nR(T-T_0)$ ⑧ $nR(T-T_0)$ ⑨ $\dfrac{3}{2}nR(T-T_0)$

問 5 問 3・問 4 において，気体の圧力と体積がそれぞれ p_0, V_0 から p, V に変化したときに，気体がした仕事を考える。その仕事の大きさは，気体の圧力と体積の関係を表すグラフにおける面積で表される。この面積を灰色部分で示したものとして最も適当なものを，次の①〜⑥のうちから一つ選べ。 5

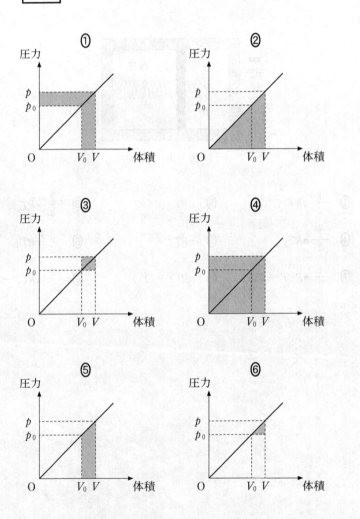

第5問・第6問は，いずれか1問を選択し，解答しなさい。

第5問 （選択問題）

太陽を周回する惑星の運動に関する次の文章を読み，下の問い（**問1～3**）に答えよ。

〔解答番号 1 ～ 3 〕（配点 15）

惑星が太陽に最も近づく点を近日点，最も遠ざかる点を遠日点と呼ぶ。図1のように，太陽からの惑星の距離と惑星の速さを，近日点で r_1, v_1, 遠日点で r_2, v_2 とする。また，太陽の質量，惑星の質量，万有引力定数をそれぞれ M, m, G とする。

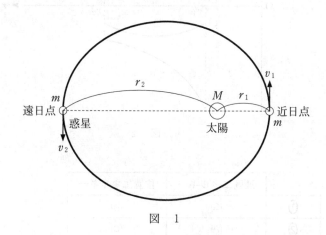

図　1

問1 惑星の運動については「惑星と太陽とを結ぶ線分が一定時間に通過する面積は一定である」というケプラーの第二法則（面積速度一定の法則）が成り立つ。これから得られる関係式として正しいものを，次の①～⑥のうちから一つ選べ。 1

① $\dfrac{r_1}{Mv_1} = \dfrac{r_2}{mv_2}$　　　　② $mr_1v_1 = Mr_2v_2$

③ $\dfrac{r_1}{mv_1} = \dfrac{r_2}{Mv_2}$　　　　④ $Mr_1v_1 = mr_2v_2$

⑤ $\dfrac{r_1}{v_1} = \dfrac{r_2}{v_2}$　　　　　　⑥ $r_1v_1 = r_2v_2$

問 2 図2の(a)~(d)の曲線のうち，太陽からの惑星の距離 r と惑星の運動エネルギーの関係を表すものはどれか。また，距離 r と万有引力による位置エネルギーの関係を表すものはどれか。その組合せとして最も適当なものを，下の①~⑥のうちから一つ選べ。ただし，万有引力による位置エネルギーは，無限遠で0とする。 | 2 |

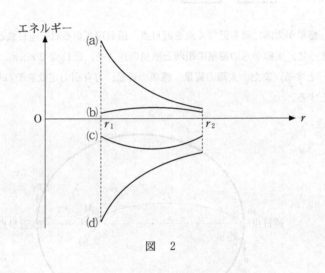

図 2

	運動エネルギー	位置エネルギー
①	(a)	(b)
②	(a)	(c)
③	(a)	(d)
④	(b)	(a)
⑤	(b)	(c)
⑥	(b)	(d)

問 3 次の文章中の空欄 ア ・ イ に入れる式と語の組合せとして最も適当なものを，次ページの①〜⑧のうちから一つ選べ。 3

惑星の軌道が円である場合と，楕円である場合の力学的エネルギーについて考える。図3の軌道Aのように，惑星が半径 r の等速円運動をすると，その速さは $v=$ ア となる。一方，軌道Bのように，近日点での太陽からの距離が r となる楕円運動の場合，惑星の力学的エネルギーは，軌道Aの場合の力学的エネルギーに比べて イ 。

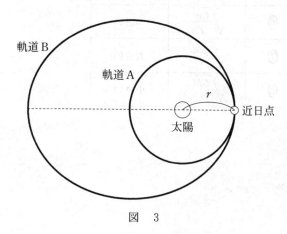

図 3

	ア	イ
①	$m\sqrt{\dfrac{G}{Mr}}$	大きい
②	$m\sqrt{\dfrac{G}{Mr}}$	小さい
③	$M\sqrt{\dfrac{G}{mr}}$	大きい
④	$M\sqrt{\dfrac{G}{mr}}$	小さい
⑤	$\sqrt{\dfrac{Gm}{r}}$	大きい
⑥	$\sqrt{\dfrac{Gm}{r}}$	小さい
⑦	$\sqrt{\dfrac{GM}{r}}$	大きい
⑧	$\sqrt{\dfrac{GM}{r}}$	小さい

2018年度　本試験　物理　31

第5問・第6問は，いずれか1問を選択し，解答しなさい。

第6問　（選択問題）

原子核と素粒子に関する次の問い（問1～3）に答えよ。

〔解答番号　1　～　3　〕（配点　15）

問1　宇宙を構成している原子核と素粒子に関する記述として最も適当なものを，次の①～⑤のうちから一つ選べ。　1

①　原子核の内部では，正の電荷をもった陽子と負の電荷をもった中性子がクーロン力によって結びついている。

②　ばらばらの状態にある陽子6個と中性子6個の質量の和は，$^{12}_{6}$Cの原子核の質量よりも大きい。

③　陽子の内部ではクォークが2個結びついており，クォークの内部では電子とニュートリノが1個ずつ結びついている。

④　素粒子であるクォークは電荷をもたず，電気的に中性である。

⑤　自然界に存在する基本的な力は，重力，弱い力，強い力の3種類であると考えられている。

— 421 —

32

問 2 次の文中の空欄 ア ・ イ に入れる数値の組合せとして正しいもの
を，下の①～⑨のうちから一つ選べ。 2

$^{238}_{92}$U は， ア 回の α 崩壊と イ 回の β 崩壊(β⁻ 崩壊ともいう)に
よって，安定な $^{206}_{82}$Pb に変化する。

	ア	イ
①	32	26
②	32	10
③	32	6
④	16	26
⑤	16	10
⑥	16	6
⑦	8	26
⑧	8	10
⑨	8	6

― 422 ―

2018年度　本試験　物理　33

問 3　次の文章中の空欄　ウ　・　エ　に入れる記号と数値の組合せとして最も適当なものを，下の①～⑨のうちから一つ選べ。　3

　　放射能をもつ原子核が崩壊する確率は，その原子核の数や生成されてからの時間には関係がないので，原子核の数が減少する様子は，さいころを使った次の簡単な模擬実験で再現できる。

　　さいころを 1000 個用意し，それぞれを原子核とみなす。すべてのさいころを同時にふって，1 の目が出たさいころを崩壊した原子核と考えて取り除き，残ったさいころの個数を記録する。以後，残ったさいころをふって 1 の目が出たさいころを取り除く操作を 1 分ごとに繰り返す。さいころの個数と時間の関係をグラフに表すと，図 1 の　ウ　が得られた。

　　この実験結果は，実際の原子核の崩壊の様子をよく表している。はじめに放射能をもつ原子核が 1000 個あったとき，それが 500 個に減少するのにかかる時間を T とすると，はじめから $2T$ の時間が経過した時の原子核数は約　エ　個となることがわかる。

	ウ	エ
①	(a)	250
②	(a)	50
③	(a)	0
④	(b)	250
⑤	(b)	50
⑥	(b)	0
⑦	(c)	250
⑧	(c)	50
⑨	(c)	0

— 423 —

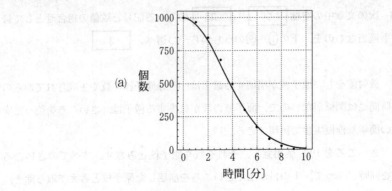

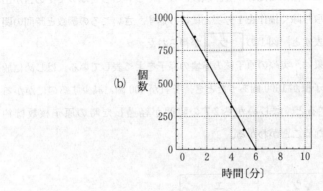

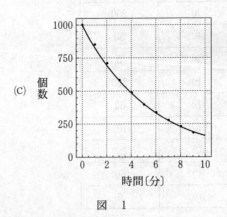

図 1

物　理

（2017年 1 月実施）

60分　100点

2017
本試験

物　理

問　題	選　択　方　法
第1問	必　　　答
第2問	必　　　答
第3問	必　　　答
第4問	必　　　答
第5問	いずれか1問を選択し，解答しなさい。
第6問	

2017年度　本試験　物理　3

（注）この科目には，選択問題があります。（2ページ参照。）

第1問　（必答問題）

次の問い（問1～5）に答えよ。

〔解答番号 　1　～　5　〕（配点　25）

問1　x軸上を正の向きに速さ3.0 m/sで進む質量4.0 kgの小球Aと，負の向き
に速さ1.0 m/sで進む質量2.0 kgの小球Bが衝突した。その後，小球Aは速
さ1.0 m/sでx軸上を正の向きに進んだ。小球Bの衝突後の速さとして最も
適当な数値を，次の①～⑧のうちから一つ選べ。　1　m/s

① 0.98　　　② 2.0　　　③ 3.0　　　④ 3.9

⑤ 4.0　　　⑥ 4.1　　　⑦ 5.0　　　⑧ 7.0

— 427 —

問 2 図1のように,質量 M のおもりが軽い糸で点 P からつり下げられた,細くて軽い棒 AB が静止している。棒の一端 A は水平な床と鉛直な壁の隅にあり,他端 B は壁につけられた長さ ℓ のひもで引っ張られている。ひもは水平で,床からの高さは h である。棒とひもは同一鉛直面内にあるものとする。距離 AP が距離 BP の 2 倍のとき,ひもの張力の大きさ T を表す式として正しいものを,下の ①〜⑥ のうちから一つ選べ。ただし,重力加速度の大きさを g とする。$T = \boxed{2}$

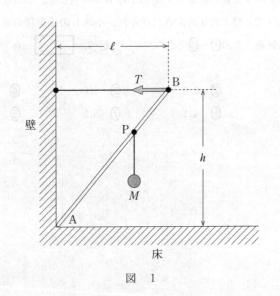

図 1

① $\dfrac{2}{3} Mg$ ② $\dfrac{2\,\ell}{3\,h} Mg$ ③ $\dfrac{2\,h}{3\,\ell} Mg$

④ $\dfrac{3}{2} Mg$ ⑤ $\dfrac{3\,h}{2\,\ell} Mg$ ⑥ $\dfrac{3\,\ell}{2\,h} Mg$

問 3 絶対値が等しく符号が逆の電気量をもった二つの点電荷がある。点電荷のまわりの電気力線の様子を表す図として最も適当なものを，次の①〜⑥のうちから一つ選べ。ただし，電気力線の向きを表す矢印は省略してある。 | 3 |

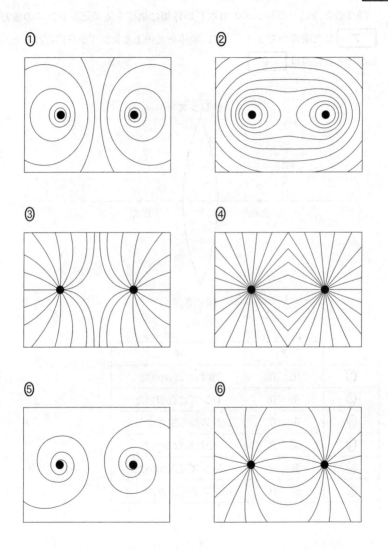

問 4 次の文章中の空欄 ア ・ イ に入れる語句の組合せとして最も適当なものを，下の①〜⑥のうちから一つ選べ。 4

図2のように，凸レンズの焦点Fの外側に物体を置くと，レンズの後方に ア した実像ができた。次に，物体を光軸上でレンズから遠ざけると，実像ができる位置は イ 。

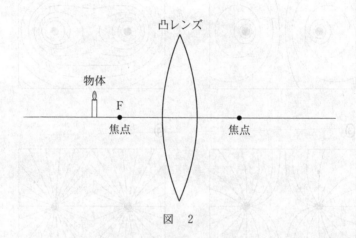

図 2

	ア	イ
①	正立	変わらなかった
②	正立	レンズに近づいた
③	正立	レンズから遠ざかった
④	倒立	変わらなかった
⑤	倒立	レンズに近づいた
⑥	倒立	レンズから遠ざかった

問 5 次の文章中の空欄 ウ ・ エ に入れる語句の組合せとして最も適当
なものを，下の①～⑥のうちから一つ選べ。 5

　　風の吹いていない冬の夜間に，上空に比べて地表付近の気温が低くなるとき
がある。このとき，上空と地表付近での音速は ウ 。このような状況で
は，気温差がない場合に比べて，地表で発せられた音が遠くの地表面上に
エ 。

	ウ	エ
①	地表付近の方が速い	届きやすくなる
②	地表付近の方が速い	届きにくくなる
③	等しい	届きやすくなる
④	等しい	届きにくくなる
⑤	地表付近の方が遅い	届きやすくなる
⑥	地表付近の方が遅い	届きにくくなる

第2問 (必答問題)

次の文章(**A**・**B**)を読み,下の問い(**問1~4**)に答えよ。
〔解答番号 [1] ~ [5] 〕(配点 20)

A 図1(a)のように,極板間の距離が $3d$ の平行板コンデンサーに電圧 V_0 を加えた。次に,帯電していない厚さ d の金属板を,図1(b)のように極板間の中央に,極板と平行となるように挿入した。極板と金属板の面は同じ大きさ同じ形である。また,図1(a)および(b)のように,左の極板からの距離を x とする。図中には,両極板の中心を結ぶ線分を破線で,$x = d$ および $x = 2d$ の位置を点線で示した。

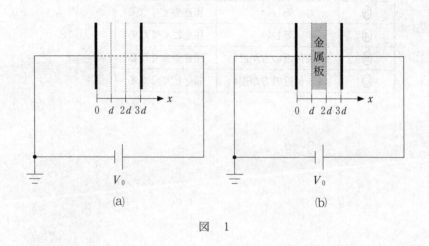

図 1

問1 図1(a)および(b)において,十分長い時間が経過した後の,両極板の中心を結ぶ線分上の電位 V と x の関係を表す最も適当なグラフを,次の①~⑥のうちから一つずつ選べ。ただし,同じものを繰り返し選んでもよい。

図1(a): [1]

図1(b): [2]

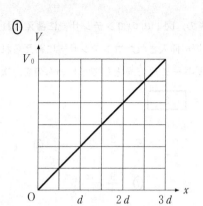

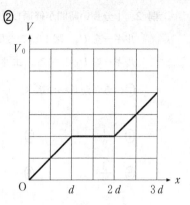

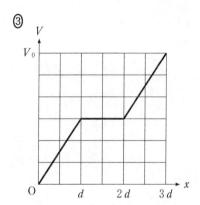

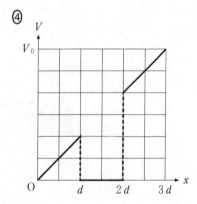

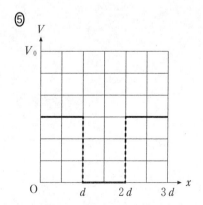

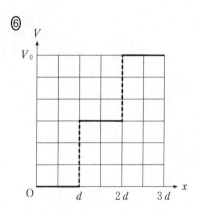

問2 十分長い時間が経過した後の，図1(a)のコンデンサーに蓄えられたエネルギーを U_a，図1(b)の金属板が挿入されたコンデンサーに蓄えられたエネルギーを U_b とする。エネルギーの比 $\dfrac{U_b}{U_a}$ として正しいものを，次の①〜⑦のうちから一つ選べ。$\dfrac{U_b}{U_a} = \boxed{3}$

① $\dfrac{4}{9}$　　　② $\dfrac{1}{2}$　　　③ $\dfrac{2}{3}$　　　④ 1

⑤ $\dfrac{3}{2}$　　　⑥ 2　　　⑦ $\dfrac{9}{4}$

B　図2のように，抵抗の無視できる断面積 S の N 回巻きコイルを，ダイオード，抵抗器およびスイッチからなる回路につなぎ，時間 t とともに変化する一様な磁束密度 B の磁場(磁界)の中に置いた。コイルの中心軸は磁場の方向に平行であり，B は図の矢印の向きを正とする。ただし，コイルの自己誘導の影響はないものとする。図中のダイオードは，左から右にのみ電流を流す。

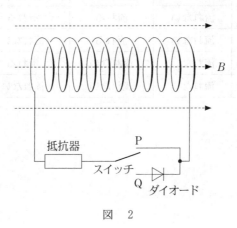

図　2

問3　スイッチをP側に入れて，磁束密度 B を図3のように変化させた。三つの時間範囲($0 < t < T$，$T < t < 2T$，$2T < t < 3T$)における，抵抗器を流れる電流に関する記述の組合せとして最も適当なものを，下の①〜⑧のうちから一つ選べ。　4

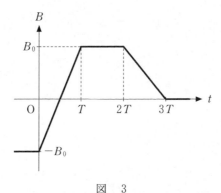

図　3

	$0 < t < T$	$T < t < 2T$	$2T < t < 3T$
①	流れる	流れる	流れる
②	流れる	流れる	流れない
③	流れる	流れない	流れる
④	流れる	流れない	流れない
⑤	流れない	流れる	流れる
⑥	流れない	流れる	流れない
⑦	流れない	流れない	流れる
⑧	流れない	流れない	流れない

2017年度　本試験　物理　13

問 4　次に，スイッチをQ側に入れて，磁束密度Bを図3のように変化させた。抵抗器に電流が流れるとき，コイル両端の電圧の大きさを表す式として最も適当なものを，次の①～⑥のうちから一つ選べ。　5

①　$B_0 SN$

②　$\dfrac{B_0 SN}{T}$

③　$B_0 SNT$

④　$2 B_0 SN$

⑤　$\dfrac{2 B_0 SN}{T}$

⑥　$2 B_0 SNT$

第3問 （必答問題）

次の文章（**A**・**B**）を読み，下の問い（**問**1～5）に答えよ。
〔解答番号　1　～　5　〕（配点　20）

A 図1のように，空気中で平面ガラス板Aの一端を平面ガラス板Bの上に置き，Oで接触させた。Oから距離Lの位置に厚さaの薄いフィルムをはさんで，ガラス板の間にくさび形のすきまを作り，ガラス板の真上から波長λの単色光を入射させた。ただし，空気に対するガラスの屈折率は1.5である。屈折率の小さい媒質を進んできた光が，屈折率の大きい媒質との境界面で反射するときは，位相が反転（πだけ変化）する。

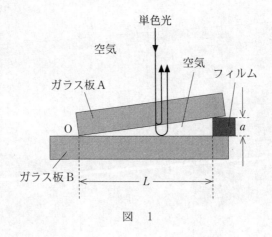

図　1

問 1 ガラス板の真上から観察したとき，ガラス板 A の下面で反射する光と，ガラス板 B の上面で反射する光とが干渉し，明線と暗線が並ぶ縞模様が見えた。隣り合う明線の間隔 d として正しいものを，次の①〜⑥のうちから一つ選べ。$d = \boxed{\ 1\ }$

① $\dfrac{L\lambda}{4a}$　　　　② $\dfrac{L\lambda}{2a}$　　　　③ $\dfrac{3L\lambda}{4a}$

④ $\dfrac{L\lambda}{a}$　　　　⑤ $\dfrac{3L\lambda}{2a}$　　　　⑥ $\dfrac{2L\lambda}{a}$

問2 次の文章中の空欄 ア ・ イ に入れる語と式の組合せとして最も適当なものを，下の①～⑥のうちから一つ選べ。 2

ガラス板の真下から透過光を観測した。図2のように，反射せずに透過する光と，2回反射したのち透過する光とが干渉し，真上から見たとき明線のあった位置には ア が見えた。このとき，隣り合う明線の間隔は d であった。

次に，空気に対する屈折率 $n(1 < n < 1.5)$ の液体ですきまを満たしたところ，真下から見た隣り合う明線の間隔は イ であった。

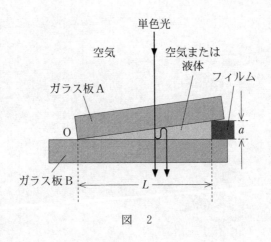

図 2

2017年度　本試験　物理　17

	ア	イ
①	明　線	d
②	明　線	nd
③	明　線	$\dfrac{d}{n}$
④	暗　線	d
⑤	暗　線	nd
⑥	暗　線	$\dfrac{d}{n}$

B 物質量 n の単原子分子の理想気体の状態を，図3のように変化させる。過程 A→B は定積変化，過程 B→C は等温変化，過程 C→A は定圧変化である。状態 A の温度を T_0，気体定数を R とする。

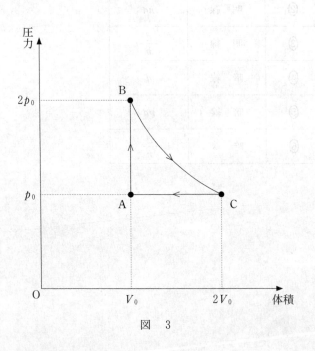

図 3

問3 状態 A における気体の内部エネルギーは nRT_0 の何倍か。正しいものを，次の①〜⑧のうちから一つ選べ。| 3 |倍

① $\dfrac{1}{2}$ ② 1   ③ $\dfrac{3}{2}$ ④ 2

⑤ $\dfrac{5}{2}$ ⑥ 3   ⑦ $\dfrac{7}{2}$ ⑧ 4

2017年度　本試験　物理　19

問 4　状態 B の温度は T_0 の何倍か。正しいものを，次の①〜⑧のうちから一つ選べ。　4　倍

① $\dfrac{1}{2}$　　　　② 1　　　　③ $\dfrac{3}{2}$　　　　④ 2

⑤ $\dfrac{5}{2}$　　　　⑥ 3　　　　⑦ $\dfrac{7}{2}$　　　　⑧ 4

問 5　過程 C → A において気体が放出する熱量は nRT_0 の何倍か。正しいものを，次の①〜⑨のうちから一つ選べ。　5　倍

① 0　　　　　　② $\dfrac{1}{2}$　　　　　③ 1

④ $\dfrac{3}{2}$　　　　⑤ 2　　　　　　⑥ $\dfrac{5}{2}$

⑦ 3　　　　　　⑧ $\dfrac{7}{2}$　　　　⑨ 4

－443－

第 4 問 （必答問題）

次の文章（**A**・**B**）を読み，下の問い（**問1～5**）に答えよ。
〔解答番号 1 ～ 5 〕（配点 20）

A 図1のように，十分大きくなめらかな円錐面が，中心軸を鉛直に，頂点Oを下にして置かれている。大きさの無視できる質量 m の小物体が円錐面上を運動する。頂点Oにおいて円錐面と中心軸のなす角度を θ とし，重力加速度の大きさを g とする。

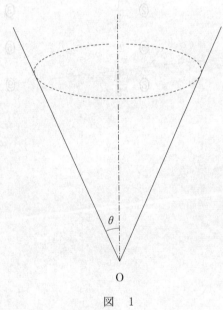

図 1

問1 図2のように，頂点Oから距離 ℓ の位置に小物体を置き，静かに放した。小物体が頂点Oに到達するまでの時間を表す式として正しいものを，下の①～⑧のうちから一つ選べ。 1

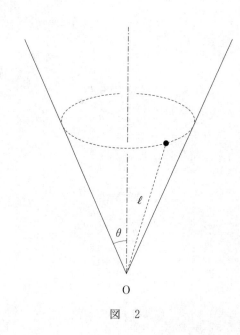

図 2

① $\dfrac{\ell}{g}$　　② $\dfrac{\ell}{g}\tan\theta$　　③ $\dfrac{\ell}{g\cos\theta}$　　④ $\dfrac{\ell}{g\sin\theta}$

⑤ $\sqrt{\dfrac{2\ell}{g}}$　　⑥ $\sqrt{\dfrac{2\ell}{g}\tan\theta}$　　⑦ $\sqrt{\dfrac{2\ell}{g\cos\theta}}$　　⑧ $\sqrt{\dfrac{2\ell}{g\sin\theta}}$

問 2 次に,図 3 のように,大きさ v_0 の初速度を水平方向に与えると,小物体は等速円運動をした。その半径 a を表す式として正しいものを,下の①～⑧のうちから一つ選べ。$a =$ 2

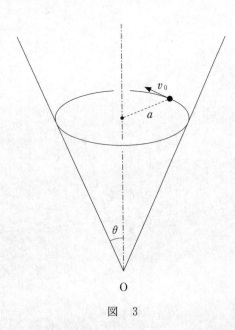

図 3

① $\dfrac{g\sin\theta}{v_0^2}$ ② $\dfrac{g\cos\theta}{v_0^2}$ ③ $\dfrac{g}{v_0^2\tan\theta}$ ④ $\dfrac{g\sin\theta\cos\theta}{v_0^2}$

⑤ $\dfrac{v_0^2}{g\sin\theta}$ ⑥ $\dfrac{v_0^2}{g\cos\theta}$ ⑦ $\dfrac{v_0^2\tan\theta}{g}$ ⑧ $\dfrac{v_0^2}{g\sin\theta\cos\theta}$

問 3 次に,図 4 のように,頂点 O から距離 ℓ_1 の点 A で,大きさ v_1 の初速度を与えたところ,小物体は円錐面に沿って運動し,頂点 O から距離 ℓ_2 の点 B を通過した。点 B における小物体の速さを表す式として正しいものを,下の ①〜⑨ のうちから一つ選べ。 3

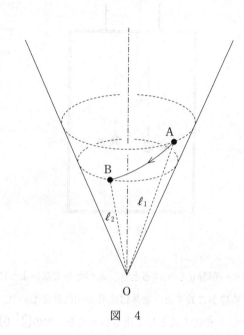

図 4

① $\sqrt{2g(\ell_1 - \ell_2)}$
② $\sqrt{v_1^2 + 2g(\ell_1 - \ell_2)}$
③ $\sqrt{2g(\ell_1 - \ell_2)\cos\theta}$
④ $\sqrt{v_1^2 + 2g(\ell_1 - \ell_2)\cos\theta}$
⑤ $\sqrt{2g(\ell_1 - \ell_2)\sin\theta}$
⑥ $\sqrt{v_1^2 + 2g(\ell_1 - \ell_2)\sin\theta}$
⑦ v_1
⑧ $v_1 \cos\theta$
⑨ $v_1 \sin\theta$

B 図5のように，エレベーターの天井に固定された，なめらかに回る軽い滑車に軽い糸をかけ，糸の両端に質量 M と質量 $m(M > m)$ の物体を取り付けた。重力加速度の大きさを g とする。

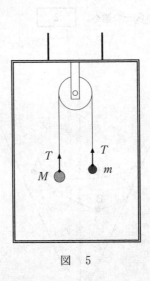

図 5

問 4 エレベーターが静止しているとき，糸がたるまないように二つの物体を支えた状態から静かに放すと，物体は鉛直方向に動き始めた。このとき，糸の張力の大きさ T を表す式として正しいものを，次の①〜⑦のうちから一つ選べ。$T =$ | 4 |

① $(M + m)g$ 　　② $\dfrac{1}{2}(M + m)g$

③ $(M - m)g$ 　　④ $\dfrac{1}{2}(M - m)g$

⑤ $\dfrac{4Mm}{M + m}g$ 　　⑥ $\dfrac{2Mm}{M + m}g$

⑦ 0

問 5 図6のように，質量 m の物体の代わりに床に固定したばね定数 k の軽いばねを取り付けた。鉛直上向きに大きさ a の加速度で等加速度運動しているエレベーターの中で，質量 M の物体がエレベーターに対して静止していた。このとき，ばねの自然の長さからの伸び x を表す式として正しいものを，下の①～⑥のうちから一つ選べ。$x =$ 5

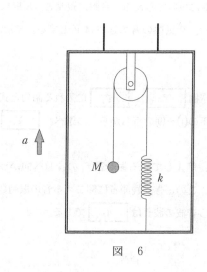

図 6

① $\dfrac{Mg}{k}$ ② $\dfrac{M(g+a)}{k}$ ③ $\dfrac{M(g-a)}{k}$

④ $\dfrac{2Mg}{k}$ ⑤ $\dfrac{2M(g+a)}{k}$ ⑥ $\dfrac{2M(g-a)}{k}$

第5問・第6問は，いずれか1問を選択し，解答しなさい。

第5問 （選択問題）

音波に関する次の文章を読み，下の問い（問1～3）に答えよ。

〔解答番号 $\boxed{1}$ ～ $\boxed{3}$ 〕（配点 15）

音のドップラー効果について考える。音源，観測者，反射板はすべて一直線上に位置しているものとし，空気中の音の速さを V とする。また，風は吹いていないものとする。

問1 次の文章中の空欄 $\boxed{ア}$・$\boxed{イ}$ に入れる語句と式の組合せとして最も適当なものを，下の①～⑨のうちから一つ選べ。$\boxed{1}$

図1のように，静止している振動数 f_1 の音源へ向かって，観測者が速さ v で移動している。このとき，観測者に聞こえる音の振動数は $\boxed{ア}$，音源から観測者へ向かう音波の波長は $\boxed{イ}$ である。

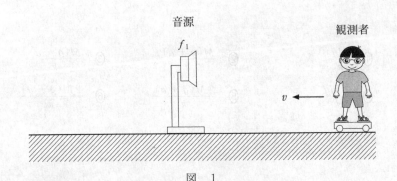

図 1

2017年度　本試験　物理　27

	ア	イ
①	f_1 よりも小さく	$\dfrac{V - v}{f_1}$
②	f_1 よりも小さく	$\dfrac{V}{f_1}$
③	f_1 よりも小さく	$\dfrac{V^2}{(V + v)f_1}$
④	f_1 と等しく	$\dfrac{V - v}{f_1}$
⑤	f_1 と等しく	$\dfrac{V}{f_1}$
⑥	f_1 と等しく	$\dfrac{V^2}{(V + v)f_1}$
⑦	f_1 よりも大きく	$\dfrac{V - v}{f_1}$
⑧	f_1 よりも大きく	$\dfrac{V}{f_1}$
⑨	f_1 よりも大きく	$\dfrac{V^2}{(V + v)f_1}$

問 2 図2のように,静止している観測者へ向かって,振動数 f_2 の音源が速さ v で移動している。音源から観測者へ向かう音波の波長 λ を表す式として正しいものを,下の①~⑤のうちから一つ選べ。$\lambda =$ 　2　

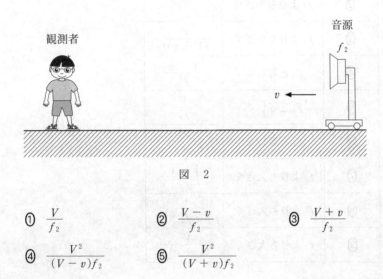

図 2

① $\dfrac{V}{f_2}$ 　　② $\dfrac{V-v}{f_2}$ 　　③ $\dfrac{V+v}{f_2}$

④ $\dfrac{V^2}{(V-v)f_2}$ 　　⑤ $\dfrac{V^2}{(V+v)f_2}$

問 3 図 3 のように，静止している振動数 f_1 の音源へ向かって，反射板を速さ v で動かした。音源の背後で静止している観測者は，反射板で反射した音を聞いた。その音の振動数は f_3 であった。反射板の速さ v を表す式として正しいものを，下の①〜⑧のうちから一つ選べ。$v = \boxed{3}$

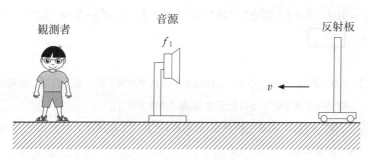

図 3

① $\dfrac{f_3 - f_1}{f_3 + f_1} V$ 　　　② $\dfrac{f_3 + f_1}{f_3 - f_1} V$

③ $\dfrac{f_3 - f_1}{f_1} V$ 　　　④ $\dfrac{f_3 - f_1}{f_3} V$

⑤ $\sqrt{\dfrac{f_3 - f_1}{f_1}} V$ 　　　⑥ $\sqrt{\dfrac{f_3 - f_1}{f_3}} V$

⑦ $\dfrac{\sqrt{f_3} - \sqrt{f_1}}{\sqrt{f_1}} V$ 　　　⑧ $\dfrac{\sqrt{f_3} - \sqrt{f_1}}{\sqrt{f_3}} V$

30

第5問・第6問は，いずれか1問を選択し，解答しなさい。

第6問 （選択問題）

放射線と原子核反応に関する次の問い（**問1～3**）に答えよ。

〔解答番号 | 1 | ～ | 3 | 〕（配点 15）

問1 放射線に関する記述として最も適当なものを，次の①～⑤のうちから一つ選べ。 | 1 |

① α線，β線，γ線のうち，α線のみが物質中の原子から電子をはじき飛ばして原子をイオンにするはたらき（電離作用）をもつ。

② α線，β線，γ線を一様な磁場（磁界）に対して垂直に入射すると，β線のみが直進する。

③ β崩壊の前後で，原子核の原子番号は変化しない。

④ 自然界に存在する原子核はすべて安定であり，放射線を放出しない。

⑤ シーベルト（記号 Sv）は，人体への放射線の影響を評価するための単位である。

2017年度　本試験　物理　31

問 2　原子核がもつエネルギーは，ばらばらの状態にある核子がもつエネルギーの和よりも小さい。このエネルギー差 ΔE を結合エネルギーという。原子番号 Z，質量数 A の原子核の場合，原子核の質量を M，陽子と中性子の質量をそれぞれ m_p, m_n とするとき，ΔE を表す式として正しいものを，次の①〜⑧のうちから一つ選べ。ただし，真空中の光の速さを c とする。$\Delta E =$　　2

① $\{A(m_p + m_n) - AM\}c^2$

② $\{Zm_p + (A - Z)m_n - AM\}c^2$

③ $\{A(m_p + m_n) - M\}c^2$

④ $\{Zm_p + (A - Z)m_n - M\}c^2$

⑤ $\{(A - Z)m_p + Zm_n - AM\}c^2$

⑥ $\{Zm_p + Am_n - AM\}c^2$

⑦ $\{(A - Z)m_p + Zm_n - M\}c^2$

⑧ $\{Zm_p + Am_n - M\}c^2$

問 3 次の文章中の空欄 ア ・ イ に入れる式と語の組合せとして最も適当なものを，下の①～⑧のうちから一つ選べ。 3

太陽の中心部では，$_1^1\text{H}$ が次々に核融合して，最終的に $_2^4\text{He}$ が生成されている。その最終段階の反応の一つは，次の式で表すことができる。

$$_2^3\text{He} + {}_2^3\text{He} \longrightarrow {}_2^4\text{He} + \boxed{\text{ア}}$$

この反応ではエネルギーが イ される。ただし，$_1^2\text{H}$，$_2^3\text{He}$，$_2^4\text{He}$ の結合エネルギーは，それぞれ 2.2 MeV，7.7 MeV，28.3 MeV であるとする。

	ア	イ
①	$_1^1\text{H}$	放 出
②	$_1^1\text{H}$	吸 収
③	$2\,_1^1\text{H}$	放 出
④	$2\,_1^1\text{H}$	吸 収
⑤	$_1^2\text{H}$	放 出
⑥	$_1^2\text{H}$	吸 収
⑦	$2\,_1^2\text{H}$	放 出
⑧	$2\,_1^2\text{H}$	吸 収

物　理

（2016年1月実施）

60分　100点

2016
本試験

物　理

問　題	選　択　方　法
第1問	必　　答
第2問	必　　答
第3問	必　　答
第4問	必　　答
第5問	いずれか1問を選択し，
第6問	解答しなさい。

(注) この科目には，選択問題があります。（2ページ参照。）

第1問　（必答問題）

次の問い（問1～5）に答えよ。
〔解答番号　1　～　5　〕（配点　20）

問1　図1のように，水平な地面上の点Oから，小球1と小球2を斜め方向に同じ速さで打ち上げた。打ち上げる方向が水平面となす角度は，小球1の方が大きかった。小球1と小球2が，打ち上げられてから地面に落下するまでに要した時間をそれぞれ T_1，T_2 とする。T_1 と T_2 の大小関係について述べた文として最も適当なものを，下の①～⑤のうちから一つ選べ。ただし，空気抵抗は無視できるものとする。　1

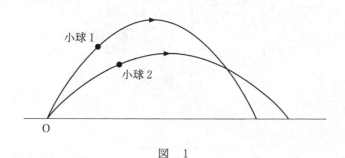

図　1

① $T_1 > T_2$ である。
② $T_1 < T_2$ である。
③ $T_1 = T_2$ である。
④ T_1 と T_2 の大小関係は，質量の大小関係による。
⑤ T_1 と T_2 に定まった大小関係はない。

問2 次の文章中の空欄 ア ～ ウ に入れる語句の組合せとして最も適当なものを，下の①～⑨のうちから一つ選べ。 2

図2(a)のように，帯電していない不導体(絶縁体)に，正に帯電した棒を近づけると，誘電分極のため不導体と棒の間に ア がはたらく。

図2(b)のように，帯電していない導体A，Bを接触させ，正に帯電した棒を近づけると，静電誘導のため導体Bと棒の間には イ がはたらく。次に，図2(c)のように棒を近づけたまま，導体A，Bを周囲との電荷の出入りが無いようにして離した後，棒を取り除き，図2(d)のように導体A，Bも互いに十分遠ざける。このとき導体Aは ウ 。

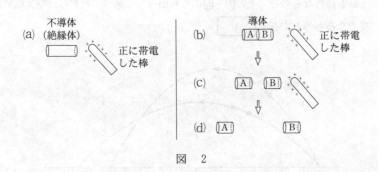

図 2

	ア	イ	ウ
①	引力	引力	正に帯電している
②	引力	引力	負に帯電している
③	引力	斥力	正に帯電している
④	引力	斥力	帯電していない
⑤	斥力	引力	正に帯電している
⑥	斥力	引力	負に帯電している
⑦	斥力	引力	帯電していない
⑧	斥力	斥力	正に帯電している
⑨	斥力	斥力	負に帯電している

問 3 x 軸の正の向きに速さ 2 m/s で進む正弦波がある。図3は $x=0$ における，変位 y [m]と時刻 t [s]の関係を表している。位置 x [m]における，時刻 t [s]での変位 y [m]を表す式として最も適当なものを，下の①～⑧のうちから一つ選べ。$y=$ 3

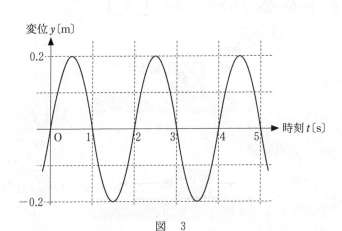

図 3

① $0.2\sin\{\pi(t+2x)\}$　　② $0.2\sin\{\pi(t-2x)\}$

③ $0.2\sin\left\{\pi\left(t+\dfrac{x}{2}\right)\right\}$　　④ $0.2\sin\left\{\pi\left(t-\dfrac{x}{2}\right)\right\}$

⑤ $0.2\sin\{2\pi(t+2x)\}$　　⑥ $0.2\sin\{2\pi(t-2x)\}$

⑦ $0.2\sin\left\{2\pi\left(t+\dfrac{x}{2}\right)\right\}$　　⑧ $0.2\sin\left\{2\pi\left(t-\dfrac{x}{2}\right)\right\}$

問 4 図 4 (a)のように，なめらかで水平な床の上で，質量 M の物体 A と質量 m の物体 B が一体となって静止している。物体 A から物体 B を打ち出したところ，図 4 (b)のように，物体 B は速さ v で水平方向に動き出した。動き出した直後の，物体 A に対する物体 B の相対速度の大きさを表す式として正しいものを，下の①～⑧のうちから一つ選べ。　4

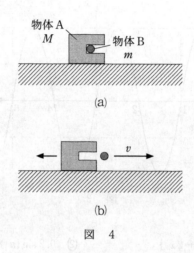

図 4

① $\dfrac{M-m}{m}v$　② $\dfrac{M-m}{M}v$　③ $\dfrac{M+m}{m}v$　④ $\dfrac{M+m}{M}v$

⑤ $\dfrac{m}{M-m}v$　⑥ $\dfrac{M}{M-m}v$　⑦ $\dfrac{m}{M+m}v$　⑧ $\dfrac{M}{M+m}v$

問 5 次の文章中の空欄 **エ** ・ **オ** に入れる式と語の組合せとして正しい
ものを，下の①～⑧のうちから一つ選べ。 5

熱容量の無視できる断熱容器に温度 T_1，熱容量 C_1 の水が入っている。この
水に温度 $T_2(T_2 > T_1)$，熱容量 C_2 の金属球を入れ，しばらくすると金属球と
水は等しい温度 **エ** になった。この変化は **オ** である。ただし，水の
蒸発は無視できるものとする。

	エ	オ
①	$\dfrac{C_1 T_1 + C_2 T_2}{C_1 + C_2}$	可逆変化
②	$\dfrac{C_2 T_1 + C_1 T_2}{C_1 + C_2}$	可逆変化
③	$\dfrac{C_1 T_1 - C_2 T_2}{C_1 + C_2}$	可逆変化
④	$\dfrac{C_2 T_1 - C_1 T_2}{C_1 + C_2}$	可逆変化
⑤	$\dfrac{C_1 T_1 + C_2 T_2}{C_1 + C_2}$	不可逆変化
⑥	$\dfrac{C_2 T_1 + C_1 T_2}{C_1 + C_2}$	不可逆変化
⑦	$\dfrac{C_1 T_1 - C_2 T_2}{C_1 + C_2}$	不可逆変化
⑧	$\dfrac{C_2 T_1 - C_1 T_2}{C_1 + C_2}$	不可逆変化

第2問 (必答問題)

次の文章(**A**・**B**)を読み，下の問い(**問1～4**)に答えよ。
〔解答番号　1　～　5　〕(配点　25)

A コンデンサーについて考える。

問1　図1のように，電気容量がそれぞれ$4\mu F$，$3\mu F$，$1\mu F$のコンデンサーC_1，C_2，C_3をつなぎ，端子a，bに$10V$の直流電源をつないだ。このとき，コンデンサーC_1，C_2，C_3にそれぞれ蓄えられる電気量Q_1，Q_2，Q_3の間の関係を表す式，および電気量Q_1の値の組合せとして最も適当なものを，下の①～⑨のうちから一つ選べ。ただし，電源を接続する前に各コンデンサーに電荷は蓄えられていなかった。　1

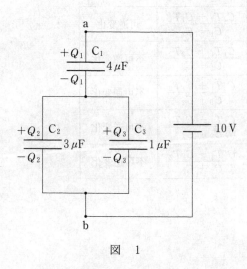

図　1

	電気量の関係	Q_1〔C〕
①	$Q_1 = Q_2 + Q_3$	2×10^{-5}
②	$Q_1 = Q_2 + Q_3$	5×10^{-5}
③	$Q_1 = Q_2 + Q_3$	8×10^{-5}
④	$Q_2 = Q_3 + Q_1$	2×10^{-5}
⑤	$Q_2 = Q_3 + Q_1$	5×10^{-5}
⑥	$Q_2 = Q_3 + Q_1$	8×10^{-5}
⑦	$Q_3 = Q_1 + Q_2$	2×10^{-5}
⑧	$Q_3 = Q_1 + Q_2$	5×10^{-5}
⑨	$Q_3 = Q_1 + Q_2$	8×10^{-5}

問 2 図2(a)に示す極板間隔 d の平行板コンデンサーに,電圧 V_0 をかけたときの静電エネルギーを U_0 とする。このコンデンサーに図2(b)のように比誘電率 ε_r の誘電体を極板間にすきまなく挿入し,電圧 V_0 をかけた。このとき,極板間の電場の大きさ E と蓄えられた静電エネルギー U を表す式の組合せとして正しいものを,下の①〜⑥のうちから一つ選べ。 | 2 |

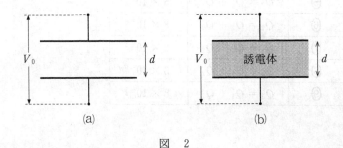

図 2

	①	②	③	④	⑤	⑥
E	$\dfrac{V_0}{d}$	$\dfrac{V_0}{d}$	$\dfrac{V_0}{d}$	$\dfrac{V_0}{\varepsilon_r d}$	$\dfrac{V_0}{\varepsilon_r d}$	$\dfrac{V_0}{\varepsilon_r d}$
U	U_0	$\varepsilon_r U_0$	$\varepsilon_r^2 U_0$	U_0	$\varepsilon_r U_0$	$\varepsilon_r^2 U_0$

B 一様な電場,または一様な磁場の中で,正に帯電した粒子が平面内を運動した。図3に示すように,平面内の直線ℓ上に距離Lだけ離れた2点P, Qがあり,粒子は,点Pを直線ℓと45°をなす方向に速さvで通過した後,点Qを直線ℓと45°をなす方向に同じ速さvで通過した。

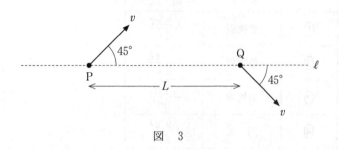

図 3

問3 このとき,電場や磁場の向きとして最も適当なものを,次の①〜⑥のうちから一つずつ選べ。ただし,同じものを繰り返し選んでもよい。

電場の場合： 3

磁場の場合： 4

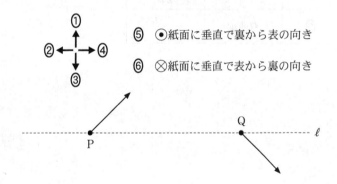

問 4 磁場の場合に，点 P から点 Q までの粒子の軌跡と，その間を運動するのに要した時間を表す式の組合せとして最も適当なものを，次の①～⑨のうちから一つ選べ。 | 5 |

	軌　跡	時　間
①	放物線	$\dfrac{\sqrt{2}\,\pi L}{4v}$
②	放物線	$\dfrac{\sqrt{2}\,\pi L}{2v}$
③	放物線	$\dfrac{\sqrt{2}\,L}{v}$
④	円　弧	$\dfrac{\sqrt{2}\,\pi L}{4v}$
⑤	円　弧	$\dfrac{\sqrt{2}\,\pi L}{2v}$
⑥	円　弧	$\dfrac{\sqrt{2}\,L}{v}$
⑦	双曲線	$\dfrac{\sqrt{2}\,\pi L}{4v}$
⑧	双曲線	$\dfrac{\sqrt{2}\,\pi L}{2v}$
⑨	双曲線	$\dfrac{\sqrt{2}\,L}{v}$

第3問 (必答問題)

次の文章(**A**・**B**)を読み,下の問い(**問1～4**)に答えよ。
〔解答番号　1　～　4　〕(配点　20)

A　図1のように,発振器につながれた二つのスピーカーAおよびBを,十分離して向かい合わせに置き,振動数f_0の音を発生させた。音速をVとし,風は吹いていないものとする。

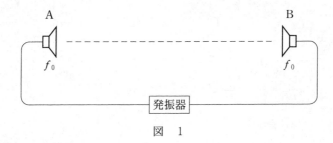

図　1

問 1 スピーカー A，B の間で，図 1 の破線に沿って音の干渉を観測したところ，音が最も強めあう点が等間隔 L で存在した。L を表す式として正しいものを，次の①〜⑤のうちから一つ選べ。$L = \boxed{1}$

① $\dfrac{V}{3f_0}$ ② $\dfrac{V}{2f_0}$ ③ $\dfrac{V}{f_0}$

④ $\dfrac{2V}{f_0}$ ⑤ $\dfrac{3V}{f_0}$

問 2　次の文章中の空欄　ア　・　イ　に入れる式の組合せとして正しいものを，下の①～⑧のうちから一つ選べ。　2

　図2のように，観測者がスピーカーBからAに向かって破線上を一定の速さ$v(v < V)$で動いたところ，観測者がAとBから受ける音の振動数がそれぞれf_0から変化し，観測者にはうなりが聞こえた。このとき，観測者がAから受けた音の振動数は　ア　である。また，単位時間あたりのうなりの回数は　イ　である。このうなりは，音が強めあう場所と弱めあう場所を，交互に観測者が通過することにより聞こえると考えることもできる。

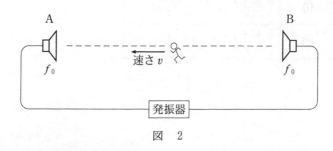

図　2

	ア	イ
①	$\dfrac{V}{V-v}f_0$	$\dfrac{2v}{V-v}f_0$
②	$\dfrac{V}{V-v}f_0$	$\dfrac{v}{V-v}f_0$
③	$\dfrac{V}{V+v}f_0$	$\dfrac{2v}{V+v}f_0$
④	$\dfrac{V}{V+v}f_0$	$\dfrac{v}{V+v}f_0$
⑤	$\dfrac{V-v}{V}f_0$	$\dfrac{2v}{V}f_0$
⑥	$\dfrac{V-v}{V}f_0$	$\dfrac{v}{V}f_0$
⑦	$\dfrac{V+v}{V}f_0$	$\dfrac{2v}{V}f_0$
⑧	$\dfrac{V+v}{V}f_0$	$\dfrac{v}{V}f_0$

B 図3のように,振動数 f の単色光が,空気中から一様な厚さ d の薄膜に垂直に入射している。境界面Aで反射した光と,境界面Bで反射した光は,空気中で干渉する。空気の絶対屈折率を1,薄膜の絶対屈折率を n とする。光の位相は,境界面Aで反射するときには π だけ変化するが,境界面Bで反射するときには変化しない。

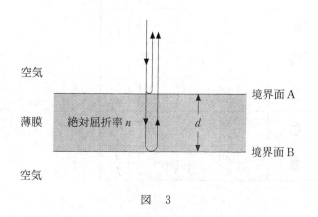

図 3

問3 次の文章中の空欄 ウ ・ エ に入れる式の組合せとして正しいものを,下の①〜⑧のうちから一つ選べ。 3

境界面Aから薄膜に入り境界面Bで反射した光は,再び境界面Aに到達する。この光が薄膜内を往復するのに要する時間 t は,真空中における光の速さを c として, ウ と表される。また,境界面Aと境界面Bで反射した二つの光が強めあう条件は,m を正の整数として,$t =$ エ と表される。

	ウ	エ
①	$\dfrac{2\,d}{nc}$	$\dfrac{m}{f}$
②	$\dfrac{2\,d}{nc}$	$\left(m-\dfrac{1}{2}\right)\dfrac{1}{f}$
③	$\dfrac{2\,d}{nc}$	$\dfrac{mn}{f}$
④	$\dfrac{2\,d}{nc}$	$\left(m-\dfrac{1}{2}\right)\dfrac{n}{f}$
⑤	$\dfrac{2\,nd}{c}$	$\dfrac{m}{f}$
⑥	$\dfrac{2\,nd}{c}$	$\left(m-\dfrac{1}{2}\right)\dfrac{1}{f}$
⑦	$\dfrac{2\,nd}{c}$	$\dfrac{mn}{f}$
⑧	$\dfrac{2\,nd}{c}$	$\left(m-\dfrac{1}{2}\right)\dfrac{n}{f}$

2016年度　本試験　物理　19

問 4　次の文章中の空欄 | **オ** | ～ | **キ** | に入れる語の組合せとして最も適当なものを，下の①～⑥のうちから一つ選べ。| 4 |

厚さを調節できる薄膜に対して垂直に単色光を入射させた。薄膜が光の波長より十分に薄いとき，単色光の色によらず二つの反射光は | **オ** | あった。その状態から薄膜を徐々に厚くしていくと，二つの反射光は一度 | **カ** | あった後，厚さ d_1 のとき再び | **オ** | あった。単色光が赤色，緑色，青色の場合で比較すると，d_1 が最も小さいのは | **キ** | 色の場合であった。

	オ	カ	キ
①	弱 め	強 め	赤
②	弱 め	強 め	緑
③	弱 め	強 め	青
④	強 め	弱 め	赤
⑤	強 め	弱 め	緑
⑥	強 め	弱 め	青

第４問　(必答問題)

次の文章(**A**・**B**)を読み，下の問い(**問**1～4)に答えよ。
〔解答番号　1　～　4　〕(配点　20)

A　図1のように，鉛直な壁面，半径 R の円筒面，水平な天井面がなめらかにつながっている。質量 m の小物体を点Oから速さ v_0 で鉛直上方に打ち出したところ，小物体は距離 h だけ壁面に沿って運動した後，円筒面に沿って運動し，点Aを通過した。ただし，すべての面はなめらかであるものとする。また，重力加速度の大きさを g とする。

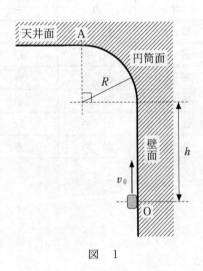

図　1

問 1　小物体が点Aを通過するときの速さ v_A を表す式として正しいものを，次の①～⑥のうちから一つ選べ。$v_A =$　1

① $\sqrt{v_0^2 - gh}$　　　　　　② $\sqrt{v_0^2 - 2gh}$
③ $\sqrt{v_0^2 - gR}$　　　　　　④ $\sqrt{v_0^2 - 2gR}$
⑤ $\sqrt{v_0^2 - g(R+h)}$　　　　⑥ $\sqrt{v_0^2 - 2g(R+h)}$

問 2 小物体が点 A を通過するための，v_A の最小値を表す式として正しいもの
を，次の①〜⑦のうちから一つ選べ。 2

① $\sqrt{gh}$　　　② $\sqrt{gR}$　　　③ $\sqrt{g(R+h)}$

④ $\sqrt{2gh}$　　　⑤ $\sqrt{2gR}$　　　⑥ $\sqrt{2g(R+h)}$

⑦ 0

B 図2のように,質量 m の小物体をのせた質量 M の台を,なめらかで水平な床の上で等速直線運動させる。台が運動する直線上には,一端が壁に固定されたばね定数 k の軽いばねがあり,台が衝突すると縮んで,台を減速させるようになっている。台の上面は水平であり,台と小物体の間の静止摩擦係数を μ,重力加速度の大きさを g とする。

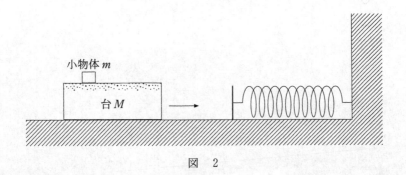

図 2

問 3 台を速さ v でばねに衝突させた。小物体は台の上で滑ることなく,ばねが自然の長さから d_1 だけ縮んだところで,台の速度が 0 になった。d_1 を表す式として正しいものを,次の①〜⑥のうちから一つ選べ。$d_1 = \boxed{3}$

① $\dfrac{M}{k}v$ ② $\dfrac{M+m}{k}v$ ③ $\dfrac{M-m}{k}v$

④ $\sqrt{\dfrac{M}{k}}\,v$ ⑤ $\sqrt{\dfrac{M+m}{k}}\,v$ ⑥ $\sqrt{\dfrac{M-m}{k}}\,v$

問 4 次の文章中の空欄 ア ・ イ に入れる式の組合せとして正しいものを，下の①〜⑨のうちから一つ選べ。 4

十分に大きい速さ V で台をばねに衝突させると，ばねの縮み d が d_2 を超えたところで小物体が台の上で滑りはじめた。$d < d_2$ では，台の加速度の大きさは ア と書ける。d_2 は，小物体にはたらく最大摩擦力と慣性力がつりあう条件から，$d_2 =$ イ と求められる。

	ア	イ
①	$\dfrac{kd}{m}$	$\dfrac{m}{k}\mu g$
②	$\dfrac{kd}{m}$	$\dfrac{M}{k}\mu g$
③	$\dfrac{kd}{m}$	$\dfrac{M+m}{k}\mu g$
④	$\dfrac{kd}{M}$	$\dfrac{m}{k}\mu g$
⑤	$\dfrac{kd}{M}$	$\dfrac{M}{k}\mu g$
⑥	$\dfrac{kd}{M}$	$\dfrac{M+m}{k}\mu g$
⑦	$\dfrac{kd}{M+m}$	$\dfrac{m}{k}\mu g$
⑧	$\dfrac{kd}{M+m}$	$\dfrac{M}{k}\mu g$
⑨	$\dfrac{kd}{M+m}$	$\dfrac{M+m}{k}\mu g$

第5問・第6問は，いずれか1問を選択し，解答しなさい。

第5問　(選択問題)

次の文章を読み，下の問い(問1～3)に答えよ。

〔解答番号　1　～　3　〕(配点　15)

図1のように，熱をよく通す二つの容器A, Bが，コックのついた容積の無視できる細い管でつなげられ，大気中におかれている。容器A, Bの容積はそれぞれ V_A, V_B である。コックが閉じた状態で，同じ分子からなる理想気体を，容器A, Bにそれぞれ物質量 n_A, n_B だけ閉じ込める。大気の温度は常に一定であるものとする。

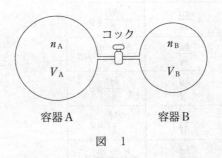

図　1

問1　容器A, B内の気体の圧力をそれぞれ p_A, p_B としたとき，圧力の比 $\dfrac{p_A}{p_B}$ を表す式として正しいものを，次の①～⑥のうちから一つ選べ。$\dfrac{p_A}{p_B}=$ 　1　

① $\dfrac{n_A}{n_B}$　　　② $\dfrac{n_A V_A}{n_B V_B}$　　　③ $\dfrac{n_A V_B}{n_B V_A}$

④ $\dfrac{n_B}{n_A}$　　　⑤ $\dfrac{n_B V_B}{n_A V_A}$　　　⑥ $\dfrac{n_B V_A}{n_A V_B}$

問 2 次に，コックを開ける。十分に時間がたったとき，容器内の気体の圧力 p を表す式として正しいものを，次の①〜⑤のうちから一つ選べ。$p = \boxed{2}$

① $\dfrac{p_A V_A}{V_B} + \dfrac{p_B V_B}{V_A}$

② $\dfrac{p_A V_B}{V_A} + \dfrac{p_B V_A}{V_B}$

③ $\dfrac{p_A V_A + p_B V_B}{V_A + V_B}$

④ $\dfrac{p_A V_B + p_B V_A}{V_A + V_B}$

⑤ $p_A + p_B$

問 3 コックを開ける前の気体の内部エネルギーの和 U_0 と，コックを開けて十分に時間がたった後の内部エネルギー U_1 の差 $U_0 - U_1$ を表す式として正しいものを，次の①〜⑤のうちから一つ選べ。$U_0 - U_1 = \boxed{3}$

① $p\,(V_A + V_B)$

② $p_A V_A + p_B V_B$

③ $p_A V_A + p_B V_B - \dfrac{1}{2}\,p\,(V_A + V_B)$

④ $\dfrac{1}{2}\,p\,(V_A + V_B) - p_A V_A - p_B V_B$

⑤ 0

26

第5問・第6問は，いずれか1問を選択し，解答しなさい。

第6問 （選択問題）

光電効果に関する次の問い（問1～3）に答えよ。

〔解答番号 | 1 | ～ | 3 | 〕（配点　15）

問1　次の文章中の空欄 | ア | ～ | ウ | に入れる語および式の組合せとして最も適当なものを，下の①～⑧のうちから一つ選べ。| 1 |

光電効果は，金属などに光を当てると瞬時に電子がその表面から飛び出してくる現象であり，光の | ア | によって説明される。金属に振動数 ν の光を当てたとき，金属内の電子が1個の光子を吸収すると，電子は $E =$ | イ | のエネルギーを得る。金属の仕事関数が W であるとき，金属から飛び出した直後の電子の運動エネルギーの最大値は | ウ | である。ただし，プランク定数を h とする。

	ア	イ	ウ
①	波動性	$h\nu$	$E + W$
②	波動性	$h\nu$	$E - W$
③	波動性	$\dfrac{h}{\nu}$	$E + W$
④	波動性	$\dfrac{h}{\nu}$	$E - W$
⑤	粒子性	$h\nu$	$E + W$
⑥	粒子性	$h\nu$	$E - W$
⑦	粒子性	$\dfrac{h}{\nu}$	$E + W$
⑧	粒子性	$\dfrac{h}{\nu}$	$E - W$

— 482 —

問 2 図1のような装置で光電効果を調べる。電極 b は接地されており，直流電源の電圧を変えることにより電極 a の電位 V を変えることができる。単色光を光電管に当て，V と光電流 I の関係を調べたところ，図2のグラフが得られた。このとき，光電効果によって電極 b から飛び出した直後の電子の速さの最大値を表す式として最も適当なものを，下の①〜⑧のうちから一つ選べ。ただし，電気素量を e，電子の質量を m とし，電極 a での光電効果は無視できるものとする。　2

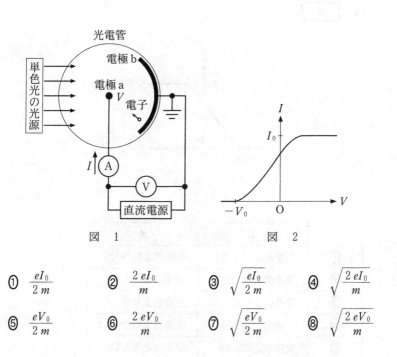

図 1　　　　　　　　図 2

① $\dfrac{eI_0}{2m}$　　② $\dfrac{2eI_0}{m}$　　③ $\sqrt{\dfrac{eI_0}{2m}}$　　④ $\sqrt{\dfrac{2eI_0}{m}}$

⑤ $\dfrac{eV_0}{2m}$　　⑥ $\dfrac{2eV_0}{m}$　　⑦ $\sqrt{\dfrac{eV_0}{2m}}$　　⑧ $\sqrt{\dfrac{2eV_0}{m}}$

問 3 次の文章中の空欄 エ ・ オ に入れる語句の組合せとして最も適当なものを，下の①〜⑨のうちから一つ選べ。 3

前ページの図1の装置の光源を，単色光を発する別の光源に交換し，VとIの関係を調べたところ，図3の**破線**の結果が得られた。図3の**実線**は交換前のVとIの関係を示している。このグラフから次のことがわかる。交換後の光の振動数は， エ 。また，単位時間あたりに電極bに入射する光子の数は， オ 。

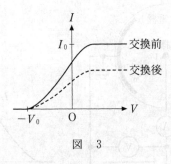

図 3

	エ	オ
①	交換前より小さい	交換前より少ない
②	交換前より小さい	交換前と等しい
③	交換前より小さい	交換前より多い
④	交換前と等しい	交換前より少ない
⑤	交換前と等しい	交換前と等しい
⑥	交換前と等しい	交換前より多い
⑦	交換前より大きい	交換前より少ない
⑧	交換前より大きい	交換前と等しい
⑨	交換前より大きい	交換前より多い

物　理

（2015年 1 月実施）

60分　100点

物　理

問　題	選　択　方　法
第1問	必　　　答
第2問	必　　　答
第3問	必　　　答
第4問	必　　　答
第5問	いずれか1問を選択し，
第6問	解答しなさい。

（注）この科目には，選択問題があります。（2ページ参照。）

第1問 （必答問題）

次の問い（問1～5）に答えよ。

〔解答番号　1　～　5　〕（配点　20）

問1　波の回折による現象を記述している文はどれか。最も適当なものを，次の①～⑦のうちから一つ選べ。　1

① 入浴中，水面に静かに波を起こすと，風呂の底が揺らいで見える。

② 笛を吹くと特定の振動数の音が出る。

③ 夜になり，地表付近の気温が上空よりも下がると，遠くの音が聞こえやすくなる。

④ 波は岸壁に当たるときに高く跳ね上がる。

⑤ コンクリートの塀の向こう側の見えない場所で発生した音でも，塀を越えて聞こえてくる。

⑥ よく晴れているとき，昼間の空は青く，夕日は赤い。

⑦ 救急車がサイレンを鳴らしながら通り過ぎるとき，その音の高さが変化するように聞こえる。

問 2 図1のように，正方形の各頂点に四つの点電荷を固定した。それぞれの電気量は q, Q, Q', Q である。ただし，$Q > 0$, $q > 0$ である。電気量 q の点電荷にはたらく静電気力がつり合うとき，Q' を表す式として正しいものを，下の①～⑧のうちから一つ選べ。$Q' = \boxed{2}$

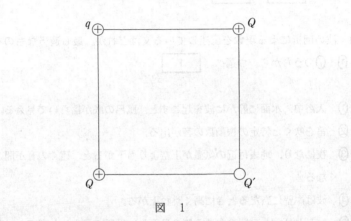

図 1

① Q ② $\sqrt{2}\,Q$ ③ $2Q$ ④ $2\sqrt{2}\,Q$
⑤ $-Q$ ⑥ $-\sqrt{2}\,Q$ ⑦ $-2Q$ ⑧ $-2\sqrt{2}\,Q$

問3 次の文章中の空欄 ア ・ イ に入れる式の組合せとして正しいものを，下の①〜⑧のうちから一つ選べ。 3

図2のように，質量 m の物体があらい水平な台の上に置かれている。台を水平方向に振幅 A，角振動数 ω で単振動させるとき，台に乗った観測者からみて，物体にはたらく慣性力の大きさの最大値 F_1 は ア である。角振動数 ω を0からゆっくり増大させると，F_1 の値が イ を超えたときに，物体は滑り始める。ただし，物体と台の間の静止摩擦係数を μ，動摩擦係数を μ'，重力加速度の大きさを g とし，物体の底面は常に台に接しているものとする。

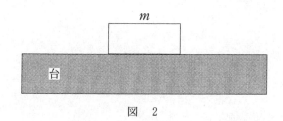

図 2

	ア	イ
①	$A\omega$	μmg
②	$A\omega$	$\mu' mg$
③	$A\omega^2$	μmg
④	$A\omega^2$	$\mu' mg$
⑤	$mA\omega$	μmg
⑥	$mA\omega$	$\mu' mg$
⑦	$mA\omega^2$	μmg
⑧	$mA\omega^2$	$\mu' mg$

6

問 4 体積 $2.5 \times 10^{-2}\,\mathrm{m^3}$，温度 $27\,℃$ の理想気体 $2.0\,\mathrm{mol}$ の圧力の値として最も適当なものを，次の①〜⑧のうちから一つ選べ。ただし，気体定数を $8.3\,\mathrm{J/(mol \cdot K)}$ とする。　　**4**　Pa

① 5.0×10^{-6}　② 2.0×10^{-5}　③ 1.4×10^{2}　④ 5.6×10^{2}

⑤ 1.8×10^{4}　⑥ 5.6×10^{4}　⑦ 1.4×10^{5}　⑧ 2.0×10^{5}

問 5 図3のように,質量 m の一様な細い棒の一端を鉛直な壁にちょうつがいでとめ,他端と壁の一点を軽い糸で結んだ。糸と棒は壁に垂直な鉛直面内にあり,壁と糸,棒と糸のなす角度は,それぞれ 30°,90° であった。糸の張力の大きさ T を表す式として正しいものを,下の ①〜⑥ のうちから一つ選べ。ただし,ちょうつがいはなめらかに回転し,その大きさと質量は無視できるものとする。また,重力加速度の大きさを g とする。$T =$ | 5 |

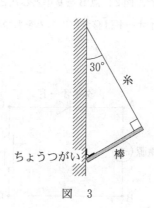

図 3

① $\dfrac{1}{4} mg$ ② $\dfrac{\sqrt{3}}{4} mg$ ③ $\dfrac{1}{2} mg$

④ $\dfrac{\sqrt{3}}{2} mg$ ⑤ $\dfrac{3}{4} mg$ ⑥ mg

第2問 （必答問題）

次の文章（**A・B**）を読み，下の問い（**問1〜4**）に答えよ。
〔解答番号　1　〜　4　〕（配点　20）

A　図1のように，電圧の最大値が V_0，周期が T の交流電源にダイオードと抵抗を接続した回路を作った。図2は点Bを基準としたときの点Aの電位の時間変化である。ただし，ダイオードは整流作用のみをもつ理想化した素子として考える。

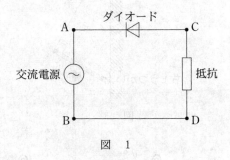

図　1

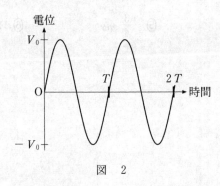

図　2

問 1　点 D を基準としたときの点 C の電位の時間変化を表す図として最も適当なものを，次の①〜⑥のうちから一つ選べ。　1

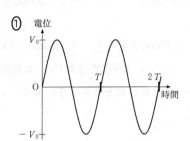
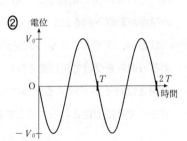
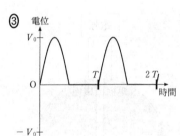
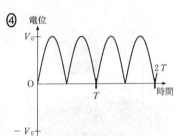
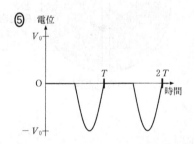
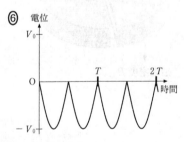

問 2　抵抗での消費電力の時間平均として正しいものを，次の①〜⑤のうちから一つ選べ。ただし，抵抗の抵抗値を R とする。　2

① $\dfrac{1}{16}\dfrac{V_0^2}{R}$　② $\dfrac{1}{8}\dfrac{V_0^2}{R}$　③ $\dfrac{1}{4}\dfrac{V_0^2}{R}$　④ $\dfrac{1}{2}\dfrac{V_0^2}{R}$　⑤ $\dfrac{V_0^2}{R}$

B 図3のように,真空中で荷電粒子(イオン)を加速する円型の装置を考える。この装置には,内部が中空で半円型の二つの電極が水平に向かい合わせて設置され,それらの間に電圧をかけることができる。全体に一様で一定な磁束密度 B の磁場が鉛直下向きにかかっている。

質量 m,正電荷 q をもつ粒子が,点Pから入射され,中空電極内では磁場による力のみを受けて円運動を行い,半周ごとに電極間を通過する。電極間の電場の向きは粒子が半周するたびに反転して,電極間を通過する粒子は,大きさ V の電圧で常に加速されるものとする。

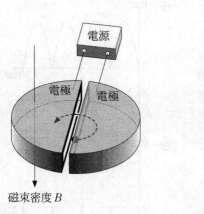 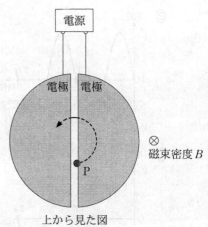

図 3

2015年度　本試験　物理　11

問 3　運動エネルギー E_0 をもつ粒子が電極内に入射し，電極間を n 回通過した。粒子のもつ運動エネルギーを表す式として正しいものを，次の①〜⑥のうちから一つ選べ。　3

① $nqV + E_0$ 　　② $\dfrac{nV}{q} + E_0$ 　　③ $nqV^2 + E_0$

④ $\dfrac{nV^2}{q} + E_0$ 　　⑤ $\dfrac{1}{2}nqV^2 + E_0$ 　　⑥ $\dfrac{1}{2}\dfrac{nV^2}{q} + E_0$

問 4　粒子が電極間を n 回通過した後の運動エネルギーを E_n とする。そのときの速さ v と円運動の半径 r を表す式の組合せとして正しいものを，次の①〜⑥のうちから一つ選べ。　4

	速さ v	円運動の半径 r
①	$\sqrt{\dfrac{2E_n}{m}}$	$\dfrac{mv}{qB}$
②	$\sqrt{\dfrac{2E_n}{m}}$	$\dfrac{mB}{qv}$
③	$\sqrt{\dfrac{2E_n}{m}}$	$\dfrac{qvB}{m}$
④	$\dfrac{E_n}{m}$	$\dfrac{mv}{qB}$
⑤	$\dfrac{E_n}{m}$	$\dfrac{mB}{qv}$
⑥	$\dfrac{E_n}{m}$	$\dfrac{qvB}{m}$

第3問 (必答問題)

次の文章(**A**・**B**)を読み，下の問い(**問1～4**)に答えよ。
〔解答番号　1　～　4　〕(配点　20)

A 媒質1から入射した平面波が境界面で屈折し，媒質2を伝播している。ある時刻における波の様子を図1に示す。図中の破線は平面波の山の位置を表しており，媒質1，2において破線が境界面となす角度をそれぞれ θ_1, θ_2，境界面上での山の間隔を d とする。また，媒質1，2での波の速さをそれぞれ v_1, v_2，波長をそれぞれ λ_1, λ_2 とする。

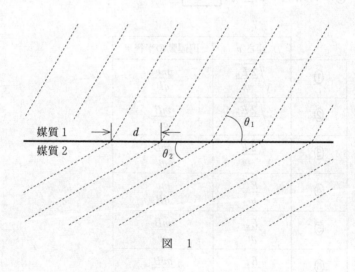

図　1

問 1 境界面上の一点において，単位時間あたりに，媒質 1 から到達する波の山の数と媒質 2 へと出ていく波の山の数とは等しい。このことから成立する関係として正しいものを，次の①～⑥のうちから一つ選べ。　1

① $v_1\lambda_1 \sin\theta_1 = v_2\lambda_2 \sin\theta_2$　　② $v_1\lambda_1 \cos\theta_1 = v_2\lambda_2 \cos\theta_2$

③ $\dfrac{v_1 \sin\theta_1}{\lambda_1} = \dfrac{v_2 \sin\theta_2}{\lambda_2}$　　④ $\dfrac{v_1 \cos\theta_1}{\lambda_1} = \dfrac{v_2 \cos\theta_2}{\lambda_2}$

⑤ $v_1\lambda_1 = v_2\lambda_2$　　⑥ $\dfrac{v_1}{\lambda_1} = \dfrac{v_2}{\lambda_2}$

問 2 境界面上での山の間隔 d が媒質 1 と 2 において共通であることから成立する関係として正しいものを，次の①～⑦のうちから一つ選べ。　2

① $\lambda_1 \sin\theta_1 = \lambda_2 \sin\theta_2$　　② $\dfrac{\lambda_1}{\sin\theta_1} = \dfrac{\lambda_2}{\sin\theta_2}$

③ $\lambda_1 \cos\theta_1 = \lambda_2 \cos\theta_2$　　④ $\dfrac{\lambda_1}{\cos\theta_1} = \dfrac{\lambda_2}{\cos\theta_2}$

⑤ $\lambda_1 \tan\theta_1 = \lambda_2 \tan\theta_2$　　⑥ $\dfrac{\lambda_1}{\tan\theta_1} = \dfrac{\lambda_2}{\tan\theta_2}$

⑦ $\lambda_1 = \lambda_2$

B 水面波の干渉について考える。図2のように，水路に仕切り板をおき，水路に沿った方向に小さく振動させたところ，仕切り板の両側において周期 T で互いに逆位相の水面波が発生した。二つの水面波は，水路を伝わった後，出口Aと出口Bから広がって水路の外で干渉した。水面波の速さは，水路の中と外で等しく，v であるとする。また，水路の幅の影響は無視してよい。

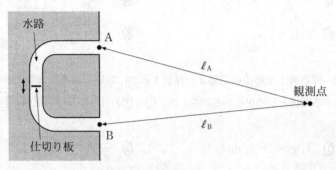

図 2

問 3 はじめ，仕切り板の振動の中心は，出口Aまでの経路の長さと出口Bまでの経路の長さが等しくなる位置にあった。出口Aおよび出口Bから観測点までの距離をそれぞれ ℓ_A，ℓ_B とするとき，干渉によって水面波が強めあう条件を表す式として正しいものを，次の①～⑧のうちから一つ選べ。ただし，$m = 0, 1, 2, \cdots$ である。　　3

① $\ell_A + \ell_B = mvT$　　　　② $\ell_A + \ell_B = \left(m + \dfrac{1}{2}\right)vT$

③ $\ell_A + \ell_B = \dfrac{mvT}{2}$　　　　④ $\ell_A + \ell_B = \left(\dfrac{m}{2} + \dfrac{1}{4}\right)vT$

⑤ $|\ell_A - \ell_B| = mvT$　　　　⑥ $|\ell_A - \ell_B| = \left(m + \dfrac{1}{2}\right)vT$

⑦ $|\ell_A - \ell_B| = \dfrac{mvT}{2}$　　　　⑧ $|\ell_A - \ell_B| = \left(\dfrac{m}{2} + \dfrac{1}{4}\right)vT$

問 4 次に，仕切り板の振動の中心位置を水路に沿って d だけずらしたところ，**問 3** の状況において二つの水面波が強めあっていた場所が，弱めあう場所となった。d の最小値として正しいものを，次の①〜⑤のうちから一つ選べ。 $\boxed{4}$

① $\dfrac{vT}{8}$　　② $\dfrac{vT}{4}$　　③ $\dfrac{vT}{2}$　　④ vT　　⑤ $2vT$

第４問 （必答問題）

次の文章（**A**・**B**）を読み，下の問い（**問 1 ～ 5**）に答えよ。
〔解答番号　1　～　5　〕（配点　25）

A　図１のように，質量 m の小球を点Ｏから水平に速さ v_0 で投げたところ，小球は鉛直な壁面上の点Ｐではね返って，水平な床の上の点Ｑに落ちた。点Ｏの床からの高さを h，壁からの距離を L，小球と壁の間の反発係数（はねかえり係数）を e（$0 < e < 1$），重力加速度の大きさを g とする。ただし，小球は壁に垂直な鉛直面内で運動するものとする。また，壁はなめらかであるものとする。

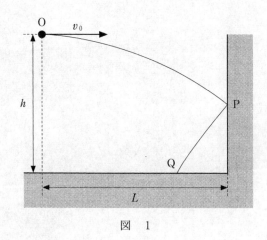

図　１

問 1　小球を投げてから点Ｐに当たるまでの時間 t_1 を表す式として正しいものを，次の①～⑥のうちから一つ選べ。$t_1 =$　1

① $\dfrac{L}{2v_0}$　　　　② $\dfrac{L}{v_0}$　　　　③ $\dfrac{2L}{v_0}$

④ $\sqrt{\dfrac{L}{2v_0}}$　　　　⑤ $\sqrt{\dfrac{L}{v_0}}$　　　　⑥ $\sqrt{\dfrac{2L}{v_0}}$

問 2 小球を投げてから点 Q に落ちるまでの時間 t_2 を表す式として正しいものを，次の①～⑥のうちから一つ選べ。$t_2 =$ ⟨2⟩

① $\dfrac{L}{v_0}$　　　　② $\dfrac{2L}{v_0}$　　　　③ $\dfrac{(1+e)L}{v_0}$

④ $\sqrt{\dfrac{h}{g}}$　　　　⑤ $\sqrt{\dfrac{2h}{g}}$　　　　⑥ $\sqrt{\dfrac{(1+e)h}{g}}$

問 3 点 O から投げた直後の小球の力学的エネルギー E_0 と，点 Q に落ちる直前の力学的エネルギー E_1 の差 $E_0 - E_1$ を表す式として正しいものを，次の①～⑦のうちから一つ選べ。$E_0 - E_1 =$ ⟨3⟩

① mgh　　　　② $(1-e^2)mgh$　　　　③ $(1-e)^2 mgh$

④ $\dfrac{1}{2}mv_0{}^2$　　　　⑤ $\dfrac{1}{2}(1-e^2)mv_0{}^2$　　　　⑥ $\dfrac{1}{2}(1-e)^2 mv_0{}^2$

⑦ 0

B 自然の長さ ℓ,ばね定数 k の二つの軽いばねを,質量 m の小球の上下に取り付けた。下側のばねの端を床に取り付け,上側のばねの端を手で引き上げた。重力加速度の大きさを g とする。

問 4 図2のように,ばねの長さの合計を 2ℓ にして小球を静止させた。小球の床からの高さ h を表す式として正しいものを,下の①〜⑤のうちから一つ選べ。ただし,二つのばねと小球は同一鉛直線上にあるものとする。

$h = \boxed{4}$

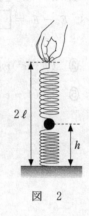

図 2

① $\ell - \dfrac{mg}{2k}$ ② $\ell - \dfrac{mg}{k}$ ③ $\ell - \dfrac{3mg}{2k}$

④ $\ell - \dfrac{2mg}{k}$ ⑤ $\ell - \dfrac{5mg}{2k}$

問 5 次に，図3のように，床から測った小球の高さが ℓ になるまで，ばねの上端をゆっくり引き上げた。このときのばねの長さの合計 y と，高さ h から ℓ まで小球を引き上げる間に手がした仕事 W を表す式の組合せとして正しいものを，下の ①〜⑥ のうちから一つ選べ。　5

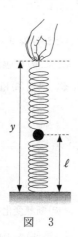

図　3

	y	W
①	$\dfrac{mg}{2k} + 2\ell$	$mg(\ell - h) + \dfrac{k}{2}(y - \ell)^2 - k(2\ell - h)^2$
②	$\dfrac{mg}{2k} + 2\ell$	$mg(\ell - h) + k(y - 2\ell)^2 - k(\ell - h)^2$
③	$\dfrac{mg}{2k} + 2\ell$	$mg(\ell - h) + \dfrac{k}{2}(y - 2\ell)^2 - k(\ell - h)^2$
④	$\dfrac{mg}{k} + 2\ell$	$mg(\ell - h) + \dfrac{k}{2}(y - \ell)^2 - k(2\ell - h)^2$
⑤	$\dfrac{mg}{k} + 2\ell$	$mg(\ell - h) + k(y - 2\ell)^2 - k(\ell - h)^2$
⑥	$\dfrac{mg}{k} + 2\ell$	$mg(\ell - h) + \dfrac{k}{2}(y - 2\ell)^2 - k(\ell - h)^2$

第5問・第6問は，いずれか1問を選択し，解答しなさい。

第5問 （選択問題）

次の文章を読み，下の問い(**問1～3**)に答えよ。

〔解答番号 1 ～ 3 〕(配点 15)

なめらかに動くピストンがついたシリンダー内に理想気体を入れたところ，圧力 P_0，体積 V_0，温度 T_0 になった。この状態から，図1に示す三つの過程により，気体の体積を V_1 に減少させる。過程(a)は断熱変化，過程(b)は等温変化，過程(c)は定圧変化である。

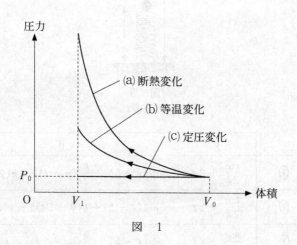

図　1

問 1 次の文中の空欄 ア ・ イ に入れる記号の組合せとして正しいものを，下の①〜⑨のうちから一つ選べ。 1

熱の出入りがない過程は ア であり，内部エネルギーが変化しない過程は イ である。

	ア	イ
①	(a)	(a)
②	(a)	(b)
③	(a)	(c)
④	(b)	(a)
⑤	(b)	(b)
⑥	(b)	(c)
⑦	(c)	(a)
⑧	(c)	(b)
⑨	(c)	(c)

問 2 過程 (a), (b), (c) において，気体が外部からされる仕事をそれぞれ W_a, W_b, W_c とする。これらの大小関係として正しいものを，次の①〜⑥のうちから一つ選べ。 2

① $W_a < W_b < W_c$　　② $W_a < W_c < W_b$　　③ $W_b < W_a < W_c$

④ $W_b < W_c < W_a$　　⑤ $W_c < W_a < W_b$　　⑥ $W_c < W_b < W_a$

問 3 図2に示した温度と体積の関係を表す実線**ウ~カ**のうち三つは，過程 (a)，(b)，(c) に対応する。どの実線が過程 (a)，(b)，(c) に対応するか。組合せとして正しいものを，下の①~⑧のうちから一つ選べ。 | 3 |

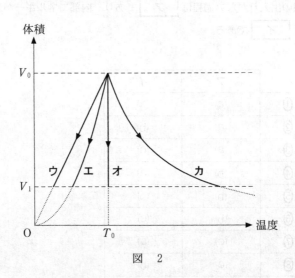

図 2

	(a)断熱変化	(b)等温変化	(c)定圧変化
①	ウ	エ	オ
②	ウ	オ	カ
③	エ	ウ	オ
④	エ	オ	カ
⑤	オ	ウ	カ
⑥	オ	カ	エ
⑦	カ	ウ	エ
⑧	カ	オ	ウ

2015年度　本試験　物理　23

第5問・第6問は，いずれか1問を選択し，解答しなさい。

第6問　（選択問題）

原子核の発見と原子の構造の解明に関する次の問い（**問1～3**）に答えよ。

〔解答番号 | 1 | ～ | 3 | 〕(配点　15)

問1　金箔に照射した α 粒子(電気量$+2e$，eは電気素量)の散乱実験の結果から，ラザフォードは，質量と正電荷が狭い部分に集中した原子核の存在を突き止めた。金の原子核による α 粒子の散乱の様子を示した図として最も適当なものを，次の①～⑥のうちから一つ選べ。ただし，図中の黒丸は原子核の位置を，実線は原子核の周辺での α 粒子の飛跡を模式的に示している。　| 1 |

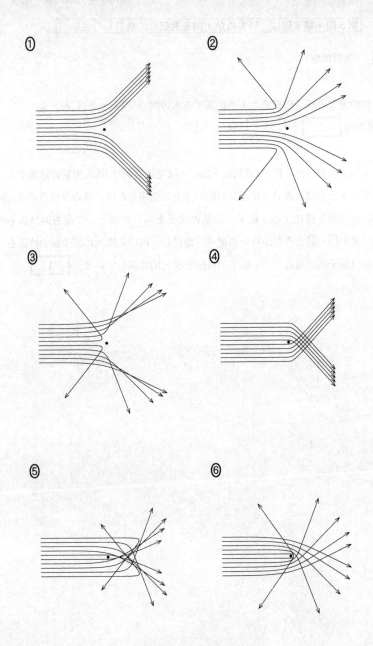

2015年度　本試験　物理　25

問 2 次の文章中の空欄 　ア　・　イ　 に入れる語の組合せとして最も適当なものを，下の①～⑥のうちから一つ選べ。　2

　電子が原子核のまわりを円運動していると考えるラザフォードの原子模型では，電子が電磁波を放射して徐々に　ア　を失い，電子の軌道半径が時間とともに小さくなってしまうという問題があった。ボーアはこの問題を解決するために「原子中の電子は，ある条件を満足する円軌道上のみで運動している」という仮説を導入した。このとき，電子はある決まったエネルギーをもち電磁波を放射しない。この状態を定常状態という。

　さらに，「電子がある定常状態から別のエネルギーをもつ定常状態に移るとき，その差のエネルギーをもつ1個の　イ　が放出または吸収される」という仮説も導入し，水素原子のスペクトルの説明に成功した。

	ア	イ
①	質　量	光電子
②	質　量	光　子
③	エネルギー	光電子
④	エネルギー	光　子
⑤	電　荷	光電子
⑥	電　荷	光　子

問 3 定常状態は，ド・ブロイによって提唱された物質波の考えを用いることにより，波動としての電子が原子核を中心とする円軌道上にあたかも定常波をつくっている状態だと解釈されるようになった。このとき，量子数 n（$n = 1$，2，3，$\cdots$）の定常状態における円軌道の半径 r，電子の質量 m，電子の速さ v，プランク定数 h の間に成り立つ関係式として正しいものを，次の①～⑥のうちから一つ選べ。 ☐ 3 ☐

① $\pi r^2 = \dfrac{nmv}{h}$　　② $\pi r = \dfrac{nmv}{h}$　　③ $2\pi r = \dfrac{nmv}{h}$

④ $\pi r^2 = \dfrac{nh}{mv}$　　⑤ $\pi r = \dfrac{nh}{mv}$　　⑥ $2\pi r = \dfrac{nh}{mv}$

MEMO

2025大学入学共通テスト過去問レビュー
——どこよりも詳しく丁寧な解説——

書名			掲載年度											数学Ⅰ・Ⅱ, 地歴A				掲載回数
			24	23	22	21①	21②	20	19	18	17	16	15	24	23	22	21①	
英語		本試	●	●	●	●	●	●	●	●	●	●	●	リスニング	リスニング	リスニング	リスニング	10年 19回
		追試		●	●										リスニング	リスニング		
数学 Ⅰ, A Ⅱ, B, C	Ⅰ, A	本試	●	●	●	●	●	●	●	●	●	●	●	●	●	●		10年 32回
		追試		●	●	●	●	●	●	●	●	●	●				●	
	Ⅱ, B, C	本試	●	●	●	●	●	●	●	●	●	●	●					
		追試		●	●													
国語		本試	●	●	●	●	●	●	●	●	●	●	●					10年 13回
		追試		●	●													
物理 基礎・ 物理	物理 基礎	本試	●	●	●	●	●	●										10年 22回
		追試																
	物理	本試	●	●	●	●	●	●	●									
		追試		●	●													
化学 基礎・ 化学	化学 基礎	本試	●	●	●	●	●	●										10年 22回
		追試																
	化学	本試	●	●	●	●	●	●	●	●	●	●	●					
		追試		●	●													
生物 基礎・ 生物	生物 基礎	本試	●	●	●	●	●	●										10年 22回
		追試		●	●													
	生物	本試	●	●	●	●	●	●										
		追試																
地学 基礎・ 地学	地学 基礎	本試		●	●	●												9年 20回
		追試		●	●													
	地学	本試		●	●													
		追試																
地理総合, 地理探究		本試	●	●	●	●	●	●	●	●	●	●	●	●	●	●	●	10年 15回
		追試																
歴史総合, 日本史探究		本試	●	●	●	●	●	●	●	●	●	●	●	●	●	●		10年 15回
		追試																
歴史総合, 世界史探究		本試	●	●	●	●	●	●	●	●	●	●	●	●	●	●		10年 15回
		追試																
公共, 倫理	現代 社会	本試	●	●	●	●	●	●										6年 14回
		追試																
	倫理	本試		●	●													
		追試																
公共, 政治・ 経済	現代 社会	本試	●	●	●	●	●	●										6年 14回
		追試																
	政治・ 経済	本試	●		●		●	●										
		追試																

・［英語（リスニング）］の音声は、ダウンロードおよび配信でご利用いただけます。